普通高等教育"十四五"规划教材

应用型本科食品科学与工程类专业系列教材

食品营养学

张令文　覃　思　主编

车会莲　主审

中国农业大学出版社

·北京·

内 容 简 介

本教材共13章,包括食品营养学绪论、食品的消化和吸收、营养与能量平衡、宏量营养素、矿物质和维生素、其他功能成分、食物的营养价值、食品营养强化与营养标签、不同人群的营养、特殊环境条件下人群的营养、营养与疾病、社会营养、营养配餐。教材注重以学生发展为中心,以"营养学基础－不同人群营养－社区营养－营养配餐"为主线,密切关注当前食品营养学相关工作的需求,紧跟学科前沿,侧重应用性。本教材内容丰富、重点突出、特色明显,可作为高等院校食品科学与工程类专业、生物类专业,高等职业院校食品类专业及相关专业的教材或研究生的参考教材,亦可作为食品生产企业、食品科研机构有关人员的参考书。

图书在版编目(CIP)数据

食品营养学 / 张令文,覃思主编. -- 北京:中国农业大学出版社,2021.12
ISBN 978-7-5655-2687-9

Ⅰ.①食… Ⅱ.①张… ②覃… Ⅲ.①食品营养－营养学－高等学校－教材 Ⅳ.①TS201.4

中国版本图书馆 CIP 数据核字(2021)第 262205 号

书 名	食品营养学		
作 者	张令文 覃 思 主编 车会莲 主审		
策划编辑	张 程 李卫峰	**责任编辑**	李卫峰
封面设计	郑 川		
出版发行	中国农业大学出版社		
社 址	北京市海淀区圆明园西路 2 号	**邮政编码**	100193
电 话	发行部 010-62733489,1190	**读者服务部**	010-62732336
	编辑部 010-62732617,2618	**出 版 部**	010-62733440
网 址	http://www.caupress.cn	**E-mail**	cbsszs @ cau.edu.cn
经 销	新华书店		
印 刷	北京时代华都印刷有限公司		
版 次	2022 年 4 月第 1 版　2022 年 4 月第 1 次印刷		
规 格	185 mm×260 mm　16 开本　19.75 印张　460 千字		
定 价	58.00 元		

图书如有质量问题本社发行部负责调换

应用型本科食品科学与工程类专业系列教材
编审指导委员会委员

（按姓氏拼音排序）

编 审 人 员

主　　编　张令文（河南科技学院）

　　　　　覃　思（湖南农业大学）

副 主 编　傅海庆（福建农林大学金山学院）

　　　　　毕继才（河南科技学院）

　　　　　王书丽（新乡学院）

编写人员　（按姓氏笔画排序）

　　　　　王书丽（新乡学院）

　　　　　王雪菲（信阳农林学院）

　　　　　刘　欣（沈阳工学院）

　　　　　毕继才（河南科技学院）

　　　　　李　飞（信阳农林学院）

　　　　　李士伟（周口师范学院）

　　　　　张令文（河南科技学院）

　　　　　周海旭（河南科技学院）

　　　　　郭孝辉（许昌学院）

　　　　　覃　思（湖南农业大学）

　　　　　傅海庆（福建农林大学金山学院）

主　　审　车会莲（中国农业大学）

出 版 说 明

随着世界人口增长、社会经济发展、生存环境改变，人类对食品供给、营养、健康、安全、美味、方便的关注不断加深。食品消费在现代社会早已成为经济发展、文明程度提高的主要标志。从全球看，食品工业已经超过了汽车、航空、信息等行业成为世界上的第一大产业。预计未来20年里，世界人口每年将增加超过7300万，对食品的需求量势必剧增。食品产业已经成为民生产业、健康产业、国民经济支柱产业，在可预期的未来更是朝阳产业。

在我国，食品消费是人生存权的最根本保障，食品工业的发展直接关系到人民生活、社会稳定和国家安全，在国民经济中的地位和作用日益突出。食品工业在发展我国经济、保障人们健康、提高人民生活水平方面发挥了越来越重要的作用。随着新时代我国工业化、城镇化建设和发展特别是全面建成小康社会带来的巨大的消费市场需求，食品产业的发展潜力巨大。

展望未来食品科学技术和相关产业的发展，有专家指出，食品营养健康的突破，将成为食品发展的新引擎；食品物性科学的进展，将成为食品制造的新源泉；食品危害物发现与控制的成果，将成为安全主动保障的新支撑；绿色制造技术的突破，将成为食品工业可持续发展的新驱动；食品加工智能化装备的革命，将成为食品工业升级的新动能；食品全链条技术的融合，将成为食品产业的新模式。

随着工农业的快速发展，环境污染的加剧，食品中各种化学性、生物性、物理性危害的风险不同程度地存在或增大，影响着人民群众的身体健康与生命安全以及国家的经济发展与社会稳定；同时，各种与食物有关的慢性疾病不断增长，对食品的营养、品质和安全提出了更高的要求。

鉴于以上食品科学与行业的发展状况，我国对食品科学与工程类的人才需求量必将不断增加，对食品类人才素质、知识、能力结构的要求必将不断提高，对食品类人才培养的层次与类型必将发生相应变化。

2015年教育部　国家发展改革委　财政部发布《关于引导部分地方普通本科高校向应用型转变的指导意见》(教育部　国家发展改革委　财政部2015年10月21日　教发〔2015〕7号。以下简称《转型指导意见》)。《转型指导意见》提出，培养应用型人才，确立应用型的类型定位和培养应用型技术技能型人才的职责使命，根据所服务区域、行业的发展需求，找准切入点、创新点、增长点。抓住新产业、新业态和新技术发展机遇，以服务新产业、新业态、新技术为突破口，形成一批服务产业转型升级和先进技术转移应用特色鲜明的应用技术大学、学院。建立紧密对接产业链、创新链的专业体系。按需重组人才培养结构和流程，围绕产业链、创新链调整专业设置，形成特色专业集群。通过改造传统专业、设立复合型新专业、建立课程超市等方式，大幅度提高复合型技术技能人才培养比重。创新应用型技术技能型人才

培养模式,建立以提高实践能力为引领的人才培养流程和产教融合、协同育人的人才培养模式,实现专业链与产业链、课程内容与职业标准、教学过程与生产过程对接。

为了贯彻落实《转型指导意见》精神,更好地推动应用型高校建设进程,充分发挥教材在教育教学中的基础性作用,近年来,中国农业大学出版社就全国高等教育食品科学类专业教材出版和使用情况深入相关院校和教学一线调查研究,先后3次召开教学研讨会,总计有400余人次近200名食品院校专家和老师参加。在深入学习《转型指导意见》《普通高等学校本科专业类教学质量国家标准》(以下简称《教学质量国家标准》)和《工程教育认证标准》(包括《通用标准》和食品科学与工程类专业《补充标准》)的基础上,出版社和相关院校形成高度共识,决定建设一套服务于全国应用型本科院校教学的食品科学与工程类专业系列教材,并拟订了具体建设计划。

历时4年,"应用型本科食品科学与工程类专业系列教材"终于与大家见面了。本系列教材具有以下几个特点:

1. 充分体现《转型指导意见》精神。坚持应用型的准确类型定位和培养应用型技术技能型人才的职责使命。教材的编写坚持以"四个转变"为指导,即把办学思路真正转到服务地方经济社会发展上来,转到产教融合、校企合作上来,转到培养应用型技术技能型人才上来,转到增强学生就业创业能力上来。强化"一个认识",即知识是基础、能力是根本、思维是关键。坚持"三个对接",即专业链与产业链对接、课程内容与职业标准对接、教学过程与生产过程对接,实现教材内容由学科学术体系向生产实际需要的突破和从"重理论、轻实践"向以提高实践能力为主转变。教材出版创新,要做到"两个突破",即编写队伍突破清一色院校教师的格局,教材形态突破清一色的文本形式。

2. 以《教学质量国家标准》为依据。2018年1月《普通高等学校本科专业类教学质量国家标准》正式公布(以下简称《标准》)。此套教材编写团队认真对照《标准》,以教材内容和要求不少于和低于《标准》规定为基本要求,全面体现《标准》提出的"专业培养目标"和"知识体系",教学学时数适当高于《标准》规定,并在教材中以"学习目的和要求""学习重点""学习难点"等专栏标注细化体现《标准》各项要求。

3. 充分体现《工程教育认证标准》有关精神和要求。整套教材编写融入以学生为中心的理念、教学反向设计的理念、教学质量持续改进的理念,体现以学生为中心,以培养目标和毕业要求为导向,以保证课程教学效果为目标,审核确定每一门课程在整个教学体系中的地位与作用,细化教材内容和教学要求。

4. 整套教材遵循专业教学与思政教学同向同行。坚持以立德树人贯穿教学全过程,结合食品专业特点和课程重点将思想政治教育功能有机融合,通过专业课程教学培养学生树立正确的人生观、世界观和价值观,达到合力培养社会主义事业建设者和接班人的目的。

5. 在新形态教材建设上努力做出探索。按课程内容教学需要,按有益于学生学习、有益于教师教学的要求,将纸质主教材、教学资源、教学形式、在线课程等统筹规划,制定新形态教材建设工作计划,有力推动信息技术与教育教学深度融合,实现从形式的改变转变为方法的变革,从技术辅助手段转变为交织交融,从简单结合物理变化转变为发生化学反应。

6. 系列教材编写体例坚持因课制宜的原则,不做统一要求。与生产实际关系比较密切的课程教材倡导以项目式、案例式为主,坚持问题导向、生产导向、流程导向;基础理论课程教材,提倡紧密联系生产实践并为后续应用型课程打基础。各类教材均在引导式、讨论式教学方面做出新的尝试。

希望"应用型本科食品科学与工程类专业系列教材"的推出对推进全国本科院校应用型转型工作起到积极作用。毕竟是"转型"实践的初次探索,此套系列教材一定会存在许多缺点和不足,恳请广大师生在教材使用过程中及时将有关意见和建议反馈给我们,以便及时修正,并在修订时进一步提高质量。

中国农业大学出版社
2020 年 2 月

前　　言

本书是根据教育部高等学校食品科学与工程类专业教学指导委员会审定的食品营养学课程标准要求,结合应用型本科教育的发展需要编写而成。在编写过程中,以"营养学基础—不同人群营养—社区营养—营养配餐"为主线,密切关注当前食品营养学相关工作的需求,紧跟学科前沿,侧重应用性、综合性和前沿性的内容,注重学生自主学习能力、创造性思维能力和动手实践能力的培养,有利于提高学生分析问题、解决问题的能力。

本教材共分十三章,主要介绍了食品的消化和吸收,营养与能量平衡,宏量营养素、微量营养素及其他膳食成分,各类食物的营养价值,食品营养强化与营养标签,不同生理期人群的营养,特殊环境条件下人群的营养,营养与慢性病,社会营养与营养配餐等内容。

本书由河南科技学院、湖南农业大学、福建农林大学金山学院、信阳农林学院、新乡学院、沈阳工学院、许昌学院、周口师范学院等8所高校联合编写。本书由张令文、覃思担任主编,傅海庆、毕继才、王书丽担任副主编,车会莲担任主审。由张令文对全书进行统筹和布局;主要由覃思和傅海庆统稿,并进行修改与审定;王雪菲、毕继才对全书进行了审校。具体编写分工如下:河南科技学院毕继才(第1、11、13章),张令文(第12章),周海旭(第5章);许昌学院郭孝辉(第2章);新乡学院王书丽(第3章);信阳农林学院王雪菲(第6章)、李飞(第4章);福建农林大学金山学院傅海庆(第7章);周口师范学院李士伟(第8章);沈阳工学院刘欣(第9章);湖南农业大学覃思(第10章)。

本书在编写过程中,得到了许多同行的支持和帮助,以及中国农业大学出版社刘军、李卫峰和张程的大力协作,在此一并致谢!

本书内容丰富,条理清晰,应用性强,可作为高等院校尤其是应用型本科高校食品科学与工程类专业、生物类专业,高等职业院校食品类专业及相关专业的教材,亦可作为食品生产企业、食品科研机构有关人员的参考书。

限于编者的水平及时间关系,书中的疏漏和不妥之处,恳请同仁和读者批评指正。

编者

2021 年 9 月

目 录

第 1 章

绪　　论

【学习目的和要求】

1. 掌握食品营养学的食品、营养、营养素、营养价值、膳食营养素参考摄入量、平均需要量、推荐摄入量、适宜摄入量、可耐受最高摄入量等概念。

2. 熟悉营养学的发展简史。

3. 理解食品营养学的研究任务、内容和方法。

【学习重点】

食品营养学的相关概念。

【学习难点】

膳食营养素参考摄入量主要指标关系。

Food Nutrition

引例

国民健康状况已经是国际上衡量一个国家社会进步的标志之一,也是反映社会经济状况的窗口。国务院办公厅《国民营养计划(2017—2030 年)》指出:营养是人类维持生命、生长发育和健康的重要物质基础,国民营养事关国民素质提高和经济社会发展。近年来,我国人民生活水平不断提高,营养供给能力显著增强,国民营养健康状况明显改善,但仍面临居民营养不足与过剩并存、营养相关疾病多发、营养健康生活方式尚未普及等问题,这些已经成为影响国民健康的重要因素。为解决这些问题,我们要牢固树立和贯彻落实新发展理念,坚持以人民健康为中心,以普及营养健康知识、优化营养健康服务、完善营养健康制度、建设营养健康环境、发展营养健康产业为重点,立足现状,着眼长远,关注国民生命全周期、健康全过程的营养健康,将营养融入所有健康政策,不断满足人民群众营养健康需求,提高全民健康水平,为建设健康中国奠定坚实基础。

《"健康中国 2030"规划纲要》中指出:推进健康中国建设,是全面建成小康社会、基本实现社会主义现代化的重要基础,是全面提升中华民族健康素质、实现人民健康与经济社会协调发展的国家战略,是积极参与全球健康治理、履行 2030 年可持续发展议程国际承诺的重大举措。未来 15 年,是推进健康中国建设的重要战略机遇期。规划纲要是推进健康中国建设的宏伟蓝图和行动纲领。全力推进健康中国建设,可为实现中华民族伟大复兴和推动人类文明进步做出更大贡献。

1.1 食品营养学的基本概念

要点 1 食品营养学的基本概念
- 食品
- 营养
- 营养素
- 营养学
- 食品营养学

食品,指各种供人食用或者饮用的成品和原料以及按照传统既是食品又是中药材的物品,但是不包括以治疗为目的的物品。

营养,从字义上讲"营"的含义是"谋求"、"养"的含义是"养生"、"营养"就是"谋求养生"。现代定义的营养是指人体摄取、消化、吸收和利用食物中的营养物质,以维持生长发育、组织更新和良好的健康状况的过程。

营养素,是指食物的有养成分或有益物质,是营养的物质基础。通常把营养素分为六大类,即蛋白质、脂类、碳水化合物、维生素、无机盐和水。它们各有独特的营养功用,在机体代谢中又密切联系。碳水化合物、脂类、蛋白质主要是供给机体热能。无机盐、维生素、水主要是调节生理机能。

营养学,是研究食物与机体的相互作用,以及食物营养成分(包括营养素、非营养素、抗营养素等成分)在机体里分布、运输、消化、代谢等方面的一门学科。营养学分支包括:人类营养学(human nutrition)、社区营养(community nutrition)、妇幼营养学(women and children nutrition)、老年营养学(nutrition for the elderly)、临床营养学(clinical nutrition)、中医营养学(traditional Chinese medicine nutrition)、分子营养学(molecular nutrition)、运动营养学(sports nutrition)、食品营养学(food nutrition)、营养流行病学(nutrition epidemiology)、烹饪营养学(culinary nutrition)等。

食品营养学,是主要研究食物、营养与人体生长发育和健康的关系,以及提高食品营养价值的措施的一门科学。包括食品的营养素成分;人体对食物的摄取、消化、吸收和代谢等过程;营养素的作用机制和营养素之间的关系;营养与疾病的防治;食品加工对营养素的影响;公共营养问题;营养配膳等。为国家食物供应、食品生产和居民营养提供科学证据。

营养价值,指食物中营养素及能量满足人体需要的程度。营养价值指在特定食品中的营养素及其质和量的关系。

膳食营养素参考摄入量(dietary reference intakes,DRI):是指为满足人群健康个体基本营养所需的能量和特定营养素的摄入量。它是在推荐的膳食营养素供给量(recommended dietary allowance,RDA)为基础。评定标准随科学知识的累积以及社会经济的发展等而有所变化,而且对于不同国家和不同时期也可有所不同,其目的在于更准确地指导各类人群获得最佳的营养状态和身体素质。当然,DRI 也为全民食物和食品生产计划、加工、分配、食品的强化,以及人群的营养教育等提供依据。

平均需要量(estimated average requirement,EAR),平均需要量是群体中各个体需要量的平均值,是根据个体需要量的研究资料计算得到的。这一摄入水平能够满足该群体中 50% 的成员的需要,不能满足另外 50% 的个体对该营养素的需要。EAR 是制定 RNI 的基础。

推荐摄入量(recommended nutrient intake,RNI),相当于传统使用的推荐的膳食营养素供给量,可以满足某一特定性别、年龄及生理状况群体中绝大多数(97%～98%)人的需要。长期摄入达到 RNI 水平,可以满足身体对该营养素的需要,保持健康和维持组织中有适当的储备。这个指标是在健康食品或者产品中经常用作对照来显示产品的营养情况。

适宜摄入量(adequate intake,AI),是通过观察或实验获得的健康人群某种营养素的摄入量。AI 应能满足目标人群中几乎所有个体的需要。AI 的主要用途是作为个体营养素摄入量的目标,同时用作限制过多摄入的标准。

可耐受最高摄入量(tolerable upper intake levels,UL):是平均每日可以摄入该营养素的最高量。这个量对一般人群中的几乎所有个体都不至于损害健康。

1.2 营养科学的发展简史

1.2.1 古代营养学发展

公元前 400 年至 18 世纪中期,许多营养学家称这段时间为营养学自然主义时期。在这

一时期,人们虽然知道要生存就必须饮食,但并不了解各种食物的营养价值。人们对食物的认识非常模糊,不少观念出于医道或一些经验积累性的营养知识,当然也有的出于迷信。当时的西方居民经常将食物用作化妆品或药品。在《圣经》中就曾描述有人将肝汁挤到眼睛中治疗一种眼病。在公元前 300 多年前,世称"医学之父"的古希腊名医希波克拉底就认识到膳食营养对健康的重要性,确信健康只有通过适宜的饮食和良好卫生的习惯才能得到保证。在那时他已经开始用海藻来治疗甲状腺肿和用动物肝脏来治疗夜盲症,同时也提到人们将烧红的宝剑淬火用过的含铁的水用来治疗贫血的事情。

中国作为一个文明古国,其营养学的发展与其他自然科学一样,历史悠久,源远流长。早在西周时期,官方医政制度将医学分为四大类:食医、疾医、疡医和兽医。食医排在诸医之首,是专事饮食营养的医生,也可以说是世界上最早的营养师。春秋战国时期的《黄帝内经》奠定了中医学和中国传统营养学的理论基础,提出了较全面的膳食观点,如《素问·脏气法时论》:"五谷为养,五果为助,五畜为益,五菜为充,气味合而服之,以补精益气"。这可能是世界上全面膳食的最早记载。《神农本草经》成书于东汉之前,是我国现存最早的本草专著,共载药物 365 种,书中也记载了一些有药用价值的食物,如薏苡仁、胡麻(芝麻)、芡实、山药、龙眼、干姜、核桃仁、蜀椒等。东汉的张仲景在《伤寒论》《金匮要略》中选用不少食物治病,如用于精神抑郁的"百合鸡子黄汤"。晋代葛洪在其所著《肘后备急方》中,首次记载用海藻治瘿病(甲状腺肿),用猪胰治消渴病(即糖尿病)。唐代孟诜撰写了第一部食物本草专著《食疗本草》收载食用本草 241 种,每味食物名下均载有数个处方,其配置合理,使用方便。唐代孙思邈在《千金要方》卷二十六食治篇中指出"食能排邪而安脏腑,悦神,爽志,以资血气。若能用食平疴,释情遣疾者,可谓良工。夫为医者,当须洞晓病源,知其所犯,以食治之。食疗不愈,然后命药"。书中论述用肝脏治夜盲症,海藻、昆布治瘿瘤,谷皮防治脚气病等。《饮膳正要》是元代饮膳太医忽思慧所著,内容丰富全面,包含"诸般汤煎"和"食疗诸病""食物本草"等,书中还首次记载了用蒸馏法工艺制的药酒。明代医家李时珍勤求古训,博采诸家,共收集本草 1 892 种,著成《本草纲目》一书。《本草纲目》不仅是明代以前本草的集大成者,也是食物本草的总结。其中食物占全书本草总数的三分之一以上,均做了全面评述,还增补了不少以前未记载或述之不详的食物,此外还记载了大量食疗方。清代章杏云的《调疾饮食辨》、王孟英的《随息居饮食谱》也各有特点。

1.2.2 现代营养学发展

要点 2 营养科学的发展简史
- 古代营养学发展
- 现代营养学发展

现代营养学起源于 20 世纪末,当时正值自然科学崛起阶段,能量守恒定律与燃烧理论的发现推动了生理学、生物化学的发展,在此基础上也逐渐产生了现代营养学。

1.2.2.1 营养学处于萌芽与形成期(1785—1945 年)

当时在认识到食物与人体基本化学元素组成基础上,逐渐形成了营养学的基本概念、理论,建立了食物成分的化学分析方法和动物实验方法,明确了一些营养缺乏病的病因。在1912—1945 年,科学家们分离和鉴定了食物中绝大多数营养素(nutrient),该时期是发现营养素的鼎盛时期,也是营养学发展的黄金时期。这一时期是营养学历史上突破最大、最多的时期。1910 年,德国科学家 Fischer 完成了简单碳水化合物结构的测定。1912 年,波兰科学家 Funk 提出维生素的概念,并从米糠中提取出烟酸。1913 年,美国科学家 McCollum 和 Davis 及 Mendel 发现维生素 A 缺乏导致夜盲症。1914 年,美国科学家 Kendall 证实碘与甲状腺功能的关系,获得诺贝尔奖。1918 年,美国科学家 Osbome 和 Mendel 证实钠的必需性。1924 年,美国科学家 Thomas 和 Mitchell 提出以生物价来评价蛋白质质量的方法。1926 年,荷兰科学家 Jansen 和 Donath 分离出抗脚气病的维生素。1926 年,法国科学家 LeRoy 证明镁是一种必需营养素。1927 年,美国科学家 Summer 证明酶是一种蛋白质。1928 年,美国科学家 Hart 及其同事研究发现铜与铁对血红蛋白的合成均是必需的。1929 年,美国科学家 Burr GM 和 Burr MM 发现必需脂肪酸亚油酸。1930 年,英国科学家 Moore 证实 β-胡萝卜素为维生素 A 的前体。1931 年,美国威斯康星大学研究组证明锰为必需微量元素之一。1932 年,美国科学家 King 和 Waugh 从柠檬汁中分离出维生素 C,具有抗维生素 C 缺乏病作用。1932 年,德国科学家 Brockmann 从金枪鱼的肝油中分离出维生素 D_3。1933 年,德国科学家 Kuhn 从牛奶中分离出核黄素。1935 年,瑞士科学家 Karrer 等完成核黄素结构的测定和人工合成。1933 年,美国科学家 Williams 从酵母中分离出泛酸,后证明泛酸是辅酶 A 的成分。1935 年,美国科学家 Rose 开始研究人体需要的氨基酸,确定 8 种必需氨基酸及需求量。1936 年,德国科学家 Kogl 和 Tonnis 从鸭蛋黄中分离出生物素。1937 年,匈牙利科学家 Gyorgy 证实生物素可预防大鼠和鸡摄食蛋清而产生病理变化。1936 年,美国科学家 Evans 从麦胚油分离出维生素 E,瑞士科学家 Karer 完成人工合成。1938 年,美国科学家 Lepkovsky 获得了维生素 B_6 结晶。1938 年,美国科学家 McCollum 通过大鼠试验证实钾是必需营养素。1939 年,丹麦科学家 Dam 分离出预防出血的因子维生素 K,1943 年 Dam 与美国科学家 Doisy 因研究维生素 K 的化学性质而共同获诺贝尔奖。1940 年,美国科学家 Shohl 采用结晶氨基酸溶液进行了静脉输注。1943 年,美国第 1 次发布"推荐的膳食供给量"。1945 年,美国科学家 Angier 等完成了叶酸的分离与合成,证明叶酸治疗贫血作用。

1.2.2.2 营养学的全面发展与成熟期(1945—1985 年)

科学家们继续发现一些新营养素并系统研究了这些营养素消化、吸收、代谢及生理功能,营养素缺乏引起的疾病及其机制,不仅关注营养缺乏问题,而且还开始关注营养过剩对人类健康的危害。公共营养的兴起,是该时期营养学发展的显著特点。主要事件包括:1948 年,美国科学家 Rickes 等从肝浓缩物中提取可治疗恶性贫血维生素 B_{12}。1953 年,美国科学家 Keys 发现动物脂肪消耗量与动脉粥样硬化病发生率成正相关。1953 年,美国科学家 Woodward 完成维生素 D_3 的人工合成,获得诺贝尔化学奖。1955 年,英国科学家 Hodgkin 等完成了维生素 B_{12} 结测定,并因此获得了诺贝尔奖。1957 年,为解决宇航员饮食问题,美国科学家 Greenstein 发明要素膳。1958 年,美国科学家 Prasad 在伊朗锡拉兹地区发现了人类锌缺乏病。1959 年,美国科学家 Moore 提出营养支持中最佳氮热比例(g:kcal)为 1:150。1959 年,美国科学家 Mertz 和 Schwarz 的研究表明铬是胰岛素的辅助因子。1961 年,

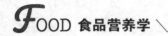

瑞典科学家 Wretlind 采用大豆油、卵磷脂、甘油等成功研制脂肪乳剂。1967 年,美国科学家 Dudridk 提出静脉高营养的概念。1968 年,瑞典提出"斯堪的纳维亚国家人民膳食的医学观点"。1970 年,美国科学家 Schwarz 发现钒为高等动物必需的微量元素。1970 年,美国科学家 Nielsn 发现镍是高等动物必需的微量元素。1972 年,美国科学家 Carlisle 发现硅是鸡和大鼠生长/骨骼发育必需微量元素。1973 年,美国科学家 Rotruck 等报道硒是谷胱甘肽过氧化物的辅助因子。1977 年,美国科学家 Blackburn 等调查发现病人存在着不同程度的营养不良。1977 年,美国发布第 1 版"美国膳食目标"。

1.2.2.3 营养学发展新的突破孕育期(1985 年至今)

(1)营养学研究领域更加广泛。除传统营养素外,植物化学物对人体健康的影响及其对慢性病的防治作用逐渐成为营养学研究热点。天然存在的植物化学物种类繁多,主要包括多酚、类胡萝卜素、萜类化合物、有机硫化物、皂苷、植酸及植物固醇等,还包括姜黄素、辣椒素、叶绿素及吲哚等。植物化学物的深入研究将有利于促进健康、防治人类重大慢性疾病。另外,科学家们不仅研究营养素的营养生理功能,还研究其对疾病的预防和治疗作用。

(2)营养学的研究内容更加深入。随着分子生物学技术和理论向各学科的逐渐渗透,特别是在 1985 年分子营养学概念的提出,标志着营养学研究已进入分子时代。营养基因组学、转录组学、蛋白质组学和营养代谢组学、系统生物学等新概念和新技术在营养学领域得到了广泛应用。分子营养学将从更加微观的角度研究营养与基因之间的相互作用及其对人类健康的影响。分子营养学的深入研究,将促进发现营养素新的生理功能,同时利用营养素以促进人体内有益基因的表达和(或)抑制有害基因的表达。分子营养学的研究将为进一步阐明各种营养素在人体生命活动中的作用机理奠定基础,进而使其在营养学和临床营养学中发挥重要作用。

(3)营养学的研究内容更加宏观。2005 年 5 月发布的吉森宣言(giessen declaration)以及同年 9 月第 18 届国际营养学大会上均提出了营养学的新定义:营养学(也称之为新营养学,new nutrition science)是一门研究食品体系、食品和饮品及其营养成分与其他组分和它们在生物体系、社会和环境体系之间及之内的相互作用的科学。新营养学特别强调营养学不仅是一门生物学,而且还是一门社会学和环境科学,是三位一体的综合性学科。因此,它的研究内容不仅包括食物与人体健康,还包括社会政治、经济、文化等以及环境与生态系统的变化对食物供给进而对人类生存、健康的影响。它不仅关注一个地区、一个国家的营养问题,而且更加关注全球的营养问题;不仅关注现代的营养问题,而且更加关注未来营养学持续发展的问题。因此,新营养学比传统营养学的研究内容更加广泛和宏观。新营养学的进一步发展将从生物学、社会学和环境科学的角度,综合制定出"人人享有安全、营养的食品权力"的方针、政策。

1.2.3 食品科学与食品营养学的构建

食品科学与工程专业是以食品科学和工程科学为基础,研究食品的营养健康、工艺设计与社会生产、食品的加工贮藏与食品安全卫生的学科,是生命科学与工程科学的重要组成部分,是连接食品科学与工业工程的重要桥梁。随着世界人口膨胀带来的粮食危机不断加剧,以及食品领域大工业化时代的到来和人们对食品营养与卫生的关注加深,食品科学与工程专业在食品行业内的工程设计领域、营养健康领域、安全检测领域、监督管理领域发挥着越来越重要的职责与作用。随着食品科学的发展与学科建设的完善,食品营养学的学科地位逐渐提升,实践意义越来越重要。

1.2.3.1 我国居民目前生活水平与质量概述

2011 年 9 月发布的 2010 国民体质监测公报显示全国达到《国民体质测定标准》"合格"以上标准的人数比例为 88.9%。3～6 岁幼儿、20～39 岁成年人、40～59 岁成年人和 60～69 岁老年人达到"合格"以上标准的比例分别为 92.9%、88.4%、87.6%和 86.4%;其中男性达到"合格"以上标准的比例为 88.3%,女性为 89.4%;城镇人群达到"合格"以上标准的比例为 91.5%,乡村为 84.7%;而国民体质综合指数为 100.39,其中,3～6 岁幼儿为 102.03,20～39 岁成年人为 102.28,40～59 岁成年人为 99.98,60～69 岁老年人为 98.78。男性为 99.69,女性为 100.77;乡村为 99.84,城镇为 100.81。随年龄增加体质下降,农村人口、长者及男性人口体质较差。

1.2.3.2 我国食物与营养发展目标

食物结构的调整是一项基本国策,也是一项十分复杂的系统工程,涉及人口分布、营养学发展、农业生产、食品加工、商业消费水平及文化教育水平等诸多因素。不断改变的食物结构要与国民经济发展基本协调,要符合我国国情,与各类食品生产能力基本协调,与城乡居民的经济收入水平基本协调,与传统饮食文化基本协调。

2020 年,我国基本实现营养法规标准体系基本完善;营养工作制度基本健全,省、市、县营养工作体系逐步完善,基层营养工作得到加强;在传统食养指导下,发挥中医药特色优势,大力发展传统食养服务,充分发挥我国传统食养在现代营养学中的作用,引导养成符合我国不同地区饮食特点的食养习惯;营养健康信息化水平逐步提升;重点人群营养不良状况明显改善,吃动平衡的健康生活方式进一步普及,居民营养健康素养得到明显提高。实现以下目标:①降低人群贫血率。5 岁以下儿童贫血率控制在 12%以下;孕妇贫血率下降至 15%以下;老年人群贫血率下降至 10%以下;贫困地区人群贫血率控制在 10%以下。②孕妇叶酸缺乏率控制在 5%以下;0～6 个月婴儿纯母乳喂养率达到 50%以上。③5 岁以下儿童生长迟缓率控制在 7%以下,农村中小学生的生长迟缓率保持在 5%以下,缩小城乡学生身高差别;学生肥胖率上升趋势减缓。④提高住院病人营养筛查率和营养不良住院病人的营养治疗比例。⑤居民营养健康知识知晓率在现有基础上提高 10%。到 2030 年,营养法规标准体系更加健全,营养工作体系更加完善,食物营养健康产业持续健康发展,传统食养服务更加丰富,"互联网＋营养健康"的智能化应用普遍推广,居民营养健康素养进一步提高,营养健康状况显著改善。实现以下目标:①进一步降低重点人群贫血率,5 岁以下儿童贫血率和孕妇贫血率控制在 10%以下。②5 岁以下儿童生长迟缓率下降至 5%以下,0～6 个月婴儿纯母乳喂养率在 2020 年的基础上提高 10%。③进一步缩小城乡学生身高差别,学生肥胖率上升趋势得到有效控制。④进一步提高住院病人营养筛查率和营养不良住院病人的营养治疗比例。⑤居民营养健康知识知晓率在 2020 年的基础上继续提高 10%,全国人均每日食盐摄

入量降低 20%,居民超重、肥胖的增长速度明显放缓。

1.3 食品营养学的研究任务、内容和方法

1.3.1 研究任务

要点 3 食品营养学的研究任务、内容和方法
- 研究内容
- 研究方法

食品营养学是营养学的一门分支学科,是研究食物组成成分及营养价值的科学,是研究食品营养与人体健康的一门科学,也是研究食品营养与食品贮藏加工关系的科学。其主要任务是研究食品营养与健康的关系,在全面理解人体对能量和营养素的正常需要及不同人群食品的营养要求基础上,掌握各类食品的营养价值,并学会对食品营养价值的综合评定方法,能将评定结果应用于食品生产、食物新资源开发等方面,使我国食品工业在不断发展的同时提供具有高营养价值的新型食品,为调整我国居民的膳食结构、改善营养状况和健康水平服务。

食品加工与营养学之间的关系日益密切,并越来越受到人们的重视,对于从事食品科学或食品加工的人来说,必须考虑食品加工对营养素的影响,尽量减少食品加工、保藏等过程中营养素的损失,并进一步改善食品的营养价值等问题。

1.3.2 研究内容

(1)营养学基础知识,主要讨论人体对能量和营养素的正常需要、营养素在人体内的代谢与生理功能以及营养素的食物来源与其他来源等。

(2)介绍各类食物的营养价值及加工贮藏对食物营养价值的影响。以食物为主要对象,研究食物的种类与性质、营养成分与其他组成。研究食物中的有害物质及食品新资源的开发利用等。

(3)研究不同生理状况下人群的营养要求与合理膳食,包括孕妇、乳母、婴幼儿、学龄儿童、青少年以及老人的营养要求与合理膳食。

(4)研究特殊环境条件下人群的食品营养要求,包括高温环境、低温环境、缺氧环境、运动条件及职业性接触有毒有害物质人群的营养要求。

(5)研究食物特定或新的功能成分与健康的关系。介绍强化食品、保健食品、工程食品以及膳食中的营养与健康的关系。

(6)根据营养学的理论与数据,适应人们的物质生活条件和饮食文化,经过政府的策划与干预,并尽可能实施个体和人群的适宜食物结构与平衡膳食,以保证合理营养。这部分体现在社区营养部分,包括营养监测、营养调查、膳食营养素参考摄入量的制订与应用膳食结构与膳食指南、食谱编制以及改善社区营养的宏观措施。

1.3.3 研究方法

研究和解决食品营养学的理论和实际问题的方法有食品分析技术、生物学实验方法、营养调查方法、生物化学、食品化学、食品微生物学方法、食品毒理学方法以及新营养食品设计研究方法等。

❓ **思考题**

1. 名词解释:食品;营养;营养素;营养学;食品营养学;营养价值;膳食营养素参考摄入量;平均需要量;推荐摄入量;适宜摄入量;可耐受最高摄入量。

2. 问答题

(1)请简述营养科学的发展简史。

(2)食品营养学的研究内容主要有哪些?

CHAPTER 2

第 2 章
食品的消化与吸收

【学习目的和要求】

1. 了解食物在体内的消化与吸收过程。

2. 掌握消化、吸收等基本概念。

3. 重点掌握各种营养素在小肠被吸收和利用的情况。

【学习重点】

食物在体内消化与吸收情况。

【学习难点】

各种营养素如何被吸收利用。

Food Nutrition

引例

消化系统老化的那些事

随着年龄的增加,消化系统从结构到功能发生一系列衰老与退化。它使消化系统的储备功能显著降低,对疾病的易感性增高,对应激和疾病的耐受性降低,同时这些变化直接或间接地参与了老年人诸多消化系统疾病的发生发展,也对老年人营养物质的摄取、吸收及利用造成一定的影响。

我们知道了消化系统的这些变化也不用过于担心,因为健康的老年人消化系统有强大的储备能力,完全能够代偿机体所需。但是,当老年人消化系统出现明显异常时,应及时就诊,不要归咎于老化,以免延误疾病的诊治。

我们日常所吃的食物中的营养成分,主要包括碳水化合物、蛋白质、脂肪、维生素、无机盐和水,除了维生素、无机盐和水可直接吸收外,蛋白质、脂肪和碳水化合物都是复杂的大分子有机物,均不能直接吸收,必须先在消化道内分解成结构简单的小分子物质,才能通过消化道的黏膜进入血液,送到身体各处供组织细胞利用。

食物在消化道内的这种分解过程称为消化。食物经过消化后,通过消化管黏膜上皮细胞进入血液循环的过程叫吸收。消化和吸收是两个紧密相连的过程。食物的消化和吸收需要通过消化系统各个器官的协同合作来完成。

2.1 消化系统概况

要点 1 消化系统概况
- 消化过程
- 消化道活动特点

2.1.1 人体消化系统的组成

消化系统由消化道和消化腺两大部分组成。

消化道:既是食物通过的管道,又是食物消化、吸收的场所。消化道是一条自口腔延续为咽、食管、胃、小肠、大肠到肛门的很长的肌性管道(图 2-1),其中经过的器官包括口腔、咽、食管、胃、小肠(包括十二指肠、空肠、回肠)及大肠(包括盲肠、结肠、直肠),全长 8~10 m。

消化腺是分泌消化液的器官。消化腺包括唾液腺,胃腺,肝脏,胰腺,肠腺。消化腺又分为小消化腺和大消化腺两种。小消化腺是散在于消化管

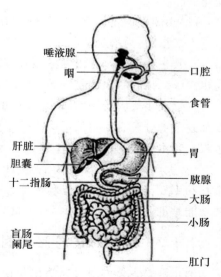

图 2-1 人体消化系统的组成

各部的管壁内的小腺体,这类腺体数量甚多,如胃腺、肠腺等。大消化腺位于消化道外,它们主要通过导管将分泌物排入消化道内,大消化腺主要有三对:唾液腺(腮腺、下颌下腺、舌下腺)、肝脏和胰脏。

2.1.2　消化过程

(1)口腔咀嚼。食物的消化是从口腔开始的,口腔由口唇、颊、腭、牙、舌和口腔腺组成,它是消化道的开始,有进食、磨碎和切断食物的功能。口腔受到食物的刺激后,口腔内腺体即分泌唾液,嚼碎后的食物与唾液搅和,借唾液的滑润作用通过食管,唾液中的淀粉酶能部分分解碳水化合物,能将淀粉分解成麦芽糖。食物在口腔内以机械性消化(食物被磨碎)为主,因为食物在口腔内停留时间很短,故口腔内的消化作用不大。

在口腔后面是咽,咽连接着一条由肌肉组成的中空管道,即食管。食管通过肌肉的收缩和放松,把食物向下推,穿过横膈膜到达胃。咽是呼吸道和消化道的共同通道,根据其与鼻腔、口腔和喉等的通路,可分为鼻咽部、口咽部、喉咽部三部。咽的主要功能是完成吞咽这一复杂的反射动作。

(2)胃内消化。胃部分为胃贲门、胃底、胃体和胃窦四部分,胃的总容量 1 000～3 000 mL。

胃壁黏膜中含大量腺体,可以分泌胃液,胃液呈酸性,其主要成分有盐酸、钠、钾的氯化物、消化酶、黏蛋白等,胃液的主要作用是消化食物、杀灭食物中的细菌、保护胃黏膜、润滑食物以及使食物在胃内易于通过等。

胃的主要功能是容纳和消化食物、吸收部分水、无机盐和酒精。

食物从食管进入胃后,即受到胃壁肌肉的机械性消化和胃液的化学性消化作用,此时,食物中的蛋白质被胃液中的胃蛋白酶(在胃酸参与下)初步分解,胃内容物变成粥样的食糜状态,小量地多次通过幽门向十二指肠推送。食糜由胃进入十二指肠后,开始了小肠内的消化。

(3)小肠内消化吸收。小肠是消化、吸收的主要场所。

十二指肠:为小肠的起始段。长度相当于本人十二个手指的指幅(25～30 cm),因此而得名。其主要功能是分泌黏液、刺激胰消化酶和胆汁的分泌、为蛋白质的重要消化场所等。连接在十二指肠后面的是空肠、回肠,主要功能是消化和吸收食物。

食物在小肠内受到胰液、胆汁和小肠液的化学性消化以及小肠的机械性消化,各种营养成分逐渐被分解为简单的可吸收的小分子物质在小肠内吸收。因此,食物通过小肠后,消化过程已基本完成,只留下难于消化的食物残渣,从小肠进入大肠。

(4)大肠内消化。大肠为消化道的下段,包括盲肠、阑尾、结肠和直肠四部分。成人大肠全长约 1.5 m,起自回肠,全程形似方框,围绕在空肠、回肠的周围。大肠内无消化作用,主要功能是进一步吸收少量水分、无机盐和部分维生素,形成、贮存和排泄粪便。

2.1.3　消化腺的分泌功能

消化液是人体内对食物消化起作用的液体。包括唾液、胃酸、肠液、胆汁等。人每日由各种消化腺分泌的消化液总量达 6～8 L。消化液主要由有机物、离子和水组成。

消化液的主要功能为：

（1）稀释食物，使之与血浆的渗透压相等，以利于吸收；

（2）改变消化腔内的 pH，使之适应于消化酶活性的需要；

（3）水解复杂的食物成分，使之便于吸收；

（4）通过分泌黏液、抗体和大量液体，保护消化道黏膜，防止物理性和化学性的损伤。

2.1.4　消化道活动特点

消化道的运行机能由消化道肌肉层的活动完成。消化道中除咽、食管上端和肛门的肌肉是骨骼肌外，其余均由平滑肌组成，并具有以下特点：

（1）兴奋性。兴奋性低、收缩缓慢。

（2）伸展性。富于伸展性，能适应需要做很大的伸展，最长时可为原来长度的 2～3 倍。消化道的特殊部位胃，通常可容纳几倍于自己初始体积的食物。

（3）紧张性。消化道的胃、肠等各部位能保持一定的形状和位置，肌肉的各种收缩均是在紧张性的基础上发生。

（4）节律性。食物进入消化道后，依靠肠和胃壁肌肉有节律地运动，分泌消化液、酶和胆碱，将食物充分混合、消化后被肠壁细胞吸收。

（5）敏感性。对化学、温度和机械牵张的刺激比较敏感，这种敏感性对各种刺激引起的内容物的推进或排空有重要意义。

2.2　食物的消化

要点 2　食物的消化
- 碳水化合物的消化
- 脂类的消化
- 蛋白质的消化

食物的消化作用非常重要。早期人们仅仅比较重视营养素的供给，1981 年在罗马召开的联合国粮农组织、世界卫生组织和联合国大学（FAO/WHO/UNU）能量和蛋白质专家委员会，特别强调了食物消化问题的重要性，因为食物只有通过消化以后才能被吸收、利用和发挥营养作用。

2.2.1　碳水化合物的消化

碳水化合物是一大类有机化合物，其化学本质为多羟醛或多羟酮及其一些衍生物。碳水化合物根据聚合度可分为糖、寡糖和多糖三类。食物中含量最多的碳水化合物是淀粉。淀粉经消化系统水解酶的作用转变为葡萄糖后才能被人体吸收。

淀粉的消化从口腔开始。口腔分泌的唾液中含有 α-淀粉酶，又称唾液淀粉酶。α-淀粉酶能催化直链淀粉、支链淀粉及糖原分子中 α-1,4-糖苷键的水解，但不能水解这些分子中分支点上的 α-1,6-糖苷键及紧邻的两个 α-1,4-糖苷键，可将淀粉水解成糊精与麦芽糖。一般

情况下,食物在口腔中停留时间很短,淀粉水解的程度不大。

当食物进入胃内 pH 为 $0.9 \sim 1.5$ 的酸性环境中,唾液淀粉酶很快被胃酸作用而失活。胃液不含任何能水解碳水化合物的酶,其所含的胃酸虽然很强,但对碳水化合物也只可能有微少或有限的水解,故碳水化合物在胃中几乎完全没有什么消化。

淀粉消化的主要场所是小肠。来自胰液的 α-淀粉酶,又称胰淀粉酶,其作用和性质与唾液淀粉酶相似,都可催化淀粉的 α-1,4-糖苷键的水解,对 α-1,6-糖苷键和邻近 α-1,6-糖苷键的 α-1,4-糖苷键不起作用,但胰淀粉酶可随意水解淀粉分子内部的其他 α-1,4-糖苷键,可将淀粉水解为麦芽糖、麦芽三糖、异麦芽糖、α-糊精及少量葡萄糖等。在小肠黏膜上皮的刷状缘中,含有丰富的 α-糊精酶,可将 α-糊精分子中的 α-1,6-糖苷键及 α-1,4-糖苷键水解,生成葡萄糖。此外,胰液中还含有麦芽糖酶、蔗糖酶和乳糖酶等。麦芽糖酶可将麦芽糖水解为葡萄糖。蔗糖酶可将蔗糖分解为葡萄糖和果糖。乳糖酶可将乳糖水解为葡萄糖和半乳糖。通常食品中的糖类在小肠上部几乎全部转化成各种单糖。值得提出的是,淀粉中还含有抗性淀粉,它们仅部分在小肠内被消化吸收,其余的则在结肠内经微生物发酵消化。

大豆及豆类制品中含有一定量的棉籽糖和水苏糖。棉籽糖为三糖,由半乳糖、葡萄糖和果糖组成;水苏糖为四糖,由两分子半乳糖、一分子葡萄糖和一分子果糖组成。人体内没有水解此类碳水化合物的酶,它们因此不能被消化吸收,滞留于肠道并在肠道微生物作用下发酵、产气,"胀气因素"的称呼便由此而来。大豆在加工成豆腐时,胀气因素大多已被去除。

食物中含有的膳食纤维如纤维素,是由 β-葡萄糖通过 β-1,4-糖苷键连接组成的多糖。人体消化道内没有 β-1,4-糖苷键水解酶,因此许多膳食纤维(水溶性、非水溶性)不能被消化吸收。尽管膳食纤维不能被胃肠道消化吸收,但是它具有相当重要的生理作用,被营养学界补充认定为第七类营养素,和传统的六类营养素——蛋白质、脂肪、碳水化合物、维生素、无机盐与水并列。

2.2.2 脂类的消化

脂类是脂肪和类脂(磷脂、糖脂、固醇和固醇脂等)的总称。脂类的消化主要在小肠中进行。脂类在小肠内进行的消化,是在小肠内三种消化液——胰液、小肠液和胆汁的共同作用下完成的。胰液中含有胰脂肪酶,可将脂肪分解为甘油和脂肪酸。食物中的脂肪在脂肪酶的作用下分解成多种产物,主要有游离脂肪酸、甘油、甘油一酯以及少量的甘油二酯和甘油三酯。小肠液中也含有脂肪酶。胆汁在脂肪消化中的作用主要是通过其中的胆汁酸盐将脂肪粒乳化成微粒,增加油脂与脂肪酶的接触面积,从而有利于脂肪的分解。

脂类不溶于水,它们在食糜这种水环境中的分散程度对其消化具有重要意义。因为酶解反应,只在疏水的脂肪滴与溶解于水的酶蛋白之间的界面进行,所以乳化成分或分散的脂肪更容易被消化。脂肪形成均匀乳浊液的能力受其熔点限制。此外,食品乳化剂如卵磷脂等对脂肪的乳化、分散起着重要的促进作用。

2.2.3 蛋白质的消化

(1)胃液的作用。蛋白质的消化从胃中开始。胃液由胃腺分泌,是无色酸性液体,pH 0.9~

1.5。胃腺还分泌胃蛋白酶原,在胃酸或胃蛋白酶的作用下,活化成胃蛋白酶,能水解各种水溶性蛋白质。胃蛋白酶主要水解由苯丙氨酸或酪氨酸组成的肽键,对亮氨酸或谷氨酸组成的肽键也有一定作用。水解产物主要是胨和际,肽和氨基酸则较少。此外,胃蛋白酶对乳中的酪蛋白还具有凝乳作用。

(2)胰液的作用。胰液由胰腺分泌进入十二指肠,是无色、无臭的碱性液体。胰液中的蛋白酶分为内肽酶与外肽酶两大类。胰蛋白酶和糜蛋白酶(胰凝乳蛋白酶)属于内肽酶,一般情况下,均以非活性的酶原形式存在于胰液中。小肠液中的肠致活酶可将无活性的胰蛋白酶原激活成具有活性的胰蛋白酶。酸、胰蛋白酶本身和组织液也具有活化胰蛋白酶原的作用。具有活性的胰蛋白酶可以将糜蛋白酶原活化成糜蛋白酶。

胰蛋白酶、糜蛋白酶以及弹性蛋白酶都可使蛋白质肽链内的某些肽键水解,但具有各自不同的肽键专一性。例如,胰蛋白酶主要水解由赖氨酸及精氨酸等碱性氨基酸残基的羧基组成的肽键,产生羧基端为碱性氨基酸的肽;糜蛋白酶主要作用于芳香族氨基酸,如由苯丙氨酸、酪氨酸等残基的羧基组成的肽键,产生羧基端为芳香族氨基酸的肽,有时也作用于由亮氨酸、谷氨酰胺及蛋氨酸残基的羧基组成的肽键;弹性蛋白酶则可以水解各种脂肪族氨基酸,如缬氨酸、亮氨酸、丝氨酸等残基所参与组成的肽键。

外肽酶主要是羧肽酶A和羧肽酶B。前者可水解羧基末端为各种中性氨基酸残基组成的肽键,后者则主要水解羧基末端为赖氨酸、精氨酸等碱性氨基酸残基组成的肽键。因此,经糜蛋白酶及弹性蛋白酶水解而产生的肽,可被羧基肽酶A进一步水解,而经胰蛋白酶水解产生的肽,则可被羧基肽酶B进一步水解。

大豆、棉籽、花生、油菜籽、菜豆等,特别是豆类中含有的,能抑制胰蛋白酶、糜蛋白酶等多种蛋白酶的物质,统称为蛋白酶抑制剂,普遍存在并有代表性的是胰蛋白酶抑制剂,或称抗胰蛋白酶因素。这类食物需经适当加工后方可食用。除去蛋白酶抑制剂有效方法是常压蒸汽加热30 min,或98 kPa压力蒸汽加热15～30 min。

(3)肠黏膜细胞的作用。胰酶水解蛋白质产物中仅1/3为氨基酸,其余为寡肽。肠内消化液中水解寡肽的酶较少,但在肠黏膜细胞的刷状缘及胞液中均含有寡肽酶。它们能从肽链的氨基末端或羧基末端逐步水解肽键,分别称为氨基肽酶和羧基肽酶。刷状缘含多种寡肽酶,能水解各种由2～6个氨基酸残基组成的寡肽。胞液寡肽酶主要水解二肽和三肽。

(4)核蛋白的消化。食物中的核蛋白可因胃酸或被胃液和胰液中的蛋白酶水解为核酸和蛋白质。关于蛋白质的消化已如前述,核酸的进一步消化。在新蛋白质资源的开发中,单细胞蛋白颇引人注意,其中含有较大量核蛋白,核蛋白常占蛋白质总量的1/3～2/3。

核苷不再经过水解即可直接被吸收。许多组织(如脾、肝、肾、骨髓等)的提取液可以将核苷水解成为戊糖及嘌呤或嘧啶类化合物,可见这些组织含有核苷酶。

二维码 2-1

核酸的消化产物如单核苷酸及核苷都能被吸收而进入人体内,但是人体不一定需要依靠食物供给核酸,因为核苷酸在体内可以由其他物质合成。核苷酸可进一步合成核酸,也可再行分解。

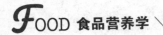

2.2.4　维生素与矿物质的消化

在人体消化道内没有分解维生素的酶。胃液的酸性、肠液的碱性等变幻不定的环境条件，其他食物成分，以及氧的存在都可能对不同的维生素产生影响。水溶性维生素在动、植物性食品的细胞中以结合蛋白质的形式存在，在细胞崩解过程和蛋白质消化过程中，这些结合物被分解，从而释放出维生素。脂溶性维生素溶于脂肪，可随着脂肪的乳化与分散而同时被消化。维生素只有在一定的 pH 范围内，而且往往是在无氧的条件下才具有最大的稳定性，因此，某些易氧化的维生素，如维生素 A 在消化过程中也可能会被破坏。摄入足够量的维生素 E，可作为抗氧化剂，减少维生素在消化过程中的氧化分解。

矿物质在食物中有的呈离子状态存在，即溶解状态，例如液体食物中的钾、钠、氯离子，它们既不生成不溶性盐，也不生成难分解的复合物，可直接被机体吸收。有些矿物质则相反，它们结合在食品的有机成分上，例如乳酪蛋白中的钙结合在磷酸根上；铁多存在于血红蛋白之中；许多微量元素存在于酶内。人体胃肠道中没有能将这些矿物质分解出来的酶，因此，这些矿物质往往是在食物的消化过程中，缓慢地从有机成分中释放出来的，其可利用的程度（可利用性）则与食品的性质以及与其他成分的相互作用密切相关。但某些无机盐与食品中的其他成分形成难溶性的盐，会造成无机盐吸收率的下降。例如，某些蔬菜所含的草酸和某些谷物中的植酸，就能与钙、铁等离子生成难溶的草酸盐和植酸盐，从而造成无机盐吸收利用率的下降。

2.3　食物的吸收

要点 3　食物的吸收
- 碳水化合物消化产物的吸收
- 脂类消化产物的吸收
- 蛋白质消化产物的吸收

2.3.1　吸收概述

食品经过消化，将大分子物质变成小分子物质，其中多糖分解成单糖，蛋白质分解成氨基酸，脂肪分解成脂肪酸、单酰甘油酯等。维生素与无机盐则在消化过程中从食物的细胞中释放出来。这些小分子物质只有透过肠壁进入血液，随血液循环到达身体各部分，才能进一步被组织和细胞所利用。食物经分解后透过消化道管壁进入血液循环的过程称为吸收。

吸收情况因消化道部位的不同而不同。口腔及食管一般不吸收任何营养素；胃可以吸收乙醇和少量的水分；回肠吸收维生素 B_{12} 和胆盐，结肠可以吸收水分及盐类；小肠才是吸收各种营养成分的主要部位（图 2-2）。

人的小肠长约 4 m，是消化道最长的一段。肠黏膜具有环状皱褶并拥有大量绒毛及微绒毛。绒毛是小肠黏膜的微小突出结构，长度（人类）为 0.5～1.5 mm，密度为 10～40 个/mm，绒毛上还有微绒毛（图 2-3）。皱褶与大量绒毛和微绒毛结构，使小肠黏膜拥有巨大的吸收面积

（总吸收面积可达 $200\sim400~m^2$），而且食物在小肠内停留时间较长（$3\sim8~h$），这都为食物成分得以充分吸收提供了保障。

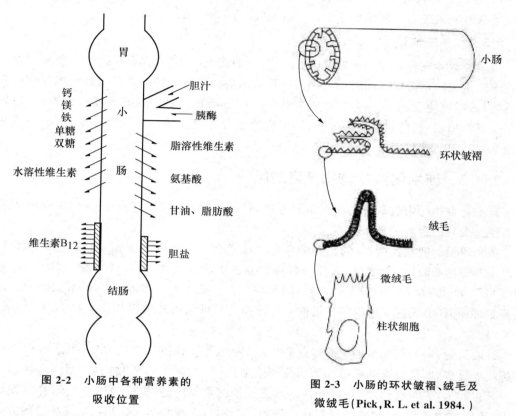

图 2-2　小肠中各种营养素的
吸收位置

图 2-3　小肠的环状皱褶、绒毛及
微绒毛（Pick，R. L. et al. 1984.）

　　小肠黏膜的吸收即营养物质穿过生物膜的过程，因此其吸收方式存在被动转运与主动转运两类。

2.3.1.1　被动转运

　　被动转运过程主要包括简单扩散、易化扩散、滤过作用、渗透等。

　　（1）简单扩散。物质在不借助蛋白质载体的情况下从细胞膜浓度高的一侧向浓度低的一侧转运的过程。由于细胞膜是磷脂双分子层，脂溶性物质更易进入细胞。物质进入细胞的速度决定于它在脂质中的溶解度和分子大小。溶解度越大的物质透过越快。如果在脂质中的溶解度相等，则较小分子的物质透过较快。

　　（2）易化扩散。指非脂溶性物质或亲水物质如 Na^+、K^+、葡萄糖和氨基酸等不能透过细胞膜的双层脂类，需在细胞膜上的蛋白质载体的帮助下，细胞膜的高浓度一侧向低浓度一侧扩散或转运的过程。与易化扩散有关的载体和它们所转运的物质之间，具有高度的结构特异性，即每一种蛋白质只能运转具有某种特定化学结构的物质。易化扩散的另一个特点是所谓的饱和现象，即扩散通量一般与浓度梯度的大小呈正比，当浓度梯度增加到一定限度时，扩散通量就不再增加。

　　（3）滤过作用。胃肠黏膜的上皮细胞可以看作是滤过器，如果胃肠腔内的压力超过毛细

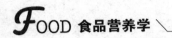

血管时,水分和其他物质就可以滤入血液。

(4)渗透。是特殊情况下的扩散。当细胞膜两侧产生不相等的渗透压时,渗透压较高的一侧将从另一侧吸引一部分水过来,以求达到渗透压的平衡。

2.3.1.2 主动转运

指某种营养成分必须要逆着浓度梯度(化学的或电荷的)的方向穿过细胞膜的过程。营养物质的主动转运需要有细胞膜上蛋白质载体的协助。主动转运的特点是载体在转运营养物质时,需提供能量,能量来自三磷酸腺苷(ATP)的分解。这一转运系统可以饱和,且最大转运量可被抑制,载体系统有特异性,即细胞膜上存在着几种不同的载体系统,每一系统只运载某些特定的营养物质。

2.3.2 碳水化合物消化产物的吸收

碳水化合物的吸收几乎全部在小肠完成,且以单糖形式被吸收。肠道内的单糖主要有葡萄糖及少量的半乳糖和果糖等。

各种单糖的吸收速度不同,己糖的吸收速度很快,而戊糖(如木糖)的吸收速度则很慢。若以葡萄糖的吸收速度为100,人体对各种单糖的吸收速度如下:D-半乳糖(110)$>D$-葡萄糖(100)$>D$-果糖(70)$>$木糖醇(36)$>$山梨醇(29)。这与在大鼠身上所观察到的吸收比例关系非常相似(半乳糖:葡萄糖:果糖:甘露糖:木糖:阿拉伯糖为110:100:43:19:15:9)。

目前认为,葡萄糖和半乳糖的吸收是主动转运,需要载体蛋白质,是一个逆浓度梯度进行的耗能过程,即使血液和肠腔中的葡萄糖浓度比例为200:1,吸收仍可进行,而且速度很快。其过程为:先与载体及 Na^+ 结合,一起进入细胞膜的内侧,把葡萄糖和 Na^+ 释放到细胞质中,然后 Na^+ 再借助 ATP 的代谢移出细胞(图2-4);戊糖和多元醇则以单纯扩散的方式吸收,即由高浓度区经细胞膜扩散和渗透到低浓度区,吸收速度相对较慢;果糖可能在微绒毛载体的帮助下使达到扩散平衡的速度加快,但并不消耗能量,此种吸收方式称为易化扩散(facilitated diffusion),吸收速度比单纯扩散要快。蔗糖在肠黏膜刷状缘表层水解为果糖和葡萄糖,果糖可通过易化扩散吸收。

2.3.3 脂类消化产物的吸收

脂类的吸收主要在十二指肠的下部和空肠上部。脂肪消化后形成甘油、游离脂肪酸、单酰甘油酯、少量二酰甘油酯以及未消化的三酰甘油酯。短链和中链脂肪酸组成的三酰甘油酯容易分散和被完全水解。短链和中链脂肪酸经门静脉入肝。长链脂肪酸组成的三酰甘油酯经水解后,其长链脂肪酸在肠壁被再次酯化为三酰甘油酯,经淋巴系统进入血液循环。在此过程中胆酸盐将脂肪进行乳化分散,以利于脂肪的水解、吸收(图2-5)。

各种脂肪酸的极性和水溶性均不同,其吸收速率也不相同。吸收率的大小依次为:短链脂肪酸$>$中链脂肪酸$>$不饱和长链脂肪酸$>$饱和长链脂肪酸。脂肪酸水溶性越小,胆盐对其吸收的促进作用也越大。甘油水溶性大,不需要胆盐即可通过黏膜经门静脉吸收入血。

大部分食用脂肪均可被完全消化吸收、利用;如果大量摄入消化吸收慢的脂肪,很容易

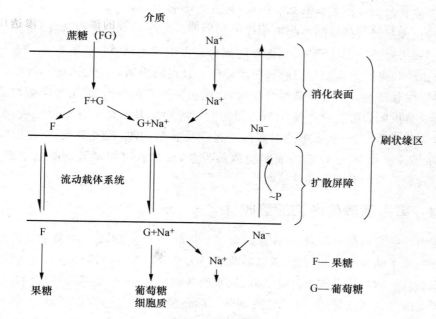

图 2-4 蔗糖吸收模式

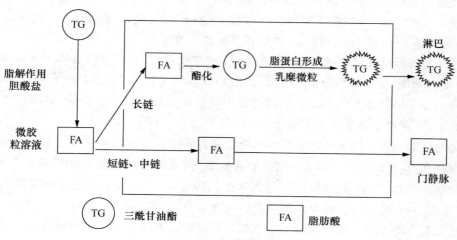

图 2-5 脂类吸收模式

使人产生饱腹感,而且其中的一部分尚未被消化吸收就会随粪便排出;那些易被消化吸收的脂肪,则不易令人产生饱腹感,并很快就会被机体吸收利用。

一般脂肪的消化率为 95%,奶油、椰子油、豆油、玉米油与猪油等都能全部被人体在 6～8 h 内消化,并在摄入后的 2 h 可吸收 24%～41%,4 h 可吸收 53%～71%,6 h 达 68%～86%。婴儿与老年人对脂肪的吸收速度较慢。脂肪乳化剂不足可降低吸收率。若摄入过量的钙,会影响高熔点脂肪的吸收,但不影响多不饱和脂肪酸的吸收,这可能是钙离子与饱和脂肪酸形成难溶的钙盐所致。

人体从食物中获得的胆固醇,称作外源性胆固醇,为 10～1 000 mg/d,多来自动物性食

品；由肝脏合成并随胆汁进入肠腔的胆固醇，称作内源性胆固醇，为 2～3 g/d。肠吸收胆固醇的能力有限，成年人胆固醇的吸收速率约为每天 10 mg/kg。大量进食胆固醇时吸收量可加倍，但最多每天吸收 2 g(上限)。内源性胆固醇约占胆固醇总吸收量的一半。食物中的自由胆固醇可由小肠黏膜上皮细胞吸收。胆固醇酯则经过胰胆固醇酯酶水解后吸收。肠黏膜上皮细胞将三酰甘油酯等组合成乳糜微粒时，也把胆固醇掺入在内，成为乳糜微粒的组成部分。吸收后的自由胆固醇又可再酯化为胆固醇酯。胆固醇并不是百分之百吸收，自由胆固醇的吸收率比胆固醇酯高；禽蛋中的胆固醇大多数是非酯化的，较易吸收；植物固醇如 β-谷固醇，不但不易被吸收，而且还能抑制胆固醇的吸收，可见食物胆固醇的吸收率波动较大。通常食物中的胆固醇约有 1/3 能够被吸收。

2.3.4　蛋白质消化产物的吸收

天然蛋白质被蛋白酶水解后，其水解产物大约 1/3 为氨基酸，2/3 为寡肽。这些产物在肠壁的吸收远比单纯混合氨基酸快，而且吸收后绝大部分以氨基酸形式进入门静脉。

肠黏膜细胞的刷状缘含有多种寡肽酶，能水解各种由 2～6 个氨基酸组成的寡肽。水解释放出的氨基酸可被迅速转运，透过细胞膜进入肠黏膜细胞再进入血液循环。肠黏膜细胞的胞液中也含有寡肽酶，可以水解二肽与三肽。一般认为，四肽以上的寡肽，首先被刷状缘中的寡肽酶水解成二肽或三肽，吸收进入肠黏膜细胞后，再被细胞液中的寡肽酶进一步水解成氨基酸。有些二肽，比如含有脯氨酸或羟脯氨酸的二肽，必须在胞液中才能分解成氨基酸，甚至其中少部分(约 10%)则以二肽形式直接进入血液。

各种氨基酸都是通过主动转运方式吸收，吸收速度很快，它在肠内容物中的含量从不超过 7%。实验证明，肠黏膜细胞上具有载体，能与氨基酸及钠离子先形成三联结合体，再转入细胞膜内。三联结合体上的 Na^+ 在转运过程中则借助钠泵主动排出细胞，使细胞内 Na^+ 浓度保持稳定，并有利于氨基酸的不断吸收。

不同的转运系统作用于不同氨基酸的吸收能力不同。中性氨基酸转运系统对中性氨基酸有高度亲和力，可转运芳香族氨基酸(苯丙氨酸、色氨酸及酪氨酸)、脂肪族氨基酸(丙氨酸、丝氨酸、苏氨酸、缬氨酸、亮氨酸及异亮氨酸)、含硫氨基酸(蛋氨酸及半胱氨酸)，以及组氨酸、胱氨酸、谷氨酰胺等。此类载体系统转运速度最快，所吸收蛋白质的速度依次为，蛋氨酸＞异亮氨酸＞缬氨酸＞苯丙氨酸＞色氨酸＞苏氨酸。部分甘氨酸也可借此载体转运。碱性氨基酸转运系统可转运赖氨酸及精氨酸，转运速率较慢，仅为中性氨基酸载体转运速率的10%。酸性氨基酸转运系统主要转运天门冬氨酸和谷氨酸。亚氨基酸和甘氨酸转运系统则转运脯氨酸、羟脯氨酸及甘氨酸，转运速率很慢，因含有这些氨基酸的二肽可直接被吸收，故此载体系统在氨基酸吸收上意义不大。

2.3.5　维生素的吸收

水溶性维生素一般以简单扩散方式被充分吸收，特别是相对分子质量小的维生素更容易吸收。维生素 B_{12} 则需与内因子结合成一个大分子物质才能被吸收，此内因子是相对分子质量为 53 000 的一种糖蛋白，由胃黏膜壁细胞合成。脂溶性维生素因溶于脂类物质，它们的吸收与脂类相似。脂肪可促进脂溶性维生素吸收。

2.3.6 水与矿物质的吸收

每日进入成人小肠的水分为 5~10 L,这些水分来自摄入的食物和人体消化液,且主要来自消化液。成人每日尿量平均约 1.5 L,粪便中可排出少量(约 150 mL),其余大部分水分都由消化道重新吸收。

大部分水分的吸收是在小肠内进行的,未被小肠吸收的剩余部分则由大肠继续吸收。小肠吸收水分的主要动力是渗透压。随着小肠对食物消化产物的吸收,肠壁渗透压会逐渐增高,形成促使水分吸收的极为重要的环境因素,尤其是钠离子的主动转运。在任何物质被吸收的同时都伴有水分的吸收。

无机盐可通过单纯扩散方式被动吸收,也可通过特殊转运途径主动吸收。食物中钠、钾、氯等的吸收主要取决于肠内容物与血液之间的渗透压差、浓度差和 pH 差。其他矿物质元素的吸收则与其化学形式、与食品中其他物质的作用以及机体的机能作用等密切相关。

钠和氯一般以氯化钠(食盐)的形式摄入。人体每日由食物获得的氯化钠为 8~10 g,几乎完全被吸收。钠和氯的摄入量与排出量一般大致相当,当食物中缺乏钠和氯时,其排出量也相应减少。根据电中性原则,溶液中的正负离子电荷必须相等,因此,在钠离子被吸收的同时,必须有等量电荷的阴离子朝同一方向,或有另一种阳离子朝相反方向转运,故氯离子至少有一部分是随钠离子一同吸收的。钾离子的净吸收可能随同水的吸收被动进行。正常人每日摄入钾为 2~4 g,绝大部分可被吸收。

钙的吸收通过主动转运进行,并需要维生素 D 的参与。钙盐大多在可溶状态(即钙为离子状态),且在不被肠腔中任何其他物质沉淀的情况下才可吸收。钙在肠道中的吸收很不完全,有 70%~80% 存留在粪便中,这主要是由于钙离子可与食物及肠道中存在着的植酸、草酸及脂肪酸等阴离子形成不溶性钙盐所致。机体缺钙时钙吸收率会增大。

铁的吸收主要在十二指肠和空肠。肠道内铁的吸收率与铁的存在形式有十分密切的关系。当食物中的铁以三价铁的形式出现时,不易被吸收。它只有还原为二价的亚铁后才能转运进入小肠黏膜细胞内。亚铁的吸收速度比相同量的三价铁要快 2~5 倍。进入小肠黏膜的亚铁,与小肠黏膜细胞内的运铁蛋白结合,将亚铁转运给小肠黏膜细胞基底侧膜上的运铁蛋白受体,经受体介导,再转运到细胞外间隙,并与细胞间液中的运铁蛋白结合,从细胞外液扩散进入血液。当小肠黏膜细胞中的 Fe^{2+} 超出机体的需要时,则与胞质中的脱铁蛋白结合,形成铁蛋白,储存于细胞内,并随着上皮细胞的脱落而丢失。

? 思考题

1. 详述人体消化系统的组成和功能。
2. 食品的消化有哪些形式?各有何特点?
3. 食品的吸收有哪些形式?各有何特点?
4. 各种营养素在人体内如何进行消化吸收?

CHAPTER 3

第 3 章
营养与能量平衡

【学习目的和要求】

1. 掌握能量系数、人体能量消耗的构成及影响因素；

2. 了解能量单位和能值、能量消耗量的测定及估算方法、能量的膳食来源及参考摄入量。

【学习重点】

能量系数、人体能量消耗的构成。

【学习难点】

能量消耗量的测定及估算方法。

Food Nutrition

引例

能量平衡？

在科技不断发展的今天，饮食对我们来说太重要了，现代社会的各种食物，已不再是以前那种粗茶淡饭了，各种多样化的食物不断涌现。我们每天摄取的各种食物经过消化、吸收、代谢，即食物的营养素在人体燃烧，产生了热能，转化为人体生命活动中的动力——能量，有了能量我们才可以进行生命活动，所以说能量是生命的动力。值得注意的是，缺乏能量，体力精力就会受到影响，人也变得消瘦；能量过剩，多余的能量物质就会转化为脂肪，超重、肥胖等现代病也会不断出现，不合理的能量摄入很容易给我们带来疾病。对于我们大学生，我们必须有健康的体魄，具备热血青年的蓬勃朝气，才能成为国家栋梁。那么，掌握一定的营养知识，形成良好的饮食习惯，关注自我，关注健康就成为我们不可忽视的问题。想要拥有一个强健的体魄就要做到能量平衡，究竟什么是能量平衡，人体能量消耗都包括哪些部分呢？能量又如何进行测定？能量的食物来源和参考摄入量分别是多少呢？我们又要如何做，才能达到能量平衡呢？

3.1 概述

要点 1 能量概述
- 能量单位
- 能量系数
- 能量来源

一切生物都需要能量（energy）来维持生命活动。人体为维持生命活动及从事各种体力活动，必须每天从各种食物中获得能量。不仅体力活动需要能量，机体处于安静状态下也需要消耗能量来维持体内器官中每一个细胞的正常生理活动和维持正常体温。如果人体摄入能量不足，机体会动用自身能量储备甚至消耗自身组织以满足生命活动对能量的需要；若长期处于能量不足状态则可导致生长发育缓慢、消瘦、活力消失甚至生命活动停止而死亡。反之，若能量摄入过剩，会以脂肪形式储存于体内，长期能量过剩会发生异常的脂肪堆积。因此，能量的供需平衡是营养学最基本的问题。

3.1.1 能量单位

营养学上的基本能量单位是卡（calorie，cal），定义为将 1 g 纯净水从 15 ℃ 升高到 16 ℃ 所需要的热量，食物的能值通常采用千卡（kcal）为单位。1969 年在布拉格召开的第七次国际营养学会议上推荐采用焦耳（joule，J）代替卡。

1 J 相当于用 1 N 的力使 1 kg 的物体移动 1 m（meter，m）所消耗的能量。1 000J＝1 kJ，1 000 kJ＝1 MJ（兆焦耳）。焦耳与卡的换算关系如下：

1 cal＝4.184 J   1 J＝0.239 cal

1 kcal＝4.184 kJ   1 kJ＝0.239 kcal

1 000 kcal＝4.184 MJ   1 MJ＝239 kcal

3.1.2 能量来源

生物中的能量来源于太阳的辐射能。植物借助叶绿素的功能吸收并利用太阳辐射能,通过光合作用将二氧化碳和水合成碳水化合物,植物还可以吸收利用太阳辐射合成脂类、蛋白质。而动物在食用植物时,实际上是从植物中间接吸收利用太阳辐射能,人类则是通过摄取动、植物性食物中的蛋白质、脂类和碳水化合物这三大生热营养素获得所需要的能量。

3.1.2.1 碳水化合物

碳水化合物是体内的主要供能物质,是为机体提供热能最多的营养素,一般来说,机体所需热能的55％～65％都是由食物中的碳水化合物提供的。食物中的碳水化合物经消化产生的葡萄糖被吸收后,约有20％以糖原的形式贮存在肝脏和肌肉中。肌糖原是贮存在肌肉中随时可动用的贮备能源,可提供肌体运动所需要的热能,尤其是高强度和持久运动时的热能需要。肝糖原也是一种贮备能源,贮存量不大,主要用于维持血糖水平的相对稳定。

脑组织所需能量的唯一来源是碳水化合物,在通常情况下,脑组织消耗的热能均来自碳水化合物在有氧条件下的氧化,这使碳水化合物在能量供给上更具有其特殊重要性。脑组织消耗的能量相对较多,因而脑组织对缺氧非常敏感。另外,由于脑组织代谢消耗的碳水化合物主要来自血糖,所以脑功能对血糖水平有很大的依赖性。人体虽然可以依靠其他物质供给能量,但必须定时进食一定量的碳水化合物,维持正常血糖水平以保障大脑的功能。

3.1.2.2 脂肪

脂肪也是人体重要的供能物质,是单位产热量最高的营养素,在膳食总能量中有20％～30％是由脂肪提供的。脂肪还构成了人体内的贮备热能,当人体摄入能量不能及时被利用或过多时,无论是蛋白质、脂肪还是碳水化合物,都是以脂肪的形式储存下来。所以,在体内的全部贮备脂肪中,一部分是来自食物的外源性脂肪,另一部分则是来自体内碳水化合物和蛋白质转化成的内源性脂肪。当体内热能不足时,贮备脂肪又可被动员释放出热量以满足机体的需要。

3.1.2.3 蛋白质

蛋白质在体内的功能主要是构成体蛋白,而供给能量并不是它的主要生理功能,人体每天所需要的能量有10％～15％由蛋白质提供。蛋白质分解成氨基酸,进而再分解成非氮物质与氨基,其中非氮物质可以氧化供能。人体在一般情况下主要是利用碳水化合物氧化供能,但在某些特殊情况下,机体所需能源物质供能不足,如长期不能进食或消耗量过大时,体内的糖原和贮存脂肪已大量消耗之后,将依靠组织蛋白质分解产生氨基酸来获得能量,以维持必要的生理功能。

3.1.3 能量系数

碳水化合物、脂肪和蛋白质这三大生热营养素在氧化燃烧生成 CO_2 和 H_2O 的过程中,释放出大量的热能供机体利用。每克碳水化合物、脂肪、蛋白质在体内氧化所产生的热能值称为能量系数(或热能系数)。

食物可在体内氧化,也可在体外燃烧,体内氧化和体外燃烧的化学本质是一致的。食物及其产热营养素所产生的能量有多少,可利用测热器(弹式热量计)进行精确的测量。将被测样品放入测热器的燃烧室中完全燃烧使其释放出热能,并用水吸收释放出的全部热能而使水温升高,根据样品的重量、水量和水温上升的度数,即可推算出所产生的能量。食物中每克碳水化合物、脂肪和蛋白质在体外充分氧化燃烧可分别产生 17.15 kJ(4.10 kcal)、39.54 kJ(9.45 kcal)和23.64 kJ(5.65 kcal)的能量,然而由于食物中的能量营养素不可能全部被消化吸收,且消化率也各不相同,一般混合膳食中碳水化合物的消化率为 98%、脂肪95%、蛋白质92%。另外,消化吸收后,在体内生物氧化的过程和体外燃烧的过程不尽相同。吸收后的碳水化合物和脂肪在体内可完全氧化为 CO_2 和 H_2O,其终产物及产热量与体外相同,但蛋白质在体内不能完全氧化,其终产物除 CO_2 和 H_2O 外,还有尿素、尿酸、肌酐等含氮物质通过尿液排到体外,若把 1 g 蛋白质在体内产生的这些含氮物在体外测热器中继续氧化还可产生 5.44 kJ 的热量。因此,营养学在实际应用时,碳水化合物、脂肪、蛋白质的能量系数按以下关系换算:

1 g 碳水化合物产生的热能为 17.15 kJ×98%=16.81 kJ(4.02 kcal);

1 g 脂肪产生的热能为 39.54 kJ×95%=37.56 kJ(8.98 kcal);

1 g 蛋白质产生的热能为(23.64 kJ−5.44 kJ)×92%=16.74 kJ(4.0 kcal)。

除此之外,酒中的乙醇也能提供较高的热能,每克乙醇在体内可产热为 29.29 kJ(7.0 kcal)。

3.2 人体的能量消耗

要点 2 能量消耗

- 基础代谢率
- 影响基础代谢的因素
- 体力活动的能量消耗
- 食物的热效应

人体能量需要与消耗是一致的,成人每日的能量消耗主要由基础代谢、体力活动及食物的热效应作用三方面构成,其中体力活动所消耗的能量,所占的比重最大。孕妇还包括胎儿的生长发育及子宫、胎盘、乳房等组织的增长和体脂储备等能量需要,乳母则需要合成乳汁的能量。情绪、精神状态、身体状态等也会影响到人体对能量的需要,对于处于生长发育过程中的婴幼儿、儿童、青少年还包括生长发育的能量需要。

3.2.1 基础代谢

基础代谢(basal metabolism,BM)是指机体用于维持体温、心跳、各器官组织和细胞基本功能等最基本生命活动的能量消耗。基础代谢在每日能量总消耗中所占的比重最大,占

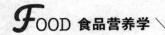

60%～70%。WHO/FAO 对基础代谢的测定方法为机体处于安静和松弛的休息状态下,空腹(进餐后 12～14 h)、清醒、静卧于 20～25 ℃的舒适环境中维持心跳、呼吸、血液循环、某些腺体分泌、维持肌肉紧张度等基本生命活动时所需的热量,其能量代谢不受精神紧张、肌肉活动、食物和环境温度等因素的影响。

3.2.1.1　基础代谢率

基础代谢的水平用基础代谢率(basal metabolism rate,BMR)来表示,是指人体处于基础代谢状态下,每小时每千克体重(每 1 m² 体表面积)所消耗的能量,BMR 的常用单位为 kJ/(m² · h)、kJ/(kg · h)、kcal/d 或 MJ/d。基础代谢与体表面积密切相关,体表面积又与身高、体质量有密切的关系,根据体表面积或体质量可以推算出人体一日基础代谢的能量消耗。人体正常基础代谢见表 3-1、表 3-2。

表 3-1　人体基础代谢

年龄/岁	男		女	
	kJ/(m² · h)	kcal/(m² · h)	kJ/(m² · h)	kcal/(m² · h)
1～	221.8	53.0	221.8	53.0
3～	214.6	51.3	214.2	51.2
5～	206.3	49.3	202.5	48.4
7～	197.9	47.3	200.0	45.4
9～	189.1	45.2	179.3	42.8
11～	179.9	43.0	175.7	42.0
13～	177.0	42.3	168.5	40.3
15～	174.9	41.8	158.8	37.9
17～	170.7	40.8	151.9	36.3
19～	164.4	39.2	148.5	35.5
20～	161.5	38.6	147.7	35.3
25～	156.9	37.5	147.3	35.2
30～	154.0	36.8	146.9	35.1
35～	152.7	36.5	146.9	35.0
40～	151.9	36.3	146.0	34.9
45～	151.5	36.2	144.3	34.5
50～	149.8	35.8	139.7	33.9
55～	148.1	35.4	139.3	33.3
60～	146.0	34.9	136.8	32.7
65～	143.9	34.4	134.7	32.2
70～	141.4	33.8	132.6	31.7
75～	138.9	33.2	131.0	31.3
80～	138.1	33.0	129.3	30.9

表 3-2 按体质量计算基础代谢的公式

性别	年龄/岁	BMR/(kcal/d)	r	SD	BMR/(MJ/d)	r	SD
男	0～	$60.9m-54$	0.97	53	$0.255m-0.226$	0.97	0.222
	3～	$22.7m+495$	0.86	62	$0.094\ 9m+2.07$	0.86	0.259
	10～	$17.5m+651$	0.90	100	$0.073\ 2m+2.72$	0.90	0.418
	18～	$15.3m+679$	0.65	151	$0.064\ 0m+2.84$	0.65	0.632
	30～	$11.6m+879$	0.60	164	$0.048\ 5m+3.67$	0.60	0.686
	60～	$13.5m+487$	0.79	148	$0.056\ 5m+2.04$	0.79	0.619
女	0～	$61.0m-51$	0.97	61	$0.255m-0.214$	0.97	0.225
	3～	$22.5m+499$	0.85	63	$0.094\ 1m+2.09$	0.85	0.264
	10～	$12.2m+746$	0.75	117	$0.051\ 0m+3.12$	0.75	0.489
	18～	$14.7m+496$	0.72	121	$0.061\ 5m+2.08$	0.72	0.506
	30～	$8.7m+829$	0.70	108	$0.036\ 4m+3.47$	0.70	0.452
	60～	$10.5m+596$	0.74	108	$0.043\ 9m+2.49$	0.74	0.452

注:r 为相关系数;SD 为基础代谢实测值与计算值之间差别的标准差;m 为体质量,kg。

3.2.1.2 影响基础代谢的因素

(1)体型与机体构成。体型影响体表面积,体表面积越大,机体向外界环境散发的热量越多,基础代谢水平也越高。机体的瘦体质(lean body mass,LBM)或称去脂体质(fat-free mass,FFM)是包括肌肉、心脏、脑、肝脏和肾脏等代谢活跃的组织,其消耗的能量占基础代谢水平的 70%～80%,而脂肪组织是相对惰性的组织,能量消耗量明显小于前者。因此,相同体质量者,瘦高体型的人基础代谢水平高于矮胖的人,主要是前者体表面积大和瘦体质比例较高造成的。

(2)年龄及生理状态。生长期的婴幼儿基础代谢率高,随年龄增长基础代谢率下降。一般成人基础代谢率低于儿童,老年人低于成年人。孕妇因合成新组织,基础代谢率增高。

(3)性别。女性瘦体质量所占比例低于男性,脂肪的比例高于男性,因而同龄女性基础代谢率低于男性,一般低 5%～10%。

(4)激素。体内许多腺体所分泌的激素,对细胞的代谢及调节具有较大的影响,如甲状腺素可使细胞内的氧化过程加快,当甲状腺功能亢进时,基础代谢明显增高。

(5)季节与劳动强度。基础代谢率在不同季节和不同劳动强度的人群中存在一定差别,一般在寒季基础代谢高于暑季;劳动强度高者大于劳动强度低者。

3.2.2 体力活动的能量消耗

体力活动的能量消耗也称为运动的生热效应(thermic effect of exercise,TEE)。体力活动的能量消耗是构成人体总能量消耗的重要部分,是人体能量消耗中变动最大的部分,为总能量的 15%～30%,人体能量需要量的不同主要体现在体力活动的差别。人体从事各种活动消耗的能量,主要取决于体力活动的强度和持续时间,体力活动一般包括职业活动、社会活动、家务活动和休闲活动等。因职业不同造成的能量消耗差别最大。伴随中国经济发

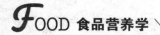

展、职业活动(劳动)强度及条件的改善,已建议将中国人群的劳动强度由 5 级调整为 3 级,即轻、中、重 3 级(表 3-3),根据不同级的体力活动水平(physical activity level,PAL)值可推算出能量消耗量。

表 3-3　建议中国成人活动水平分级

活动水平	职业工作时间分配	工作内容举例	体力活动水平	
			男	女
轻	75%时间坐或站立 25%时间站着活动	办公室工作、修理电器钟表、售货员、酒店服务员、化学实验操作、讲课等	1.55	1.56
中	25%时间坐或站立 75%时间特殊职业活动	学生日常活动、机动车驾驶、电工安装、车床操作、金工切割等	1.78	1.64
重	40%时间坐或站立 60%时间特殊职业活动	非机械化农业劳动、炼钢、舞蹈体育运动、装卸、采矿等	2.10	1.82

注:体力活动水平等于 24 h 总能量消耗量除以 24 h 基础代谢。

影响体力活动能量消耗的因素:(1)肌肉越发达者,活动能量消耗越多;(2)体重越重者,能量消耗越多;(3)劳动强度越大、持续时间越长,能量消耗越多;(4)与工作的熟练程度有关。其中劳动强度和持续时间是主要影响因素,而劳动强度主要涉及劳动时牵动的肌肉多少和负荷的大小。

3.2.3　食物的热效应

食物热效应(thermic effect of food,TEF)也称食物的特殊动力作用(specific dynamic action,SDA),指人体摄食过程而引起的能量消耗额外增加的现象,即摄食后一系列消化、吸收、合成活动及营养素和营养素代谢产物之间相互转化过程中的能量消耗。不同食物或营养素的热效应不同。蛋白质的食物热效应最大,约相当于本身产热能的 30%;碳水化合物为 5%～6%;脂肪为 4%～5%。成人食用普通混合膳食,每日食物热效应约 627.6 kJ(150 kcal),相当于基础代谢的 10%。

食物热效应只增加体热的外散,而不能增加可利用的能量,换言之,食物热效应对于人体是一种损耗而不是一种收益。当只够维持基础代谢的食物摄入后,消耗的能量多于摄入的能量,外散的热多于食物摄入的热,而此项额外的能量却不是无中生有的,而是来源于体内的营养贮备,因此,为了保存体内的营养贮备,进食时必须考虑食物热效应额外消耗的能量,使摄入的能量与消耗的能量保持平衡。

3.2.4　生长发育

正在生长发育的机体还要额外消耗能量维持机体的生长发育。婴幼儿、儿童、青少年生长发育所需的能量主要用于形成新的组织及新组织的新陈代谢。例如,3～6 个月的婴儿每天有 15%～23% 的能量储存于机体建立的新组织;婴儿每增加 1 g 体重约需要 20.9 kJ(5 kcal)能量。生长发育所需的能量,在出生后前 3 个月占总能量需要量的 35%,在 12 个月时迅速降到总能量需要量的 5%,出生后第二年约为总能量需要量的 3%,到青少年期为总

能量需要量的 $1\%\sim2\%$。

孕妇在怀孕期间,胎盘、胎儿的增长和母体组织(如子宫、乳房、脂肪储存等)的增加需要额外的能量,此外也需要额外的能量维持这些增加组织的代谢;哺乳期妇女的能量消耗除自身的需要外,也用于乳汁合成与分泌,营养良好的乳母哺乳期所需要的附加能量可部分来源于孕期脂肪的储存。

3.2.5 影响能量消耗的其他因素

除上述影响基础代谢的几种因素对机体能量消耗有影响之外,人体能量消耗还受情绪和精神状态影响。脑的重量只占体重的 2%,但脑组织的代谢水平是很高,例如,精神紧张地工作,可使大脑的活动加剧,能量代谢增加 $3\%\sim4\%$,当然,与体力劳动比较,脑力劳动的消耗仍然相对较少。

3.3 人体能量消耗的测定

要点3 人体能量消耗的测定
- 直接测定法
- 间接测定法

人体能量的消耗实际上就是指人体对能量的需要,其测定方法有直接测定法和间接测定法。

3.3.1 直接测定法

直接测定法是测量总能量消耗(total energy expenditure,TEE)最准确的方法,其原理是让受试者置于密度测热室内,该室四周被水管包围并与外界隔热,机体所散发的热量可被水吸收,并通过液体和金属的传导进行测定,此法可对受试者在小室内进行不同强度的各种类型的活动所产生和放散的热能予以测定。这种方法原理很简单,类似于氧弹热量计,但实际建造、投资很大,且不适于复杂的现场测定,其应用受到限制,目前主要用于肥胖和内分泌系统功能障碍的研究。

3.3.2 间接测定法

3.3.2.1 气体代谢法

气体代谢法又称呼吸气体分析法,是通过间接测热系统测量呼吸中气体交换率,即氧气消耗量和二氧化碳产生量,获得受试者的基础能量消耗(basal energy expenditure,BEE)或不同身体活动的能量消耗(active energy expenditure,AEE)。其基本原理是测定机体在一定时间内的氧气消耗量和二氧化碳的产生量来推算呼吸商,根据相应的氧热价间接计算出这段时间内机体的能量消耗。实验时,被测对象在一个密闭的气流循环装置内进行特定活动,测定装置内的氧气和二氧化碳浓度变化。

机体依靠呼吸功能从外界摄取氧,以供各种物质氧化的需要,同时也将代谢终产物二氧化碳呼出体外,一定时间内机体的二氧化碳产量与消耗氧气量的比值称为呼吸商(respiratory quotient,RQ),即:

$$呼吸商=\frac{产生的\ CO_2\ (mL/min)}{消耗的\ O_2\ (mL/min)}$$

碳水化合物、蛋白质、脂肪氧化时,它们的 CO_2 产量与消耗 O_2 量各不相同,三者的呼吸商也不同,分别为 1.0、0.8、0.7。在日常生活中,人体摄入的都是混合膳食,呼吸商在 0.7～1.0。若摄入食物主要是碳水化合物,则 RQ 接近于 1.0,若主要是脂肪,则接近于 0.7。

食物的氧热价是指将某种营养物质氧化时,消耗 1L 氧所产生的能量。表3-4 列出了三大生热营养素的氧热价、呼吸商等数据。

表3-4　三大生热营养素的氧热价和呼吸商

营养素	耗 O_2 量/(L/g)	CO_2 产生量/(L/g)	氧热价/(kJ/L)	呼吸商(RQ)
碳水化合物	0.83	0.83	21.0	1.00
蛋白质	0.95	0.76	18.8	0.80
脂肪	2.03	1.43	19.7	0.71

实际应用中,因受试者食用的是混合膳食,此时呼吸商相应的氧热价为 20.2 kJ(4.83 kcal),只要测出一定时间内氧的消耗量即可计算出受试者在该时间内的产能量。

$$产能量=20.2(kJ/L)\times O_2\ 消耗量(L)$$

近年来,出现了便携式间接测热系统,这些仪器体积小、佩戴舒适,非常适合在现场、办公和家庭环境中应用,但工作时间只有 1～5 h,且价格较贵,通常只能检测个体水平上的 TEE 和 AEE。

3.3.2.2　双标记水法

双标记水法(double labeled water,DLW)是让受试者喝入定量的双标记水($^2H_2^{18}O$),在一定时间内(8～15 d)连续收集尿样,通过测定尿样中稳定的双标记同位素及消失率,计算能量消耗量。此法适用于任何人群和个体的测定,无毒无损伤,但费用高,需要高灵敏度、准确度高的同位素质谱仪及专业技术人员。近年来,此法主要用于测定个体不同活动水平(PAL)的能量消耗值。

3.3.2.3　心率监测法

用心率监测器和气体代谢法同时测量各种活动的心率和能量消耗量,推算出心率-能量消耗的多元回归方程。通过连续一段时间(3～7 d)监测实际生活中的心率,可参照回归方程推算受试者每天能量消耗的平均值。此法可消除一些因素对受试验者的干扰,但心率易受环境和心理的影响,目前仅限于实验室应用。

3.3.2.4　活动时间记录法

活动时间记录法是了解能量消耗最常用的方法。它是通过详细记录每人一天各种活动持续时间,然后按每种活动的能量消耗率计算全天的能量消耗量。各种活动的能量消耗率可以采取他人的测定结果或用直接测定法测定。此法优点是可以利用已有的测定资料,不需昂贵的仪器和较高的分析技术手段,但影响测定结果的因素较多,职业外活动记录难以准确,会导致结果有偏差。

3.3.2.5 要因加算法

要因加算法是将某一年龄和不同的人群组的能量消耗结合他们的基础代谢率来估算能量消耗量,即应用基础代谢率乘以体力活动水平来计算人体能量消耗量或需要量。能量消耗量或需要量＝基础代谢率×体力活动水平。此法通常适用于人群而不适于个体。此法可以避免活动时间记录法工作量大且繁杂甚至难以进行的缺陷。基础代谢率可以由直接测量推论的公式计算或参考引用被证实的本地区基础代谢率资料,体力活力水平可以通过活动记录法或心率监测法等获得。根据一天的各项活动可推算出综合能量指数(integrate energy index,IEI),从而推算出一天的总能量需要量。推算出全天的体力活动水平(PAL,表3-3)可进一步简化全天能量消耗量的计算(表 3-5)。

$$PAL = \frac{24\ h\ 总能量消耗量}{24\ h\ 的\ BMR(基础量)}$$

表 3-5 中体力劳动男子的能量需要量

活动类别	时间/h	能量	
		kcal	kJ
卧床 1.0×BMR	8	520	2 170
职业活动 1.7×BMR	7	1 230	5 150
随意活动:			
社交及家务 3.0×BMR	2	390	1 630
维持心血管和肌肉状况,中度活动不计	—	—	—
休闲时间有能量需要 4.0×BMR	7	640	2 680
总计:1.78×BMR	24	2 780	11 630

注:25 岁,体质量 58 kg,体质指数(BMI)22.4,估计 BMR 为 273 kJ(65.0 kcal)/h

3.4 能量代谢失衡

要点 4 能量代谢失衡

- 能量不足
- 能量过剩

在食物充足的情况下,正常成人可自动调节并能有效地从食物中摄取到自身消耗所需的能量,以维持人体能量代谢平衡。如果受客观条件及主观因素的影响,造成能量长期低于或高于消耗量,人体会处于能量失衡状态,首先反映到体质量的变化,进而发展到影响健康。因此,维持能量平衡和理想体质量是人体处于良好营养状态的前提。

3.4.1　体质量评价方法

常用评价体质量的方法来评价能量平衡。在营养调查中,通常用体质量、皮褶厚度仪测定脂肪与其他组织的相对构成来综合评价人体的胖瘦程度。体质指数(body mass index, BMI)的计算方法是体质量(kg)除以身高(m)的平方,即

$$BMI = 体质量(kg)/身高(m)^2$$

3.4.2　能量不足

如果能量长期摄入不足,人体就动用机体储存的糖原、脂肪、蛋白质参与供热,造成人体蛋白质缺乏,出现蛋白质—热能营养不良(protein-energy malnutrition, PEM)。其主要临床表现为消瘦、贫血、神经衰弱、皮肤干燥、脉搏缓慢、工作能力下降、体温低、抵抗力低,儿童出现生长停止等。因贫困及不合理喂养造成的儿童能量轻度缺乏较为常见。

3.4.3　能量过剩

二维码 3-1

长期能量摄入过多,会造成人体超重或肥胖,血糖升高,脂肪沉积,肝脂增加,肝功能下降。过度肥胖还造成肺功能下降,易引起组织缺氧,肥胖并发症的发病率增加,如脂肪肝、糖尿病、高血压、胆结石症、心脑血管疾病及某些癌症。伴随经济发展和生活水平的提高,能量摄入与体力活动的不平衡造成的饮食不良性肥胖已成为肥胖症及慢性病发病率增加的重要原因。控制饮食性肥胖的方法是控制饮食中能量,增加体力活动量。

3.5　能量的膳食参考摄入量与食物来源

要点 5　能量参考摄入量与食物来源
- 能量的推荐摄入量
- 能量的食物来源与构成

3.5.1　能量的推荐摄入量

能量需要量是指维持机体正常生理功能所需要的能量,即能长时间保持良好的健康状况,具有良好的体型、机体构成和活动水平的个体达到能量平衡,并能胜任必要的经济和社会活动所必需的能量摄入。对于孕妇、乳母、儿童等人群,还包括满足组织生长或分泌乳汁的能量需要。对于体质量稳定的成人个体,能有效自我调节食量摄入自身需要量,其能量需要量应等于消耗量。能量的推荐摄入量与各类营养素的推荐摄入量不同,它是以平均需要量(estimated average requirement, EAR)为基础,不增加安全量。根据目前中国经济水平、食物水平、膳食特点及人群体力活动的特点,结合国内外已有的研究资料,中国营养学会于2013 年制定了中国居民膳食能量推荐摄入量(附录1)。

3.5.2 能量的食物来源与构成

能量来源于食物中的碳水化合物、脂肪和蛋白质。按照等能定律从能量供给上讲,三种物质比例的变化并不影响能量的摄取,可以在一定程度上相互代替。1 g碳水化合物=0.45 g脂肪=1 g蛋白质,因而在特殊情况下可以摄取一种或两种。这也是制造特殊食品的重要依据。不同营养素有其各自特殊的生理作用,长期摄取单一种类会造成营养不平衡,影响健康。一般条件下,碳水化合物是主要能量来源,其次是脂肪,蛋白质的主要作用不是供热。一般建议成人的碳水化合物占热能的55%～65%,脂肪占20%～30%,蛋白质占10%～15%。

碳水化合物、脂类和蛋白质广泛存在于各类食物中。粮谷类和薯类含碳水化合物较多,是中国膳食热能主要来源,也是膳食能量最经济的来源。油料作物富含脂肪,大豆和硬果类含丰富的油脂和蛋白质,是膳食热能辅助来源之一。蔬菜、水果含热能较少。动物性食品含较多的动物脂肪和蛋白质,也是膳食热能的重要构成部分。根据中国居民膳食平衡宝塔,最高层的油脂属于能量密度最高的食品,第三层的肉类次之;第一层的谷薯及杂豆类能量密度适中;第三层的鱼虾类和第四层奶类能量密度更低些,第二层的蔬菜水果类属于能量密度较低的食品。(常见食物能量含量见表3-6)。

表3-6 常见食物能量含量(每100 g可食部分)

食物	能量		食物	能量	
	kcal	kJ		kcal	kJ
猪油(炼)	897	3 753	带鱼	127	531
花生油	899	3 761	草鱼	113	473
葵花籽油	899	3 761	鲫鱼	108	452
色拉油	898	3 757	鲢鱼	104	435
腊肉(生)	498	2 084	鸭蛋	180	753
猪肉(肥瘦)	395	1 653	鸡蛋(平均)	144	602
肉鸡(肥)	389	1 628	巧克力	589	2 463
鸭(平均)	240	1 004	奶糖	407	1 705
羊肉(肥瘦)	203	849	绵白糖	396	1 657
鸡(平均)	167	699	马铃薯(油炸)	615	2 575
牛肉	125	523	曲奇饼干	546	2 286
小麦	339	1 416	方便面	473	1 979
稻米(平均)	347	1 452	土豆	77	324
面条(平均)	286	1 195	豆角	34	144
馒头(平均)	223	934	油菜	25	103
全脂奶粉	478	2 000	大白菜(平均)	18	76
酸奶(平均)	72	301	香蕉(平均)	93	389
牛乳(平均)	54	226	苹果(平均)	54	227
黄豆	390	1 631	福橘	46	193
豆腐(平均)	82	342	葡萄(平均)	44	185
蚕豆	335	1 402	玉米(干)	335	1 402
绿豆	316	1 322	花生仁	563	2 356

因此,合理营养与健康的关键是既能保持植物性膳食结构特点,防止高热能高脂肪膳食的滥用,又能满足机体对能量的需求,同时保持动植物食品的均衡适宜。

思考题

1. 简述能量的作用和生物学意义。
2. 什么是能量系数? 三大产能营养素的能量系数分别是多少?
3. 简述人体能量消耗的主要组成。
4. 影响人体能量消耗的因素有哪些?
5. 人体能量消耗的测定方法有哪些?
6. 根据所学知识,论述怎样通过合理膳食预防人体能量失衡及相关疾病。

第 4 章
宏量营养素

【学习目的和要求】

1. 理解蛋白质的概念,生理功能及食物来源。

2. 了解什么是甘油三酯,理解脂类的生理功能及食物来源。

3. 理解碳水化合物的概念,生理功能及食物来源。

4. 理解水的生理功能,掌握科学饮水的措施。

【学习重点】

蛋白质、脂类、碳水化合物、水的生理功能

【学习难点】

食物蛋白质的营养学评价、血糖生成指数的测定。

Food Nutrition

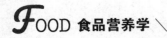

引例

少吃食物才能减肥？——合理摄入宏观营养素是关键

超重或肥胖的人口比例在世界范围内的许多国家都在迅速增加。随着我国经济的高速发展，超重或肥胖个体也在逐渐增多，2014年柳叶刀（The Lancet）发表的关于中国肥胖现状与健康关系的研究报告显示，2013年我国有3.8%的男性和5.0%的女性存在肥胖问题，肥胖人口仅次于美国。2016年柳叶刀数据显示我国肥胖人口（8 960万）在2014年已超过美国，位居世界首位。另外，我国儿童和青少年的超重或肥胖问题也日益严重，儿童和青少年的超重或肥胖发生率从1995年的5.3%迅速增长到2014年的20.5%。超重或肥胖不仅使青少年对于自己的形体不自信，更重要的是肥胖已不再单纯地视为体脂含量过多为主要特征，肥胖可能同时合并多种疾患的慢性因子。相关研究显示青少年超重或肥胖与人际关系敏感存在显著正相关。

网络时代，信息爆炸，每隔一段时间就会有一个网红减肥方法推出，或许你也听说过一些这样或那样的健康理论，比如前几年流行的阿特金斯减肥法，以及后来流行的古式饮食和生酮饮食等。这些饮食理论似乎都有着自己不同的主张。有的人认为要尽可能少地摄入碳水化合物，有的人则认为应该减少摄入的是脂肪。

那么，碳水化合物、脂肪、蛋白质这三种宏量营养素，究竟哪种最有益于健康呢？

2005年，一个多方合作的研究团队进行了一项名为"预防心脏病最佳宏量营养素摄入试验"的研究，它旨在调查强调三种不同的宏量营养素（碳水化合物、蛋白质或脂肪）的健康饮食对能造成心血管疾病的危险指标的影响，目的是要检测在摄入了高水平的碳水化合物、蛋白质或脂肪后，能否改善血压的情况。

他们着重检查了血压和胆固醇水平，这是与冠心病有关的两个重要指标。在进行了6周实验之后，他们发现这三种饮食均使得血压和脂蛋白胆固醇大幅降低，从而降低了冠心病的患病风险。并且他们还发现，高脂肪和高蛋白饮食的效果略优于碳水化合物饮食。然而，该研究并没有报告这样的饮食是否对心肌细胞损伤或炎症也具有直接影响。

过去对该研究的一个常见批评是，它的持续时间太短，每种饮食只维持了6周，很难知道这种对血压和胆固醇的改善是否真的对心脏病有预防作用。

肌钙蛋白是一种可在心肌受损人群检测到的标记性物质，在拥有了可以高度灵敏地检测到肌钙蛋白的方法之后，一项由哈佛大学的Stephen Juraschek领导的新研究就通过检测肌钙蛋白和C反应蛋白而对亚临床心脏损伤进行了直接测量。他们发现，在为期6周的这三种饮食的喂养期间内，这两种蛋白含量都有所下降，肌钙蛋白下降了8.6%～10.8%，C反应蛋白下降了13.9%～17%。

也就是说，在这三种饮食能在短短6周内就取得的改善效果，表明基础的健康饮食几乎可以立即开始对心脏健康产生影响。

在美国，心血管疾病是一个高居不下的主要致死原因。根据已报道的心血管疾病危险指标的改善情况中可以得出,饮食干预在预防成人患心血管疾病中发挥着重要作用。然而,在过去的几十年里,美国成年人的饮食质量几乎没有任何改善。在美国推广健康饮食所面临的挑战之一,就是因为他们在强调应该将哪些宏量营养素列为健康饮食的重要部分问题上出现了很多相互矛盾的建议。一些专家强调高脂肪、低碳水化合物的饮食模式是最佳的,而另一些专家则关注低脂肪、高碳水化合物的饮食结构。

虽然"吃得健康"看似是一个简化了饮食信息的词语,但大多数人都无法做到这一点。科学家普遍认为,美国在降低心血管疾病死亡率方面停滞不前与饮食习惯有关。

对于流行的饮食理论的问题在于,它们过分强调某一种宏量营养素成分的功效,忽视了整体均衡和健康饮食的重要性。

即使你在减肥,也不应该把碳水化合物当成敌人。因为它是人体最主要的能量来源。

身体快速地将碳水化合物消化,转变成糖或血糖,然后以糖原的形式储存在肝脏和肌肉中。血糖和糖原共同为高强度运动提供能量支撑。蛋白质是生命的物质基础,是生命活动的主要承担者,没有蛋白质就没有生命。机体中的每一个细胞和所有重要组成部分都有蛋白质参与。脂肪也并非肥胖的罪魁祸首,脂肪组成了细胞膜,保护神经和大脑健康,增加人体对维生素 A、维生素 D、维生素 E、维生素 K 等脂溶性维生素的吸收,脂肪对于健康减肥非常重要。而且脂肪消化速度较慢,让减肥者长时间保持饱腹感。

那么,我们究竟该如何正确合理地摄入宏量营养素呢?

——刘永《超重/肥胖对青少年执行控制的影响及干预方法》

4.1　蛋白质

要点 1　蛋白质

- 蛋白质的分类
- 蛋白质的生理功能
- 食物蛋白质的需要量及营养价值的评价

蛋白质起源于希腊语中"protein"一词,意思是"头等重要"。蛋白质是由许多不同的 α-氨基酸按一定的序列通过酰胺键(肽键)缩合而成的。蛋白质存在于所有的生物细胞中,是构成生物体最基本的结构物质和功能物质,蛋白质主要含有碳、氢、氧及氮四种元素。此外有些蛋白质还含有硫和磷,在少量蛋白质中还含有铁、铜、锌、碘等微量元素。

4.1.1　蛋白质的基本概念与分类

4.1.1.1　蛋白质的组成

蛋白质由碳、氢、氧、氮四元素组成,其中氮含量相对恒定,约为 16%,组成蛋白质的基本单位是氨基酸,各种蛋白质水解,可产生氨基酸,自然界氨基酸有 20 种。这 20 种氨基酸以不同种类和排列顺序组成不同的蛋白质,生物界存在的蛋白质有百亿种以上,人体至少也有十万种以上蛋白质。

根据氨基酸的结构和性质,可分为六类:

(1)脂肪族氨基酸:甘氨酸(glycine,Gly)、丙氨酸(alanine,Ala)、缬氨酸(valine,Val)、亮氨酸(leucine,Leu)、异亮氨酸(isoleucine,Ile);

(2)含羟基和硫氨基酸:丝氨酸(serine,Ser)、半胱氨酸(cysteine,Cys)、苏氨酸(threonine,Thr)、蛋氨酸(methionine,Met);

(3)芳香族氨基酸:苯丙氨酸(phenylalanine,Phe)、酪氨酸(tyrosine,Tyr)、色氨酸(tryptophan,Trp);

(4)酸性氨基酸及其氨基化合物:天冬氨酸(aspartic Acid,Asp)、谷氨酸(glutamic acid,Glu)、天冬酰胺酸(asparagine,Asn)、谷氨酰胺(glutamine,Glu);

(5)碱性氨基酸:组氨酸(histidine,His)、赖氨酸(lysine,Lys)、精氨酸(arginine,Arg);

(6)环形氨基酸:脯氨酸(proline,Pro)。

4.1.1.2 氨基酸及其种类

根据机体氨基酸的来源。营养学上将氨基酸分为必需氨基酸、非必需氨基酸、条件必需氨基酸(表 4-1)。

表 4-1　氨基酸的营养学分类

必需氨基酸	非必需氨基酸	条件必需氨基酸
组氨酸(histidine,His)	丙氨酸(alanine,Ala)	半胱氨酸(cysteine,Cys)
异亮氨酸(isoleucine,Ile)	精氨酸(arginine,Arg)	酪氨酸(tyrosine,Tyr)
亮氨酸(leucine,Leu)	天冬氨酸(aspartic acid,Asp)	
赖氨酸(lysine,Lys)	天冬酰胺酸(asparagine,Asn)	
蛋氨酸(methionine,Met)	谷氨酸(glutamic acid,Glu)	
苯丙氨酸(phenylalanine,Phe)	谷氨酰胺(glutamine,Glu)	
苏氨酸(threonine,Thr)	甘氨酸(glycine,Gly)	
色氨酸(tryptophan,Trp)	脯氨酸(proline,Pro)	
缬氨酸(valine,Val)	丝氨酸(serine,Ser)	

(1)必需氨基酸(essential amino acid,EAA)和非必需氨基酸(nonessential amino acid,NEAA)　必需氨基酸是指人体需要,但在体内不能合成或合成的数量不能满足于人体的需要,而必须由食物供给的氨基酸。对成人来说必需氨基酸有 8 种:赖氨酸、苏氨酸、蛋氨酸、亮氨酸、异亮氨酸、苯丙氨酸、色氨酸、缬氨酸,对婴幼儿来说,除上述 8 种外,还有组氨酸,共9 种。非必需氨基酸也是人体需要的,但人体能利用其他氮源合成,不一定要由食物供给,非必需氨基酸充足可减少必需氨基酸转变成非必需氨基酸的消耗。除上述必需氨基酸以外的氨基酸均为非必需氨基酸。

(2)条件必需氨基酸(conditionally essential amino acid)　氨基酸除了必需氨基酸和非必需氨基酸之外,还存在着第三类氨基酸。称为"条件必需氨基酸"。这类氨基酸有两个特点:第一,它们在合成中用其他氨基酸作为氮的前提,并且只限于某些特定的器官,这是与非必需氨基酸在代谢上的重要差别。第二,他们合成的最大速度可能是有限的,并可能受发育和病理生理因素所限制。例如半胱氨酸在体内可部分代替蛋氨酸,因为机体就是利用蛋氨酸来合成半胱氨酸。同样,由于苯丙氨酸在代谢中参与合成酪氨酸,故酪氨酸可以代替苯丙氨酸。因此,当膳食中半胱氨酸及酪氨酸的含量丰富时,体内不必耗用蛋氨酸和苯丙氨酸来合成这两种氨基酸,则人体对蛋氨酸和苯丙氨酸的需求量减少 30% 和 50%。

(3)限制氨基酸　食物蛋白质中各种必需氨基酸构成比值与人体蛋白质各种必需氨基酸构成比值比较,其中不足者称限制氨基酸。以不足程度排列,分别称为第一、第二或第三限制氨基酸(表 4-2)。换句话说,食物蛋白质因某种必需氨基酸含量不足或缺乏,限制了该食物蛋白质在人体的利用,这种氨基酸称为限制氨基酸。如粮谷类蛋白质的第一限制性氨基酸是赖氨酸;第二限制性氨基酸为蛋氨酸;第三限制性氨基酸为色氨酸。将几种食物(如谷类和肉类,或谷类和大豆)混合使用,使其中必需氨基酸缺陷得以互补,以提高食物蛋白质营养价值的作用,称为蛋白质互补作用。

表 4-2　几种食物蛋白质中的限制氨基酸

食物名称	第一限制氨基酸	第二限制氨基酸	第三限制氨基酸
小麦	赖氨酸	苏氨酸	缬氨酸
大麦	赖氨酸	苏氨酸	蛋氨酸
燕麦	赖氨酸	苏氨酸	蛋氨酸
大米	赖氨酸	苏氨酸	—
花生	蛋氨酸	—	
大豆	蛋氨酸	—	
芝麻	赖氨酸	—	
鱼	色氨酸	—	
乳、蛋、肉	—		

4.1.1.3　蛋白质的分类

(1)根据化学组成成分分类

①简单蛋白质(单纯蛋白质):这类蛋白质只含有 α-氨基酸组成的肽链,不含其他成分,具体分类如下。

清蛋白和球蛋白:广泛存在于动物组织中。清蛋白易溶于水,球蛋白微溶于水,易溶于稀酸中。

谷蛋白和醇溶谷蛋白:存在于植物组织中,不溶于水,易溶于稀酸、稀碱中,后者可溶于 70%~80% 乙醇中。

精蛋白和组蛋白:碱性蛋白质,存在于细胞核中。

硬蛋白:存在于各种软骨、毛、发、丝等组织中,分为角蛋白、胶原蛋白、弹性蛋白和丝蛋白。

②结合蛋白:由简单蛋白与其他非蛋白分子成分结合而成。包括以下几种。

色蛋白:由简单蛋白与色素物质集合而成,如血红蛋白、叶绿蛋白和细胞色素等。

糖蛋白:由简单蛋白与糖类物质组成,如细胞膜中的糖蛋白。

脂蛋白:由简单蛋白与脂类集合而成,如血浆低密度脂蛋白、血浆高密度脂蛋白等。

核蛋白:由简单蛋白与核酸结合而成,如细胞核中的核糖核蛋白。

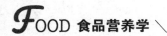

（2）根据分子形状分类

①球状蛋白质：外形接近球形或椭圆形，溶解性较好，能形成结晶，大多数蛋白质属于这一类，如各种酶、血红蛋白等。

②纤维状蛋白质：分子类似纤维和细棒。它又可分为可溶性纤维状蛋白质和不溶性纤维状蛋白质，如胶原蛋白、弹性蛋白、角蛋白、丝蛋白等。

（3）根据食物中所含蛋白质的氨基酸的种类，数量及比值分类

根据食物蛋白质中必需氨基酸组成以及被人体利用程度将食物蛋白质分为完全蛋白质、部分完全蛋白质和不完全蛋白质。

①完全蛋白质。完全蛋白质含有人体生长所必需的各种氨基酸，且氨基酸比例接近人体需要。以其作为唯一蛋白质来源能满足机体健康及生长发育需要。动物来源的蛋白质大多为完全蛋白质，如乳类中的酪蛋白和乳白蛋白；蛋类中的卵白蛋白和卵磷蛋白；肉类中的白蛋白、肌蛋白和大豆中的大豆蛋白等。

②半完全蛋白质。半完全蛋白质含有人体所必需的各种氨基酸，但氨基酸组成比例不平衡，以其作为唯一蛋白质来源时，能维持机体生命，但不能满足机体生长发育的需要，如小麦中的麦胶蛋白。

③不完全蛋白质。不完全蛋白质所含必需氨基酸种类不全，缺少一种或几种人体必需的氨基酸。当仅用这种蛋白质为唯一蛋白质来源时，它不能维持生命，也不能促进生长发育，如玉米中的玉米胶蛋白，动物结缔组织、蹄筋胶质及动物皮中的胶原蛋白。

将蛋白质划分为完全蛋白质、半完全蛋白质和不完全蛋白质是比较粗略的，仅具有相对意义。一般来说，动物性食品比植物性食品中所含的完全蛋白质多，所以动物性食品蛋白质的营养价值一般高于植物性食品蛋白质。

4.1.2　蛋白质的营养生理功能

4.1.2.1　构成和修补人体组织

人从婴儿生长发育到成人，不断地生成新组织，这就需要蛋白质的合成。成年人体含蛋白质 $16\%\sim19\%$，相当于人体去掉水分后 $42\%\sim45\%$。人在外伤、烧伤、骨折、出血的治愈过程中需要合成新的蛋白质。运动员要进行不断的训练，通过合成新的蛋白质才能增强体力。人在妊娠后孕育胎儿的同时，不只是合成胎儿的新的组织，而且还要合成更多的蛋白质以满足胎盘、子宫、乳房和血的额外需要。分娩以后，喂哺婴儿的奶汁又需要从饮食中补加额外的蛋白质以满足其合成所需，每 1 000 g 人奶约含 12 g 蛋白质。

4.1.2.2　参与维持体内环境的稳定性和对外界的适应性

食物蛋白质最重要的作用是供给人体合成蛋白质所需的氨基酸。由于碳水化合物和脂肪中只含有碳、氢和氧，不含氮。因此，蛋白质是人体中唯一的氮的来源，这是碳水化合物和脂肪不能代替的。

人体每天从食物中摄取一定量的蛋白质，在消化道分解成各种氨基酸而被机体吸收，通过血液循环送到身体各组织中，用于合成、更新和修复组织。婴幼儿、儿童和青少年的生长

发育都离不开蛋白质。通常,成年人体内蛋白质含量相对稳定。尽管体内蛋白质在不断地分解与合成,组织细胞在不断更新。但是,蛋白质的总量却维持动态平衡。一般认为成人体内小肠黏膜细胞每 $1\sim2$ d 即更新一次,血液红细胞每 120 d 更新一次,头发和指甲也在不断推陈出新。身体受伤后的修复也需要依靠蛋白质的补充。

成人体内全部蛋白质每天约有 3% 更新,这些体内蛋白质分子分解成氨基酸后,大部分又重新合成蛋白质,此即蛋白质的周转率,只有一小部分分解成为尿素及其他代谢产物排出体外。因此,成人的食物蛋白质只需要补充被分解并排出的那部分蛋白质即可。

儿童和青少年正处在生长、发育时期,对蛋白质的需求量较大,蛋白质的转换率也相对较高。这种蛋白质的转换量与基础代谢密切有关,机体由蛋白质分解的氨基酸再合成新蛋白质的数量可随环境条件而异。

4.1.2.3 调节作用

人体的新陈代谢是通过成千上万的化学反应来实现的,这些反应构成了人的生命活动。激素和酶是生命活动的激发剂和催化剂,它们的化学本质都是蛋白质,保护机体不受病菌侵袭的抗体也是蛋白质。机体的凝血必须依靠蛋白质才能实现。此外,蛋白质还具有缓冲作用,能够调控人体的酸碱平衡、调节渗透压等。

4.1.2.4 供给能量

蛋白质的主要功能不是供给能量,当食物中蛋白质的氨基酸组成和比例不符合人体的需要或摄入蛋白质过多,超过身体合成蛋白质的需求时,多余的食物蛋白质就会被当作能量来源氧化分解放出热能。此外,在正常代谢过程中,陈旧破损的组织和细胞中的蛋白质也会分解释放出能量。每克蛋白质可产生 16.7 kJ 热能。

利用蛋白质作为供能的来源是很不经济的,如果食物中的碳水化合物和脂肪供给不足时,蛋白质将满足人体的能量需要,这样,膳食中的蛋白质就不能有效地发挥作用,甚至不能维持平衡状态。因此,碳水化合物和脂肪具有节约蛋白质的作用。

4.1.2.5 增强免疫力

人体的免疫物质主要有白细胞、抗体、补体等构成,合成白细胞、抗体、补体需要充足的蛋白质。吞噬细胞的作用与摄入蛋白质数量有密切关系,大部分吞噬细胞来自骨髓、脾、肝、淋巴组织。体内缺乏蛋白质时,这些组织显著萎缩,合成白细胞、抗体和补体的能力大为下降,使人体对疾病的免疫力降低,易于感染疾病。

4.1.3 蛋白质的代谢

蛋白质经消化后转变成氨基酸,因此蛋白质的代谢也就是氨基酸的代谢,主要是合成机体需要的蛋白质,其次是在分解代谢中可以产生能量。

4.1.3.1 蛋白质的合成

人体的各种组织细胞均可合成蛋白质,但以肝脏的合成速度最快。蛋白质的合成过程,就是氨基酸按一定顺序以肽键相互结合,形成多肽链的过程。蛋白质的合成由两个步骤组成:转录和翻译。由于人体有精确的蛋白质合成体系,因此机体在大多数情况下,都能准确

地合成某种由独特氨基酸构成的蛋白质。

4.1.3.2 氨基酸的分解代谢

氨基酸分解代谢最主要的反应是脱氨基作用。氨基酸的脱氨基作用在体内大多数组织中均可进行。脱氨基的方式有：氧化脱氨基、转氨基、联合脱氨基和非氧化脱氨基等，以联合脱氨基最为重要。氨基酸脱氨基后生成的 α-酮酸可进一步代谢：①经氨基化合成非必需氨基酸；②转变成碳水化合物和脂类；③氧化供能。氨基酸脱氨基产生的氨具有毒性，脑组织对其尤为敏感，正常情况下可在肝脏合成尿素而解毒，少部分氨在肾脏以胺盐的形式由尿排出。在体内，某些氨基酸可以进行脱羧基作用并形成相应的胺类，这些胺类在体内的含量不高，但具有重要的生理作用。如谷氨酸脱羧基生成的 γ-氨基丁酸是抑制性神经递质，对中枢神经系统有抑制作用，在脑组织中含量较多；半胱氨酸氧化再脱羧生成的牛磺酸，是结合胆汁酸的组成成分，对脑发育和脑功能有重要作用；组氨酸脱羧生成的组胺在体内分布广泛，是一种强烈的血管扩张剂，并能增加毛细血管通透性，参与炎症反应和过敏反应等；色氨酸脱羧生成的 5-羟色胺广泛分布于体内各组织，脑中的 5-羟色胺作为神经递质，具有抑制作用，而在外周组织，则有血管收缩的作用。

4.1.3.3 蛋白质在体内的动态变化

食物蛋白质在消化管中被多种蛋白酶及肠肽酶水解为氨基酸，被小肠黏膜细胞吸收。进入体内的氨基酸由门静脉进入肝脏，再送至各组织的细胞内进行利用。进食后血液中氨基酸浓度很快升高，实际上氨基酸从消化管进入血液后 5～10 min 就能被全身细胞所吸收，血液中氨基酸的浓度相对恒定。进入人体细胞后的氨基酸，快速转化为细胞蛋白质，因此细胞内氨基酸的浓度总是比较低，即氨基酸并非以游离形式贮存于人体细胞，而主要以蛋白质的形式贮存于细胞内。许多细胞内的蛋白质在细胞内溶酶体消化酶类的作用下又很快分解为氨基酸，并再次运输出细胞回到血中。正常情况下氨基酸进入血液与其输送到组织细胞的速度几乎是相等的，处于一个动态平衡状态，组织与组织之间以及新吸收的氨基酸同体内原有氨基酸之间共同组成氨基酸代谢库。肝脏是血液氨基酸的重要调节者，一部分氨基酸可在肝脏进行脱氨基作用后进行代谢或氧化产生能量，或转化成脂肪贮存起来。蛋白质在体内的动态见图 4-1。

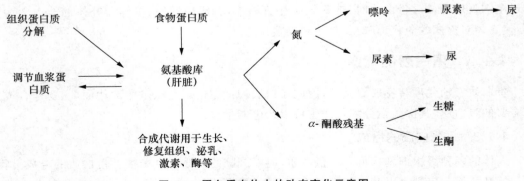

图 4-1 蛋白质在体内的动态变化示意图

4.1.4 食物蛋白质的需要量及营养价值的评价

4.1.4.1 人体对蛋白质和氨基酸的需求

正常情况下,成年人体中的蛋白质是相对稳定的。由于直接测定食物中所含蛋白质和体内消耗的蛋白质较为困难,因此,常以通过测定人体摄入氮和排出氮的量来衡量蛋白质的平衡状态,以氮平衡的方法来反映蛋白质合成和分解之间的平衡状态。

当膳食蛋白质供应适当时,其氮的摄入量和排出量相等,这称之为氮的总平衡。处在生长期的婴幼儿和青少年,孕妇及恢复期的病人体内正在生长新组织,其摄入的蛋白质有一部分变成新组织。此时,氮的摄入量必定大于排出量,这称之为氮的正平衡。膳食中如果蛋白质长期供给不足(如饥饿者,患消耗性疾病的人群),蛋白质摄入量低而体内蛋白质合成减少或分解加剧、消耗增加,氮的排出量超过摄入量,即其每日的摄入氮少于排出氮而日渐消瘦。这种情况称之为氮的负平衡。氮平衡状态可用下式表示:

摄入氮=尿氮+粪氮+其他氮损失(由皮肤及其他途径排出的氮)

实际上,无论是体重还是氮平衡都不是绝对的平衡。一天内,在进食时氮平衡是正的,晚上不进食则是负的,超过 24 h 这种波动就比较平稳。此外,机体在一定限度内对氮平衡具有调节作用。健康成人每日进食蛋白质有所增减时,其体内蛋白质的分解速度及随尿排出的氮量也随之增减。如进食高蛋白膳食时尿中排出的氮量增加,反之则减少。但若长期进食低蛋白质膳食,因体内蛋白质仍要分解,故易出现氮的负平衡;若摄食蛋白质的量太大,不仅机体利用不了,甚至反而加重消化器官及肾脏等的负担。不过,蛋白质的需要量与能量不同,满足蛋白质的需要和大量摄食蛋白质引起有害作用的量相差甚大。

4.1.4.2 食物蛋白质的营养学评价

食物蛋白质的营养价值相当于它满足机体氮源和氨基酸需求,以保证良好的生长和生活的能力。对食物蛋白质营养价值主要从食物蛋白质含量、被消化吸收的程度(蛋白质的消化率)和被机体利用程度(蛋白质的利用率)三方面进行综合评价。

(1)食物中蛋白质的含量。食物中蛋白质含量(protein content)的高低不能决定一种食物蛋白质营养价值的高低,但评定一种食物蛋白质营养时,应以含量为基础,不能脱离含量单纯考虑营养价值。因为即使营养价值很高,但含量太低,不能满足机体需要,也无法发挥优质蛋白质应有的作用。

由于各种蛋白质含氮量比较相近,占蛋白质质量的 16%,其倒数即为 6.25。食物蛋白质含量常用凯氏(Kjeldahl)定氮法测定总氮量来测算。

食物粗蛋白质含量=食物含氮量(%)×6.25

若要准确计算不同食物的蛋白质含量,则可以用不同的系数求得。常用食物蛋白质的换算系数见表 4-3。

表 4-3　常用食物蛋白质的换算系数

食物	蛋白质换算系数	食物	蛋白质换算系数
稻米	5.95	燕麦	5.83
全小麦	5.83	乳	6.38
玉米	6.25	芝麻	5.30
大豆	5.71	蛋	6.25
花生	5.46	肉	6.25

（2）蛋白质消化率。蛋白质消化率也称蛋白质真消化率,反映蛋白质在消化道内被分解和吸收的程度。蛋白质消化率的测定,首先分别测定试验期间摄入的食物氮、排除的粪氮和粪代谢氮,然后,根据下列公式计算。

$$蛋白质消化率 = \frac{食物氮 - (粪氮 - 粪代谢氮)}{食物氮} \times 100\%$$

粪代谢氮是指人体进食足够的能量,完全不摄取蛋白质的情况下粪便排出的氮,主要来源于脱落的肠道黏膜细胞和代谢废物中的氮。在实际工作中,一般不计粪代谢氮,所得结果称为表观消化率,表观消化率测定简便,其值比真消化率低,具有一定的安全性。

食物蛋白质消化率除受人体因素影响之外。还受食物因素的影响,如食物的属性、抗营养因子的存在、加工条件和同时使用的其他营养素等。一般植物性蛋白质因受纤维物质的包围,难与消化酶接触。因此,其消化率通常比动物性蛋白质低。有的食物中含有蛋白酶抑制剂,如大豆中的胰蛋白酶抑制剂、蛋清中的抗生物素,都可能降低蛋白质的消化利用率。如食物蛋白质经适当的烹调加工,可使纤维素遭到破坏和转化,使蛋白质变性而改变原先难于被蛋白酶作用的构象,也可破坏蛋白酶抑制剂,这样就能够提高食物蛋白质的消化率。如整粒的大豆进食时的蛋白质消化率仅为 60%,加工成豆腐后可提高到 90%。

用一般烹调方法加工的食物蛋白的消化率为:乳类蛋白质的消化率 97%～98%,肉类蛋白质 92%～94%,蛋类蛋白质 98%,米饭和面食蛋白质约 80%,马铃薯蛋白质 74%。

（3）蛋白质的利用率。蛋白质的利用率指食物蛋白质被消化、吸收后在体内被利用的程度。反映食物蛋白质利用率的指标有很多,各指标均从不同的方面评价食物蛋白质被机体利用的程度。主要包括:

①蛋白质生物价(biological value,BV)。食物蛋白质被吸收后在体内储留的氮与被吸收氮的比值,它反映食物蛋白质吸收后在体内真正被利用的程度。生物价的值越高,食物蛋白质被机体利用程度越大,营养价值越高。

$$生物价(BV) = \frac{储留氮}{吸收氮} \times 100\% = \frac{吸收氮 - (尿氮 - 尿内源氮)}{食物氮 - (粪氮粪代谢氮)} \times 100\%$$

式中,尿内源氮是机体在无氮膳食条件下尿中所含有的氮,它们来自组织蛋白质的分解。尿氮和尿内源氮的检测原理和方法与粪氮和粪代谢氮相同。

在检测 BV 时常用初断乳的大鼠,给予不能完全满足需要的、含量较低的待测蛋白质约有 10%。常见食物蛋白质的生物价见表 4-4。

表 4-4　常用食物蛋白质的换算系数

蛋白质	生物价	蛋白质	生物价	蛋白质	生物价
鸡蛋蛋白质	94	大米	77	小米	57
鸡蛋白	83	小麦	67	玉米	60
鸡蛋黄	96	生大豆	57	白菜	76
脱脂牛奶	85	熟大豆	64	甘薯	72
鱼	83	扁豆	72	马铃薯	67
牛肉	76	蚕豆	58	花生	59
猪肉	74	白面粉	52		

生物价对指导蛋白质互补以及肝、肾病人的膳食很有意义，对肝、肾病人来讲，生物价高表明食物蛋白质中氨基酸主要用来合成人体蛋白，极少有过多的氨基酸经肝、肾代谢而释放能量，或由尿排出多余的氮，从而大大减少肝、肾的负担，有利其恢复。

②蛋白质的净利用率（net protein utilization，NPU）。以机体氮储留量与氮摄入量之比，表示蛋白质实际被利用的程度。因为考虑了蛋白质在消化、利用两个方面的因素，因此更为全面。

$$\text{NPU} = \frac{\text{氮储留量}}{\text{氮摄入量}} \times 100 = \text{BV} \times \text{消化化}$$

③蛋白质的净比值（net protein ratio，NPR）。将大鼠分成两组，分别饲以受试食物蛋白质和等热量的无蛋白质膳食 7～10 d，记录其增加体重和降低体重的克数，求出蛋白质净比值（net protein ratio，NPR）。

$$\text{蛋白质净比值} = \frac{\text{平均增加体重(g)} + \text{平均降低体重(g)}}{\text{摄入的食物蛋白质(g)}}$$

④蛋白质的功效比。蛋白质功效比值（protein efficiency ratio，PER）：是用幼小动物体重的增加与所摄食的蛋白质之比来表示将蛋白质用于生长的效率。出于所测蛋白质主要被用来提供生长之需要，所以该指标被广泛用作婴儿食品中蛋白质的评价。

$$\text{PER} = \frac{\text{动物体重增加克数}}{\text{摄入的食物蛋白质克数}}$$

此法通常用生后 21～28 d 刚断乳的大鼠（体重 50～60 g），以含受试蛋白质 10% 的合成饲料饲喂 28 d 来测定。该法简便实用，已被美国分析化学家协会（AOAC）推荐为评价食物蛋白质营养价值的必测指标，其他国家也广泛应用。

由于同一种食物蛋白质，在不同的实验室所测得的 PER 值重复性不佳，故通常设酪蛋白对照组，并将酪蛋白对照组的 PER 值换算为 2.5，然后进行校正。

$$\text{被测蛋白质 PER} = \frac{\text{实验组蛋白质 PER}}{\text{对照组蛋白质 PER}} \times 2.5$$

几种常见食物蛋白质的 PER 值为：全鸡蛋 3.92、牛乳 3.09、鱼 1.55、牛肉 2.30、大豆

2.32、精制面粉 0.60、大米 2.16。

⑤氨基酸评分(AAS)。氨基酸评分法(amino acid score,AAS)也称化学评分或蛋白质评分,是将被测食物蛋白质的必需氨基酸组成与参考的理想蛋白质(鸡蛋蛋白质)或人体氨基酸需要模式进行比较。食物蛋白质氨基酸模式与人体蛋白质构成模式越接近,其营养价值越高。氨基酸评分则能评价其接近程度,是一种广为采用的食物蛋白质营养价值评价方法。氨基酸评分不仅适用于单一食物蛋白质的评价,还可用于混合食物蛋白的评价。

$$氨基酸评分(AAS) = \frac{1\ g\ 受试蛋白质中氨基酸的质量(mg)}{需要量模式中氨基酸的质量(mg)} \times 100$$

氨基酸评分通常是指受试蛋白质中第一限制氨基酸的得分。如限制氨基酸是需要量模式的 80%,则其氨基酸评分为 80。可见,一种食物蛋白质的氨基酸评分越接近 100,则其越接近人体需要,营养价值也就越高。由于婴儿、儿童和成人的必需氨基酸需要量各不相同,对于同一蛋白质的氨基酸评分也不相同。因此,某种蛋白质对婴幼儿来说氨基酸评分较低,对成人而言其蛋白质质量并不一定很低。常见食物蛋白的氨基酸评分见表 4-5。

表 4-5 常用食物蛋白质的换算系数

蛋白质来源	蛋白质含量/(mg/g 蛋白质)				氨基酸评分
	赖氨酸	含硫氨酸	苏氨酸	色氨酸	(限制氨基酸)
理想模式	55	35	40	10	100
稻谷	24	38	30	11	44(赖氨酸)
豆	72	24	42	14	68(含硫氨酸)
奶粉	80	29	37	13	83(含硫氨酸)
谷:豆:奶粉混合(67:22:11)	51	32	35	12	88(苏氨酸)

4.1.5 蛋白质的食物来源和推荐膳食摄入量

4.1.5.1 蛋白质的主要食物来源

畜、禽、鱼类,其蛋白质含量一般为 10%~20%;奶类,鲜奶 1.5%~4%,奶粉 25%~27%;蛋类 12%~14%;干豆类 20%~24%,其中大豆含量最高可达 30%~35%;硬果类,如花生、核桃、葵花籽、莲子,含蛋白质 15%~25%;谷类 6%~10%;薯类 2%~3%。我国以谷类为主食,目前我国人民膳食中来自谷类蛋白质仍然占相当的比例。就此情况,可考虑在粮食的基础上加上一定量的动物蛋白质和豆类蛋白质,如每日摄入的蛋白质在数量上达到供给量标准,其中有 30% 以上来源于动物蛋白质和豆类,则将能很好地满足营养需要。

4.1.5.2 蛋白质的供给量

中国膳食以植物性食物为主,蛋白质质量较差,故每日每 kg 体重 1.0~1.2 g,其中动物性食品和大豆供给的蛋白质约为总摄入蛋白质的 20%。中国营养学会推荐的每日膳食中的蛋白质供给量按能量计算,占总能量的 10%~14%,一般蛋白质供热量成人占膳食总热量 10%~12% 较为合适,儿童、青少年则以 12%~14% 为宜。

中国居民膳食蛋白质推荐摄入量(RNI)成人男性为 75 g/d,女性为 65 g/d,老年人亦然(均为轻体力劳动)。

4.1.5.3 蛋白质与疾病

(1)蛋白质营养不良——蛋白质缺乏症。蛋白质营养不良包括以消瘦为特征的混合型蛋白质—能量缺乏和以浮肿为特征的蛋白质缺乏。前者是指蛋白质和能量摄入均严重不足的营养缺乏病,主要的临床表现为体重下降、消瘦、血浆蛋白下降、免疫力下降、贫血、血红蛋白下降等;后者是指能量摄入基本满足,但蛋白质摄入严重不足的营养缺乏病,主要临床表现为全身水肿、虚弱、表情淡漠、生长滞缓、头发变色变脆、头发易脱落、易感染等。

根据世界卫生组织估计,目前全世界约有 500 万儿童患蛋白质—能量缺乏症,主要分布在非洲、南美洲、南亚洲及中东等地区。绝大多数是因贫穷和饥饿引起的,少数因疾病或营养不当引起。在我国儿童蛋白质营养不良主要见于边远山区和不发达地区,由于膳食蛋白质摄入不足,或膳食中优质蛋白质所占比例偏低为主要原因。目前,在我国严重的儿童蛋白质—营养不良已不常见,临床表现生长发育迟缓(身高偏低)和体重偏低。

(2)蛋白质摄入过量对人体健康的影响。蛋白质的摄入量如果过量,也会对人体健康造成影响。一方面,过量的蛋白质经过代谢后,会在人体的组织里残留很多有毒的代谢残余物,进而引起自体中毒、酸碱度失去平衡(酸度过剩)、营养缺乏(一部分营养被迫排出)、尿酸蓄积,导致多种疾病,如痛风等。另一方面,过多的蛋白质会转化为脂肪贮存起来,加重肝脏负担,导致脂肪肝的发生;无法消化的蛋白质,在肠内腐败发酵,可加重氨中毒。此外,蛋白质摄取过多,还可导致脑损害、精神异常、骨质疏松、动脉硬化、心脏病等症。常年进食高蛋白者,肠道内有害物质堆积并被吸收,可能会未老先衰、缩短寿命。

(3)蛋白质与糖尿病。通过对糖尿病患者尿液的分析表明,尿中含有过多的含氮化合物,说明糖尿病患者需要摄入比正常人更多的蛋白质。但是,过量摄入蛋白质会刺激胰高血糖素和生长激素的过度分泌,两者均可抵消胰岛素的作用。因此,绝大多数情况下,建议糖尿病患者蛋白质摄入量为总能量的 10%~20%。如有肾衰竭时,每天的摄入量应限制在 0.8 g/kg 体重。当摄入量不足 0.8 g/kg 体重时,可能会发生氮的负平衡。

4.2 脂类

要点2 脂类
- 脂类的化学组成
- 脂类的生理功能
- 脂类的代谢
- 脂肪营养价值的评价
- 脂类的食物来源及推荐膳食参考摄入量

4.2.1 脂类的化学组成和分类

脂类是脂肪和类脂质的总称,它们能溶于有机溶剂而不溶于水。脂类在人类健康膳食

中有很重要的价值,是膳食中产生热能最高的一种营养素,脂肪即甘油三酯,由三分子脂肪酸和一分子甘油组成。主要贮存于人体皮下组织、大网膜、肠系膜和肾脏周围等处,日常食用的动植物油脂如猪油、牛油、豆油、花生油、棉籽油、菜籽油均属于此类。

类脂质大都是细胞的重要结构物质和生理活性物质。主要包括磷脂、糖脂、固醇及类固醇以及脂溶性维生素和脂蛋白等,它们也广泛存在于动植物食品中。

4.2.1.1　油脂的化学组成

油脂在人体营养中占重要地位,人体所需的总能量中 $10\%\sim40\%$ 是由脂肪提供的。在自然界中,油脂最丰富的是混合的甘油三酯。

甘油三酯分子式见图 4-2;式中,R_1、R_2 及 R_3 分别代表三分子脂肪酸的羟基,根据它们是否相同将脂肪分成单纯甘油酯和混合甘油酯两类。如果其中三分子脂肪酸是相同的,构成的脂肪称为单纯甘油酯,如三油酸甘油酯。如果是不同的,则称为混合甘油酯,人体的脂肪一般为混合甘油酯,所含的脂肪酸主要是软脂酸和油酸。

脂肪分解后生成的脂肪酸具有很强的生物活性,是脂肪发挥各种生理功能的重要成分。脂肪酸的种类很多,可分饱和脂肪酸、单不饱和脂肪酸与多不饱和脂肪酸三大类。饱和脂肪酸的碳链完全为 H 饱和,如软脂酸、硬脂酸、花生酸等。不饱和脂肪酸的碳链则含有不饱和双键,如油酸含有一个双键、亚油酸含两个双键、亚麻酸含三个双键、花生四烯酸含四个双键等。

图 4-2　甘油三酯

膳食脂肪中有脂和油的不同,在常温下呈固体状态者称为脂,呈液态者则称为油。通常油脂按来源不同又可分动物油脂和植物油脂两大类,植物油含不饱和脂肪酸比动物油多。在普通室温下,含不饱和脂肪酸较多的脂类呈液态,较少的呈固态。动物性脂肪富含饱和脂肪酸($40\%\sim60\%$),单不饱和脂肪酸含量为($30\%\sim50\%$);植物性脂肪富含不饱和脂肪酸($80\%\sim90\%$),以多不饱和脂肪酸为主,含人必需脂肪酸十分丰富,常见的亚油酸、亚麻酸、花生四烯酸、二十碳五烯酸、二十二碳六烯酸等都主要存在于植物脂肪中(表 4-6)。

表 4-6　主要食用油脂中各类脂肪酸含量(质量分数)　　　　　　　　　　%

名称	饱和脂肪酸	单不饱和脂肪酸	多不饱和脂肪酸
大豆油	14	25	61
花生油	14	50	36
玉米油	15	24	61
葵花籽油	12	19	69
棉籽油	28	18	54
芝麻油	15	41	44
棕榈油	51	39	10
猪油	38	48	14
牛油	51	42	7
羊油	54	36	10
鸡油	31	48	21
深海鱼油	28	23	49

4.2.1.2　必需脂肪酸

多不饱和脂肪酸中的亚油酸、亚麻酸和花生四烯酸在动物和人体内均不能合成,必须通过食物供给,故称必需脂肪酸。以往认为亚油酸、亚麻酸和花生四烯酸这三种多不饱和脂肪酸都是必需脂肪酸。近年来的研究证明只有亚油酸是必需脂肪酸,而亚麻酸和花生四烯酸则可利用亚油酸由人体自身合成。

必需脂肪酸的生理功能主要包括如下几方面。

(1)必需脂肪酸是细胞膜的重要成分,缺乏时易发生皮炎,还影响儿童生长发育,严重缺乏时生长停滞、体重减轻、出现鳞状皮肤病并使肾脏受损。

(2)必需脂肪酸是合成磷脂和前列腺素的原料,还与精细胞的生成有关。

(3)必需脂肪酸促进胆固醇的代谢,胆固醇和必需脂肪酸结合后,才能在体内转运,进行正常代谢。否则,胆固醇与一些饱和脂肪酸结合,在肝脏和血管壁上形成沉积。

(4)必需脂肪酸对放射线引起的皮肤损伤有保护作用,这可能是新组织的生长和受损组织的修复都需要亚油酸的原因。

人类中,婴儿易缺乏必需脂肪酸。缺乏时,可能出现皮肤病症状如皮肤湿疹、皮肤干燥、脱屑等。这些症状可通过食用含有丰富亚油酸的油脂得到改善。成年人很少有必需脂肪酸缺乏,因为要耗尽贮存在其脂肪中的必需脂肪酸相当困难。只有在患长期吸收不良综合征时才见,可通过摄入足够的脂肪来保证人体必需脂肪酸的需要。

植物油中,如玉米油、葵花籽油、红花油、大豆油中亚油酸含量超过 50%。营养学家们提出,必需脂肪酸热量应占膳食总热量的 1%～3%,即每日至少需要 6～8 g,婴儿对其需要更为迫切,缺乏时也较敏感。

4.2.1.3　类脂质

(1)磷脂。所有的细胞都含有磷脂,磷脂和脂肪酸一样能为人体供能,并是细胞膜和血液中的结构物质;磷脂由于具有极性和非极性基团,可以帮助脂溶性物质如脂溶性维生素、激素等顺利通过细胞膜,促进细胞内外物质的交换。此外磷脂作为乳化剂,可以使体液中的脂肪悬浮在体液中,有利于其吸收、转运和代谢;磷脂还是神经髓鞘的主要成分,这与神经纤维传递兴奋有关系。磷脂在脑、神经、肝中含量特别高,磷脂主要包括卵磷脂、脑磷脂、肌醇磷脂。

卵磷脂是膳食和体内最丰富的磷脂之一,在人们日常食物中以蛋、肝、大豆等含量较多,卵磷脂在人体内主要是对脂肪的转运和代谢起重要作用,以促进肝脏中脂肪的代谢,并且有利于胆固醇的溶解和排出,因此当肝脏中脂肪含量过高而卵磷脂不足时,脂肪不易从肝脏中排出,造成脂肪在肝脏的堆积,发生脂肪肝。在医疗卫生上用来预防心血管疾病,在食品工业上用于制作黄油和巧克力的乳化剂。

脑磷脂是从动物脑组织和神经组织中提取的磷脂,在体内心、肝其他组织中也有,常与卵磷脂共同存在于组织中,以动物脑组织中的含量最多,是与血液凝固有关的物质,可能是凝血致活酶的辅基。

(2)鞘脂类。鞘脂类是生物细胞膜的重要组分,在神经组织和脑内含量较高。鞘脂类又

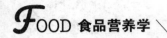

可分为三类,即鞘磷脂类、脑苷脂类及神经节苷脂。

鞘磷脂类:这是最简单而在高等动物组织中含量最丰富的鞘脂类,主要存在于神经鞘内,保护神经鞘的绝缘性,并在神经突触的传导中起重要作用。

脑苷脂类:由于此类化合物含有一个或多个糖单位,又称为糖鞘脂。其结构复杂,大部分存在于细胞膜的外层,是构成细胞表面的重要组成物质。

神经节苷脂:这是一类最复杂的鞘脂类化合物,它含有几个糖基组成的巨大极性头。脑灰质的膜脂中含神经节苷脂高达6%以上,它在神经传导中起重要作用。神经节苷脂类可能存在于乙酰胆碱和其他神经介质的受体部位,与组织免疫以及细胞之间的识别有一定的关系。

(3)脂蛋白。由蛋白质和脂类通过非共价键相连而成,存在于生物膜和动物血浆中,血浆中的脂蛋白,其主要功能是经过血液循环在各器官之间运输不溶于水的脂类。按密度不同可分为乳糜微粒(CM)、极低密度脂蛋白(VLDL)、低密度脂蛋白(LDL)、高密度脂蛋白(HDL)四种(表4-7)。大部分甘油三酯与VLDL结合运载,故血浆中甘油三酯的浓度反映VLDL浓度。HDL有将周围组织中胆固醇运到肝脏进行分解、排出的作用,因而可使血胆固醇浓度降低,故称高密度脂蛋白是高脂血症的克星。

近年来,人们发现动脉硬化与脂蛋白有关,高密度脂蛋白(HDL)有抗动脉粥样硬化的作用,而LDL和VLDL可导致动脉粥样硬化。因此,防止动脉粥样硬化的关键在于如何提高HDL浓度,降低LDL和VLDL的浓度。为达到这一目的,可采取控制饮食、服用药物、多吃素油、少吃荤油等措施,但最有效的方法是多运动,尤其是打拳、练气功、慢跑、散步等长时间、缓慢的运动项目,可以提高血液中HDL的含量,减少动脉内脂肪的堆积,保持动脉管壁的良好弹性,防止动脉硬化。实践证明,经常从事体力劳动和运动的人,冠心病的发病率明显低于整天坐办公室的人。

当某些原因引起脂类代谢紊乱或血管壁功能障碍时,血中脂类含量增加,多余的甘油三酯和胆固醇等沉积在血管壁上,造成内壁逐渐隆起、增厚,致使动脉管腔狭窄以致闭塞。这一系列病变出现在包括冠状动脉在内的血管壁上时,就出现冠状动脉粥样硬化性心脏病。

表4-7　血浆脂蛋白的组成及生理意义

脂蛋白	密度/(g/mL)	蛋白质含量/(mg/g 蛋白质)				生物作用
		蛋白质	甘油三酯	磷脂	胆固醇	
乳糜微粒(CM)	<0.96	0.5～2.5	79～94	3～18	2～12	小肠上皮细胞合成,脂来自食物,运送外源性脂肪
极低密度(VLDL)	0.96～1.006	2～13	46～74	9～23	9～23	由肝细胞合成,脂肪来自体脂,运送内源性脂肪
低密度(LDL)	1.006～1.063	20～25	10	22	43	由肝细胞合成,将胆固醇运往全身
高密度(HDL)	1.063～1.210	45～55	2	30	18	由肝脏和小肠细胞合成,将组织中不需要的胆固醇运往肝脏处理后排出

（4）类固醇　固醇又称甾醇,是含醇基的环戊烷多氢菲类化合物的总称,以游离或同脂肪酸结合成酯的状态存在于生物体内,最重要的有胆固醇、豆固醇和麦角固醇以及大量的类固醇衍生物如维生素 D、雄激素、雌激素、孕激素等。

①胆固醇。胆固醇是人体组织结构、生命活动及新陈代谢中必不可少的一种物质,它参与细胞和细胞膜的构成,对改变生物膜的通透性、神经髓鞘的绝缘性能及保护细胞免受一些毒素的侵袭起着重要的作用。在人体脑、神经组织以及肾上腺含量最为丰富,此外肝、肾、皮肤和毛发中的含量也相当高。胆固醇还是合成维生素 D、肾上腺皮质激素、性激素、胆汁酸盐的前体。另外,胆固醇也是破坏肿瘤细胞和其他有害物质所必需的,这是因为人体内有一种吞噬细胞的白细胞,具有杀伤和消灭癌细胞的能力,这种白细胞是依靠人体内胆固醇而得以生存的,胆固醇过低可使这种白细胞减少,活性降低,癌细胞就会猖狂繁殖。

中国的饮食特点基本上以素食为主,不少人日常饮食提供的胆固醇偏少,如果不区别情况,盲目控制胆固醇的摄入,就不能满足机体的正常生理需要和消耗,这对健康显然不利。因此人体必须保持一定的胆固醇水平,人体内胆固醇的含量约每 kg 体重 2 g。在正常情况下,人体胆固醇有自身调节作用,当食物来源的胆固醇增加时,内源性合成量可减少,人体对食物中胆固醇的吸收也可进行调节。

冠状动脉粥样硬化与血液中的胆固醇含量和饮食中的动物性脂肪有直接的关系,当多余的胆固醇沉积在血管壁上时,会导致心血管疾病,形成粥样斑块或动脉硬化。食物因素对胆固醇的吸收与代谢的影响较明显,如豆固醇、谷固醇、膳食纤维和姜等均可降低胆固醇的吸收率;牛奶能抑制胆固醇的生物合成;大豆可促使胆固醇的排泄;蘑菇维护血浆和组织间胆固醇的平衡。一般人在保证健康的情况下,适当节制糖类、脂肪食物、少吃胆固醇食品,对预防冠心病有一定的作用。

②植物固醇。是植物细胞的主要组成成分,如大豆中的豆固醇、麦芽中的谷固醇等,这些物质不能被人体吸收,但能阻碍胆固醇的吸收,临床上可用作降血脂剂。

③酵母固醇。主要存在于蕈类、酵母和麦角中,麦角甾醇经紫外线照射,转变成维生素D,供人体吸收利用。

4.2.2　脂类的营养生理功能

4.2.2.1　供应和储存能量

供给能量是脂肪最主要的生理功能,1 g 脂肪在体内燃烧产生 37.56 kJ/g(9 kcal/g)的能量,比碳水化合物和蛋白质产生的能量 16.7 kJ/g(4 kcal/g)多一倍。因此脂肪摄入多时会产生饱腹感,而使碳水化合物摄入量减少。按合理营养要求脂肪供热占一日总能量的比例为 20%～30%。同时,脂肪是体内重要的储能物质,分布在皮下、腹腔等脂肪组织及心、肾等内脏周围包膜中,称"储存脂"。这类脂肪是体内过剩能量的一种储存方式,当机体需要时可以运用于机体代谢而释放能量,它占体内总脂量 95% 左右,并随膳食、能量消耗情况而变化较大,因此又称为"可变脂"。平时脂肪供能占总能量摄入量的 20%～30%,但在饥饿情况下脂肪供能可占全身供能的 98%。

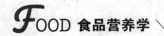

4.2.2.2 构成机体组织

中性脂肪构成机体的脂肪组织；磷脂与胆固醇是机体各器官组织细胞膜的主要成分。一般细胞膜结构中磷脂占 60% 以上，而胆固醇与胆固醇酯占 20%，在大脑及神经组织中它们的比例更高，这与神经兴奋传导的绝缘等功能有关，因此磷脂、胆固醇与儿童正常生长发育及成人健康与生命活动密切相关。大豆卵磷脂也是一种重要的营养物质。

4.2.2.3 提供必需脂肪酸

脂肪酸按饱和度，可分为饱和脂肪酸与不饱和脂肪酸两大类。其中不饱和脂肪酸再按不饱和程度分为单不饱和脂肪酸与多不饱和脂肪酸。单不饱和脂肪酸，在分子结构中仅有一个双键；多不饱和脂肪酸，在分子结构中含两个或两个以上双键。随着营养科学的发展，发现双键所在的位置影响脂肪酸的营养价值，因此现在又常按其双键位置进行分类。双键的位置可从脂肪酸分子结构的两端第一个碳原子开始编号。以脂肪酸第一个双键出现的位置的不同分别称为 n-3 族、n-6 族、n-9 族等不饱和脂肪酸，这一种分类方法在营养学上更有实用意义。

必需脂肪酸指人体必需的，体内不能合成或合成数量不能满足机体需要的，必须从食物中摄取的脂肪酸，它们都是不饱和脂肪酸，均属于 n-3 族和 n-6 族多不饱和脂肪酸。目前比较肯定的必需脂肪酸只有亚油酸。尽管亚麻酸、花生四烯酸也是人体必需的脂肪酸，但它们可由亚油酸转变而成，在亚油酸供给充裕时这两种脂肪酸不至缺乏。必需脂肪酸的主要功能包括：构成生物膜，如细胞膜、线粒体膜等；参与磷脂合成；参与脂肪、胆固醇的代谢、转运；与精子形成有关；减弱放射性射线对机体的损伤；是前列腺素、血栓素、白介素的前体；与脑、视网膜发育及功能有关。

4.2.2.4 维持体温和保护内脏器官

脂肪是热的不良导体，储存在皮下的脂肪可防止体热散失，起到保温御寒的作用；脂肪在器官周围像软垫一样，有缓冲机械冲击的作用，可保护固定器官免受机械损伤。

4.2.2.5 促进脂溶性维生素的吸收

食物中脂溶性维生素 A、维生素 D、维生素 E、维生素 K，不溶于水而溶于脂肪，膳食的脂肪可作为其载体，促进其吸收。如在膳食中脂肪含量低的情况下，将影响蔬菜中胡萝卜素的吸收。患肝、胆系统疾病时，因食物中脂类消化吸收功能障碍而发生脂肪泻，往往可伴有脂溶性维生素吸收障碍，从而导致缺乏症。

4.2.2.6 增加饱腹感，提高食物的感官性状

脂肪在胃中排空的时间长，不易饥饿。脂肪能吸收和保留食物的香味，改善食品的感官性状，促进食欲，有利于某些营养素的消化吸收。

4.2.2.7 多不饱和脂肪酸的作用

磷脂和胆碱构成生物膜的重要成分，与生物膜的流动性密切相关。对于促进神经传导，提高大脑活力起重要作用；同时促进脂肪代谢，防止脂肪肝的出现；促进体内转甲基代谢的顺利进行；降低血清胆固醇，改善血液循环，预防心血管疾病；磷脂和胆碱还作为天然食品添

加剂、乳化剂、分散剂、润湿剂、膨松剂、抗氧化剂、黏度调和剂及强化食品的营养剂,用在冰淇淋、糖果、巧克力、速溶乳粉和焙烤食品等的加工过程中。

4.2.3　脂类的代谢

4.2.3.1　甘油三酯在体内的运转、分解与贮存

脂肪在体内的代谢。食入的脂肪与体内贮存脂肪在代谢上构成一种可以互换的动态平衡,同样参加分解代谢。体脂在分解代谢前,靠脂蛋白由血液运至肝脏,经磷酸化、脱氢、氧化等一系列化学反应变为活性较高的物质,参加分解代谢。

人体贮存脂肪的相当部分是由糖转化而来。食物所含脂肪只是构成体内脂肪的原料,其中的脂肪酸必须在肠壁、肝脏和脂肪组织中进行碳链加长与饱和度改造,才能变为贮存脂。吸收后的脂肪大部分贮存于脂肪组织作为能源贮备,体内各细胞组织除成熟的红细胞外几乎都有氧化利用脂肪的能力。

脂肪代谢的调节。脂肪代谢受神经与激素的调节,如肾上腺素、生长激素、促肾上腺皮质激素、甲状腺素等促进体脂释放游离脂肪酸,而胰岛素、前列腺素则促进体脂合成。此外,膳食组成和机体的营养状态也影响脂类在体内的代谢过程。

4.2.3.2　磷脂、胆固醇在体内的转运与利用

磷脂:磷脂随食物进入消化道,在小肠被磷脂酶水解为甘油、脂肪酸、磷酸和胆碱(或乙醇胺),然后再被吸收。一部分未经水解(约25%未经水解,以分散极细微的乳融状态直接吸收到门静脉入血)直接随乳糜微粒进入人体内,其吸收机制与脂肪相似,其中脂肪酸和甘油吸收途径与油脂相同,磷酸以 Na^+ 盐、K^+ 盐形式吸收,胆碱经淋巴吸收。

胆固醇:食物中胆固醇及胆固醇酯需在胆汁和脂肪的存在下才能被肠道吸收,在小肠黏膜胆固醇与脂蛋白结合,随乳糜微粒进入血流,平均吸收 $500\sim800\text{mg/d}$。血中胆固醇一部分直接排入肠道;另一部分在肝内合成胆汁酸经胆道排入肠,大部分重吸收,进行肝肠循环;还有少量胆固醇在性腺及肾上腺皮质可转化为性激素和肾上腺皮质激素,或在肝和肠道内脱氢成为 7-脱氢胆固醇;仅少量在大肠内经细菌分解还原为类固醇排出。正常人血中胆固醇浓度为 $150\sim280\text{mg/100mL}$。

胆固醇代谢受食物因素影响:如豆固醇、谷固醇、食物纤维、姜等可减少其吸收,牛奶可抑制其生物合成,大豆可增加其排泄,蘑菇可改变血浆和组织间胆固醇的平衡。

4.2.4　脂肪营养价值的评价

食用油脂的营养价值主要取决于它的消化率、稳定性、必需脂肪酸的组成及脂溶性维生素的含量。某一种食用油脂的优越性往往是相对而非绝对的,所以应选择消化率高,必需脂肪酸及脂溶性维生素含量丰富,又不易变质的油脂。

4.2.4.1　消化率

脂肪的消化率与脂肪的熔点密切相关,熔点越高的脂肪,常温下多为固态,消化率低。一般而言,以饱和脂肪酸为主构成的油脂(畜类脂肪)熔点高,如牛脂,熔点可达 50 ℃以上,

习惯上称为脂肪或脂。以多不饱和脂肪酸为主的脂肪(植物油),熔点低,消化率高,常温下常可以流动,习惯上称为油。

4.2.4.2　油脂的稳定性

促使油脂变质的原因很多,首先与本身所含脂肪酸和天然抗氧化剂有关,其次是油脂的贮存和加工处理的条件也会影响其稳定性。

油脂中所含的不饱和脂肪酸双键越多,油脂越容易发生氧化酸败,如鱼、虾等。在一些物理因素的影响下,油脂易于变质,如受阳光直射或贮存温度过高、湿度过大都可促使其氧化变质,另外,动植物组织中含有脂肪酶和各种细菌、霉菌可使油脂分解,如果用已经发霉的油料种子榨油,其中不饱和脂肪酸可自行氧化生成一系列有害物质,影响身体健康,而且变质后的油脂发热量也低。

4.2.4.3　必需脂肪酸含量及脂肪酸构成

必需脂肪酸含量越高,营养价值越高,反之,营养价值低。此外,构成脂肪的脂肪酸不同其营养价值也不同。一般而言,在脂肪供给量相同的情况下,由不饱和或多不饱和脂肪酸构成的脂肪比由饱和脂肪酸构成的脂肪更利于健康。

动植物油脂的营养价值差别较大,虽均富含脂肪酸,但不同油脂中的必需脂肪酸的含量大不一样,如亚油酸在油脂中的含量分别为:豆油51.7%、玉米油47.8%、芝麻油43.7%、花生油37.6%、菜籽油14.2%、猪油8.3%、牛油3.9%、羊油2.0%。可见,植物油是必需脂肪酸的最好来源。在动物脂肪中含有胆固醇,饱和脂肪酸与胆固醇形成酯,易在动脉内膜沉积,发生动脉粥样硬化;而植物油中的必需脂肪酸可防治高脂血症和高胆固醇血症,尤其是米糠油、玉米油中含较多的植物固醇,如谷固醇、豆固醇具有阻止胆固醇在肠道被吸收的功能,从而可预防血管硬化,促进饱和脂肪酸和胆固醇代谢。因此,动物固醇对心血管病人不利,而植物固醇则有益,从这一角度来看,植物油的营养价值比动物脂肪要高。

4.2.4.4　脂溶性维生素含量

脂溶性维生素都能溶解在油脂中,而且随同油脂一道被消化吸收。饮食中如果缺少油脂,这些维生素的吸收则要受到很大的影响。动物脂肪中以奶油营养价值较高,含有一定量的维生素A和维生素D,是其他动植物油脂所欠缺的。而植物油中的维生素A、维生素D以及胡萝卜素能溶于油脂中,容易被人体所吸收。植物油还是维生素E的最好来源,由于维生素E具有抗氧化的作用,所以植物油较动物脂肪不容易发生氧化酸败。

4.2.5　脂类的食物来源及推荐膳食参考摄入量

4.2.5.1　脂类的主要食物来源

膳食脂类的来源主要为烹调油和食物。日常烹调油主要为植物油,如豆油、花生油、菜籽油、芝麻油、玉米油、葵花籽油等,它们含不饱和脂肪酸较高,有的植物油还含有维生素E,能延长贮存时间。猪油、牛油和羊油,其中猪油也常用于烹调,它们含饱和脂肪酸较多,胆固醇也较高,故我国膳食指南中提出少吃荤油。奶油和黄油都从牛乳中提炼而成。奶油是从全脂鲜牛乳中分离出来的,含脂肪20%左右;将奶油进一步加工,则为黄油,约含脂肪85%。

它们都含维生素 A,易被人体吸收利用,但含胆固醇和饱和脂肪酸的含量都高,对高脂血症和冠心病患者不利。人造黄油,目前在蛋糕等食物中使用较多。芝麻,核桃仁,瓜子仁等含脂量丰富,含多不饱和脂肪酸也多。

胆固醇广泛存在于动物组织中,在动物内脏、蛋类及海产品中含量尤其丰富,例如猪脑中的胆固醇含量高达 2 571 mg/100 g,禽蛋黄、蟹黄、肝、肾、墨鱼等含量也高;在植物性食物中则含胆固醇较少。

鱼油,尤其是海洋鱼油中含有较多的超长链多不饱和脂肪酸,尤其是 n-3 族的多不饱和脂肪酸,如 EPA 和 DHA。

4.2.5.2 脂类的供给量和脂类营养的平衡

膳食中脂肪的供给量受饮食习惯、季节、气候等因素的影响,如在寒冷的冬季,身体需要多产热量保暖,在野外工作的人或重体力劳动者,热量消耗得多,就应多吃些油脂。而在炎热的夏天,人的食欲往往不佳,加上因出汗喝水多,冲淡了胃液,消化功能降低,就应少吃油。此外,患肝胆疾病的人,胆汁分泌减少,脂肪不易消化,不宜多吃油;患痢疾、急性肠胃炎、腹泻的人,由于胃肠功能紊乱,不宜吃油腻的食物;过多地摄取油脂是身体发胖的因素之一,中年以后,如果活动量小,又不注意锻炼,吃油脂类过多的食物,皮下和内脏,如心、肝、肾等器官外堆积大量的脂肪,就会加速脏器早衰和病变,使血管硬化,引起高血压、冠心病等疾病。

近年来,大量研究发现,脂肪摄入过高容易引发肿瘤。世界上许多国家和地区,在不同时期的流行病学调查结果都认为高脂肪膳食摄入的人群中,结肠癌和乳腺癌发病率及死亡率均高,动物脂肪摄取量与这两种癌症的发病率及死亡率呈正相关。关于胆固醇与肿瘤的关系也有研究,高胆固醇被认为是动脉粥样硬化症的主要危险因素之一。但有人发现肿瘤发病率与血胆固醇呈负相关,如血胆固醇低于 180 mg/100 mL 的人群中癌症发病率为血胆固醇高于 269 mg/100mL 的人群的 4 倍。无论男女、黑人白人,各种肿瘤患者血胆固醇都较低。

各国对脂类的摄入没有统一的标准。我国要求脂肪提供能量占每日摄入总能量的25%～30%。儿童、青少年所占比例略高(年龄愈小,所占比例愈高)。一般情况下,脂肪的消耗随着人均收入的增加而增加。近年来,我国经济发达的城市和地区,脂肪提供的能量已超过摄入总能量的 30%,应该引起高度重视。因为过多地摄入脂肪,与退行性疾病如冠心病、肿瘤的发生有关。

脂类营养状况不良也包括中年后长期高胆固醇饮食导致的高胆固醇血症,进而并发动脉粥样硬化与心脑血管疾病。但如前所述,胆固醇具有众多的生理功能,是重要的营养物质,只有长期过多摄入,血中浓度过高时才有导致动脉粥样硬化的危险,故应该一分为二进行分析,不应盲目摒除胆固醇的正常摄入。我国建议胆固醇的每日摄入量不要超过300 mg。

4.3 碳水化合物

要点 3 碳水化合物
- 碳水化合物的分类
- 碳水化合物的生理功能
- 碳水化合物的食物来源及膳食参考摄入量

碳水化合物又称糖类,是由碳、氢、氧组成的一类多羟基醛或多羟基酮类化合物,是生物界三大基础物质之一,其基本结构式为 $C_m(H_2O)_n$。碳水化合物是自然界中最主要的有机物质,主要存在于植物界,多是通过绿色植物的光合作用而产生。碳水化合物占植物干重的 $50\% \sim 80\%$,占动物体干重的 2% 左右。在植物组织中它主要以能源物质(如淀粉)和支持结构(如纤维素和果胶等)的形式存在,在动物组织中,碳水化合物主要以肝糖原、肌糖原、核糖、乳糖的形式存在。

4.3.1 碳水化合物的分类

碳水化合物是自然界最丰富的有机物,人体总能量的 $60\% \sim 70\%$ 来自食物中的碳水化合物。它在人体内消化后,主要以葡萄糖的形式被吸收利用。中国以淀粉类食物为主食,主要有大米、玉米、小麦等谷物以及豆类、根茎类富含淀粉的食品。碳水化合物可以分为单糖、双糖、多糖以及糖的衍生物如糖醇、膳食纤维等。单糖和双糖又称简单碳水化合物,如膳食中的蔗糖、蜂蜜等。果酱、牛奶、水果和一些蔬菜都是简单碳水化合物的主要来源。多糖如淀粉和纤维,又称为复杂碳水化合物,是由十个以上单糖分子脱水缩合而成的大分子化合物,与简单碳水化合物相比,复杂碳水化合物要经过消化系统的分解作用才能被人体吸收利用。多糖主要存在于谷类或由谷类加工的食品中如面包、马铃薯、豆类、甘薯、玉米以及一些新鲜水果。

4.3.1.1 单糖

单糖是指分子结构中含有 $3 \sim 6$ 个碳原子的糖,如三碳糖的甘油醛,四碳糖的赤藓糖,五碳糖的阿拉伯糖、核糖、木糖、来苏糖,六碳糖的葡萄糖、果糖、半乳糖等。食品中常见的单糖以六碳糖为主,主要有如下几种。

(1)葡萄糖。广泛存在于动植物食品中,尤以植物性食品中含量最丰富,有的甚至高达 20%。在动物的血液、肝脏、肌肉中也含有少量的葡萄糖,而且是人体血液中不可缺少的糖类,有些器官甚至完全依靠葡萄糖提供能量,例如大脑每天需 $100 \sim 120 \text{ g}$ 葡萄糖。葡萄糖也是双糖、多糖的组成成分。

(2)果糖。存在于水果和蜂蜜中,为白色晶体。果糖是糖类中最甜的一种,食品中的果糖在人体内转变为肝糖,然后再分解为葡萄糖,所以在整个血液循环中果糖含量很低。果糖代谢不受胰岛素制约,故糖尿病人可食用果糖。但大量摄入果糖,容易出现恶心、呕吐、上腹部疼痛以及不同血管区的血管扩张现象。

（3）半乳糖。由乳糖分解而来，它是白色结晶，具有甜味，在人体内转变成肝糖后被利用。

（4）其他单糖。除了上述三种重要的己糖外，食物中还有少量的戊糖，如核糖、脱氧核糖、阿拉伯糖和木糖。前两种单糖在动物体内可以自己合成，后几种糖则主要存在于水果和根、茎类蔬菜之中。

4.3.1.2 双糖

双糖是由两个单糖分子缩合失去一分子水形成的化合物，双糖为结晶体，溶于水，但不能直接被人体所吸收，必须经过酸或酶的水解作用生成单糖后方能被人体所吸收。食品中常见的双糖包括如下几种。

（1）蔗糖。蔗糖不具有还原性，由一分子葡萄糖和一分子果糖失去一分子水缩合而成的，为白色结晶体，易溶于水，加热到 200 ℃变成黑色焦糖。甘蔗和甜菜中含量最多，果实中也有，作为食品原料的白砂糖、红糖就是蔗糖。蔗糖摄入过高，容易引发糖尿病、龋齿，甚至动脉粥样硬化等疾病。

（2）麦芽糖。主要来自淀粉水解，由两分子葡萄糖构成，具有还原性，为针状晶体，易溶于水。食品工业中所用的麦芽糖主要由淀粉经酶的作用分解生成。用大麦芽作为酶的来源，作用于淀粉得到糊精和麦芽糖的混合物，即饴糖。

（3）乳糖。存在于哺乳动物的乳汁中，由一分子葡萄糖和一分子半乳糖组成，为白色结晶体，能溶于水。人乳中含乳糖 5％～8％，牛乳中含 4％～5％，羊乳中含 4.5％～5％。乳糖是婴儿主要食用的糖类物质，随着年龄的增长，肠道中的乳糖酶活性下降，因而很多成年人食用大量的乳糖后不易消化，即乳糖不耐症。

4.3.1.3 多糖

多糖是由许多单糖分子残基构成的大分子物质，一般不溶于水，无甜味，无还原性，不形成结晶，在酸或酶的作用下，依水解程度不等而生成糊精，完全水解的最终产物是单糖。多糖中一部分可被人体消化吸收，如淀粉、糊精、糖原等；而另一部分则不被人体消化吸收，如纤维素、半纤维素、木质素、果胶等。食品中常用的多糖如下。

（1）淀粉。淀粉是人们膳食中最丰富的碳水化合物，有支链淀粉和直链淀粉两类。普通淀粉由 25％的直链淀粉和 75％的支链淀粉构成，前者遇碘出现蓝色反应，后者若单独存在时遇碘发生棕色反应。直链淀粉能溶于热水，支链淀粉则不能。淀粉不溶于冷水，与水共煮时会形成糨糊状，称为淀粉的糊化，具有胶黏性，冷却后，能产生凝胶作用。淀粉经酸或酶适当处理后，其物理性质发生改变，这种淀粉叫变性淀粉。

（2）糊精。糊精是淀粉的水解产物，通常糊精的分子大小是淀粉的 1/5。糊精与淀粉不同，它具有易溶于水、强烈保水及易于消化等特点，在食品工业中常被用来增稠、稳定或保水。例如在制作羊羹时添加少许糊精可防止结晶析出，避免外观不良。

（3）糖原。糖原也称动物淀粉，在肝脏和肌肉中合成并贮存，是一种含有许多葡萄糖分子和支链的动物多糖。肝脏中贮存的糖原可以维持正常的血糖浓度，肌肉中的糖原可提供机体运动所需要的能量，尤其是高强度和持久运动时的能量需要。其较多的分支可提供较

多的酶的作用位点,以便能快速地分解和提供较多的葡萄糖。食物中糖原含量很少,因此它不是有意义的碳水化合物的食物来源。

(4)纤维素、半纤维素、木质素。广泛存在于植物组织中,纤维素也是葡萄糖构成的多糖,水解比淀粉困难,遇水、加热均不溶,需要浓酸和稀酸在较高压力下长时间加热才能水解;半纤维素是一些与纤维素一起存在的与植物细胞壁中的多糖的总称,大量存在于植物的木质化部分。人体因缺少水解纤维素的酶,故不能利用食物纤维。动物体内含有水解纤维素的酶,故能够利用食物纤维分解成葡萄糖。

(5)果胶。果胶是植物细胞壁的成分之一,存在于相邻细胞壁的中胶层。按果蔬成熟度不同,果胶分为原果胶、果胶和果胶酸三种。不溶于水,水解后生成果胶。果胶是亲水性胶体物质,其水溶液在适当条件下形成凝胶,利用果胶这一特性,可将水果生产成果酱、果冻、果糕等制品。

4.3.1.4 糖的衍生物

糖醇是糖的衍生物,由单糖或多糖加氢而成,也有天然存在的。在食品工业中常用其代替蔗糖作为甜味剂使用,营养上也有其独特的作用。食品中的糖醇主要有如下三种。

(1)山梨糖醇。工业上将葡萄糖氢化,使其醛基转化为醇基,其特点是代谢时可转化为果糖,而不变成葡萄糖,不受胰岛素的控制,食用后不影响血糖的上升,因而适用于糖尿病患者使用。

(2)木糖醇。存在于多种水果、蔬菜中,其甜度及氧化功能与蔗糖相似,但代谢不受胰岛素调节,糖尿病患者可以食用。此外,木糖醇不能被口腔细菌发酵,因对牙齿不伤害,可用作无糖糖果中防止龋齿的甜味剂。

(3)麦芽糖醇。由麦芽糖氢化而来的,在工业上是由淀粉酶解制得多组分葡萄糖浆后氢化制成。麦芽糖醇被人体摄入后在小肠内的分解量是同量麦芽糖的1/40,是非能源物质,不升高血糖,也不增加胆固醇和中性脂肪的含量,是心血管疾病、糖尿病患者的甜味剂。也不能被微生物利用,故也能防止龋齿。

4.3.2 碳水化合物的营养生理功能

4.3.2.1 供给能量

碳水化合物是人类从膳食中取得热能的最经济、最主要的来源。含碳水化合物的食物一般价格比较便宜。它在体内氧化较快,能够及时供给能量满足机体的需要,每克碳水化合物可以产生16.7 kJ(4 kcal)的热能,在体内氧化的最终产物为二氧化碳和水。中枢神经系统只能靠碳水化合物供能,除葡萄糖外,神经系统不能利用其他营养物质供给能量。正常情况下,成人大脑约需140 g/d葡萄糖,红细胞约需40 g/d葡萄糖。

碳水化合物对维持心脏,神经系统的正常功能具有特殊的意义。在多数情况下,葡萄糖是唯一的、最重要的能量源。脑部组织只能利用葡萄糖作为能量物质,所以当血糖过低时,脑组织将得不到足够的能量,其功能就会出现抑制或障碍,对于脑力劳动为主的人,如科学工作者、学生等将会出现理解力和记忆力的下降,工作效率大大降低。

此外,心肌和骨骼肌的活动也主要靠碳水化合物提供能量,而血红细胞只能依赖简单碳水化合物,如单糖和双糖。碳水化合物在体内的消化、吸收和利用较其他功能营养素(脂类、蛋白质)迅速而完全。而且在缺氧的情况下,糖类也可以进行无氧氧化,通过酵解作用提供能量,这对于从事紧张劳动和运动以及高空作业和水下作业的人员来说是十分重要的。

4.3.2.2 碳水化合物是机体重要组成物质

碳水化合物是构成机体的重要物质,并参与细胞的许多生命活动。所有神经组织和细胞都含有碳水化合物,如糖蛋白构成人和动物体的结缔组织的胶原蛋白、黏膜组织的黏蛋白、血浆中的转铁蛋白、免疫球蛋白等。糖脂是细胞膜与神经组织的组成部分;核糖和脱氧核糖是构成核酸的重要组成成分,在遗传中起着重要的作用。

4.3.2.3 节约蛋白质作用

当体内碳水化合物供给不足时,机体为了满足自身对葡萄糖的需求,则通过糖原异生作用产生葡萄糖,由于脂肪一般不能转变成葡萄糖,所以只能动用体内蛋白质,甚至是器官中的蛋白质,如肌肉、肝、肾、心脏中的蛋白质,从而对人体及各器官造成损害。体内糖充足时,机体首先会利用糖供给热能,可避免人体利用蛋白质作为燃料,从而保证蛋白质用于构成机体组织和调节生理机能,碳水化合物的这种作用称为节约蛋白质作用。

4.3.2.4 抗生酮作用

脂肪在氧化过程中必须有糖的参与才能彻底生成二氧化碳和水。当糖缺乏时,则脂肪代谢不完全产生酮体,血液中酮体达到一定浓度时即发生酸中毒。故供给充足的糖,可防止脂肪代谢不完全而产生酮体,避免酸中毒。这种作用称为抗生酮作用。人体每日至少需要50～100 g碳水化合物才能防止酮血症的产生。

4.3.2.5 保肝、解毒

肝糖原储备较充足时,肝脏对某些化学毒物(如四氯化碳、酒精、砷)以及体内各种致病生物感染引起的毒血症有较强的解毒能力。主要起此作用的是葡糖醛酸。

4.3.2.6 提供膳食纤维

除木质素外,膳食纤维是不被人体消化吸收的多糖,包括纤维素、半纤维素、果胶等。虽然膳食纤维不被消化吸收,但是它具有较强的吸水膨胀性、吸附性、黏滞性。膳食纤维吸水后使粪便有较大的容积,刺激胃肠道蠕动,防止便秘;产生饱腹感,减少进食量,起到限食作用;其吸附性,能吸附胆酸、胆固醇,增加胆固醇的排出;能吸附有毒重金属和化学物质,减少毒物的吸收;膳食纤维还能降血糖、调节肠道正常菌群、防止肠道肿瘤发生。过多的膳食纤维也影响其他营养素的吸收。

4.3.2.7 提供活性多糖

食物活性多糖主要存在于大型食用菌、药用菌中,如金针菇、香菇、灵芝、茯苓、猴头菇、黑木耳等,某些植物如薏米、百合科、紫草、紫菜的黏液也含有活性多糖。其主要是提高机体的免疫功能,在抗肿瘤、抗衰老、抗疲劳等方面发挥作用。其他方面的有益作用正在研究中。

4.3.3　碳水化合物的代谢

4.3.3.1　代谢过程

碳水化合物被吸收后的代谢包括合成代谢和分解代谢,是许多复杂的酶促反应过程,形成多种磷酸酯的中间产物,能量则集中表现为合成细胞可利用的化学能 ATP 等高能化合物。

葡萄糖被吸收进血液后运送到肝脏,再进行相应的代谢或运送到其他器官直接被利用。被机体吸收后的单糖有三个去向:一是进入血液被直接利用,二是暂时以糖原的形式贮存在肝脏及肌肉中,三是转变为脂肪。下面分别加以简单介绍:

(1)首先要满足机体对糖的需要。早晨空腹时,正常人一般血糖水平为 4.5 mmol/L,相当于 90 mg/100 mL,进食后即逐渐升高,至 7.5 mmol/L 或更高一些,但也不能无限升高,它可以在一个相对稳定的水平上波动。当血糖浓度降低时,肝中糖原可释放入血以维持这种动态平衡。但肝糖原的总量不过 100 g 左右,在没有任何新的碳水化合物来源的情况下,这些糖原贮备会在 18h 内完全耗竭。此时,肝脏需从其他方面的能源取得合成糖原的原料,如从蛋白质转化,即为糖的异生作用。由此可见,早餐绝对不是可有可无的,适量碳水化合物的摄入对于机体的协调和健康是必不可少的。

(2)其次是合成为糖原。葡萄糖首先与 ATP 作用形成磷酸葡萄糖,再转变为尿苷二磷酸葡萄糖(UDP-葡萄糖),最后经糖原合成酶等的作用合成具有多分支结构的糖原,这种结构使人体在需要能量的时候可迅速分解释放出葡萄糖分子,以维持血糖水平。

人类机体贮存糖原量约为 370 g,其中肌肉中 245 g,肝中 108 g,其他组织包括血浆及细胞外液共 17 g。

当人体需要能量时,葡萄糖以糖酵解途径和三羧酸循环途径产生能量满足机体对能量的需要。此外,也存在少量糖通过磷酸戊糖途径为机体还原反应提供氢原子的反应。

哺乳期的妇女乳腺还有利用葡萄糖合成乳糖的能力:一分子葡萄糖先形成 UDP—葡萄糖,再经表异构酶作用生成尿苷二磷酸半乳糖,最后与另一分子葡萄糖作用合成乳糖。其间也是由 ATP 分解供应能量。

(3)合成脂肪。当碳水化合物满足了上述两个方面的要求后,多余的碳水化合物就会以脂肪的形式贮备在体内,而且这种贮备是没有饱和度的限制的。实际上机体的能量代谢既从脂肪酸又从葡萄糖取得来源。但大量摄入碳水化合物的时候,糖的氧化放能占绝大部分,这个过程由胰岛素控制。

4.3.3.2　葡萄糖代谢的调节

血糖含量是衡量体内碳水化合物变化的重要指标,它一直处于动态平衡中。健康人体空腹时的血糖浓度为 3.89～6.11 mmol/L,进餐后的很短时间里,可超出正常的偏离程度范围,亦认为是正常的现象。但由于大脑、肺组织及红细胞等只能依靠血糖供给能量,因此维持人体血糖浓度的相对稳定,对机体的持续供能非常重要。机体正常血糖水平的调节,主要通过化学、物理和激素系统三种方式。

(1)化学调节。当血糖水平高于正常值时,可以通过加快糖原合成速度加以下调;血糖水平低于正常值时,可以通过加快糖原分解速度以及糖异生作用的速度加以调升。

(2)物理调节。物理调节实际上是通过肾脏的排糖机构进行的。所以,实质上物理调节不能升高血糖。一般,对于正常功能的机体来讲,肾脏部位吸收葡萄糖的能力,有一个血糖阈值,当血糖高于阈值时,葡萄糖将会随尿液排出体外,这种排出将一直保持到血糖回复到排糖阈值以内。

(3)激素调节系统。存在有两个作用相反的激素调节系统,即胰岛素降低血糖,肾上腺素和胰高血糖素升高血糖。通过激素系统的调节,当血糖过高时,过剩的葡萄糖将加速转化为糖原;当血糖下降时,则糖原将加速分解为葡萄糖,同时糖异生作用也会相应得到加强。

值得指出的是,当物质(即葡萄糖以及相关联的成分)供应缺乏时,长时间仅仅依靠机体自身的调节,将有可能导致低血糖等生理反应。因为无论是糖原的合成和分解过程,还是糖异生作用,归根结底都需要有均匀充足的饮食加以保证。

4.3.4　血糖生成指数

4.3.4.1　血糖生成指数的概念和测定方法

1981 年,加拿大多伦多大学的詹金斯(Jankins)等学者经过多项实验研究后,提出了血糖生成指数(glycemic index,GI)的概念。它表示某种食物升高血糖效应与标准食品(通常为葡萄糖)升高血糖效应之比,指的是人体食用一定食物后会引起多大的血糖反应。

10 名左右受试者摄入含 50 g 可消化碳水化合物的食品后,在 2 h 内按固定的时间间隔测定其血糖浓度,并描记出血糖浓度随时间变化的曲线。第二天早晨,再让这些人吃相同量的葡萄糖(有时候用白面包代替葡萄糖),按相同的方法描记血糖浓度曲线。以葡萄糖为参考食品,将其 GI 定为 100,求得葡萄糖曲线下的面积(AUC),再用所吃食品血糖曲线下的面积除以葡萄糖线下的面积,乘以 100,就得到这种食品的 GI。因为 GI 是由人体试验而来的,而多数评价食物的方法是化学方法,所以我们也常说食物 GI 是一种生理学参数。这种方法测得的食品 GI 是经过许多组人的测定得出的平均值,从而消除了影响指数得分的多种因素,所以,具有很强的客观性和准确性。

4.3.4.2　按血糖生成指数将食物进行分类

一般而言,GI>70 为高食物血糖生成指数食物,以大米、面粉为原料的各种主食为主,如面包、饼干、馒头、米饭、膨化食品、麦芽糖。它们进入胃肠后消化快,吸收率高,葡萄糖释放快,葡萄糖进入血液后峰值高。

GI<55 为低食物血糖生成指数食物,如煮山药、未发酵的面食、茎叶及豆类蔬菜、酸乳酪和牛乳、黏性谷物和粗加工的食品、藕粉、山芋等。它们在胃肠中停留时间长,吸收率低,糖释放缓慢,葡萄糖进入血液后的峰值低,下降速度慢。

GI 居中的食品(51~69),如煮甘薯、冰淇淋与牛奶巧克力(GI 低于 50,这是因为脂肪阻碍了碳水化合物与水的充分接触,降低了碳水化合物的消化速度)、蔗糖(GI 为 68,由一分子

葡萄糖和一分子果糖组成,而果糖在人体内转变为葡萄糖的速度比较慢)、荞麦、燕麦、全麦粉等。

4.3.4.3 影响血糖生成指数高低的因素

(1)食物类别。如蔬菜、豆类、肉类、奶类的 GI 较低,而精制糖类、谷类、少数水果 GI 较高。即使是同样的大米,也会因为产地、品种的不同而有所差异,如相比于支链淀粉,直链淀粉吸水少、分子排列紧密、具有较少的水解末端,因而消化慢,最终的 GI 也相对较低。

(2)食物加工方式和烹调方式。精细加工的食物相比于天然食物往往消化更容易,因此 GI 也更高一些。而淀粉类食品的烹调可使淀粉分子糊化、软化食物,从而加快营养素的吸收,也会使 GI 升高。例如粗制大米要比精磨大米 GI 低,蒸米饭要比煮得又稀又烂的米粥 GI 低。

(3)食物成分与膳食搭配。食物中不易消化的成分多,血糖生成指数值就会降低。如全麦面包、全谷类早餐要比白面包和精制谷物血糖生成指数低,因为谷物外层的糠麸、种皮等物质可作为天然的屏障而减缓酶对内部淀粉的消化作用;单独食用面条、稀饭时血糖生成指数值高,若同时与蔬菜食用则会降低较多。膳食纤维、蛋白质、脂肪等食物成分可增加胃排空时间,因此均可降低食物的 GI,尤其是具有黏性的可溶性膳食纤维可将肠内容物变成胶状物质,从而减缓酶对淀粉的酶解作用,因此在降低食物 GI 控制血糖方面具有重要的作用。酸能延缓食物的胃排空率,延长进入小肠的时间,故可以降血糖;在各类型的醋中发现红曲醋最好,同时柠檬汁的作用也不可忽视。

4.3.4.4 血糖生成指数的意义

GI 概念提出了不同种类的碳水化合物有不同的"质量"的新理论,结束了百余年来人类对"同样量的碳水化合物有相同血糖水平"的误区。与传统的食物交换法相比,血糖生成指数法是一个较科学的食物选择新法,它所反映的是人体进食后机体血糖生成的应答状况,更为精确地描述了富含碳水化合物的食物的生理效应与机体健康之间的关系。这一概念的提出也使人们从一个全新的角度,深入认识摄入碳水化合物与各种慢性疾病,特别是肥胖、糖尿病的关系,为更加科学地选择食物、倡导平衡膳食、遏止慢性疾病的增长提供了理论依据。

(1)控制超重和肥胖。超重和肥胖是多种慢性疾病的诱发因素。研究表明,经常摄入高 GI 食物,可引起血糖和胰岛素分泌的大幅度波动,就是说,血糖在迅速升高后会很快下降。这样,饥饿感会来得更快、更强烈,长此以往,容易引发超重和肥胖。如果经常选择低 GI 食物,血糖和胰岛素的波动幅度相对平缓,饱腹感持续时间较长,可控制食欲、延迟饥饿感,有利于维持正常体重。

(2)控制糖尿病患者的血糖水平。一项超过 6 年的针对 4.2 万名男性进行的血糖跟踪研究结果显示,经常选择高 GI 食物,可以使 II 型糖尿病的危险性增加 37%;而低 GI 食物可延迟葡萄糖的吸收,能降低胰岛素浓度峰值和总胰岛素的需求量,有助于控制血糖。

(3)冠心病。血脂异常是心血管疾病的重要危险因素。一般来说,选择低 GI 食物,可以使合并高血脂的糖尿病患者的血清总胆固醇、低密度脂蛋白和甘油三酯分别降低,高密度脂蛋白含量上升,有利于减少心血管疾病的发生。

4.3.5　碳水化合物的食物来源及膳食参考摄入量

4.3.5.1　碳水化合物的供给量

碳水化合物是人类获得热能的主要途径,也是最容易获得、最经济、最合理的能源物质。碳水化合物的供给量,根据人们的饮食习惯和劳动强度而各有差异。西方国家占总供给热能的 50%～55%,中国占总供给热能的 60%～70%。一般来说,膳食组成中蛋白质、脂肪含量高时,碳水化合物的量可以低些,反之则应高些。在碳水化合物供给充足的情况下,可以避免蛋白质用于能量代谢,也有利于脂肪的贮存。

(1)碳水化合物不足的危害

①谷物摄入减少造成 B 族维生素的缺乏。众所周知,谷物是人体碳水化合物的主要来源,它除了为人体提供能量外,还是 B 族维生素的主要来源。主食谷物摄入量的减少,易导致 B 族维生素的缺乏。根据食物成分分析,杂粮中维生素 B_1 的含量远高于精米白面,如 100 g 玉米中维生素 B_1 的含量是 0.34 mg,而 100 g 特级大米中的含量仅为 0.08 mg。

②主食谷物不足造成动物脂肪代谢不完全。动物性食物中含有丰富的脂肪,脂肪在人体内完全氧化需要碳水化合物提供足够的能量。当人体碳水化合物摄入不足或身体不能利用糖(如糖尿病人)时,所需能量大部分要由脂肪供给。脂肪氧化不完全,会产生一定数量的酮体,酮体过分聚积使血液中酸度偏高,引起酮性昏迷。另外,由于酮体积聚,造成膳食蛋白质的浪费和组织中蛋白质的分解加速、钠离子的丢失和脱水,从而导致代谢紊乱。

③水果不能提供足够的碳水化合物,且易造成贫血因为水果中含有的碳水化合物远远满足不了人体的需要,而且还缺少人体所需的蛋白质、铁、钙等营养成分,长期以水果作为正餐势必造成体内营养物质的缺乏,时间长了会导致贫血,甚至引起其他与碳水化合物代谢有关的疾病。

④缺乏膳食纤维可导致多种疾病,如果膳食中缺乏膳食纤维,则可以引起胃肠道构造损害和功能障碍,使某些疾病(如溃疡性结肠炎、肥胖、糖尿病、高脂血症、动脉粥样硬化及癌症)的发病危险性增加。

(2)碳水化合物过剩的危害

摄食过量的碳水化合物对人体也会有不利影响,特别是大量食用低分子量糖。如西欧与美国人每天食用蔗糖量在 100 g 左右,即非重体力劳动者所需要的 15%～20% 的热能是由蔗糖提供的。许多研究表明,体重过重、糖尿病、龋齿、动脉粥样硬化症和心肌梗死等都与糖的大量食用有关。如果按体重计算,碳水化合物的供给量,成年人每日每 kg 体重 6～10 g,1 岁以下婴儿约 12 g。具体危害如下:

①促进冠心病的发生和发展。随人们生活水平的提高,对含糖量高的点心、饮料、水果的需求和消耗日益增多,使摄入的碳水化合物大大超过人体的需要量。过多的碳水化合物若不能被及时消耗掉,多余的糖在体内转化为甘油三酯和胆固醇,促进了动脉粥样硬化的发生和发展。

②对血脂的影响进食大量的碳水化合物,使糖代谢增加,细胞内 ATP 增加,脂肪合成速度加快,多余的脂肪蓄积在体内,造成血脂异常情况的发生。

③增加糖尿病的发生率。有人将新移居以色列和长期定居在以色列的犹太人的糖尿病发病率和碳水化合物摄入量比较。结果蔗糖的摄入量多者,糖尿病的发病率明显升高,而碳水化合物总量和总能量在两组中没有统计学差异。

④引起龋齿和牙周病的发生。碳水化合物的摄入量和方式与龋齿的发生率有关。高碳水化合物的膳食使咀嚼功能降低,减少了唾液的分泌,同时也减少了缓冲酸碱的能力,增加了附在牙齿上的食物,使牙周病的发病率大幅度上升。

⑤可能存在着胃癌的危险性。高淀粉膳食可能增加胃癌发生的危险,主要原因也许是淀粉对不同器官的影响有所不同造成的。

⑥造成儿童营养摄入不足。长期吃高糖食物,不仅可造成营养不良,进一步可使肝脏、肾脏肿大,脂肪含量增加,而且使他们的平均寿命缩短。

(3)碳水化合物的适宜摄入量

根据中国居民膳食营养素参考摄入量专家委员会 2000 年 10 月建议,我国居民,除婴幼儿(<2岁)外,膳食碳水化合物应提供一日总能量的 55%～65%。老年人最好占总能量摄入的 55%～60%。一般认为纯糖摄入量不宜过多,成人每天不宜超过 25 g。

4.3.5.2　碳水化合物的食物来源

碳水化合物的主要来源是植物性食物(如谷类、薯类和根茎类食物)中,它们都含有丰富的淀粉;其中谷类(如大米、小米、面粉、玉米面等)含量为 70%～80%,干豆类(干黄豆、红豇豆等)含量为 20%～30%,块茎、块根类(山芋、山药、土豆等)含量为 15%～30%,坚果类(栗子、花生、核桃等)含量为 12%～40%,纯糖(低分子糖,如红糖、白糖、蜂蜜等)含量为 80%～90%。各种单糖和双糖,除一部分存在于果蔬等天然食物中外,绝大部分是以加工食物(如食糖和糖果等)形式直接食用。膳食纤维含量丰富的食物有蔬菜、水果、粗粮、杂粮、豆类等。碳水化合物在动物性食物中含量很少,如奶中含有的乳糖,肝脏和肌肉中的肝糖原和肌糖原,血液中含有葡萄糖等,但均含量不多。几种常见食物碳水化合物含量见表 4-8。

表 4-8　几种常见食物的碳水化合物含量　　　　　　　　　　　%

食物	碳水化合物总量	粗纤维	食物	碳水化合物总量	粗纤维
蔗糖	99.5	0	冰激凌	20.6	0.8
玉米淀粉	87.6	0.1	煮熟的玉米	18.8	0.7
葡萄干	77.4	0.9	葡萄	15.7	0.6
小麦淀粉(70%)	76.1	0.3	苹果	14.5	1.0
空心粉(干)	75.2	0.3	豇豆	7.1	1.0
全麦面包	47.7	1.6	卷心菜	5.4	0.8
大米	24.2	0.1	牛肝	5.3	0
烤马铃薯	21.1	0.6	全脂粉	4.9	0
香蕉	22.2	0.5	煮熟的奶	2.0	0.61

4.4　水

要点4　水
- 水的生理功能
- 水的需要量及其来源
- 科学饮水

生命起源于水,水是机体中含量最大的组分,是维持人体正常生理活动的重要物质,人若缺水,仅能维持几天的生命;但是绝食时的情况下,只要不缺水,可维持数十天的生命。当饥饿或长时间不进食、体内贮存的碳水化合物完全耗尽、蛋白质失去一半时,人体还能勉强维持生命;但如果人体内水损失15%~20%,则正常的生命活动无法维持。

4.4.1　生活饮用水分类

根据《生活饮用水卫生标准》(GB 5749—2006),生活饮用水指日常饮水和生活用水,包括自来水、大桶水,但是不包括饮料和瓶装矿泉水。生活饮用水水质应符合下列基本要求:保证饮用安全;生活饮用水中不得含有病原微生物;生活饮用水中化学物质不得危害人体健康;生活饮用水中放射性物质不得危害人体健康;生活饮用水的感官性状良好;生活饮用水应经常消毒处理。

一般情况下,水的pH对人体健康没有直接影响,但是pH过高或过低会腐蚀管道,腐蚀下来的东西会被人喝入体内,所以对饮用水的pH也作出明确要求,即要求pH的范围6.5~8.5。由于水的硬度对人体健康有较大影响,所以,规定生活用水的总硬度以碳酸钙计小于450 mg/L。

4.4.2　水的生理功能

4.4.2.1　细胞和体液的重要组成部分

水是人体含量最大和最重要的组成部分,人体水含量约占体重的2/3。体内所有组织中都含水。不同组织中水含量不同,如唾液含水量为99.5%,全血中含水量为80%,血浆含水量为90%以上。瘦体组织含水量为73%。脂肪组织含水量为20%左右,皮肤含水量为60%~70%,骨骼含水量为12%~15%。一般来说,男子体内含水量高于女子,且随着年龄的增长,含水量逐渐下降。水还是许多生命大分子的组成成分。

4.4.2.2　促进营养素的消化、吸收与代谢

水参与所有营养素的代谢过程,水是营养素的良好溶剂。水具有溶解性强的特点,可溶解许多物质,有助于体内各种反应。水的流动性比较大。在体内形成液循环运输物质。营养物质的消化、吸收、排泄都必须有水参加。如果体内没有水,一切生物化学反应都将停止。

4.4.2.3　保持体温恒定

水的比热大,热容量也大,所以代谢过程中产生的热多被水吸收,不致使体温显著升高;

水的蒸发热大,只需蒸发少量的水即可散发大量的热,当外界温度高时,体热可随水分经汗水散发,每升水散发时需从皮肤及周围组织吸收大约 2 508 kJ(600 kcal)的蒸发热,发烧时通常会增加对能量的需要就是这个道理。

由于水具有良好的导热作用,可以保持体内组织、各器官的温度基本一致。水的这些性质有利于维持体温的正常。食物中大约 60%的化学能直接变成体热的形式,其余 40%的转化为能量细胞能利用的形式。绝大多数的能量最终以热的形式留于体内。如果这些热不能散发出去,体温会增高很多。酶系统就不能正常工作,机体的生命活动就会受到极大的影响。呼吸是防止这种状况发生的主要方式。

4.4.2.4　水是体腔、关节、肌肉的润滑剂

水的这个功能,可减少体内脏器的摩擦,防止损伤,并使器官运动灵活。如泪液可以防止眼球干燥,唾液、消化液有利于吞咽和咽部的湿润以及胃肠的消化,关节滑液、胸膜和腹腔的浆液、呼吸道和胃肠道黏液也有良好的润滑作用,这些都与人体中的水分有关。

4.4.2.5　水的其他保健功能

(1)预防泌尿系统结石。人体内结石的生成是由于尿液中的草酸盐和磷酸盐类结晶造成的。当尿液较多时,结石悬浮于人的尿液中,体积小的结石还可以随尿液排出体外。在炎热的夏季,由于人体排汗量大使水分流失较多,从而使尿液减少浓缩,保持体内水分充足,对泌尿系统结石病有很好的预防作用。

(2)有益呼吸延缓衰老。体内水分充足可以使肺部组织保持湿润,从而使肺顺利地吸进氧气排出二氧化碳。缺水会影响肺功能的正常发挥,还会使皮肤失去应有的光泽和弹性,使人显得干瘪枯萎,皱纹增多。水分会促进人体新陈代谢加快,使皮肤圆润光滑显得精神饱满,衰老过程相对减缓。

(3)缓解便秘降脂减肥。每天清晨起床时饮用适量开水可刺激肠道蠕动,稀释食物残渣,有利于排便。水还是脂肪分解必不可少的营养素,多喝水有利于肥胖症患者减肥。

4.4.3　水的需要量及其来源

4.4.3.1　水的需要量

人体在正常情况下,经皮肤、呼吸道以及尿和粪的形式都有一定数量的水分排出体外,因此应当补充相当数量的水,才能维持动态平衡。每人每天排出的水和摄入的水必须保持基本相同,这称为"水平衡",否则会出现水肿或脱水。人体缺水和失水过多时,表现出口渴、黏膜干燥、消化液分泌减少、食欲减退、各种营养物质代谢缓慢、精神不振、身体乏力等症状。当体内失水达到 10%时,很多生理功能受到影响,当失水达到 20%,生命将无法继续维持。然而,人如饮水过多,会稀释的消化液对消化不利,故吃饭前后不宜饮水过多。

影响人体需水量的因素很多,如体重、年龄、气温、劳动及其持续时间,都会使人体对水的需要量产生很大差异。正常人每日每 kg 体重需水量约为 40 mL,即 60 kg 体重的成人每天需要水 2 400 mL,婴儿的每日每 kg 需水量为成人的 3~4 倍。一般来说,成人每日摄取4.18 kJ 能量约需水 1 mL。夏季天热和或高温作业、剧烈运动都会大量出汗,此时需水量较

大。当人体感觉口渴时,需要立即补充水分。《中国居民膳食营养素参考摄入量》(2013版)推荐水的适宜摄入量为:成年男性每天饮用水1 700 mL,成年女性每天饮用水1 500 mL。

4.4.3.2 水的缺乏症

水摄入不足或丢失过多,均引起机体水缺乏症。机体缺水导致细胞外液电解质浓度增高,渗透压增高,随之细胞内的水分向细胞外流,造成细胞缺水。临床上表现口渴、尿少、烦躁、眼球内陷、皮肤失去弹性、乏力、体温升高、心率加快、血压下降,严重时可导致缺水死亡。

当水的摄入量超过肾脏排泄能力时,可引起水过多中毒。该情况一般发生在肾、肝、心功能衰竭情况下。临床上表现精神迟钝、恍惚、昏迷、惊厥等,严重时可导致水中毒死亡。

4.4.3.3 水的来源及消耗

在正常情况下,人体排出的水和摄入的水是平衡的。人体内的水来源于饮水、食物和体内三大供热营养素在代谢过程中的分解产物。水的排出则通过尿、粪便、肺呼出和皮肤蒸发四个途径。

(1)人体水的来源。人体水的来源主要有三种途径:第一,饮水,主要是指日常人们所引用的水、咖啡、茶、汤、乳、软饮料和其他各种饮料,是人体所需水的主要来源。第二,食物中的水,主要是米饭、水果、蔬菜等食物中的水,水果、蔬菜中的含水量通常超过80%。第三,人体代谢水,在机体的代谢过程中,碳水化合物、脂肪和蛋白质的最终氧化产物之一就是水,这种水被称为代谢水或氧化水。每100 g糖类、蛋白质、脂肪的代谢水分别为60 mL、41 mL和107 mL。一般正常成人每日大约可产生250 mL代谢水。

(2)人体水的排出。人体内水的排出主要有以下途径:第一,从皮肤排出。主要是通过蒸发或汗腺分泌,其中"蒸发"随时在进行,即使在寒冷的环境中也不例外;"出汗"则与环境温度、相对湿度、活动强度有关。每日由皮肤排出的水分,为400～1900 mL。在炎热的夏季,人体通过出汗散热来降低体温,这个数值可高达2 500 mL/h。第二,经肺排出,由于呼吸,人体每天可失去250～350 mL的水。在空气比较干燥时,失水增加。第三,由消化道排出,消化道分泌的消化液,含水量每天可高达8 L。在正常情况下,消化液将会随时在小肠部分发生吸收,所以每日仅有100～200 mL的水随粪便排出。但在腹泻、呕吐时会失去大量的水分,从而造成机体脱水状态。第四,由肾脏排出,肾脏是主要的排水器官,在保持体内水分平衡方面发挥了重大作用。肾脏的排水量不定,一般随体内水的多少而增减,从而保持调节体内水的平衡。正常时,每天可经肾小球滤出的原尿有150～200 L,但实际上每日排出的终尿只有200～1 000 mL。这是因为肾小管将大部分的水分又重新吸收的缘故。

4.4.4 科学饮水

4.4.4.1 饮水的时间和方式

饮水时间应分配在一天中的任何时刻,喝水应该少量多次,每次200 mL左右。空腹饮下的水在胃内只停留3分钟左右就很快进入小肠,然后再进入血液,1 h左右就可以补充给全身的血液。体内水分达到平衡时,就可以保证进餐时消化液的充足分泌,增进食欲,帮助消化。如果一次性大量饮水会增加胃肠负担,使得胃液稀酸,降低胃酸的杀菌作用,妨碍对

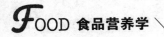

食物的消化。

早晨起床之后要喝一杯水,因为睡眠时出汗损失很多水分,起床之后虽然没有感到口渴,但是体内仍会因为缺水而使血液黏稠。饮用一杯水可以使血液的黏稠度降低,增加循环血容量。睡觉前也可以喝一杯水,有利于预防夜间血液黏稠度的增加。

运动时由于体内的水分流失增加,如果不及时补充水分,就会引起水不足。在运动强度较大时,要注意运动中水和矿物质的同时补充,运动后应根据需要补充水分。

4.4.4.2　不宜饮用生水和蒸锅水

生水是指未经消毒过滤处理的水,如河水、溪水、井水等。这些水中都不同程度的含有各种对人体健康有害的微生物及使人畜共患病的寄生虫,直接饮用会引发急性肠胃炎、伤寒、痢疾、寄生虫感染等疾病。

蒸锅水即煮饭,蒸馒头的剩锅水,特别是多次反复使用的剩锅水,其中含有的重金属和亚硝酸盐会被浓缩而含量增加。重金属摄入过多时对人体健康造成危害;亚硝酸盐能够使血液中正常携带氧的血红蛋白氧化成高铁血红蛋白而失去携带氧的功能。此外,亚硝酸盐还能够和胃内消化物质反应生成亚硝胺,亚硝胺是一种致癌物质。

4.4.4.3　合理选择饮料

合理选择饮料对人体健康具有重要作用。饮料的主要功能是补充人体所需的水分,同时也会带给消费者愉悦的味觉感受。但是很多饮料都有一定的能量,在补充水的同时会增加体内能量的摄入。

选择饮料应根据个人的身体健康状况而定。果蔬汁饮料可以补充水溶性维生素、矿物质元素和膳食纤维;运动大量出汗时可以选择富含电解质的运动饮料;对需要控制能量或者控制糖分的人,可在同类饮料中选择能量低的产品。不过,由于目前市场上出售的饮料都有一定的能量,所以,不宜摄入过多的饮料。

🅠 **思考题**

1. 名词解释:蛋白质;必需氨基酸

2. 问答题

(1)蛋白质的生理功能有哪些?

(2)如何评价食物蛋白质的营养价值?

(3)脂类的生理功能有哪些?

(4)衡量脂类的营养价值有哪些标准?

(5)碳水化合物的生理功能?

(6)碳水化合物摄入不足和过剩有哪些危害?

(7)水的生理功能?

(8)如何正确科学饮水?

3. 案例分析

对绝大多数普通人群而言,平衡膳食永远是维持合理体重和保持健康的最佳选择。近期在

The Lancet 发表了一篇题为"PURE"的文章,此文中指出,高碳水化合物的摄入与总死亡率的风险正相关;总脂肪和所有种类脂肪的摄入均与总死亡率负相关;总死亡率和脂肪种类与心血管系统疾病的死亡率无关;而饱和脂肪与中风呈负相关。此结果是基于来自 18 个国家的 135 335 名 35～70 岁个体食物频率问卷调查表数据。此文的结论极为惊人,因其与所学的知识完全矛盾且全文还存在某些可疑数据。

"PURE"研究中报道,目前中国人群的膳食宏量营养素的摄入总量由碳水化合物 67%、脂肪 17.7%以及蛋白质 15.3%组成,不知该文的数据从何而来? 其与我国国家营养与健康调查的数据相比差距甚大。

请结合我国居民的营养膳食结构和所学知识,分析如何科学合理摄入蛋白质、脂肪和碳水化合物?

第 5 章
矿物质和维生素

【学习目的和要求】

1. 了解矿物质和维生素的种类、食物来源。

2. 熟悉各种维生素、矿物质的一般理化性质、生理功能。

3. 掌握维生素、矿物质在食品加工处理、储藏过程中发生的物理化学变化，以及对食品品质的影响。

【学习重点】

钙、铁、锌、碘、硒、维生素 A、B 族维生素、维生素 C、维生素 D。

【学习难点】

1. 主要矿物质吸收和利用的影响因素。

2. 主要维生素的生理功能。

Food Nutrition

引例

提高免疫力离不开这5大营养素

饮食是为免疫力充电的重要帮手。生活中,大家应尤其注意以下重要营养素的摄入。

蛋白质,抗体形成的"奠基者"。人体在与外界做斗争维持免疫力的过程中,抗体是必不可缺的武器。蛋白质是形成抗体的基础,缺乏蛋白质直接影响抗体合成,相当于打仗没有刀枪。含蛋白质丰富的食物很多,牛奶、鸡蛋、瘦肉、大豆等都是优质蛋白质的良好来源。

维生素 C,抗体形成的"催化剂"。抗氧化物质维生素 C 能减少外界对人体细胞内平衡的干扰,促进抗体形成,维持正常免疫力。含维生素 C 最丰富的食物就是新鲜果蔬,如蔬菜中的西兰花、大白菜、西红柿等都是维生素 C 含量较多的;水果中的山楂、猕猴桃、木瓜、草莓等。不过需要提醒的是,维生素 C 很娇气,长时间加热容易被破坏,烹调时最好选择水焯、快炒。

维生素 A,第一道防线的"守护神"。缺乏维生素 A 容易导致呼吸道黏膜上皮细胞萎缩,纤毛数量减少,人体对外防护的第一道防线就不给力,导致病菌侵入体内。维生素 A 在动物性食物,如动物肝脏、鱼肝油中含量丰富。维生素 A 在植物性食物中的含量与颜色有一定相关性,一般来说橙黄色和深绿色蔬果(胡萝卜、南瓜、西兰花、菠菜等)提供的 β-胡萝卜素可在人体内转化为维生素 A。

锌,调节免疫力的"好帮手"。锌是人体内 100 余种酶的组成成分,尤其对免疫系统的发育和正常免疫功能的维持有不可忽视的作用。含锌丰富的食物主要有两大类:海产贝类和菌菇类,另外在动物肝脏、瘦肉、山核桃等食物中也比较丰富。

铁,抗体形成的有力后盾。缺铁可导致免疫细胞数量减少,进而影响抗体产生,导致免疫反应缺陷。可适当吃些"补铁高手",如动物肝脏、动物血、红肉(猪瘦肉、牛肉、羊肉)。补铁还有一个窍门:维生素 C 可促进铁的吸收,所以在吃含铁丰富的食物时,吃些含维生素 C 丰富的食物,能起到强强联合的作用。

摘自 2017 年 02 月 26 日人民网—生命时报中李园园之文

5.1 矿物质

5.1.1 概述

要点 1 矿物质

• 常见常量元素的生理功能、参考摄入量、食物来源
• 常见微量元素的生理功能、参考摄入量、食物来源

在营养学上,食物或机体灰分中那些为人体生理功能所必需的无机元素称为矿物质(minerals),也称无机盐。人体已发现有 20 余种必需的无机盐,占人体重量的 4%～5%。

其中有些元素是身体维持适当生理功能所必需,因此必须经常不断地从膳食中得到供给。另一些则是身体不一定所需要的,但它们却可能从各种渠道进入机体。

目前地壳中发现有 90 余种矿物质,人体中已发现 60 余种,其中 21 种是人体所必需的。可以分为:常量元素(macro elements)和微量元素(micro elements)。占人体总重量 0.01% 以上、每人每天需要量在 100 mg 以上的称为常量元素(macro elements),它们是钙、磷、镁、氯、硫、钠、钾等 7 种。常量元素的主要功能有:

①构成人体组织的重要成分。体内无机盐主要存在于骨骼中,如大量的钙、磷、镁对维持骨骼刚性起着重要作用,而硫、磷是蛋白质的组成成分。

②维持细胞的渗透压、机体酸碱平衡和神经肌肉兴奋性。矿物质是细胞体液(细胞内外液)的主要成分,与蛋白质一起维持着内环境和细胞内外渗透压的稳定,从而在体液的储留和移动中起重要作用。人体正常的血液 pH 要求在 7.3～7.4 之间,过高或过低都会使机体受到损害,这主要依靠机体内存在的蛋白质、氨基酸有机缓冲体系及钾、钠的磷酸、碳酸盐构成的无机缓冲体系来维持。钠能加强神经肌肉的兴奋性,而钙离子有降低神经骨骼肌兴奋性的作用。

③构成酶的成分或激活酶的活性,参与物质代谢。锌参加人体内许多金属酶的组成,人机体中 200 多种酶均含有锌。

而含量极少、占人体总重量 0.01% 以下、每人每天需要量在 100 mg 以下的称微量元素(micro elements)或称为痕量元素(trace elements)。微量元素与人的生长、发育、疾病、衰老等生理过程关系密切,是重要的营养素。人体必需微量元素的生理功能表现为:

①酶和维生素必需的活性因子。许多金属酶均含有微量元素,如超氧化物歧化酶含有铜,谷胱甘肽过氧化物酶含有硒等。

②构成某些激素或参与激素的作用。如甲状腺素含有碘,铬是葡萄糖耐量因子的重要成分等。

③参与核酸代谢。核酸是遗传信息的携带物质,含有多种微量元素,如铬、锰、钴、铜、锌。

④协助常量元素发挥作用。微量元素还影响人体的生长、发育。另外,还有一类属于超微量元素。对那些机体耐受剂量极低的矿物质元素要进行严格的管理,这类元素一般为重金属元素,它们进入体内后,可和蛋白质、酶的—SH 基结合形成重金属蛋白盐,导致机体一些重要功能丧失。所以食品卫生法对铅、汞、镉、金、砷等在食品中的含量有严格的限定。

1990 年 FAO/IAEA/WHO 三个国际组织的专家委员会重新界定必需微量元素的定义,并按其生物学的作用将之分为三类:

①人体必需微量元素:共 8 种,包括碘、锌、硒、铜、钼、铬、钴及铁。

②人体可能必需的元素:共 5 种,包括锰、硅、硼、矾及镍。

③具有潜在的毒性,但在低剂量时,可能具有人体必需功能的元素:包括氟、铅、镉、汞、砷、铝及锡,共 7 种。

5.1.2　膳食营养素参考摄入量概述

一般将占人体体重 0.01% 以上,每人每日需要量在 100 mg 以上的元素称为常量元素。

常量元素在体内的主要生理功能：

①构成人体组织的重要成分，大部分是由钙、磷和镁组成，软组织含钾较多；

②在细胞外液中与蛋白质一起调节细胞膜的通透性，控制水分，维持正常的渗透压和酸碱平衡，维持神经肌肉兴奋性；

③构成酶的成分或激活酶的活性参与物质代谢。

常量元素在人体新陈代谢过程中，会有一部分被排出体外，必须通过膳食补充。许多国家都制定了钙、磷、镁、钾、钠和氯等6种常量元素的RDA(推荐的膳食供应量)和AI(适宜摄入量)。

5.1.2.1 钙(calcium)

钙是体内最丰富的矿物质，约占体重的20%或占矿物质总量的40%。99%的钙存在于骨骼及牙齿中，其余1%以结合或离子状态存在于软组织、细胞外液和血液中，称为混溶钙池(miscible calcium pool)，这部分钙与骨骼钙维持着动态平衡，是维持体内细胞正常生理状态所必需。人体内有相当强大的保留钙和维持细胞外液中钙浓度的机制，即使在膳食钙严重缺乏或机体发生异常钙丢失时，机体仍会通过相同的机制使骨骼矿化以预防低钙血症。

(1)钙的生理功能

①构成骨骼和牙齿并维持骨骼。钙是构成骨骼和牙齿的主要成分，起支持和保护作用。混合钙库的钙维持细胞处在正常生理状态，它与镁、钾、钠等离子保持一定的比例，使组织表现适当的应激(excitability)。骨骼中的钙通过体内代谢呈动态平衡，从而使骨骼得以不断更新。

②维持神经与肌肉活动。钙参与神经肌肉的活动。神经递质的释放、神经肌肉的兴奋、神经冲动的传导、激素的分泌、血液的凝固、细胞黏附、肌肉收缩等活动。若血清钙下降，可使神经和肌肉的兴奋性增高，从而引起抽搐；反之，血清钙量过高，则可抑制神经、肌肉的兴奋性。

③促进体内某些酶的活性。参与细胞代谢与大分子合成和转变的酶，如腺苷酸环化酶、鸟苷酸环化酶、磷酸二酯酶、酪氨酸羧化酶和色氨酸羧化酶等都受钙离子的调节。

④钙参与血凝过程、激素分泌以及维持体液的酸碱平衡以及细胞内胶质稳定等。

(2)钙的吸收、排泄与储留

①吸收。人体对钙吸收率为20%～60%不等。膳食中的钙仅20%～30%由肠道吸收进入血液。但正在生长的儿童、孕妇和乳母对钙的利用最为有效，他们能吸收膳食中钙的40%以上。

在膳食中有些因素可增进钙的吸收。例如维生素D的适当供给是影响钙吸收的最重要因素之一。维生素D及其代谢产物可以诱导体内合成一种钙结合蛋白质，而有利于钙通过肠壁的转运以增进钙的吸收；某些氨基酸，特别是赖氨酸和精氨酸，可以与钙形成容易吸收的可溶性钙盐；乳糖可以增进小肠吸收钙的速度；酸性介质使钙保持溶解状态而有利于钙的吸收。

另外一些膳食因素可以干扰钙的吸收。例如维生素D不足时，使钙吸收作用所需要的钙结合蛋白质减少，从而使钙吸收减少；许多谷物的麸皮中含有植酸，与钙形成不溶性植酸钙，可以阻止钙的吸收，但这个作用只在整谷粒占膳食的主要部分或钙的摄入量很低时才显现；钙、磷不平衡，即钙或磷中任一元素过多时均可干扰这两种元素的吸收，并且可以增加其

中较少的一种元素的排泄。最理想的钙与磷的比值在婴儿是 1.5∶1,在 1 岁时降为 1∶1,并在以后岁月一直维持在 1∶1;草酸可以与钙形成相对不溶性的草酸钙而抑制钙的吸收,菠菜、甜菜叶、苋菜、竹笋、可可等少数食物中草酸的含量较高;膳食纤维可与钙结合而影响钙吸收;脂肪特别是饱和脂肪过多可以抑制钙的吸收,因而脂肪与钙结合形成不溶性钙皂而由粪中排出,使结合的钙丢失;再有在神经极度紧张或担忧时,或对于运动不够者,即使在膳食中钙的摄入很充足时也呈负钙平衡。老年人钙吸收的速度降低。

②排泄。钙的排泄主要通过肠道与泌尿系统。大部分通过粪便排出,每日排入肠道的钙大约 400 mg,其中有一部分可被重新吸收。正常膳食时,钙从尿中排出量为摄入量的20%左右。钙也可通过汗、乳汁等排出,如高温作业者每日汗中丢失钙量可高达 1 g 左右。乳母通过乳汁每日排出钙 150～300 mg。

③储留。学龄前儿童分别供给钙 339、555、704 和 904 mg/d,钙储留量分别为 60、103、125 和 154 mg/d,储留量和供给量呈正相关。但是也有摄入量相差很大而储留量差不多的。机体对钙的需要不同而影响其储留。

当膳食钙供给充足时,机体将根据需要来增减钙的吸收、排泄和储留。PTH、CT 和 α-25-$(OH)_2D_3$ 是调节钙代谢的重要激素,它们协同其他激素与磷共同保持钙的内环境稳定。

(3)钙的供给量

钙的供给量随年龄而异。中国居民膳食钙的适宜摄入量(AI):成年人不分性别为800 mg/d,孕妇为 1 000～1 200 mg/d,乳母为 1 200 mg/d;儿童 1～2 岁为 600 mg/d,4～10岁为 800 mg/d,10～17 岁为 1 000 mg/d,以后直至成年又降为 800 mg/d(表 5-1)。钙的可耐受最高摄入量为 2 000 mg。

表 5-1　钙的适宜摄入量(AI)标准　　　　　　　　　　　　　mg/d

人群	婴儿	儿童	青少年	成人	老年人	孕妇	乳母
AI	300～400	600～800	1 000	800	1 000	1 000～1 200	1 200

老年人应特别注意钙摄入量,他们会因钙质摄入量减少而导致发生骨质疏松,并且老年人对钙的吸收效率差,研究人员发现老年人预防骨质疏松的最适摄入量应为 1 000～1 200 mg/d。

(4)与钙有关的疾病

钙的摄入不当、抑制钙吸收和钙排泄都可导致疾病。在临床上受钙质影响的疾病有佝偻病、骨质软化症、骨质疏松症、高钙血症和肾结石。佝偻病是一种儿童疾病,由于缺钙、缺磷和缺乏维生素 D 所引起。骨质软化症是相应的成人佝偻病。婴儿的高钙血症是由于服过量维生素 D 而引起的钙吸收过多。成人的高钙血症是由于甲状旁腺机能过盛,维生素 D 的剂量过大等所导致,健康人没有这种摄入钙过多的危险。血清钙的异常降低可以导致手足搐搦。大多数肾结石均由钙组成。钙无明显毒作用,过量的主要表现为增加肾结石的危险性,并干扰铁、锌、镁、磷等元素的吸收利用。由于目前滥补钙的现象时有发生,为安全起见,我国成人钙的可耐受最高摄入量(UL)确定为 2 g/d。

(5)钙的食物来源

钙的食物来源应考虑两个方面,即钙含量及吸收利用率。乳与乳制品含钙丰富,吸收率也高,是最理想的钙来源,此外,蔬菜和豆类特别是大豆以及芝麻酱、瓜子、发菜、海带、小虾米等含钙也多。绿叶菜中的钙-磷比例不平衡,它们是钙的良好来源但缺少磷。畜类的瘦肉和禽肉的钙含量贫乏,但它们是磷的极好来源。因此要达到合理的钙-磷比值,就应该将蔬菜和肉类一起吃,骨粉和蛋壳粉中含钙20%以上,吸收率可达70%左右,都是钙的良好来源。补充来源常用钙制剂,如碳酸钙、磷酸氢钙、醋酸钙、柠檬酸钙、乳酸钙、葡萄糖酸钙等。

5.1.2.2 磷(phosphorus)

磷(phosphorus)是人体质量分数较多的元素之一,同时在生理上和生化上是人体最必需无机盐之一。在成人体内质量分数为650 g左右,占体内无机盐总量的1/4,平均占体重1%左右。人体内85%~90%的磷以羟磷灰石形式存在于骨骼和牙齿中。其余10%~15%与蛋白质、脂肪、糖及其他有机物结合,分布于几乎所有组织细胞中,其中一半左右在肌肉。

维生素D、甲状旁腺素以及降钙素对磷在体内代谢起调节作用。

(1)生理作用

①构成骨骼、牙齿以及软组织。

②调节能量释放。

③生命物质成分。

④酶的重要组成成分。

⑤促进物质活化,以利体内代谢的进行。

此外,磷酸盐还参与调节酸碱平衡。磷酸盐能与氢离子结合,以不同形式、不同数量的磷酸盐类排出,从而调节体液的酸碱度。

(2)吸收与排泄

磷与钙的吸收、排泄大致相同。磷主要在小肠吸收,摄入混合膳食时,吸收率达60%~70%。

膳食中的磷主要以有机形式存在,摄入后在肠道磷酸酶的作用下游离出磷酸盐,并以磷酸盐的形式被吸收。植酸形式的磷不能被机体充分吸收利用。此外,人的年龄愈小,磷的吸收率愈高。从膳食摄入的磷,有部分未吸收的和分泌到胃肠道的内源磷一起随粪便排出。每天摄入1.0~1.5 g磷的男子,内源粪磷为3 mg/(kg·d)。磷主要经肾排泄,肾小球滤出的磷在肾小管重吸收。

(3)参考摄入量和食物来源

磷的需要量与年龄关系密切(表5-2),同时还取决于蛋白质摄入量,据研究,维持平衡时需要磷的量为520~1 200 mg/d。其无可观察到副作用水平为1 500 mg。

表 5-2 磷的适宜摄入量(AI)标准 mg/d

人群	0岁~	半岁~	1岁~	4岁~	7岁~	11岁~	14岁~	18岁~	50岁~
AI	150	300	450	500	700	1 000	700	700	700

磷的来源广泛,一般都能满足需要。磷是与蛋白质并存的,在含蛋白质和钙丰富的肉、鱼、禽、蛋、乳及其制品中,如瘦肉、蛋、奶、动物肝脏、肾脏质量分数很高,海带、紫菜、芝麻酱、

花生、坚果含磷也很丰富。粮食中磷为植酸磷,不经加工处理,利用率较低。蔬菜和水果含磷较少。

（4）磷的储存

磷的储留与钙和磷的摄取量有关。当钙摄取量超过 940 mg/d 时,增加膳食磷摄取量可使磷的储留量增加。钙摄取量低时则磷储留量也低。

（5）缺乏症状

膳食磷较为充裕,很少见磷缺乏病。磷缺乏时引起精神错乱、厌食、关节僵硬等现象。

5.1.2.3 其他常量元素

（1）钾

①吸收与排泄。钾占人体无机盐的 5%,是人体必需的营养素。体内钾含量（mmol/kg 体重）:儿童平均为 4.0 mmol/kg,成年男子为 45~55 mmol/kg,妇女为 32 mmol/kg。随着年龄的增加,钾和钾/钠比值都有所下降。钾漏到细胞外可能是细胞老化的一个因素。

人体的钾主要来自食物。摄入的钾大部分由小肠迅速吸收。在正常情况下,摄入量的85%经肾排出,10%左右从粪便排出,其余少量由汗液排出。

②生理作用。钾是生长必需的元素,是细胞内的主要阳离子,可维持细胞内液的渗透压。它和细胞外钠合作,激活钠-钾-ATP 酶,产生能量,维持细胞内外钾钠离子的浓差梯度,发生膜电位,使膜有电信号能力。膜去极化可激活肌肉纤维收缩并引起突触释放神经递质。钾维持神经肌肉的应激性和正常功能。钾营养肌肉组织,尤其是心肌。钾参与细胞的新陈代谢和酶促反应。它可使体内保持适当的碱性,有助于皮肤的健康,维持酸碱平衡。钾可对水和体液平衡起调节作用。钾还能对抗食盐引起的高血压。

③缺乏症状。当血清中钾低于 3.5 mmol/L 时引起低钾血症,其症状为:软弱、畏寒、头晕、缺氧、口渴。急性缺钾达 15%~30% 时,出现严重腹胀、肠麻痹。当血钾浓度高于5.5 mmol/L 称为高钾血症,症状为:全身软弱无力、面色苍白、肌肉酸痛、肢体寒冷、动作迟钝、嗜睡、神志模糊、窒息。

（2）氯

①吸收与排泄。氯是人体必需的一种元素,在自然界中氯总是以氯化物的形式存在,最普通的形式是食盐。成人的体内氯的含量平均为 33 mmol/kg 体重,总量有 82~100 g,主要以氯离子形式与钠或钾离子相结合。

氯以氯化钠的形式摄入,经胃肠道吸收,主要由肾脏排泄。经过肾小球滤过的氯,少量氯可随汗液排出。在热环境中劳动,大量出汗,可使氯化钠排泄增加。

②生理作用。氯离子是细胞外最多的阴离子,能调节细胞外液的容量,维持渗透压并可维持体液的酸碱平衡,此外,氯还参与胃液中胃酸（HCl）的形成、稳定神经细胞中的膜电位、刺激肝功能,促使肝中的废物排出、帮助激素分布,保持关节和肌腱健康。

正常膳食的氯来自食盐,摄取量大都过多。当大量出汗丢失氯化钠、腹泻呕吐从胃肠道丢失氯、慢性肾病或急性肾功能衰竭等肾功能异常及使用利尿剂等,使氯从尿液中丢失,都能引起氯缺乏和血浆钠氯比例改变,引起低氯血症;而当血浆氯浓度超过 110 mmol/L 时称为高氯血症。

（3）钠

①吸收与排泄。钠是食盐的成分。氯化钠是人体最基本的电解质。钠对肾脏功能也有影响,缺乏或过多会引起多种疾病。人体钠的含量差别颇大,为 2 700～3 000 mg,占体重的 0.15％。成人钠的适宜需要量为 10～60 mmol/d(0.6～3.5 gNaCl)。正常情况下,肾脏根据机体情况,排钠量可多至 1 000 mg 或少至 1 mmol/d。小部分钠可随汗液排出,也有少量随粪便排出。

体钠可分成两部分:①可交换钠,35.4～48.9 mmol/kg 体重,占总体钠的 70％～75％,称为钠库。当人体缺钠时,它补充到细胞外液;②不可交换钠,15.2～16.3 mmol/kg 体重。骨骼中钠不易与细胞外液交流动用。

②生理作用。钠主要存在于细胞外液,构成细胞外液的渗透压。与水的关系密切,体内水的量随钠量而变,钠多则水量增加,钠少则水量减少。体内钠量的调节对细胞的内环境稳定起重要作用。

在体内起多方面作用的钠-钾-ATP 酶,驱动钠钾离子主动运转,维持 Na^+、K^+ 浓差梯度,称为钠泵,其活动依赖钠钾离子。钠离子从细胞内主动排出,有利于维持细胞内外液的渗透压平衡。钠钾浓差梯度的维持与神经冲动的传导、细胞的电生理、膜的通透性和电位差、肾小管重吸收、肠吸收营养素以及其他功能有关。因此,钠对 ATP 的生成和利用,对肌肉运动、心血管功能及能量代谢都有影响。钠不足时 ATP 的生成和利用减少,能量的生成和利用较差,神经肌肉传导迟钝。临床表现为肌无力,神志模糊甚至昏迷,出现心血管功能受抑制等症状。糖的代谢和氧的利用必须有钠参加。

一个人对盐量的要求(所谓盐食欲)与体内盐含量的关系并不一致,人体内缺钠时会主动要求吃含盐较多的膳食,可是喜欢吃含盐较多的膳食者却不一定缺盐,而可能是由于习惯的原因。但动物的盐食欲却是体内缺钠的表现。盐食欲对调节动物体内盐平衡起重要作用。人体钠平衡的调节主要依靠肾脏控制钠的排出量及激素调节来实现的。

③缺乏症状。膳食的钠一般较充足,不至于引起缺乏病,钠缺乏多由疾病引起。当血浆钠水平小于 135 mmol/L 时称为低钠血症。表现为疲倦、眩晕、直立时可发生昏厥、恶心、呕吐、视力模糊,严重时休克及急性肾功能衰竭而死亡。正常人摄入过多的钠并不会蓄积,但当疾病影响肾功能时容易发生钠过多。当血浆钠大于 150 mmol/L 时称为高钠血症。表现为水肿、体重增加、血压偏高等。正常人每天摄入 35～40 g 及以上的食盐可引起急性中毒,出现水肿。意外盐中毒发生高钠血症的死亡率为 43％。

我国南北方高血压患病率显著不同,可能与食盐摄入量不同有关。拉萨藏族高血压患病率高达 19％,湖南常饮盐茶的地区、舟山盐区和渔区的人群患高血压者也较多。一生摄取低盐(钠小于 50 mmol/d)膳食的人群,几乎不发生高血压病。四川凉山彝族高血压患病率最低(0.34％)。全国"盐与高血压"研究的协作组在 12 个省市 14 个地区对 2 277 人研究的结果指出:我国膳食钠偏高,钾偏低,Na^+/K^+ 比值高,从尿钠、尿钾和 Na^+/K^+ 比值看来,盐对血压确实有影响。每人每天进盐量不超过 5 g 的限盐膳食,可使高血压病人的血压下降 1.33 kPa(10 mmHg)。建议限制钠、增加钾的摄入量以作为一项预防措施。

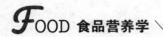

5.1.2.4 微量元素

（1）铁

铁是人体必需微量元素中含量最多的一种，总量为 4～5 g，人体中约 70％的铁以红细胞的色素血红蛋白形式存在，其余的储存在肝脏、脾脏和骨髓中。尽管体内的铁量很少，但它是营养上最重要的元素之一，对生命也是最重要的。红细胞和其中的色素约每 120d 分解更新一次，但释放的铁并不排出体外，大部分被用于合成新的血红蛋白。

①铁的生理作用。铁的最主要功能是构成血红蛋白、肌红蛋白，参与组织呼吸过程；铁参与许多重要功能，如参与过氧化物酶的组织呼吸过程，促进生物氧化还原反应的进行；促进 β-胡萝卜素转化为维生素 A、嘌呤与胶原的合成、抗体的产生、脂类从血液中转运以及药物在肝脏的解毒等；铁对血红蛋白和肌红蛋白起呈色作用，在食品加工中具有重要作用。

②食物中的铁吸收。铁的生物利用率亦即从食物中的吸收量差异很大，从小于 1％到约 50％。吸收所占比例取决于膳食的性质以及反映人体生理需要的小肠黏膜调节机制。

食物中的铁有两种类型，一种是血红素铁，另一种是非血红素铁。这两种铁在体内的代谢不一样，而且在胃肠道内对食物中铁吸收的影响也不相同。

血红素铁存在于肉、鱼、禽等动物的含血内脏及肌肉中，它结合在血红蛋白和肌红蛋白的分子上，这些食物中 40％的铁是由它们构成的。血红素铁的吸收率较高，如小牛肉中的铁吸收率为 22％，一般动物血的吸收率在 20％左右，鱼肉中的吸收率约 15％。血红素铁吸收率高的原因在于它在胃肠道内不被水解，因此它的吸收不受膳食中其他成分如纤维、草酸盐、植酸盐、磷酸盐和多酚的抑制。

非血红素铁主要存在于谷类、蔬菜等植物性食物中，以及动物性食物中除血红素铁的剩余部分，牛奶和鸡蛋中的铁，还有食物中强化的铁也是非血红素铁。非血红素铁可与上述膳食中的影响成分反应，使之不易溶解，而难以吸收。非血红素铁的吸收率很少超过 10％，如大米铁吸收仅为 1％，菠菜的铁吸收率不到 2％，玉米的铁吸收率约 3％，莴苣的铁吸收率为 4％左右，面粉的铁吸收率 2％～5％，黄豆及其制品的铁吸收率为 3％～7％。茶叶中含有大量的单宁类物质，鞣酸是影响铁吸收的强有力的因素。动物肉类含有一种叫"肉、鱼、禽因子"MFP 的物质，能促进膳食中非血红素铁的吸收。一餐中如含有提高吸收的肉、鱼、鸡，其非血红素铁的吸收要比相同份额的主要蛋白质来源如奶、奶酪和鸡蛋的吸收率高 4 倍。全谷类和豆类为主的餐饮铁吸收率很差，但只要添加比较小量的肉或维生素 C 即能大量增加全天所有餐次的铁吸收。含有维生素 C 的橘汁和其他饮料会增加非血红素铁的吸收。维生素 C 促进非血红素铁吸收的作用十分明显，且与剂量大小成正比，但必须同时进食才能起作用。

③铁的缺乏症状。尽管铁是地球上最丰富的元素之一，但因为食物中最常见的铁形式是不溶性的，且在小肠内吸收很差导致缺铁性贫血，缺铁性贫血是一个世界范围的营养问题。婴幼儿、青少年、育龄妇女，尤其是孕妇、哺乳期妇女和一些老年人均是缺铁性贫血的好发人群。其主要症状是皮肤黏膜苍白，头晕，对寒冷过敏，体质虚弱，记忆力减弱，工作能力下降。缺铁性贫血仅仅是缺铁对身体的影响之一。缺铁还可对人体的其他系统产生影响。如神经系统缺铁，可能影响神经传导而使儿童出现智力降低和行为障碍。肌肉缺铁，可能使

肌肉代谢特别是 α-甘油磷酸脱氢酶活力异常,从而使肌肉活动能力降低。

④铁中毒。可分为急性和慢性,急性中毒常见于过量误服铁剂,尤其常见于儿童。主要症状为消化道出血,死亡率很高。慢性铁中毒或称负荷过多,可发生于消化道吸收的铁过多和肠外输入过多的铁。

⑤预防措施。改进膳食组成,增加含铁丰富及其吸收较高的食品,如肉类和大豆类食品;增加膳食中的维生素C,并使与含铁食物同时摄入,以提高膳食中铁的吸收与利用;合理地有计划地发展铁强化食品,尤其是婴儿食品。如铁强化的乳粉和代乳糕等。使用铁质烹调用具对膳食起着一定程度强化铁的作用。

⑥铁的供给量。铁在体内可反复利用,人体排泄铁的能力有限。成年男子每日损失 $0.90\sim1.05$ mg,即每 kg 体重约 0.013 mg。妇女月经失血相当于每日铁损失 $0.6\sim 0.7$ mg。妊娠和哺乳期计 15 个月,每天需 $1\sim2.5$ mg(不包括分娩出血)。中国居民膳食铁适宜摄入量(AI)成年男子为 15 mg,成年女子为 20 mg,孕妇中期为 25 mg,晚期为 35 mg,乳母为 25 mg。铁可耐受最高摄入量成人为 50 mg,孕妇为 60 mg,乳母为 50 mg。我国推荐 50 岁以上者每日膳食铁的适宜摄入量为 15 mg。

⑦铁的食物来源。食物含铁量通常都不高。但是,肉、禽、鱼类及其制品却是食物铁的良好来源,尤其是肌肉、肝脏、血液含铁量高,利用率高。海米、蟹黄、蛋黄、红糖等也是铁的良好来源。蔬菜一般含铁量不高,生物利用率也低,但中国膳食中一般食用蔬菜量较大,故仍为铁的重要来源。黑木耳(干)、芝麻酱、桂圆的含铁量甚高。

科学地进行铁补充,有助于改善人体的铁营养状态。然而,补铁的剂量并非越多越好,若增高剂量,铁吸收率反而减少。补充 30 mg 的铁,吸收约为 6 mg,但若补充 120 mg,吸收反而小于 10 mg,所以大剂量的处方毫无用处。近年对动物和儿童的研究提出:每天补充反而阻碍铁的吸收,而每周补充一次,可取得改善铁营养状态的相同效果;多种矿物质的补充剂可影响铁的吸收,故宁可用单一含铁的产品;切勿用牛奶、咖啡、茶吞服铁试剂,也不要在进餐时服用,因为牛奶中的钙,咖啡和茶中的鞣酸以及咖啡中的其他成分,食物中的植酸对铁吸收有强烈的抑制作用;豆浆比牛奶供铁量多。

(2)碘(iodine)

碘是最先被确认为人类和动物所必需的营养素。人体内含碘 $20\sim50$ mg,主要是作为甲状腺激素的合成原料,故它的生理功能也通过甲状腺素表现出来,它能调节细胞内氧化率,并影响身体的生长和智力发育、神经和肌肉组织功能、循环活动和各种营养素代谢。

①碘的缺乏症状。碘的缺乏症状是甲状腺肿,多由于膳食中摄入的碘不足或长期食用含致甲状腺肿因子的食物,如包菜、油菜、白菜、萝卜中含丰富的硫氰酸盐,干扰了甲状腺摄碘功能,但在烹调中可防止致甲状腺肿因子的作用。碘缺乏造成甲状腺素合成分泌不足,引起垂体促甲状腺激素代偿性合成分泌增多,刺激甲状腺增生肥大,称为甲状腺肿。甲状腺肿可由于环境或食物缺碘造成,常为地区性疾病,称为地方性甲状腺肿。若孕妇严重缺碘,可殃及胎儿发育,使新生儿生长损伤,尤其是神经组织与肌肉组织,认知能力低下,造成呆小症。长期大量摄入碘可能干扰甲状腺对碘的作用,如我国某些近海地区居民食用海带盐,其含碘量高出普通食盐约 1 500 倍,近海地区的浅井水也含有丰富的碘,因此近海地区居民易

发生高碘性甲状腺肿。

②碘的摄入。人体对碘的需要量受年龄、性别、体重、发育及营养状况等的影响,中国居民膳食碘推荐摄入量(RNI)为成人 150 μg,孕妇、乳母为 200 μg。可耐受最高摄入量(UL)为 1 000 μg/d。正常成人如长期地每日摄入 500~1 000 μg 碘,即有可能引起高碘甲状腺肿、碘性甲亢等症。

含碘量较高的食物为海产品,如每 100 g 海带(干)含碘 24 000 μg,紫菜(干)1 800 μg,淡菜(干)1 000 μg,海参(干)600 μg。在保证人体摄入足够碘的各种方法中,碘化食盐是最成功的,也是应用最广泛的。

(3)锌

锌是人体必需的微量元素。人体含锌(Zn)2~2.5 g,主要存在于肌肉、骨骼、皮肤。锌在体内广泛分布,含量高的有皮肤、毛发、指甲、眼睛、前列腺等。新生儿体内含锌总量约 60 mg,成年女子为 1.5 g,成年男子约 2.5 g,它是体内含量仅次于铁的微量元素。但直到 20 世纪 60 年代才知道锌也是人体的必需微量元素。

①锌的生理功能。参加人体内许多金属酶的组成;促进机体的生长发育和组织再生;促进食欲;锌缺乏导致味觉迟钝;促进性器官和性机能的正常;保护皮肤健康;参加免疫功能过程。

②摄入量。由于摄入量不足,如老年人因食欲不振导致各种营养素摄入减少,或因吸收不良,或丢失增加而发生锌缺乏。其临床表现为食欲减退、儿童生长停滞、皮肤变化易感染、男孩性腺小、味觉失去灵敏度、毛发色素变淡、指甲上有白斑、创伤愈合较慢。

成人每日约需锌 12.5 mg,每日锌的更新量为 6 mg,锌的吸收率约为 40%。中国居民锌的膳食推荐摄入量(RNI)成年男性为 15.5 mg/d,女性为 11.5 mg/d;孕妇中期加 5 mg/d,晚期亦然;哺乳期妇女加 10 mg/d,可耐受最高摄入量(UL),成人男性为 45 mg/d,女性为 37 mg/d;孕妇、哺乳期妇女为 35 mg/d。

③锌缺乏症状。儿童发生慢性锌缺乏病时,主要表现为生长停滞。青少年除生长停滞外,还会使人的性成熟推迟、性器官发育不全、第二性征发育不全等。如果锌缺乏症发生于孕妇,可以不同程度地影响胎儿的生长发育,以致引起胎儿的种种畸形。不论儿童或成人缺锌,均可引起味觉减退及食欲不振,出现异食癖。例如发生于伊朗的缺锌性侏儒症中,常见有食土癖。严重缺锌时,即使肝脏中有一定量维生素 A 储备,也可出现暗适应能力降低。急性锌缺乏病中,主要表现为皮肤损害和秃发病,也有发生腹泻、嗜睡、抑郁症和眼的损害。

④锌中毒。锌中毒可能发生于治疗中过量涂布或服用锌剂及锌容器储存食品时,表现为恶心、呕吐、急性腹痛、腹泻和发热。给实验动物以大剂量的锌,可产生贫血、生长停滞和突然死亡。锌中毒通常在停止锌的接触或摄入后,症状短期内即可消失。

⑤食物来源:锌的食物来源很广泛,但各种食物的锌含量可有很大差异。海产品含锌丰富,如生蚝含锌 71.20 mg/100 g。其次为肉、肝、蛋类食品、全粒麦、糙米、黄豆、花生、核桃、杏仁、大白菜、白萝卜等含锌量也较多,但吸收率低。因此海鱼、牛肉及其他红色肉类是锌的良好来源。牛乳的锌含量高于人乳,但人乳的吸收率高于牛乳。

(4)硒

①硒在身体内的分布与代谢。硒在人体内的质量分数很低,总量为 14~20 mg,广泛分

布于所有组织和器官中,其中肝、胰、肾、心、脾、牙釉质等部位质量分数较高,脂肪组织最低。硒在20世纪30年代才首次从生物学角度引人注目。中国学者在1973年首先提出克山病与硒营养关系的报告,为硒的生理功能提供了科学依据。

硒是谷胱甘肽过氧化物酶的组成部分,其代谢作用是保护多不饱和脂肪酸不被氧化,并防止其氧化所造成的组织损坏;硒能保护组织免受某些有毒物质如砷、镉和汞的毒性作用;硒与维生素E可起到相互节约的作用。

②缺乏症状。一般人中没有很明显的缺硒症状。20世纪70年代初,我国的科学工作者发现克山病与人群的硒状态有关,该病主要易感人群是2~6岁儿童和育龄妇女,大都发生在农村半山区。其主要症状有心脏扩大,心功能失代偿,发生心源性休克或心力衰竭,心电图异常等。分析病区人群的血、头发及粮食样品中的含硒量,其内外环境均处于贫硒状态,其他与缺硒有关的疾病还有地方性大骨节病。已经作了众多尝试,试图将硒状态与多种慢性退行性人类疾病尤其是癌症相联系。白内障者及糖尿病性失明者补充硒后,发现视觉功能有改善。

③摄入量。我国学者经过多年研究,取得了举世瞩目的科学数据,建议一般膳食硒每日供给量在50~250 μg 范围。中国居民膳食硒推荐摄入量(RNI)成人为50 $\mu g/d$,乳母为65 $\mu g/d$。可耐受的最高摄入量(UL)为400 $\mu g/d$。

④主要来源。食物和饮水是机体硒的主要来源。食物中的硒含量变化很大(以 $\mu g/g$ 鲜重计),最富含的食物来源是动物内脏和海产品,为0.4~1.5 $\mu g/g$;以下顺序是肉类0.1~0.4 $\mu g/g$;不同产地的玉米和谷物硒含量差异甚大,是由于能供给植物摄取的土壤硒含量(植物利用率)的不同。

目前有供应专门的硒酵母制品作为保健食品。这些硒酵母生长在含硒高的培养基上,因此含硒量远高于一般酵母,有用高硒酵母制成的片剂或胶囊供应。补充过量的硒会引起硒中毒。

⑤生理功能。硒作为谷胱甘肽过氧化酶的成分;促进生长;保护心血管和心肌的健康;解除体内重金属的毒性作用;保护视器官的健全功能和视力;抗肿瘤作用。

(5)铬

三价铬是胰岛素正常工作不可缺少的元素,它参与人体能量代谢并维持人体正常的血糖水平。铬能降低血液中胆固醇,并能增加高密度脂蛋白的含量。缺铬是动脉硬化的重要原因。六价铬及其化合物有毒、有致癌作用,不能为人体所利用。

①铬在人体的含量、分布及代谢。人体的含铬量甚微,仅为6 mg或更低,其中骨、皮肤、脂肪、肾上腺、大脑和肌肉中的含量较高。人体组织的铬含量随着年龄的增长而降低。

无机铬的吸收率很低,铬与有机物生成的自然复合物的铬较易吸收。吸收的铬主要随尿液排出,少量从胆汁和小肠经粪便排出,微量通过皮肤丢失。摄食混合膳食的健康人每日随尿液排铬2~20 μg。

②铬的生理功能。促进胰岛素的作用,糖代谢中铬作为一个辅助因子对起动胰岛素有作用。其作用方式可能是含铬的葡萄糖耐量因子促进在细胞膜的硫氢基和胰岛素分子A链的两个二硫键之间形成一个稳定的桥,使胰岛素能充分地发挥作用;预防动脉硬化,铬可能

对血清胆固醇内环境稳定有作用;促进蛋白质代谢和生长发育,某些氨基酸掺入蛋白质受铬的影响。在 DNA 和 RNA 的结合部位发现有大量的铬,揭示铬在核酸的代谢或结构中发挥作用。铬对生长也是需要的,缺铬会导致动物生长发育停滞。

③铬的需要量和来源。我国膳食中铬的每日适宜摄入量为:儿童少年 $20\sim40~\mu g$,成人 $50~\mu g$。

铬的最好来源一般是整粒的谷类、豆类、肉和乳制品。谷类经加工精制后铬的含量大大减少。家畜肝脏不仅含铬高而且其所含的铬活性也大。红糖中铬的含量高于白糖。

④铬缺乏。铬缺乏主要引起葡萄糖耐量降低、生长停滞、动脉粥样硬化和冠心病发病率增高。

(6)铜

铜在人体内总量为 $50\sim200~mg$,分布于体内各器官组织中,以肝和脑中浓度最高,其他脏器相对较低。

①生理功能。铜在人体中具有重要的生理作用:影响铁代谢,维持正常造血机能;促进结缔组织形成;保护机体细胞免受超氧离子的损伤。铜是超氧化物歧化酶(superoxide-dismutase,SOD)的成分,能催化超氧离子成为氧和过氧化氢,有利于超氧化物转化,从而保护活细胞免受毒性很强的超氧离子的毒害。此外,铜与生物合成儿茶酚胺、多巴以及黑色素都有关,可促进正常黑色素形成,维护中枢神经系统的健康。

②铜的吸收率与摄入量。铜主要在胃和小肠上部吸收,吸收率约为 40%,某些膳食成分如锌、铁、维生素 C 与果糖影响铜的吸收。吸收后的铜,被运送至肝脏和骨骼等脏器与组织,用以合成含铜蛋白和含铜酶。铜在体内不是一种储存金属,极易从肠道进入体内,又迅速从体内排出。正常人每日通过粪、尿和汗排出铜。约占总排出量 80% 的铜通过胆汁排除,其次为小肠黏膜,从尿中排出的量,约为摄入量的 3%。

WHO 提出婴幼儿每日每 kg 体重铜的需要量为 $80~\mu g$,儿童为 $40~\mu g$,成人为 $30~\mu g$。铜的 AI 为 $2.0\sim3.0~mg$。过量铜摄入常发生于误服大量铜盐、饮用与铜容器长时间接触的饮食(多是饮料)。常可致急性中毒,食用大量含铜较高的食物如牡蛎、动物肝、蘑菇等(每人 $2\sim5~mg/d$),尚未见慢性中毒现象。

③铜的来源。铜广泛存在于各种食物中,牡蛎、贝类、坚果质量分数特别高($0.3\sim2~mg/100~g$),质量分数较丰富的有肝、肾、鱼、麦芽与干豆类($0.1\sim0.3~mg/100~g$),绿叶蔬菜含铜量较低,牛奶含铜也较少,而人奶中质量分数稍高。

(7)锰

人体内锰的总量为 $10\sim12~mg$,主要存在于肝脏、肾脏、胰和骨骼中,唾液和乳汁也有一定量的锰。

①锰在人体中的作用。锰在人体内一部分作为金属酶的组成成分,一部分作为酶的激活剂起作用。含锰酶包括精氨酸酶、丙酮酸羧化酶、锰超氧化物歧化酶等,它们参与脂类、碳水化合物的代谢,也是蛋白质、DNA 与 RNA 合成所必需,当锰缺乏时,动物体内肝微粒体中脂类过氧化物就会出现增高现象。

②缺乏症状。人体锰缺乏($<350~\mu g/d$)还伴有严重的低胆固醇血症、体重减轻、头发和

指甲生长缓慢等现象。

③吸收率与摄入量。膳食中锰在小肠吸收,吸收率不高,为2%～15%,个别达25%。膳食成分如钙、磷浓度高时,锰吸收率降低。当铁缺乏时,锰吸收率增高,反之也发现当锰缺乏时,铁吸收率提高。吸收入体内的锰90%以上从肠道排出体外,尿中排出极少(1%～10%)。

中国营养学会提出成年男子锰的 AI 值为 3.5 mg/d。锰摄入过多可致中毒、损害中枢神经系统,但食物一般不易引起。锰的无可观察到副作用水平(NOAEL)为 10 mg。

④锰的来源。茶叶含锰最为丰富,平均为 15 $\mu g/g$ 以上,含锰较多的食物还有坚果(>10 $\mu g/g$)、粗粮(>5 $\mu g/g$)、叶菜、豆类(2.5 $\mu g/g$ 左右),精制的谷类和肉蛋奶类较低(<2 $\mu g/g$),但是其吸收和存留较多,也是锰的良好来源。

(8)其他矿物质

①钴。钴元素有促进铁、锌元素的吸收和代谢,促进红细胞生成素的生成作用,是维持维生素 B_{12} 参与红细胞生成的有效成分。钴尚有促进血红蛋白合成及红细胞发育成熟的作用。钴主要的膳食来源是动物性食品,包括各种海产品、蜂蜜、肉类等。一般人每日需摄入钴 0.39 mg。

②镍。镍可构成镍蛋白及构成某些金属酶的辅基,有增强胰岛素的作用,并可以刺激造血功能和维持膜结构。镍是人体必需的生命元素,在人体内含量极微,正常情况下,成人体内含镍约 10 mg,血液中正常浓度为 0.11 $\mu g/mL$。在激素作用和生物大分子的结构稳定性上及新陈代谢过程中都有镍的参与,人体对镍的日需要量为 0.3 mg。镍缺乏可引起糖尿病、贫血、肝硬化、尿毒症、肾衰、肝脂质和磷脂质代谢异常等病症。

③硅。硅被认为与黏多糖合成有关,是形成骨、软骨、结缔组织所必需的元素。

④钒。钒能促进心脏配糖体对肌肉的作用,增强心肌收缩力。流行病学调查中发现钒与心血管疾病的发病率及死亡率呈负相关。

⑤硼。硼可能与钙、镁代谢和甲状旁腺的功能有关,硼缺乏对生长和骨髓发育会产生影响。

5.2 维生素

要点 2 维生素
• 脂溶性维生素的种类及其生理功能
• 水溶性维生素的种类及其生理功能

5.2.1 概述

维生素也称"维他命(vitamin)",是人体不可或缺的一类营养素,与酶类一起参与机体的新陈代谢,并有效调节机体的机能。与蛋白质、脂类和碳水化合物相比,维生素是活的细胞为了维持正常生理功能所必需、但需要极少的天然有机物质的总称,这些有机物大部分不能在人体内合成,或者合成量很少,不能满足人体的正常需求,所以需要从食物中摄入。它们虽然是微量低分子有机化合物,但却是机体正常生理代谢所必需,且功能各异的营养素,

都具以下特点：

（1）维生素是天然食物的微量成分。这些化合物或其前体化合物都在天然食物中存在。

（2）维生素是维持机体生长与健康所必需的微量有机物。日需要量少（以 μg 或 mg 计），在机体内不提供能量，一般也不是机体的构造成分。

（3）一般在体内不能合成或合成数量较少，不能充分满足机体需要，也不能充分贮存，必须经常由食物来供给。

（4）当膳食中缺乏维生素或维生素吸收不良时可产生特异的营养缺乏症。

随着科技的进步以及对维生素更加广泛、深入地研究，目前已发现维生素针对某些慢性非传染性疾病的防治方面具有良效，这方面已有很多实验研究与人群流行病学调查研究的明确结果。

由于维生素的化学结构比较复杂，对它们的命名无法采用化学结构分类法，也无法根据其生理作用进行分类。目前维生素有 3 种命名系统：一是按发现的历史顺序，以英文字母顺次命名，如维生素 A、B 族维生素、维生素 C、维生素 D、维生素 E 等；二是按其特有的功能命名，如抗干眼病维生素、抗癞皮病维生素、抗坏血酸等；三是按其化学结构命名，如视黄醇、硫胺素、核黄素等。3 种命名系统互相通用。

维生素的种类很多，化学结构差异很大，通常按照其溶解性质将其分为脂溶性和水溶性两大类。脂溶性维生素包括维生素 A、维生素 D、维生素 E、维生素 K，水溶性维生素包括 B 族维生素（维生素 B_1、维生素 B_2、烟酸、泛酸、维生素 B_6、叶酸、维生素 B_{12}、生物素、胆碱）和维生素 C。水溶性维生素在食品加工过程中的稳定性较差，较容易损失，而脂溶性维生素的稳定性较高。

另外，还有类似维生素，也有人建议称为"其他微量有机营养素"，尽管它们不是真正的维生素类，但是它们所具有的生物活性却非常类似维生素。其中包括：生物类黄酮（维生素 P）、牛磺酸、肉毒碱（维生素 B_7）、肌醇、辅酶 Q（泛醌）、维生素 B_{17}（苦杏仁苷）、维生素 B_{15} 等。

许多因素可致人体维生素不足或缺乏。人类维生素的缺乏包括原发性和继发性。原发性缺乏主要是由于膳食中维生素供给量不足或其生物利用率过低引起的；继发性维生素缺乏是由于维生素在体内吸收障碍，破坏分解增强和生理需要量增加等因素造成。维生素缺乏在体内是一个渐进过程：初始储备量降低，继则有关生化代谢异常、生理功能改变，然后才是组织病理变化并出现临床症状和体征。轻度维生素缺乏并不一定出现临床症状，但可使劳动效率下降，对疾病抵抗力降低等，称为亚临床维生素缺乏或不足。由于亚临床缺乏症状不明显，不特异，往往被人们忽视，故应对此有高度警惕性。临床上常见多种维生素混合缺乏的症状和体征。

5.2.2　脂溶性维生素

5.2.2.1　维生素 A（抗干眼病维生素）

维生素 A 是人类发现最早的维生素，它是一类具有生物活性的不饱和烃，通常指的维生素 A 是维生素 A_1（retinol），又名视黄醇；维生素 A_2（dehyd retinol）为 3-脱氢视黄醇，活性仅

40%。结构式见图 5-1;植物中的类胡萝卜素具有与维生素 A 相似的结构特点,在体内可转化为维生素 A 而被称为维生素 A 原。类胡萝卜素主要来自植物,尤其是黄色、红色蔬菜水果含量最多。目前已发现约 600 种类胡萝卜素,仅约 1/10 是维生素 A 原。还有 α-胡萝卜素、β-胡萝卜素、γ-胡萝卜素也属于维生素 A 原,其中最重要的为 β-胡萝卜素,它常与叶绿素并存。

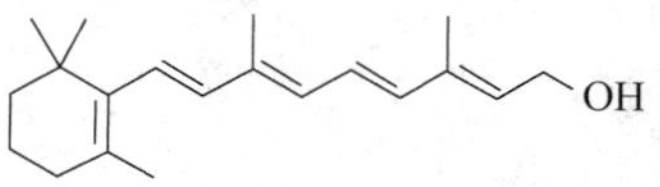

维生素A₁（视黄醇） 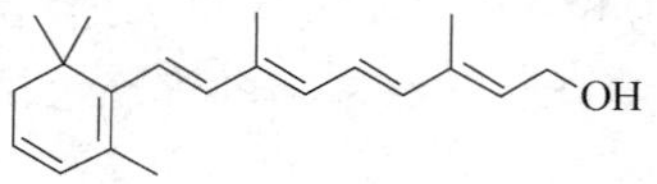　　　　　　　　　　维生素A₂

图 5-1　维生素 A 的化学结构式

(1)维生素 A 在体内的吸收、转运和储存。食物中维生素 A 多以视黄醇酯的形式存在。视黄醇酯与类胡萝卜素进入小肠,在肠腔内被吸收入肠黏膜细胞,在肠黏膜细胞内视黄醇又迅速被酯化,经胆汁乳化成乳糜微粒,通过淋巴或血流转运到身体各部,绝大部分(90%)贮存于肝脏,其余部分存在于肺、肾、脂肪等组织中,机体需要再释放进入血流。血浆维生素 A 是以视黄醇结合蛋白(RBP)形式存在而被转运的。

食物中的视黄醇在小肠中有一小部分可氧化为视黄醛和视黄酸而被吸收。视黄醇、视黄醛在体内有一致的生理功能,但视黄酸对视觉无作用,它很快代谢,通过胆汁或尿液排出。维生素 A 能很好地储存于体内,营养良好者肝中可储存维生素 A 总量的 90%以上。当需要时,视黄醇酯被水解为视黄醇,再与 RBP 结合后释放到血浆中。

(2)生理功能

①维持视觉。维生素 A 可促进视觉细胞内感光色素的形成,缺乏时夜间视力下降,暗适应力下降,导致夜盲症。维生素 A 可保护夜间视力,维持视紫红质(它是视网膜上的感光物质)的正常效能。

②维护上皮组织健全及增强抵抗力。维生素 A 营养良好时,人体上皮组织黏膜细胞中黏蛋白的生物合成正常,分泌黏液正常,这对维护上皮组织的健全十分重要。

③促进人和动物的正常生长。维生素 A 是一般细胞代谢和亚细胞结构必不可少的重要成分,有促进生长发育、维护骨骼健康及嗅觉和听力正常的作用,维护头发、牙齿和牙床的健康。

④抗癌作用。维生素 A 等视黄醇类物质能阻止、延缓癌前病变,防止化学致癌物引起用发生或转移,可抑制肿瘤细胞的生长和分化,能预防上皮组织的肿瘤发生。

⑤促进动物生殖力的作用。可使生殖系统的上皮细胞病变,影响女性阴道和卵巢排卵下降;男性睾丸萎缩,精子发育不良,生殖力明显下降。

(3)缺乏症。维生素 A 缺乏最常见的临床体征是夜盲症和眼干燥症,维生素 A 不足常与蛋白质—能量营养不良、脂肪摄入低、脂质吸收不良综合征和发热疾病等相伴。主要的临床表现有以下几个方面:

①眼部:表现为夜盲症、眼干燥症、角膜软化症等;

②皮肤:干燥、粗糙、脱屑、丘疹等;

③影响生长发育,儿童发育迟缓,延缓牙齿增生与角化,甚至牙齿停止生长;

④呼吸道防御能力降低,容易患呼吸道感染等。

(4)维生素 A 过量。长期或一次摄入过量维生素 A 可在体内蓄积引起慢性或急性中毒。

①急性毒性。产生于一次或多次连续摄入大剂量的维生素 A。其早期表现包括恶心呕吐、头痛眩晕、视觉模糊、肌肉失调和婴儿的囟门突起,这些表现常是短暂的、数日消失。当剂量极大时,在下一周接着进入第二期,特征是嗜睡、不适、食欲消失、不爱活动、瘙痒、鳞片样脱皮和反复呕吐。其终末期的表现包括昏迷、惊厥和呼吸不正常,在 1~16 d 内因呼吸衰竭或惊厥而死亡。

②慢性中毒。是由于几周到几年内反复服用过量维生素 A 所致。常见中毒表现为头痛、脱发、唇裂、皮肤干燥和瘙痒、肝大、骨和关节痛等。在停止服用后,多数病人可完全恢复,但有一些病例发生肝、视觉以及慢性肌肉和骨骼疼痛的永久损伤。

(5)食物来源和推荐摄入量。目前维生素 A 的含量常用视黄醇当量(RE)来表示

①维生素 A 的计量单位

1 μg 视黄醇＝1 μg RE

1 国际单位(IU) 维生素 A＝0.3 μgRE

1 μg RE＝6 μg β-胡萝卜素＝12 μg 其他维生素 A 原(类胡萝卜素)

②食物来源。维生素 A 仅存在于动物食品中,以肝、蛋、奶和鱼为最好的来源,鱼肝油中含量很高,可作为婴幼儿的补充来源。植物性食物中,红黄色、绿叶菜和某些水果等都有丰富的胡萝卜素,如胡萝卜、黄色南瓜、深绿色叶菜、玉米、甘薯、木瓜和柑橘。注意水果和蔬菜的颜色深浅并非是显示含维生素 A 的绝对指标。表 5-3 列举了部分日常食品中含有的维生素 A 含量。

表 5-3　一些食物中维生素 A 含量(100 g)　　　　　　　　　　　　　　mg

食物名称	维生素 A	食物名称	维生素 A
牛肉	37	番茄(罐头)	0
黄油	2 363~3 452	桃	0
干酪	553~1 078	洋白菜	0
鸡蛋(煮熟)	165~488	花椰菜(煮熟)	0
鲱鱼(罐头)	178	菠菜(煮熟)	0
牛乳	110~307		

③供给量。预防维生素 A 缺乏的可耐受最高摄入量(UL)为 3 000 μg RE/d,AI 为 600~1 000 μg RE/d。

5.2.2.2　维生素 D(抗佝偻病)

维生素 D(vitamin D,VD)又称为钙化醇、麦角甾醇、麦角钙化醇和阳光维生素等,是一些固醇类衍生物,具抗佝偻病作用,又称抗佝偻病维生素。其中具有维生素 D 活性的化合物约 10 种,以维生素 D_2 和维生素 D_3 最为重要。在植物食品、酵母等中所含的维生素 D,经过紫外线照射后就转变成维生素 D_2。人和动物皮肤中所含有的 7-脱氢胆固醇,经紫外线照射后可得维生素 D_3 见图 5-2。

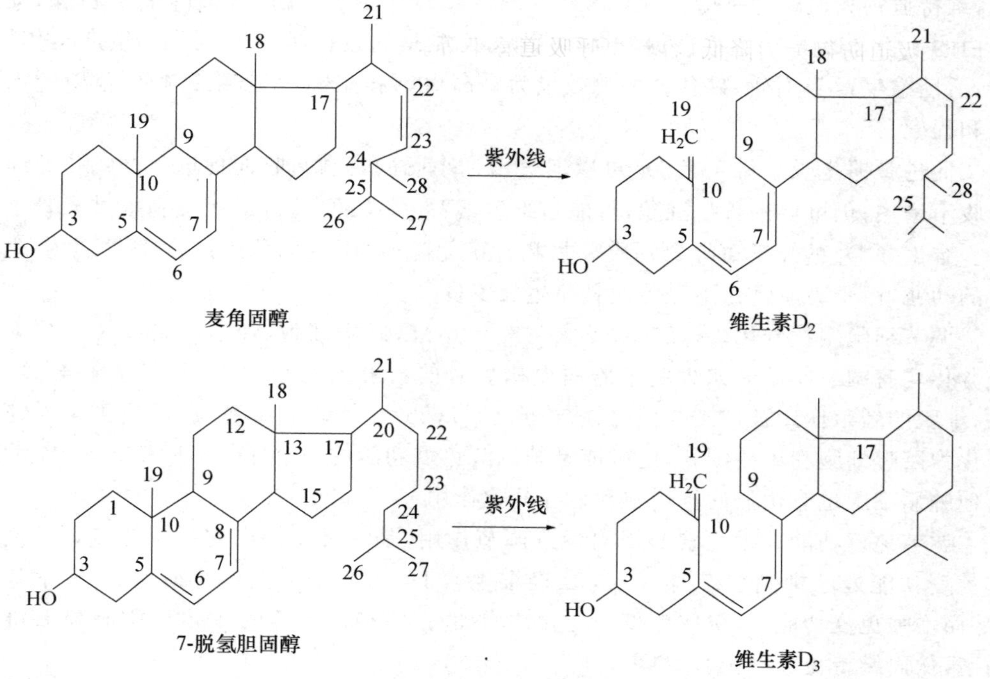

图 5-2　维生素 D 转变成维生素 D₂ 和维生素 D₃ 的过程

（1）理化性质。维生素 D 为脂溶性维生素，溶于脂肪和脂肪溶剂。性质稳定，在中性及碱性溶液中耐高温和抗氧化，如在 130 ℃加热 90 min，仍能保持活性；但对光比较敏感，易被紫外线照射而被破坏，故需保存在不透光的密封容器中；在酸性溶液中维生素 D 逐渐被分解。食品中脂肪的酸败可引起维生素 D 的破坏；通常的储藏、烹调加工不会引起维生素 D 的生理活性，但过量射线照射可形成少量具有毒性的化合物，且无抗佝偻病活性。

（2）吸收及代谢。人类所需维生素 D 从两个途径获得，即通过食物补给（维生素 D₂）和阳光照射（维生素 D₃）。如果将皮肤经过紫外线照射，在表皮和真皮中所含有的许多 7-脱氢胆固醇会产生光化学反应，并形成前维生素 D₃，一旦前维生素 D₃ 在皮肤内形成，它将随温度缓慢地转化为维生素 D，这一过程至少要 3 d 才能完成。然后，维生素 D 结合蛋白把维生素 D₃ 从皮肤输送到循环系统。经口摄入的维生素 D 在胆汁的帮助下，与脂肪一起在小肠吸收。

食物中的和阳光照射摄入的维生素 D 由小肠吸收。在胆汁协助下与自身形成的维生素 D 一起转运到肝脏进行羟化反应，在肝脏 25-羟化酶作用下代谢成 25-OH-D₃，再经过肾脏代谢，最后转运到血液循环，分别贮存于肝脏及富含脂肪的组织中备用，并分布到有关组织器官中发挥其生理效能。

维生素 D 排泄主要途径是经胆汁进入小肠，随粪便排出体外，只有极少量由尿液排出（2%～4%）。

（3）生理功能

①调节钙、磷代谢。维生素 D 的主要作用是调节钙、磷代谢，促进肠内钙磷吸收和骨质

钙化,维持血钙和血磷的平衡。具有活性的维生素 D 作用于小肠黏膜细胞的细胞核,促进运钙蛋白的生物合成。维生素 D 促进磷的吸收,可能是通过促进钙的吸收间接产生作用的。因此,活性维生素 D 对钙、磷代谢的总效果为升高血钙和血磷,使血浆钙和血浆磷的水平达到饱和程度。

②促进骨骼生长。维生素 D_3 可以通过增加小肠的钙磷吸收而促进骨的钙化。即使小肠吸收不增加,仍可促进骨盐沉积,可能是维生素 D_3 使 Ca^{2+} 通过成骨细胞膜进入骨组织的结果。维生素 D_3 的缺乏可导致钙质吸收和骨矿化障碍,引起佝偻病的发生,长期缺乏阳光照射的幼儿,由于骨质钙化不足易使骨骼生长不良。

③调节细胞生长分化。1,25-二羟维生素 D_3 对白血病细胞、肿瘤细胞以及皮肤细胞的生长分化均有调节作用。如骨髓细胞白血病患者的新鲜细胞经 1,25-二羟维生素 D_3 处理后,白细胞的增殖作用被抑制并使之诱导分化。1,25-二羟维生素 D_3 还可使正常人髓样细胞分化为巨噬细胞和单核细胞,这可能是其调节免疫功能的一个环节。1,25-二羟维生素 D_3 对其他肿瘤细胞也有明显的抗增殖和诱导分化作用。

④调节免疫功能。维生素 D 具有免疫调节作用,是一种良好的选择性免疫调节剂。当机体免疫功能处于抑制状态时,1,25-二羟维生素 D_3 主要是增强单核细胞,巨噬细胞的功能,从而增强免疫功能,当机体免疫功能异常增加时,它抑制激活的 T 淋巴细胞和 B 淋巴细胞增殖,从而维持免疫平衡。

(4)缺乏症。膳食中缺维生素 D 或人体缺乏日光照射,钙磷的吸收受影响,血中钙磷下降,不但骨骼生长发生障碍,同时也影响肌肉和神经系统的正常功能。严重时儿童发生佝偻病、成人缺维生素 D 可发生骨质疏松症、骨质软化症和手足痉挛症等。

(5)过量和毒性。膳食来源的维生素 D 一般不会过量。但摄入过量维生素补充剂的人有发生维生素 D 中毒的可能性,早期征兆主要包括痢疾或者便秘,头痛,没有食欲,头昏眼花,走路困难,肌肉骨头疼痛,以及心律不齐等等。晚期症状包括发痒,肾形矿脉功能下降,骨质疏松症,体重下降,肌肉和软组织石灰化等等。高尿钙症严重者可死于肾功能衰竭,严重的维生素 D 中毒可导致死亡。

(6)食物来源及供给量。维生素 D 主要存在于动物肝脏、鱼肝油、禽蛋及含脂肪丰富的海鱼和奶油中(表5-4)。奶类和瘦肉中维生素 D 不高,以奶类为主食的小儿需适当补充鱼肝油,以利生长发育,但不可过量。通常天然食物中维生素 D 含量较低,动物性食品是非强化食品中天然维生素 D 的主要来源,如含脂肪高的海鱼和鱼卵、动物肝脏、蛋黄、奶油和奶酪中相对较多,而瘦肉、奶、坚果中含微量的维生素 D,而蔬菜、谷物及其制品和水果含有少量维生素 D 或几乎没有维生素 D 的活性。维生素 D 的需要量取决于膳食中的钙磷浓度、个体生长发育的生理阶段、年龄、性别、日照程度以及皮肤的色素沉着量。我国成人维生素 D 的 RNI 为 5 $\mu g/d$,UL 为 20 $\mu g/d$。

5.2.2.3 维生素 E(生育酚)

维生素 E(vitamin E,VE)属于脂溶性维生素,是一组具有 α-生育酚活性的化合物。在一般食品中,以生育酚的含量较高,因此维生素 E 又名生育酚。食物中广泛存在着 α、β、γ、δ 4 种不同化学结构的生育酚和四种生育三烯酚,例如棉籽油中含有 α-生育酚、β-生育酚、γ-生

表 5-4　常见富含维生素 D 的食物　　　　　　　　　　　μg/100 g

食物名称	维生素 D 含量	食物名称	维生素 D 含量
大马哈鱼罐头	623(15.6)	黄油	56(1.4)
虹鳟鱼罐头	623(15.6)	香肠	48(1.2)
奶油(脂肪含量 31.3%)	50	猪肉(熟)	44(1.1)
沙丁鱼罐头(油浸)	193(4.8)	干酪	28(0.7)
全鸡蛋(煎、煮、荷包)	88(2.2)	牛肉干	20(0.5)
全蛋(生鲜)	80(2.0)		

育酚,而在大豆油中还分离出 δ-生育酚。它们具有相同的生理功能,生理活性大不相同,其中以 α-生育酚的生理活性最大。

(1)理化性质。α-生育酚为浅黄色油状液体,溶于脂溶性溶液,不溶于水;对酸、热稳定,即使加热到 200 ℃亦不会被破坏;遇氧、碱、紫外线不稳定,易发生氧化。油脂酸败可加速维生素 E 的破坏。二价铁离子的存在会加速维生素 E 的氧化,一般烹饪条件下损失不大,但是长时间的油炸会促进维生素 E 氧化。干燥食品中的维生素 E 容易破坏。

(2)吸收与代谢。维生素 E 以乳糜微粒形式从小肠中部吸收,经淋巴入血流分布到各组织,存于细胞线粒体中。在脂肪组织、肝脏和肾上腺皮质中含量较高,其他组织中含量与血中浓度近似。生育酚的吸收率 20%～25%。维生素 E 在血浆内的运载大部分被 β-脂蛋白携带。当脂肪吸收障碍时,也影响维生素 E 的吸收;进食大量多烯不饱和脂肪酸,可使维生素 E 需要量增加。因此维生素 E 主要储存在脂肪组织、肌肉和肝脏中。排泄途径主要是粪便,少量由尿中排出。

(3)生理功能

①抗氧化剂。维生素 E 是一种很强的抗氧化剂,在体内可保护细胞免受自由基损害。维生素 E 与超氧化物歧化酶、谷胱甘肽过氧化物酶一起构成体内抗氧化系统,可以保护细胞膜(包括细胞器膜)中多不饱和脂肪酸、膜的富含巯基的蛋白质成分以及细胞骨架和核酸免受自由基的攻击。

维生素 E 还可防止维生素 A、维生素 C 和 ATP 的氧化,保证它们在体内的正常功能;还可保护神经系统、骨骼肌和眼视网膜等免受氧化损伤。与硒、多酚、黄酮类物质也有相互配合进行协同抗氧化作用。

②与动物生殖功能有关。影响性器官成熟及胚胎发育。维生素 E 缺乏是可使雄性动物精子质量严重下降,雌性动物孕育异常。因此临床上常用维生素 E 治疗先兆性流产和习惯性流产。

③防衰老。随着人们年龄的增长,体内的内脂褐质(俗称老年斑,血液及组织中脂类过氧化物物质)也会不断增加,补充适量的维生素 E 可减少细胞中的脂褐质物质。还可以改善皮肤弹性,提高免疫力。

④维护血管系统的正常功能。维生素 E 缺乏时可出现心肌损害、耗氧量增加、肌肉萎缩和营养障碍等。人体神经肌肉及视网膜的某些功能需要适量维生素 E。比如,神经系统产生神经递质伴随产生大量自由基需要维生素 E 清除自由基,以保护神经系统。

(4)维生素 E 缺乏症。维生素 E 广泛存在于食物中,因而较少发生由于维生素 E 摄入量不足而产生缺乏症。但如果膳食脂肪在肠道内的吸收发生改变时,则可造成维生素 E 的吸收不良,继而产生缺乏。多不饱和脂肪酸摄入过多,也可发生维生素 E 缺乏。表现为血浆中维生素 E 浓度下降,红细胞溶解,红细胞寿命缩短,出现溶血性贫血。维生素 E 缺乏的典型神经体征包括:深层腱反射丧失、震动和位感受损、平衡与协调改变、眼移动障碍(眼肌麻痹)、肌肉软弱和视野障碍。

(5)过量。与其他脂溶性维生素比较,口服维生素 E 的毒性较低。成年人可耐受口服 $100\sim800$ mg/d 而不出现有害作用。但摄入大量维生素 E(大于 $1\,000$ mg/d)可能会出现视觉模糊、头痛和疲乏等症状。

(6)需要量与食物来源。维生素 E 在自然界分布广泛,各种植物油、谷物胚芽、豆类、硬果类(如花生)及他谷类、牛奶及蛋黄等均含维生素 E(表 5-5)。肉类、鱼类、动物脂肪及多种果蔬中含维生素 E 甚少,绿叶蔬菜中有一定量且绿色植物中的维生素 E 含量高于黄色植物。人体肠道内能合成一部分,一般情况下不致缺乏维生素 E。

通常成人 AI 为每天 14 mg 维生素 E。推荐维生素 E 摄入量时需要考虑膳食多不饱和脂肪酸含量,由于其易发生脂质过氧化作用,所以当多不饱和脂肪酸的量增高时,维生素 E 需要量也增加。成年人每增加摄入 1 g 多不饱和脂肪酸约需摄入 0.4 mg 维生素 E。

表 5-5   常见食物中维生素 E 含量(可食用部分)   mg/100 g

食品名称	含量	食品名称	含量
瓜子油	54.6	黄豆	18.9
玉米油	50.94	杏仁	18.53
干核桃	43.21	生花生仁	18.09
花生油	42.06	炒花生仁	17.97
干榛子	36.43	黑豆	17.63
松子仁	32.79	腐竹	27.84
豆腐皮	20.63	茶油	27.9
炒瓜子	26.46	色拉油	24.01
熟核桃	14.08	南瓜子仁	13.25
干鱿鱼	9.72	河虾	5.33

5.2.2.4   维生素 K

维生素 K(vitamin K,VK)是脂溶性维生素,它含有 2-甲基-1,4 萘醌基团,具有维生素 K 生物活性的一组化合物。比较常见的维生素 K 有维生素 K_1(叶绿醌)和维生素 K_2(聚异戊烯基甲基萘醌),还有人工合成的维生素 K_3(2-甲基-1,4 萘醌)。维生素 K_3 的生物活性高于维生素 K_1 和维生素 K_2。

(1)理化性质。维生素 K 耐热,但易遭碱、氧化剂和光(特别是紫外线)的破坏。由于天然维生素 K 对酸、热稳定,且不溶于水,在正常的烹调过程中损失很少。

(2)吸收与代谢。维生素 K 为脂溶性维生素,因为胆盐和胰脂酶的存在维生素 K 在小肠中吸收。之后经淋巴吸收,在血中随 β-脂蛋白一起转运。维生素 K 在体内贮存时间很短,只在肝中贮存少量。

（3）生理功能

①抗出血不凝的作用。维生素 K 能促进肝脏合成凝血酶原、凝血因子的合成。当组织受伤时,凝血酶原和钙与血小板中的凝血致活酶相接触,变成凝血酶,使纤维蛋白原变性为纤维蛋白使血液凝固。

②还原性作用。维生素 K 具萘醌式结构,可还原成无色氢醌,参与氧化还原过程。维生素 K 在食品体系中可以消除自由基,所以可以保护食品成分不被氧化,同时还能减少腌肉中亚硝胺的生成。

（4）缺乏症。缺乏维生素 K 时,肝脏所产生的凝血酶原含量下降,血中几种凝血因子含量均下降,致使出血后血液凝固发生障碍,轻者凝血时间延长,重者可有显著出血情况:皮下出现紫斑或瘀斑、鼻衄、齿龈出血、创伤后流血不止,有时还会出现肾脏和胃肠道出血。

（5）食物来源。人类维生素 K 的来源主要有两个方面:一方面由肠道细菌合成,占 $50\% \sim 60\%$;另一方面从食物中获取,占 $40\% \sim 50\%$。维生素 K 广泛存在于动植物食品中,一般不容易引起缺乏。绿色蔬菜中的维生素 K 含量很高,如菠菜、莴苣、萝卜缨、花茎甘蓝等均是膳食维生素 K 的极好来源,其次是肉类、奶类、水果和谷物等（表 5-6）。

表 5-6 常见食物（100 g）中维生素 K 的含量

μg

食品名称	含量	食品名称	含量
牛奶	3	火腿	15
猪肉	11	熏猪肉	46
牛肝	92	小米	5
猪肝	25	全麦	17
面粉	4	面包	4
燕麦	20	绿豆	14
甘蓝菜	200	洋白菜	125
生菜	129	豌豆	19
菠菜	89	萝卜缨	650
西红柿	5	苹果酱	2
香蕉	2	桃	8
咖啡	38	绿茶	712

5.2.3 水溶性维生素

5.2.3.1 维生素 B_1

维生素 B_1（vitamin B_1）分子是由 1 个含硫的嘧啶环和 1 个含氨基的噻唑环通过 1 个亚甲基连接而成的,又称为硫胺素或抗脚气病维生素。维生素 B_1 是第一个被发现的 B 族维生素,它广泛存在于动植物组织中。

（1）理化性质。维生素 B_1 为白色结晶,易溶于水、乙醇和多种酸中,在干燥和酸性溶液中稳定,酸性液中加热至 120 ℃亦不失活性,但在压力锅和碱性溶液中极易破坏。加工中的

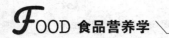

亚硫酸盐可破坏维生素 B_1 。

（2）吸收与代谢。维生素 B_1 在小肠内吸收，之后运至肝脏中被进一步磷酸化形成焦磷酸硫胺素而具生物活性。维生素 B_1 在人体内储留量很少，约 30 mg，以肝脏、肾脏、心脏和脑组织中含量最高，约一半存在于肌肉中。维生素 B_1 在体内的代谢物主要从尿中排出，不会被肾小管重吸收。

（3）生理活性。维生素 B_1 片有改善人体代谢的作用，维生素 B_1 是作为一种辅酶参与到人体代谢，维生素 B_1 片缺乏的时候会导致磷酸戊糖代谢障碍，核酸合成及神经髓鞘代谢受到影响，这时会出现末梢神经炎，会出现神经、肌肉变性，食欲减退。

另外，维生素 B_1 主要是参与 α -酮酸氧化脱羧反应，维生素 B_1 缺乏的时候丙酮酸会发生堆积，神经组织也会出现影响，导致末梢神经炎或者其他病变。

（4）维生素 B_1 的缺乏。维生素 B_1 缺乏症典型症状是脚气病，主要损害神经、血管系统，早期症状有头痛、乏力、烦躁、食欲不振等现象。

（5）维生素 B_1 的毒性。维生素 B_1 摄入过量可由肾脏排出，因此罕见人体维生素 B_1 的中毒现象。

（6）维生素 B_1 的食物来源。维生素 B_1 广泛存在于天然食物中，但其含量跟食物的种类及贮藏、加工、烹调等工艺有很大关系。维生素 B_1 来自含量较丰富的有动物内脏、肉类、豆类、花生及没加工的粮谷类。水果、蔬菜、蛋、奶等也含有维生素 B_1 ，但含量较低。粮谷类若在加工中过分碾磨、水洗过度、烹调加热时间过长，都会对维生素 B_1 造成不同程度的损失。

5.2.3.2 维生素 B_2

维生素 B_2 又名核黄素（riboflavin），是由异咯嗪与核糖所组成，并有很多同系物。维生素 B_2 以磷酸酯的形式存在于两种辅酶，即黄素单核苷酸（FMN）和黄素腺嘌呤二核苷酸（FAD）中。

（1）理化性质。纯维生素 B_2 是橙黄色的晶体，有苦味，但几乎无气味，微溶于水，在 27.5 ℃时，每 100 mL 水可溶解 12 mg。在中性和酸性溶液中对热稳定，但在碱性溶液中不稳定，易于分解破坏。游离核黄素对光特别敏感，在紫外线照射下发生不可逆的降解；在酸性条件下，被光降解为光色素。

（2）吸收与代谢。维生素 B_2 在食物中多与蛋白质形成复合物，即黄素蛋白，在消化道内经蛋白酶、焦磷酸酶水解为维生素 B_2 后在小肠上部被主动吸收。胃酸及胆盐有利于核黄素的释放，是促进其吸收的重要因素。吸收的维生素 B_2 在肠壁，部分在肝脏、血液中磷酸化。维生素 B_2 在体内大多数以辅酶形式储存于血液、组织中，体内组织储存它的能力很有限。当人体摄入大量维生素 B_2 时，肝脏、肾脏中维生素 B_2 的量常明显增加，并有一定量以游离形式从尿中排出。

（3）生理活性

①参与细胞的生长代谢，维生素 B_2 是肌体组织代谢和修复的必需营养素，如强化肝功能、调节肾上腺素的分泌。

②参与维生素 B_6 和烟酸的代谢，维生素 B_2 是 B 族维生素协调作用的一个典范。FAD（黄素腺嘌呤二核苷酸）和 FMN（黄素单核苷酸）作为辅基参与色氨酸转化为烟酸，维生素

B₆ 转化为磷酸吡哆醛的过程。

③与机体铁的吸收、储存和动员有关。

④还具有抗氧化活性,可能与黄素酶-谷胱甘肽还原酶有关。

(4)缺乏与过量。机体从膳食中获取高量的维生素 B₂ 未见报道。核黄素缺乏在人类主要表现在唇、舌、口腔黏膜及会阴皮肤处的炎症反应,因而有"口腔生殖综合征"之称。

①口腔。口角裂纹、口腔黏膜溃疡、嘴唇肿胀及"地图舌"等。

②皮肤。丘疹或湿疹性阴囊炎(女性为阴唇炎):在鼻翼两侧、眉间、眼外眦及耳后、乳房下、腋下、腹股沟等处可发生脂溢性皮炎。

③眼。眼部症状包括角膜毛细血管增生、眼睑炎、眼睛对光敏感并易于疲劳、视物模糊、视力下降等。研究已发现老年白内障与核黄素缺乏有关。

④贫血。核黄素缺乏常干扰铁在体内的吸收、储存及动员,缺乏的后期可引起血红蛋白形成减少而导致缺铁性贫血,并可导致儿童生长迟缓。

(5)食物来源。我国居民核黄素的 RNI(mg/d)成年男性为 1.4、女性为 1.2、孕妇和乳母为 1.7。

核黄素广泛存在于植物与动物性食物中,但是由于来源和加工方式不同,不同食物中维生素 B₂ 含量差异较大。动物性食物中含量较植物性食物高,肝、肾、心脏、乳及蛋类中含量尤为丰富,大豆和各种绿叶蔬菜亦是核黄素的重要来源。

5.2.3.3 维生素 B₆

维生素 B₆ 是水溶性维生素,是一组含氮的化合物,包括吡哆醇(PN)、吡哆醛(PL)、吡哆胺(PM)3 种衍生物,均具有维生素 B₆ 的活性,这三种物质之间可以通过酶互相转换。

(1)理化性质。PN、PL、PM 为白色结晶、易溶于水及酒精,在空气中稳定。在溶液中,各种形式均对光较敏感,尤其是紫外线和碱性环境中。在酸性介质中,3 种形式对热都比较稳定,但在碱性介质中则对热不稳定,在中性环境中易被破坏。

(2)吸收与代谢。维生素 B₆ 在小肠上部被吸收。当维生素 B₆ 以磷酸酯形式存在时,吸收速率较慢,但在非特异性磷酸酶作用下分解出维生素 B₆ 时,其吸收速度较快。体内转运主要靠与血浆白蛋白结合,通过门静脉进入体内大部分组织中,其中肝脏和肌肉中含量较高。

(3)生理活性。维生素 B₆ 主要以磷酸吡多醛(PLP)形式参与近百种酶反应。多数与氨基酸代谢有关:包括转氨基、脱羧、侧链裂解、脱水及转硫化作用。这些生化功能涉及多方面。

①维生素 B₆ 参与蛋白质合成与分解代谢,参与所有氨基酸代谢,如与血红素的代谢有关,与色氨酸合成烟酸有关。

②维生素 B₆ 参与糖异生、UFA 代谢。与糖原、神经鞘磷脂和类固醇的代谢有关。

③维生素 B₆ 参与某些神经介质(5-羟色胺、牛磺酸、多巴胺、去甲肾上腺素和 γ-氨基丁酸)合成。

④维生素 B₆ 与一碳单位、维生素 B₁₂ 和叶酸盐的代谢有关,如果它们代谢障碍可造成巨幼红细胞性贫血。

⑤维生素 B₆ 参与核酸和 DNA 合成,缺乏会损害 DNA 的合成,这个过程对维持适宜的

免疫功能是非常重要的。

⑥维生素 B_6 与维生素 B_2 的关系十分密切,维生素 B_6 缺乏常伴有维生素 B_2 症状。

⑦维生素 B_6 参与同型半胱氨酸向蛋氨酸的转化,具有降低慢性病的作用。轻度高同型半胱氨酸血症被认为是血管疾病的一种可能危险因素,维生素 B_6 的干预可降低血浆同型半胱氨酸含量。

(4)缺乏。维生素 B_6 缺乏已罕见,但轻度缺乏较多见,通常与其他缺乏同时存在。缺乏维生素 B_6 的通症,一般缺乏时会有食欲不振、食物利用率低、失重、呕吐、下痢等毛病。严重缺乏会有粉刺、贫血、关节炎、小孩痉挛、忧郁、头痛、掉发、易发炎、学习障碍、衰弱等。

(5)食物来源。维生素 B_6 的食物来源很广泛,动物性、植物性食物中均含有,但是含量不高。通常肉类、全谷类产品(特别是小麦)、蔬菜和坚果类中含量较高。其次是来自肉类、家禽、鱼、马铃薯、甜薯、蔬菜中。动物性来源的食物中维生素 B_6 的生物利用率优于植物性来源的食物。

5.2.3.4 叶酸

叶酸(folic acid)又名维生素 B_{11},是指一系列化学结构相似、相同生物活性的一类化合物,它的分子结构是由蝶啶、对氨基苯甲酸和谷氨酸 3 种成分组成的蝶酰谷氨酸结构。叶酸因最初从菠菜叶中分离出来而得名。

(1)理化性质。叶酸为黄色或者橙黄色的结晶状粉末,分子式是 $C_{19}H_{19}N_7O_6$,分子量是441.4,熔点是 250 ℃,无味,微溶于热水,不溶于乙醇、乙醚及其他有机溶剂,但叶酸的钠盐易溶于水。叶酸水溶液易被光解破坏而分解;在酸性溶液中对热不稳定,但在中性和碱性溶液条件下对热十分稳定,即使在 100 ℃条件下加热 1 h 也不被破坏。食物中叶酸的烹调损失率为 50%~90%。

(2)叶酸的吸收与代谢。叶酸在肠道中以单谷氨酸盐的形式被吸收。食物中叶酸在人的小肠上部经蝶酰多谷氨酸水解酶(pteroyl polyglutamate hydrolase,PPH)作用下水解为单谷氨酸盐。单谷氨酰基叶酸的肠道转运是一个载体介导的主动过程,最适 pH 为 5.0~6.0;当单谷氨酸盐大量摄入时,吸收的方式则以简单扩散为主。

叶酸的生物利用率一般在 40%~60%之间,不同的食物吸收率也不同。人体内叶酸总量为 5~6 mg,其中一半左右储存在肝脏。叶酸的排出量很少,主要通过尿及胆汁排出。

(3)生理活性。叶酸对生物体的作用主要表现在以下几个方面:参与遗传物质和蛋白质的代谢;影响动物繁殖性能;影响动物胰腺的分泌;促进动物的生长;提高机体免疫力。

(4)叶酸的缺乏。在正常情况下,机体所需要的叶酸不仅可以从食物中摄取外,还可以通过机体中肠道细菌合成叶酸,因此一般情况下机体不会缺乏叶酸,但是如果膳食供应不足,或者机体吸收障碍等原因均会造成体内叶酸的缺乏。叶酸作为机体细胞生长和繁殖必不可少的维生素之一,缺乏会对人体正常的生理活动产生影响。许多文献报道缺乏叶酸与神经管畸形、巨幼细胞贫血、唇腭裂、抑郁症、肿瘤等疾病有直接关系。叶酸过量会影响锌的吸收致使胎儿发育迟缓。

(5)食物来源。叶酸广泛分布于绿叶植物中,如菠菜、甜菜、硬花甘蓝等绿叶蔬菜,在动物性食品(肝、肾、蛋黄等)、水果(柑橘、猕猴桃等)和酵母中也广泛存在,但在根茎类蔬菜、玉米、大米、猪肉中含量较少。在这些绿叶蔬中,叶酸含量较高的主要是东风菜、马蹄叶、山尖子菜、柳蒿芽、刺五加皮、野芦笋等。

5.2.3.5 维生素 B_{12}

维生素 B_{12} 是 B 族维生素中迄今为止发现最晚的一种。维生素 B_{12} 是唯一一种含有金属元素 3 价钴的多环系化合物,又称钴胺素、抗恶性贫血维生素。维生素 B_{12} 是一种能预防和治疗恶性贫血的维生素。

(1)理化性质。维生素 B_{12} 为浅红色的针状结晶,易溶于水和乙醇,在弱酸条件(pH 4.5～5)下最稳定,强酸(pH＜2)或碱性溶液中分解,遇热可有一定程度破坏,但短时间的高温消毒损失小,遇强光或紫外线易被破坏。

(2)吸收与代谢。维生素 B_{12} 的吸收需要正常的胃液分泌,胰液和重碳酸盐也可促进其在空肠的吸收。吸收后的维生素 B_{12} 依靠血浆中运载蛋白的运输进入造血组织。维生素 B_{12} 主要通过胆汁排泄,并在回肠被再吸收。因此,维生素 B_{12} 很少发生缺乏现象。

(3)生理功能

①甲基转移作用。维生素 B_{12} 辅酶作为甲基的载体参与同型半胱氨酸甲基化生成蛋氨酸的反应;维生素 B_{12} 可将 5-甲基四氢叶酸的甲基移去形成四氢叶酸,以利于叶酸参与嘌呤、嘧啶的生物合成。

②促进一些化合物的异构。维生素 B_{12} 辅酶参与 L-甲基丙二酰辅酶 A 转变成为琥珀酰辅酶 A。维生素 B_{12} 缺乏时, L-甲基丙二酰辅酶 A 大量堆积,因 L-甲基丙二酰辅酶 A 的结构与脂肪酸合成的中间产物丙二酰辅酶 A 相似,所以影响脂肪酸的正常代谢。维生素 B_{12} 缺乏所导致的神经疾患也是由于脂肪酸的合成异常而影响了髓鞘的转换,结果髓鞘质变性,造成进行性脱髓鞘。

③促进蛋白质的生物合成。维生素 B_{12} 能促进一些氨基酸的生物合成,其中包括蛋氨酸与谷氨酸,因为它有活化氨基酸的作用和促进核酸的生物合成,故对各种蛋白质的合成有重要的作用。

④维持造血系统的正常功能状态。维生素 B_{12} 能促进 DNA 以及蛋白质的生物合成,使机体的造血系统处于正常状态,促进红细胞的发育和成熟。维生素 B_{12} 缺乏最终可导致核酸合成障碍,影响细胞分裂,结果产生巨幼红细胞性贫血。

⑤对生殖系统的影响。近年来发现维生素 B_{12} 严重缺乏可致雄性生殖器官萎缩,生精功能发生障碍。许多研究发证实维生素 B_{12} 对生精功能的作用是促进精原细胞、精母细胞内 RNA 及 DNA 的合成,从而刺激精细胞分裂和成熟,使健康的精子得以生成。因此,维生素 B_{12} 除了对因其本身缺乏而引起的生精功能障碍有治疗作用外,对其他原因造成的男子不育症也有一定治疗作用。

(4)食物来源。自然界中的维生素 B_{12} 主要是来源为动物性食品,其中动物内脏、肉类、蛋类是维生素 B_{12} 的丰富来源。豆制品经发酵会产生一部分维生素 B_{12}。植物性食品基本不含维生素 B_{12}。

5.2.3.6 维生素 C

维生素 C 又名抗坏血酸(ascorbic aeid,VC),是人体内重要的水溶性维生素。维生素 C

和坏血病有一段很长的历史渊源。希波克拉底是第一个提到坏血病的人。他描述当时士兵牙床溃烂、牙齿脱落；早期的海上旅行引起了人们对坏血病的重视，船队离开港口 3～4 个月，船员往往会因此患上坏血病，人们开始发现这是由于海上旅行缺乏新鲜蔬菜和水果的缘故。1932 年英国军医从柠檬汁中离析出具有抗坏血病的晶状物质，1933 年瑞士科学家合成了维生素 C，又叫作抗坏血酸。

它是一种不饱和的多羟基化合物，以内酯形式存在，在 2 位与 3 位碳原子之间烯醇羟基上的氢可游离，因此具有酸性。自然界存在维生素 C 有 L-型、D-型两种，其中 D-型无生物活性。植物和多数动物可利用六碳糖合成维生素 C，但人体不能合成，必须从膳食中获取。

（1）理化性质

维生素 C 是为无色或白色结晶，极易溶于水，稍溶于丙酮与低级醇类。干燥时维生素 C 十分稳定。维生素 C 具有强还原性，遇空气、热、光、碱性物质、氧化酶及铜、铁离子时极易氧化破坏。酸性、冷藏及防止暴露于空气中的食品中维生素 C 破坏缓慢。因此食物在加碱处理、加水烹调或者长期暴露于空气中时维生素 C 损失很多；相对地在酸性或者冷藏，杜绝氧的情况下维生素 C 损失较少。

（2）吸收与代谢

从食物中进入人体的维生素 C 在小肠被吸收，绝大多数为主动转运，只有少部分被动扩散吸收的。维生素 C 的吸收量与其摄入量有关。吸收后的维生素 C 很快就分布到体内所有的水溶性结构之中，其中以肾上腺、脑垂体、肝脏、肾脏、心肌、胰腺等组织含量较高。

维生素 C 经肾重吸收和排泄，汗液、粪便中也排出少量。尿中排出量常受摄入量、体内储存量以及肾功能的制约。当大量维生素 C 摄入而体内维生素 C 代谢池达饱和时，尿中排泄量与摄入量呈正相关；当血液中维生素 C 浓度较低时，肾小管中细胞主动地再吸收维生素 C，以减少其从尿中排出。反之，血液中的维生素 C 浓度增高时，如维生素 C 浓度 >1.4 mg/L，由于肾小管细胞的重吸收达到了它的极限，而不再吸收，尿中排出量急剧的增加。维生素 C 从尿中排出除了还原型之外，还有多种代谢产物，如二酮古乐糖酸、草酸盐、α-硫酸酯、2-0-甲基抗坏血酸等。

（3）生理功能

①利于胶原蛋白的合成。胶原蛋白的合成需要维生素 C 参加，所以维生素 C 缺乏，胶原蛋白不能正常合成，导致细胞连接障碍。人体由细胞组成，细胞靠细胞间质把它们联系起来，细胞间质的关键成分是胶原蛋白。胶原蛋白占身体蛋白质的 1/3，生成结缔组织，构成身体骨架。如骨骼、血管、韧带等，决定了皮肤的弹性，保护大脑，并且有助于人体创伤的愈合。

②抗坏血病。血管壁的强度和维生素 C 有很大关系。微血管是所有血管中最细小的，管壁可能只有一个细胞的厚度，其强度、弹性是由负责连接细胞具有凝胶作用的胶原蛋白所决定。当体内维生素 C 不足，微血管容易破裂，血液流到邻近组织。这种情况在皮肤表面发生，则产生淤血、紫癜；在体内发生则引起疼痛和关节胀痛。严重情况在胃、肠道、鼻、肾脏及骨膜下面均可有出血现象，乃至死亡。

③抗牙龈萎缩、出血。健康的牙床紧紧包住每一颗牙齿。牙龈是软组织，当缺乏蛋白质、钙、维生素 C 时易产生牙龈萎缩、出血。

④预防动脉粥样硬化。可促进胆固醇的排泄,防止胆固醇在动脉内壁沉积,甚至可以使沉积的粥样斑块溶解。

⑤维生素 C 是一种水溶性的强有力的抗氧化剂。可以保护其他抗氧化剂,如维生素 A、维生素 E、不饱和脂肪酸,防止自由基对人体的伤害。

⑥治疗贫血。使难以吸收利用的三价铁还原成二价铁,促进肠道对铁的吸收,提高肝脏对铁的利用率,有助于治疗缺铁性贫血。

⑦防癌。丰富的胶原蛋白有助于防止癌细胞的扩散;维生素 C 的抗氧化作用可以抵御自由基对细胞的伤害防止细胞的变异;阻断亚硝酸盐和仲胺形成强致癌物亚硝胺。曾有人对因癌症死亡病人解剖发现病人体内的维生素 C 含量几乎为零。

⑧保护细胞、解毒,保护肝脏。在人的生命活动中,保证细胞的完整性和代谢的正常进行至关重要。为此,谷胱甘肽和酶起着重要作用。

(4)维生素 C 缺乏与过量

因为维生素 C 不能在体内中合成,因此必须从膳食中获得维生素 C。一旦膳食中维生素 C 无法满足自身需求时,则会导致维生素 C 缺乏,即维生素缺乏病的发生。早期的症状为疲劳和嗜睡,皮肤出现小瘀点或瘀斑,伤口愈合不良,幼儿骨骼发育异常;还可发生轻度贫血。严重的患者可发生精神异常,包括多疑症、抑郁症和癔症。重症维生素 C 缺乏可出现内脏出血而危及生命。

维生素 C 虽然较易缺乏,但也不能过量补充。过量的维生素 C 对人体具有副作用,如恶心、腹部不适、腹泻、破坏红细胞。

(5)食物来源

维生素 C 的主要食物来源是新鲜蔬菜与水果(表 5-7)。蔬菜中,辣椒、茼蒿、苦瓜、豆角、菠菜、马铃薯、韭菜等中含量丰富;水果中,酸枣、鲜枣、草莓、柑橘、柠檬等中含量最多;在动物的内脏中也含有少量的维生素 C。

表 5-7　维生素 C 含量较丰富的常见食物(100 g 可食部分)　　　　　　　　mg

食物名称	含量	食物名称	含量
鲜枣	243	辣椒(红、小)	144
干大蒜	79	蜜枣	104
白萝卜缨	77	青椒	72
番石榴	78	猕猴桃	62
辣椒	62	花菜	61
苦瓜	56	油菜	54
芥蓝	51	山里红	53
西蓝花	51	大白菜	47
草莓	47	葡萄	25

5.2.3.7　生物素

(1)理化性质

生物素(biotin)也称维生素 H、维生素 B_7、辅酶 R。生物素为无色、无臭的结晶物,极易溶于热水中,在冷水中仅轻度溶解。生物素的干粉形式相当稳定,但在溶液中不稳定,可为强酸、强碱和氧化剂所破坏,在紫外光照射下可逐渐被分解破坏。

(2)缺乏症

生物素临床缺乏症状主要有皮肤干燥、脱屑、头发变脆等;大多数成年患者有抑郁、肌肉疼痛、幻觉和极端的感觉异常等精神症状。

(3)食物来源

生物素以游离形式或与蛋白质结合的形式广泛分布于动植物食物中。在水果、蔬菜、乳类中为游离形式,在肉类、蛋黄、植物种子和酵母中部分是与蛋白质结合的形式。生物素含量相对丰富的食物有奶类、蛋类、酵母、肝脏及绿叶蔬菜。

思考题

1. 名词解释:矿物质、微量元素、维生素。

2. 问答题

(1)常量元素在体内有哪些主要的生理功能?

(2)食物中的铁可分为哪几类? 它们是怎样被吸收的? 铁在吸收时受到哪些因素的影响?

(3)什么是维生素? 它们有哪些共同特点?

(4)维生素种类有什么? 水溶性维生素和脂溶性维生素有什么区别?

(5)从所学知识来考虑,人为什么多晒太阳?

3. 案例分析

在媒体上经常可见到有关中国人缺钙、补钙的广告,通过对本章的学习,试述你对此的看法。

CHAPTER 6

第6章
其他功能成分

【学习目的和要求】

1. 理解膳食纤维的概念，生理功能和食物来源。
2. 了解植物多酚、植物甾醇、γ-氨基丁酸的基本概念和生理功能。

【学习重点】

膳食纤维、植物多酚、植物甾醇、γ-氨基丁酸的生理功能。

【学习难点】

膳食纤维的生理功能。

Food Nutrition

引例

到底怎么吃才更健康？

《柳叶刀》新近发表的这项研究追踪了全球 195 个国家、从 1990 年到 2017 年的 15 种饮食因素的摄入量趋势，分析了世界各国因为饮食结构而导致的死亡率和疾病发生率。结果显示，全球近 20％ 的死亡案例是因为饮食不健康导致的，在中国，这个比例更高。

从《柳叶刀》此次发布的数据来看，中国人的饮食结构主要有三大问题：盐吃太多，杂粮和水果吃得太少。

1. 钠摄入太多

食盐是食物中钠的主要来源。《中国居民膳食指南（2016）》推荐每日摄入盐少于 6 g，但从最近几年我国的调查来看，我们每日摄入盐的平均量都在 10 g 左右，远远超过了推荐量。大量的研究发现，钠摄入过多会增加高血压、脑卒中等心脑血管病以及胃癌的发病风险。需要注意的是，钠的来源除了食盐，味精、鸡精、酱油、腐乳等调味品及话梅、薯片等加工食品中的"隐藏钠"也是钠的重要来源。

2. 全谷物吃得太少

全谷物是指未经精细加工，或虽经碾磨、粉碎、压片等处理，仍保留胚乳、胚芽、谷皮及天然营养成分的谷物。我们平时吃的主食大部分都是精制谷物，白米饭、白馒头、面条等等都是我们最常吃的主食。精制加工会使谷物丢失大量营养，而且经过精制加工后的谷物几乎只有淀粉、没有膳食纤维，吃下去后消化速度也很快，非常不利于血糖和体重的控制。和精制谷物相比，全谷物含有更多膳食纤维、维生素、矿物质及植物化学物，多吃全谷物可降低结直肠癌、Ⅱ型糖尿病、心血管病等慢性病的发病风险。

3. 水果吃得太少

水果富含膳食纤维、维生素、矿物质和多种植物活性物质。研究发现，增加水果摄入可降低心血管病和食管癌、结直肠癌等多种癌症的发病风险。早在 2002 年，世界卫生组织发布的《世界卫生报告》中就将水果摄入过少列为十大死亡高危因素之一。遗憾的是，我们国家人均的水果摄入量偏低，平均每人每天不到 50 g，而我国膳食指南推荐我们每天吃 200～350 g 的水果。

6.1 膳食纤维

要点 1 膳食纤维

- 膳食纤维的主要特性
- 膳食纤维的营养学意义
- 膳食纤维的来源与参考摄入量

膳食纤维作为一类生物大分子物质,具有特殊的生理功能,在肥胖症等疾病的预防与治疗过程中发挥着重要作用,甚至被誉为继蛋白质、碳水化合物、脂肪、维生素、矿物质与水之后的第七大营养物质,其对机体的更多益处正在不断被发现。此外,膳食纤维摄入不足可能会导致肥胖症、动脉粥样硬化、高血压、高血糖、冠心病等心血管疾病和便秘、结肠癌等常见疾病,因而,膳食纤维在食品和保健品中的应用推广已得到越来越多的认可。

6.1.1 概述

1953年,Hipsley首次提出膳食纤维(Dietary Fiber,DF)的概念,认为膳食纤维是由植物细胞壁所组成的不易消化部分,包括纤维素、半纤维素和木质素。此后,美国谷物化学学会(AACC)成立的膳食纤维专门委员会在2001年指出,膳食纤维是指在小肠中不被消化酶消化利用,但在大肠中可被某些微生物发酵的可食的碳水化合物及类似物总称,如葡聚糖、木质素、纤维素、果胶蜡质、抗性淀粉和糊精等。膳食纤维分类见表6-1。

表6-1 膳食纤维的分类

溶解性	来源	分类	成分
可溶性膳食纤维(soluble dietary fiber,SDF)	植物类	果胶	半乳糖
		种子胶	半乳糖
		海藻多糖	半乳聚糖、半乳甘露聚糖
		阿拉伯树胶	葡萄糖阿拉伯半乳糖
	动物类	黄原胶	黄原胶
		占吨酸	甘露胶、葡萄糖醛内脂酸
	人工合成	海藻酸类	海藻酸PC酯
		纤维素类	羧甲基纤维素
不溶性膳食纤维(insoluble dietary fiber,IDF)	植物类	纤维素	葡聚糖
		半纤维素	葡萄甘露糖、脱水糖
		原果胶	半乳糖、半乳聚糖
		木质素	苯基内醛缩合物
	动物类	软骨类多糖	黏性多糖

6.1.1.1 膳食纤维的主要特性

(1)吸水作用。膳食纤维有很强的吸水能力或与水结合的能力。此作用可使肠道中粪便的体积增大,加快其转运速度,减少其中有害物质接触肠壁的时间。

(2)黏滞作用。一些膳食纤维具有很强的黏滞性,能形成黏液型溶液,包括果胶、树胶、海藻多糖等。

(3)结合有机化合物作用。膳食纤维具有结合胆酸和胆固醇的作用。

(4)阳离子交换作用。其作用与糖醛酸的羧基有关,可在胃肠内结合无机盐,如钾、钠、铁等阳离子形成膳食纤维复合物,影响其吸收。

(5)细菌发酵作用。膳食纤维在肠道易被细菌酵解,其中可溶性纤维可完全被细菌酵解,而不溶性膳食纤维则不易被酵解。而酵解后产生的短链脂肪酸如乙脂酸、丙脂酸和丁脂

酸均可作为肠道细胞和细菌的能量来源。促进肠道蠕动,减少胀气,改善便秘。

6.1.2 营养学意义

(1)控制血糖。膳食纤维能有效预防糖尿病,其含有的果胶可延长食物在肠内的停留时间,延缓淀粉等可消化糖类物质的消化过程,避免餐后血糖迅速增加,从而维持血糖的平衡和稳定。此外,食用膳食纤维可使机体对胰岛素敏感性增强,增高机体对葡萄糖耐受能力,一定程度降低糖尿病早期患者对胰岛素和口服降糖药的需求,发挥预防和治疗糖尿病的作用。

(2)降低血脂。膳食纤维降血脂的功能主要是通过其中部分成分能与胆固醇或胆汁酸结合,促进胆固醇或胆汁酸直接从粪便中排出而实现。膳食纤维作为亲水性较高的生物大分子,在肠道内能大量吸收水分,稀释肠道中的内容物,如胆固醇和胆汁酸,从而有利于肠道益生菌生长繁殖。肠道益生菌在繁殖过程中,可利用与转化胆固醇,使其经粪便排出,从而有助于预防高脂血症。

(3)预防肠癌与便秘。膳食纤维在消化吸收过程中,与肠道内的食物残渣共同被微生物发酵。膳食纤维借助吸附、螯合等作用可吸收有毒代谢产物,减轻其对肠壁的刺激,从而减少结肠癌等疾病的发生。其化学结构中含有较多亲水性良好的极性基团,具有持水性,可经细菌发酵,直接获得较高含水量,软化粪便,增加人体排便次数,防止便秘,甚至起到导泻作用,维持肠道清洁,预防并减少胃肠道疾病的发生。

(4)改善肠道菌群。肠道菌群的失调,可引起多种慢性疾病,如肥胖、糖尿病肠、高血压、冠心病等。膳食纤维能有效促进肠道中的益生菌增殖,并具有保护肠道屏障功能,起到预防慢性疾病的作用。膳食纤维经大肠中的菌群发酵后,产生大量的短链脂肪酸,如乙酸、乳酸,从而一定程度改变肠道 pH,改善益生菌生长环境,促进其繁殖扩大。益生菌群扩大的同时,腐生菌的繁殖受到抑制,进而可防止肠道黏膜萎缩,维持肠黏膜的屏障功能。

(5)控制体重。膳食纤维(DF)作为一类含有较多极性基团的生物大分子,具有较强的吸水溶胀性能,遇水后体积和重量增加可达 10~15 倍,对肠道产生充积作用。食用后,DF可逐步填充胃部,延长消化过程,延缓胃排空时间,增加饱腹感,进而降低热量摄取。同时,DF 还可减少小肠对脂类物质的吸收,促进其排出,通过此途径可起到控制和降低膳食总能量的作用,避免体内热能过剩导致脂肪过度积累,从而达到控制体重和减肥的效果。

(6)调节机体免疫。从菇类、灵芝等提取的膳食纤维中的多糖成分可以增加人体巨噬细胞的数量,从而刺激抗体的产生,提高免疫能力,研究发现黄芪多糖可从多层面发挥免疫增强作用,可直接影响细胞内的物质代谢,诱导机体细胞产生相关的体液因子;不仅能增强机体的特异性免疫,而且还能增强机体的非特异性免疫。燕麦膳食纤维中 β 葡聚糖含量较多,而 β-葡聚糖不仅是降血糖、降血脂和预防心血管疾病的有效成分,还能激活巨吞噬细胞,提高免疫力。

6.1.3 来源与参考摄入量

(1)来源。食物中膳食纤维来源于谷、薯、豆类及蔬菜、水果等植物性食品。米谷类:含丰富纤维素,可促进结肠蠕动,增加肠道正常细菌数目,帮助食物的消化吸收。供给人体细胞活动必需的热量和部分蛋白质,还能提供以 B 族维生素为主的各种维生素。对于便秘的病人,在大米、小麦的基础上可搭配麸谷类食物,如燕麦、玉米等。菜蔬类及含较多纤维素的有菌藻类(海带)、芝麻、豆类等。蔬菜中纤维量较高的依次为蒜苗、金针菜、茭白、苦瓜、韭菜、冬笋、西兰花、菠菜、芹菜、空心菜、丝瓜、藕、莴笋等。瓜果类:瓜果类中纤维素含量较高的依次为枣子、柿子、葡萄、鸭梨、苹果、香蕉等。薯类:薯类食品包括甘薯、芋头、马铃薯、山药、荸荠等。

(2)参考摄入量。中国营养学会推荐成人每天摄入膳食纤维 25～30 g。少年儿童对其他营养素需求量大,为避免过多的膳食纤维引起营养消化吸收障碍,一般要比成人少摄入一些。2 岁以上少年儿童膳食纤维的摄入量约为年龄加 5 g 比较合适。对于膳食纤维的可耐受最高摄入量我国目前尚未制定相关标准,但有研究发现,膳食纤维摄入量过多,如每天70 g 以上就会引起胃肠胀气,而且还会影响其他营养素、糖类的吸收,因此,膳食纤维的摄入量应该合理。

6.2 植物多酚

要点 2 植物多酚
· 植物多酚的营养学意义
· 植物多酚的来源与参考摄入量

6.2.1 概述

植物多酚是具有苯环并结合多个羟基化学结构的物质总称,主要通过莽草酸和丙二酸途径合成,是植物体内重要的次生代谢产物,是果蔬感官品质和营养品质的主要决定因素,对植物的生长发育和调节、基因的诱导表达、信号传导等都有一定的影响。植物多酚的研究历史悠久,已被证实具有较强的抗氧化作用,能有效预防高血糖、高血脂、心脑血管等慢性疾病,还具有降低癌症风险以及抵抗神经性疾病。近年来天然来源的植物多酚类物质因具有显著的抗氧化作用,常被作为抗氧化剂、抑菌剂、防腐剂等广泛应用于食品、药品、营养保健品等众多领域。

根据多酚分子量大小及结构的不同,将其分为两大类。一类是多酚的单体,即非聚合物,包括各种黄酮类化合物(包括黄酮、异黄酮、黄酮醇、黄烷酮、黄烷醇、黄烷酮醇、花色素苷、查耳酮等)、绿原酸类、没食子酸和鞣花酸,也包括一些连接有糖苷基的复合类多酚化合物(如芸香苷等)。另一类则是由单体聚合而成的低聚或多聚体,统称单宁类物质,包括缩合型单宁中的原花色素和水解型单宁中的没食子单宁和鞣花单宁等。

6.2.2 营养学意义

(1)抗氧化能力。植物单宁的抗氧化性与其含有大量的酚羟基有关。一方面,酚羟基作为氢供体对多种活性氧自由基具有清除作用,阻断自由基氧化的链式反应,表现出抗氧化活

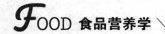

性;其次,多酚的邻位二酚羟基可以与金属离子螯合,减少金属离子对氧化反应的催化;再者,对于有氧化酶存在的体系,多酚对其有显著的抑制能力;植物多酚还能与维生素 C 和维生素 E 等抗氧化剂产生协同效应,具有增效剂的作用。单宁的抗氧化性体现在两方面,一方面通过还原反应降低环境中的氧含量,另一方面作为氢供体释放出氢与环境中的自由基结合,中止自由基引发的连锁反应,从而阻止氧化过程的继续进行。

(2)预防心血管病发生的能力。植物多酚可以通过调整血液中多种指标的水平(如降血脂、抑制低密度脂蛋白的氧化等),石榴皮多酚具有降低血脂和肝脂的作用。植物多酚类物质能抑制血小板的聚集和粘连,可以抑制脂新陈代谢中的酶作用,并能诱导血管等的舒张,达到对心脑血管疾病的防治作用,从而可以防止中风、抗血栓病、治疗糖尿病及动脉粥状硬化等疾病的发生。多酚类物质可加强免疫细胞功能,起到消炎作用,从而减少心血管疾病的发生。

(3)抗癌作用。大量的流行病学研究及动物试验都证明多酚类物质可以阻止和抑制癌症的发生。多酚的抗癌作用是多方面的,可以对癌变的不同阶段进行相应的抑制,同时它也是有效的抗诱变剂,能减少诱变剂的致癌作用,提高染色体精确修复能力,从而提高体细胞的免疫力,抑制肿瘤细胞的生长。已有研究证明,绿茶、花茶、乌龙茶均有抗癌作用,这是由于茶叶中的茶多酚可以阻断亚硝酸盐等多种致癌物质在体内合成,并具有直接杀伤癌细胞的功效,对胃癌、肠癌等多种癌症的预防和辅助治疗均有裨益。长期饮用,能够减少癌症和肿瘤的发病率。

(4)抑菌消炎、抗病毒作用。植物多酚对多种细菌、真菌、酵母菌都有明显的抑制作用,而且在一定的抑制浓度下不影响动植物体细胞的正常生长。如茶多酚可作为胃炎和溃疡药物成分,抑制幽门螺杆菌的生长;纯化的柿子单宁可以抑制破伤风杆菌、白喉菌、葡萄球菌等病菌的生长。体外试验证明,茶多酚对痢疾杆菌、伤寒杆菌、金黄色葡萄球菌均有很强的抑制作用,其机理在于茶多酚的氧化产物与菌体蛋白质结合导致细菌死亡,使细菌数量大量减少。

(5)提高免疫功能。国内外的大量研究资料证明,茶多酚可全面增强人体的免疫功能,具体表现在:全面增加免疫细胞的数量,包括淋巴细胞系(特指 T 淋巴细胞和 B 淋巴细胞)、单核吞噬细胞系(特指巨噬细胞)、合粒细胞系的细胞数量;激活免疫细胞的活性,促使吞噬性能明显提高;体液免疫明显增强等。

6.2.3　来源与参考摄入量

多酚在茶叶、巧克力、咖啡、葡萄酒、蔬菜及水果中的含量十分丰富,其较强抗氧化能力已被证实。根据多酚在食物中的结构不同,分为类黄酮和非类黄酮两大类。类黄酮是最具有代表性的多酚类物质,主要包括黄酮类、黄烷酮类、黄烷三醇类等;非类黄酮主要包括了酚酸类和芪类。动物不能合成类黄酮。类黄酮广泛存在于蔬菜、水果、谷物等植物中,并多分布于植物的外皮器官,即接受阳光多的部位。其含量随植物种类不同而异,一般叶菜类果实中含量较高,根茎类含量较低。水果中的柑橘、柠檬、杏、樱桃、木瓜、李、越橘、葡萄、葡萄柚、蔬菜中的花茎甘蓝、青椒、莴苣、洋葱、番茄及饮料植物中的茶叶、咖啡、可可等含量较高。果酒和啤酒也是人们获取生物类黄酮的重要来源。

6.2.4　几种常见的植物多酚及理化性质

（1）茶多酚。茶叶最早是当作药物利用的，现代科学研究也证实了茶叶的药用功能。茶多酚是从茶叶中分离提取出来的多酚类化合物的复合体，含量很高，大约占茶叶干重的 25％ 左右，尤以绿茶含量最高（约为 30％），主要以儿茶素为主。长期的研究结果表明，茶多酚具有降血脂、抗衰老、降血压、降血糖、防辐射、抗过敏、消炎灭菌、抗癌、抗突变等功效。因此，茶多酚在医药、饮料、食品、保健等行业中有着广泛的用途。

（2）葡萄多酚。葡萄多酚是葡萄中主要的活性物质之一，存在于葡萄皮和葡萄籽中。葡萄果皮中的多酚主要为花色素类、黄酮以及白藜芦醇等，葡萄籽中的主要酚类物质为原花青素、儿茶素类、槲皮苷、单宁等。在众多的植物多酚中，以葡萄多酚的清除自由基的能力最强，其抗氧化能力为维生素 E 的 50 倍，为维生素 C 的 20 倍左右。葡萄多酚还表现出强烈的抗氧化、防治冠心病、防癌抗癌、抗疲劳、抗炎、抗突变、降低血清胆固醇等生物活性，并能有效保护正常细胞不受损伤。白藜芦醇是葡萄多酚中很重要的一种具有抗癌活性物质，主要存在于葡萄皮中。因此，葡萄多酚在医药、食品、保健品和化妆品领域都有广阔的应用前景。

（3）苹果多酚。苹果中富含维生素、矿物质、黄酮类、酚类等多种生物活性物质，能够预防多种疾病的发生，包括抗氧化、抗腹泻、抗癌、抗突变、防辐射、降血压、清除自由基及促进毛发生长等多种功效。

6.3　植物甾醇

要点3　植物甾醇
- 植物甾醇的营养学意义
- 植物甾醇的来源与参考摄入量

6.3.1　概述

人体胆固醇有内源性和外源性，外源性胆固醇是通过摄取动物性食物获得。适量的胆固醇对细胞膜通透性、细胞正常代谢、维持大脑细胞或神经元之间的通讯传导以及人体甾体激素合成等，起非常重要的作用。食物中植物甾醇，广泛存在于蔬菜、水果等各种植物性食物的根、茎、叶、果实和种子细胞中，主要包括 β-谷甾醇、豆甾醇、菜籽甾醇、菜油甾醇等，是人体不能合成的。因其化学结构与胆固醇细微差异，使其在人的生命活动中，具有很多胆固醇所没有的、有利人体健康的生理活性与药理作用，如抗氧化、抗衰老、调节人体甾体激素、抑制肿瘤、降血脂、抗菌消炎、抗溃疡、抗动脉粥样硬化、抗神经性退化等。

植物甾醇化学结构及其生理活性植物甾醇化学结构与胆固醇类似，都含有氢化程度不同 1,2-环戊烷并菲甾核，归属于四环三萜类天然产物，C-3 位连接有羟基，多数甾醇 C-5 位有双键，C-17 有由 8～10 个碳原子构成的侧链。

6.3.2 营养学意义

（1）抗炎症作用。植物甾醇对人体具有较强的抗炎作用，具有能够抑制人体对胆固醇的吸收、促进胆固醇的降解代谢、抑制胆固醇的生化合成等作用。

（2）预防心血管疾病。用于预防治疗冠状动脉粥样硬化类的心脏病，对治疗溃疡、皮肤鳞癌、宫颈癌等有明显的疗效；可促进伤口愈合，使肌肉增生、增强毛细血管循环；还可作为胆结石形成的阻止剂。

（3）植物甾醇还是重要的甾体药物和维生素 D_3 的生产原料。

（4）植物甾醇对皮肤具有很高的渗透性。可以保持皮肤表面水分，促进皮肤新陈代谢、抑制皮肤炎症，可防日晒红斑、皮肤老化，还有生发、养发之功效。

6.3.3 来源与参考摄入量

中国人以植物性食物为主，植物中除含丰富的人体生命活动所需碳水化合物、脂肪、蛋白质、维生素、无机盐等营养外，高含量植物甾醇等活性成分，可以抑制与预防疾病、促进人体健康。植物甾醇主要的食物来源包括：

（1）植物油类。玉米胚芽油、大豆油、花生油、菜籽油、芝麻油等均含有植物甾醇，其中玉米胚芽油中植物甾醇含量最高，总含量超过了 1 000 mg/100 g，其次是菜籽油和芝麻油。多数植物油中以 β-谷甾醇为主，其含量在 56.4%～81.2% 之间。

（2）谷类。胚芽、麸皮和胚乳中含量最高。小麦面粉中植物甾醇含量在 47～86 mg/100 g 之间，β-谷甾醇占总甾醇的 50% 以上。加工越精细，植物甾醇含量越低。

（3）豆类。豆类植物中甾醇的含量比谷类稍高，各甾醇所占的比例接近。

（4）蔬菜类。按鲜重计，莜麦菜、豇豆、大葱、胡萝卜、香菜等蔬菜中植物甾醇含量较高，总含量为 18.17～31.15 mg/100 g。另有文献报道，西兰花、花椰菜、莴苣等植物甾醇含量达 50 mg/100 g。

（5）水果类。橙、橘子、杧果、山楂等水果中植物甾醇含量较高，总含量超过 20 mg/100 g。

（6）薯类。马铃薯和甘薯是我国居民膳食中的主要薯类，植物甾醇含量平均值为 8.43 mg/100 g。

（7）坚果和种子类。开心果、黑芝麻、核桃仁、葵花籽、松子、腰果、花生、杏仁等，植物甾醇含量较高，总含量在 156.81～481.70 mg/100 g 之间，以 β-谷甾醇为主。

（8）其他类。我国保健食品较常见的 40 多种中草药，如柏子仁、杜仲、女贞子、桑白皮、车前子等均含较高的植物甾醇，总量均超过 200 mg/100 g，大部分以 β-谷甾醇为主。

每日摄入 1.5～2.4 g 的植物甾醇可减少膳食中胆固醇吸收 30%～60%，平均降低血液 LDL-C 水平 10%～11%。2009 年美国食品与药品监督管理局（FDA）发布的健康声称（Health Claims）中提到每日最少摄入量为 1.3 g 的植物甾醇酯（或 0.8 g 游离甾醇）作为低饱和脂肪和胆固醇膳食的一部分，可以降低心脏病发生危险。我国卫生健康委员会已经批准植物甾醇为新资源食品，包括植物甾烷醇酯，摄入量<5 g/d（孕妇和<5 岁儿童不适宜食用）；植物甾醇，摄入量为≤2.4 g/d（不包括婴幼儿食品）；植物甾醇酯，摄入量≤3.9 g/d（不

包括婴幼儿食品）。现有的证据支持推荐成人摄入植物甾醇降低低密度脂蛋白胆固醇。

6.4 γ-氨基丁酸

要点4 γ-氨基丁酸
- γ-氨基丁酸的营养学意义
- γ-氨基丁酸的来源与参考摄入量

6.4.1 概述

γ-氨基丁酸（γ-aminobutyric acid，GABA），又称哌啶酸、γ-氨酪酸，分子式为 $C_4H_9NO_2$。GABA 通常以非结合态的形式存在，为白色或类白色结晶性粉末，极易溶于水，微溶于乙醇，不溶于常见有机溶剂，等电点 pI＝7.19。在哺乳动物脑中，GABA 在转氨酶的作用下和 α-酮戊二酸发生转氨作用，形成琥珀酸半醛（SSA）和谷氨酸（Glu），然后 SSA 被琥珀酸半醛脱氢酶氧化成琥珀酸的支路，称之为 GABA 支路。GABA 已经作为一种新型的功能性因子应用于食品和药品等行业中。

6.4.2 营养学意义

（1）神经调节作用。医学家已经证明 GABA 是中枢神经系统的抑制性传递物质，其作用是降低神经元活性，防止神经细胞过热，GABA 能结合抗焦虑的脑受体 GABA$_A$ 和 GABA$_B$ 并使之激活，然后与另外一些物质产生协同作用，阻止与焦虑相关的信息抵达脑指示中枢，其作用机制可能是通过表达这些受体的神经元群增强 GABA 的转导来选择性介导的，控制着重要部位中 GABA 介导的输出活动。

（2）血压调节作用。GABA 有舒缓血管、降低血压生理功能，它主要通过调节中枢神经系统，作用于脊髓的血管运动中枢，与突触后有抗扩张血管作用的 GABA$_A$ 受体和对交感神经末梢有突触前抑制作用的 GABA$_B$ 受体结合，有效地促进血管扩张，从而达到降低血压的目的。黄芪等中药的有效降压成分即为 GABA。

（3）对生殖作用的影响。GABA 通过下丘脑-垂体-性腺轴系影响垂体和性腺生理机能，从而参与激素的分泌调节，对卵巢颗粒细胞孕酮的分泌调节随动情期不同而呈现抑制或促进作用，也可以通过多巴胺抑制系统抑制垂体激素黄体生成激素和催乳素的分泌，与孕酮协同作用，能明显促进精子的获能，提高精子的受精能力。

（4）提高脑活力，影响学习记忆。GABA 可以提高葡萄糖磷酸酯酶的活性，增加乙酰胆碱的生成，扩张血管增加血流量，并降低血氨，使脑细胞活动旺盛，可促进脑组织的新陈代谢和恢复脑细胞功能，改善神经机能，提高脑活力。

6.4.3 来源与参考摄入量

γ-氨基丁酸广泛分布于动植物体内。植物如豆属、参属、中草药等的种子、根茎和组织液中都含有 GABA。在动物体内，GABA 几乎只存在于神经组织中，其中脑组织中的含量

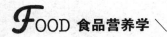

为 0.1～0.6 mg/g 组织,其中浓度最高的区域为大脑中黑质。

? 思考题

1. 名词解释:膳食纤维;植物甾醇

2. 问答题

(1)膳食纤维的生理功能有哪些?

(2)植物多酚、植物甾醇、γ-氨基丁酸的生理功能特点?

3. 案例分析

2018 年,国际学术期刊《细胞》上发表一项研究称,来自美国托莱多大学(University of Toledo)医学和生命科学学院的一支团队发现,服用可溶性膳食纤维的小鼠会出现肝癌。膳食纤维可以分为两种,一种具有可溶性,一种不具有可溶性。前者容易在肠道中被细菌所降解,产生短链脂肪酸等一系列有益于人体的代谢产物;后者则不容易被消化酶降解,更多起到了促进肠道蠕动的作用。论文中主要提到的膳食纤维叫作"菊粉"(inulin),是一种可溶性的膳食纤维。2018 年 6 月,美国 FDA 将它列入了膳食纤维的指南中。在中国,菊粉也被认为是一种健康的膳食纤维,是一种"益生原"。"通常人们认为膳食纤维不管怎么吃都是有益的,但我们的研究颠覆了这个常识",Vijay-Kumar 教授说道:"我们并不是说膳食纤维是有害的。相反,我们想说的是,经过高度处理的可溶性膳食纤维,可能并不是那么安全。在某些个体里,也可能会引起肠道菌群的过度生长和失调。这种细菌带来的异常发酵过程,可能会增加肝癌风险"。根据这个材料,请谈谈你对膳食纤维的看法?

第 7 章
食物的营养价值

【学习目的和要求】

1. 掌握食物营养价值的常用评价指标,各类食物的主要营养成分和营养价值的特点。

2. 熟悉加工、烹调和贮藏对各类食物营养价值的影响;熟悉并理解食物营养价值的相对性。

3. 了解谷物种子的结构及营养成分分布,食物中的抗营养因子。

【学习重点】

1. 食物营养价值的相对性。

2. 各类食物的主要营养成分和营养价值的特点。

3. 加工、烹调和贮藏对各类食物营养价值的影响。

【学习难点】

食物营养价值的相对性。

Food Nutrition

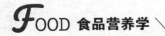
引例

多吃蔬菜能帮助预防癌症和心脏病吗?

营养流行病学调查证实,蔬菜的摄入量与多种癌症的危险呈现负相关,也与心脏病的危险呈负相关。也就是说,蔬菜摄入量大则癌症风险小,也不容易患上心脏病。研究还发现,长期而言,补充维生素和提取的抗氧化成分不能替代吃蔬菜的健康作用。这可能是因为蔬菜中同时含有多种抗氧化成分、多种维生素、钾、镁、膳食纤维等,它们协同作用时最为有效。

一项研究发现,大鼠移植前列腺癌细胞后,饲以不同饲料,22周后,饲喂10%番茄粉加绿菜花粉的一组癌症抑制效果最好,癌细胞的重量下降了52%,几乎与去势处理相当。饲喂绿菜花粉降低癌细胞重量的效果是42%,番茄粉是34%,而饲喂提取出来的番茄红素,仅能使癌细胞重量降低7%。可见,吃含有不同保健成分的多种蔬菜对预防和控制癌症更有帮助。

吸收胡萝卜素一定要用油炒吗?

一项菲律宾进行的研究把小学生分成3个组,一餐中摄入富含胡萝卜素的煮熟蔬菜,但是其中油脂的数量很少,只有每餐2 g、5 g和10 g脂肪。孩子们的每日脂肪总摄入量仅相当于一日能量摄入的12%、17%和24%。同时检测血液中胡萝卜素和维生素A的含量变化。结果发现,各组孩子血液中胡萝卜素和维生素A的含量都增加了,而且增加的幅度并无明显差异。

此前也有文献报道,如果蔬菜能够煮熟,或直接用纯胡萝卜素加入食品当中,那么只需要3~5 g脂肪就可以达到有效促进吸收的效果。可见,要吸收蔬菜中的胡萝卜素,并不需要放很多油进行烹调,也不一定油炒。只要把蔬菜烹熟,少量的油就可以促进胡萝卜素的吸收。但如果蔬菜未经加热软化细胞壁,则胡萝卜素吸收所需的油脂数量会显著提高。

食物是人类赖以生存的物质基础,是各种营养素和有益的生物活性物质的主要来源。根据食物来源可分为两大类,即植物性食物(及其制品)和动物性食物(及其制品)。《中国居民膳食指南(2016)》中将食物分为五大类,第一类为谷薯类,包括谷类(包含全谷物),薯类如马铃薯、甘薯、木薯等;杂豆(红小豆、绿豆、芸豆、花豆等)通常保持整粒状态食用,与全谷物概念相符,且常作为主食的材料,因此把杂豆类与谷薯类归为一类。谷薯类主要提供碳水化合物、蛋白质、膳食纤维、矿物质及B族维生素。第二类为蔬菜和水果类,主要提供膳食纤维、矿物质、维生素及有益健康的植物化学物质。第三类为动物性食物,包括畜、禽、鱼、奶和蛋等,主要提供蛋白质、脂肪、矿物质、维生素A、维生素D和B族维生素。第四类为大豆类和坚果类,大豆类指黄豆、青豆和黑豆;坚果类如花生、核桃、杏仁及葵花籽等。该类食物主要提供蛋白质、脂肪、膳食纤维、矿物质、B族维生素和维生素E。第五类为纯能量食物,包括动植物油、淀粉、食用糖和酒类,主要提供能量。从上述分类可知,不同食物的营养价值不同。

食物的营养价值(nutritional value)是指某种食物所含营养素和能量能满足人体营养需要的程度。食物营养价值的高低不仅取决于其所含营养素的种类是否齐全,数量是否足够,也取决于各种营养素间的相互比例是否适宜以及是否易被人体消化、吸收和利用。食物的产地、品种、气候、加工工艺和烹调方法等很多因素均影响食物的营养价值。

每一种食物都有其独特的营养价值,除母乳对于4~6个月以内婴儿属于营养全面的食物外,没有哪一种食物能够满足人体对所有营养素的需要,因此食物多样,平衡膳食对满足机体的营养需求非常重要。

7.1 食物营养价值的评价及意义

不同种类食物所含有的能量和营养素的种类和数量不同,其营养价值也不同。另外,食物在生产、加工和烹饪过程中其营养素含量也会发生变化,从而改变其营养价值。了解食物营养价值并进行评价对合理膳食具有重要意义。

要点1 食物营养价值的评价及意义
• 评价食物营养价值的常用指标
• 评价食物营养价值的意义

7.1.1 食物营养价值的评价及常用指标

食物营养价值的评价主要从食物所含的能量、营养素的种类及含量、营养素的相互比例、烹调加工的影响等几个方面考虑。另外随着食物中营养素以外活性成分的研究深入,食物中的其他有益活性成分的含量和种类也可以作为食物营养价值评价的依据,如植物性食物中植物化学物的种类和含量。

7.1.1.1 营养素的种类及含量

食物中所提供的营养素种类和含量是评价食物营养价值的重要指标。食物所含营养素不全或某些营养素含量很低,或者营养素相互之间的比例不当,或者不易被人体消化吸收,都会影响食物的营养价值,如谷类食物蛋白质中缺乏赖氨酸,从而使谷类蛋白质的营养价值与肉类比较相对较低;另外,食物品种、部位、产地及成熟程度都会影响食物中营养素的种类和含量。所以当评定食物的营养价值时,首先应对其所含营养素的种类及含量进行分析确定。

7.1.1.2 营养素质量

在评价某种食物的营养价值时所含营养素的质与量同样重要。食物质的优劣主要体现在所含营养素被人体消化吸收利用的程度,消化吸收率和利用率越高其营养价值就越高。如同等重量的蛋白质,因其所含必需氨基酸的种类、数量和比值不同,其促进机体生长发育的效果就会有差别,食物蛋白质必需氨基酸的氨基酸模式越接近人体,该食物蛋白质的营养价值就越高。

在评价各种食物的营养特点时,可以采用营养素密度(nutrient density)这个概念,即食物中某营养素满足人体需要的程度与其能量满足人体需要程度之比值。也可以表述为食物中相应于 1 000 kcal 热能含量的某营养素含量。其计算公式为：

营养素密度＝(一定数量某食物中的某营养素含量/同量该食物中的所含能量)×1 000

评价食物营养质量时要注意的问题是食物中营养素的含量与其营养素密度并非等同。例如,以维生素 B$_2$ 含量而论,炒葵花籽的含量为 0.26 mg/100 g,而全脂牛奶的含量为 0.16 mg/100 g,前者比较高。然而若以维生素 B$_2$ 的营养素密度而论,炒葵花籽为 0.43,而全脂牛奶为 2.96,显然后者更高。这就意味着,设计平衡膳食的时候,如果不希望增加很多能量而希望供应较多的维生素 B$_2$,选择牛奶作为这种维生素的供应来源更为适当。

另一个有关营养素密度的概念是营养质量指数(index of nutrition quality,INQ),是指某食物中营养素能满足人体营养需要的程度(营养素密度)与该食物能满足人体能量需要的程度(能量密度)的比值。INQ 是常用的评价食物营养价值的指标,是在营养素密度的基础上提出来的。其计算方法为：

$$INO=\frac{某营养素密度}{能量密度}=\frac{某营养素含量/该营养素推荐摄入量}{所产生能量/能量推荐摄入量}$$

若 INQ＝1,说明该食物提供营养素和提供能量能力相当,当人们摄入该种食物时,满足能量需要的程度和满足营养素需要的程度是相当的;若 INQ＞1,则表示该食物营养素的供给能力高于能量,当人们摄入该种食物时,满足营养素需要的程度大于满足能量需要的程度;若 INQ＜1 表示该食物中该营养素的供给能力低于能量的供给能力,当人们摄入该种食物时,满足营养素需要的程度小于满足能量需要的程度。一般认为 INQ＞1 和 INQ＝1 的食物营养价值高,INQ＜1 的食物营养价值低,长期摄入 INQ＜1 的食物会发生该营养素不足或能量过剩。INQ 的优点在于它可以根据不同人群的需求来分别进行计算,由于不同人群的能量和营养素参考摄入量不同,所以同一食物由不同的人食用其营养价值是不同的。

以成年男子轻体力劳动的营养素与能量的 DRIs 计算出鸡蛋、大米、大豆中蛋白质、维生素 A、硫胺素和核黄素的 INQ 值,见表 7-1。

表 7-1　鸡蛋、大米、大豆中几种营养素的 INQ

	能量/kcal	蛋白质/g	维生素 A/μg	硫胺素/mg	核黄素/mg
成年男子轻体力劳动参考摄入量	2 250	65	800	1.4	1.4
鸡蛋 100 g	144	13.3	234	0.11	0.27
INQ		3.20	4.57	1.23	3.01
大米 100 g	347	8.0	—	0.22	0.05
INQ		0.08	—	1.02	0.23
大豆 100 g	359	35.0	37	0.41	0.20
INQ		3.37	0.29	1.84	0.90

注:根据杨月成,王光亚,潘兴昌主编《中国食物成分表 2002》数据和《中国居民膳食营养素参考摄入量》(2013 年版)计算。

7.1.1.3　营养素的生物利用率

食物中所存在的营养素往往并非人体直接可以利用的形式,而必须先经过消化、吸收和转化才能发挥其营养作用。所谓营养素的"生物利用率"(bioavailability),是指食品中所含的营养素能够在多大程度上真正在人体代谢中被利用。不同的食品中、不同的加工烹调方式、与不同食物成分同时摄入时,营养素的生物利用率会有很大差别,特别是一些矿物质元素。

影响营养素生物利用率的因素主要包括以下几个方面:

(1)食品的消化率。例如,虾皮、芝麻中富含钙、铁、锌等元素,然而由于牙齿很难将它们彻底嚼碎,其消化率较低,因此其中营养素的生物利用率受到影响。如果打成虾皮粉、芝麻酱,其中营养素的利用率就会提高。

(2)食物中营养素的存在形式。例如,海带中的铁主要以不溶性的三价铁复合物以及与海藻多糖形成的难吸收复合物存在,虽然铁含量较高,但其生物利用率较低;而红色动物性食品如鸡心、鸭肝、牛羊肉中的铁为血红素铁,其生物利用率较高。

(3)食物中营养素与其他食物成分共存的状态,是否有干扰或促进吸收的因素。例如,在菠菜中由于草酸的存在使钙和铁的生物利用率降低,而在牛乳中由于维生素 D 和乳糖的存在促进了钙的吸收。

(4)人体的需要状况与营养素的供应充足程度。在人体生理需求急迫或食物供应不足时,许多营养素的生物利用率提高,反之在供应过量时便降低。例如乳母的钙吸收率比正常人提高,而每天大量服用钙片会导致钙吸收率下降。

7.1.1.4 食物抗氧化能力

随着食物营养研究的深入,食物的抗氧化能力也是评价食物营养价值的重要内容。食物中抗氧化的成分包括食物中存在的抗氧化营养素和植物化学物,前者如维生素 E、维生素 C、硒等,后者如类胡萝卜素、番茄红素、多酚类化合物及花青素等,这些物质进入人体后可以防止体内自由基产生过多并具有清除自由基的能力,从而预防自由基水平或总量过高,有助于增强机体抵抗力和预防营养相关慢性病,所以这类抗氧化营养成分含量高的食物通常被认为营养价值也较高。

7.1.1.5 食物血糖生成指数(glucose index,GI)

不同食物来源的碳水化合物进入机体后,因其消化吸收的速率不同,对血糖水平的影响也不同,可用血糖生成指数来评价食物碳水化合物对血糖的影响,评价食物碳水化合物的营养价值,进而从另一侧面反映食物营养价值的高低。食物血糖生成指数低的食物具有预防超重和肥胖进而预防营养相关慢性病的作用,从这个角度,可以认为食物血糖生成指数低的食物营养价值较高。

7.1.1.6 食物中的抗营养因子

有些食物中存在有抗营养因子,如植物性食物中所含的植酸、草酸等可影响矿物质的吸收,大豆中含有蛋白酶抑制剂及植物红细胞凝血素等,所以在进行食物营养价值评价的时候,还要考虑这些抗营养因子的存在。

7.1.2 评价食物营养价值的意义

对食物的营养价值进行评价具有重要意义:

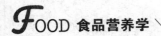

（1）全面了解各种食物的天然组成成分，包括所含营养素种类、生物活性成分及抗营养因子等；发现各种食物的主要缺陷，为改造或开发新食品提供依据，解决抗营养因子问题，以充分利用食物资源。

（2）了解在食物加工过程中食物营养素的变化和损失，采取相应的有效措施，最大限度保存食物中的营养素。

（3）指导人们科学选购食物及合理配制平衡膳食，以达到促进健康、增强体质、延年益寿及预防疾病的目的。

7.1.3　食物营养价值的相对性

食物的营养价值并非绝对，而是相对的，不能以一或两种营养素的含量来决定，而必须看它在膳食整体中对营养平衡的贡献。除了 4～6 个月内的婴儿可以单纯靠母乳健康生存之外，一种食物，无论其中某些营养素含量如何丰富，也不能代替由多种食物组成的营养平衡的膳食。

食物营养价值的相对性主要体现在以下几个方面：

（1）一种食物的营养素含量不是绝对的。不仅不同种食物中能量和营养素的含量不同，同一种食物的不同品种、不同部位、不同产地、不同成熟程度、不同栽培方式之间也有相当大的差别。因此，食物成分表中的营养素含量，只是这种食物的一个代表值。食物的营养价值也受贮存、加工和烹调的影响。有些食物经过加工精制后会损失原有的营养成分，也有些食物经过加工烹调后提高了营养素的吸收利用率，或经过营养强化、营养调配而改善了营养价值。

（2）食物营养的评价会随着膳食模式的改变而变化。通常被称为"营养价值高"的食物，往往是指多数人容易缺乏的那些营养素含量较高，或多种营养素都比较丰富的食物。随着经济发展和膳食模式的变化，人们所缺乏和过剩的营养素也随之变化。因而，对食物营养的评价也会因时代变迁而变化。例如，在缺乏蛋白质的贫困时代，人们认为富含蛋白质的鸡鸭鱼肉营养价值高；而在蛋白质供应充足，而糖尿病、心脑血管病为主要疾病的时代，人们认为能量低、脂肪少、抗氧化物质丰富的绿叶蔬菜营养价值高。

（3）食物的营养价值与人的生理状态有关。每一种食物都有自己的营养素组成特色。即便是同一种食物，不同生理状态的人对它的评价却因人而异。对某种营养素存在缺乏的人，提供富含这种营养素的食物能够改善其健康状态；而对这种营养素已经摄入过多，或因疾病原因需要限制这种营养素的人来说，提供同一种食物却可能会对健康造成损害。例如，对缺铁性贫血的人来说，富含血红素铁的牛羊肉是有利健康的食物；而对高血压、冠心病的人来说，过多红色肉类则不利于疾病的预防和控制。

最后需要理解的是，食物除了满足人的营养需要之外，尚有社会、经济、文化、心理等方面的意义。消费者对食物的购买和选择动力，除了营养价值之外，还取决于价格高低、口味嗜好、传统观念和心理需要等多种因素。因此，正确的食物选择需要充分的知识和明智的理性。

每种食物各有其营养特点，只有多种多样的食物才能做到营养平衡，了解各类食物的营养价值是选择食物并搭配出平衡膳食的关键。食物的营养价值除了受到食物种类的影响外,在很大程度上还受到食物的加工、烹调以及储藏的影响。食物经过烹调、加工可改善其感官性状,增加风味,去除或破坏食物中的一些抗营养因子,提高其消化吸收率,延长保质期,但同时也可使部分营养素受到破坏和损失,从而降低食物的营养价值。因此应采用合理的加工、烹调、储藏方法,最大限度地保存食物中的营养素,以提高食物的营养价值。

7.2　谷类食物的营养价值

> **要点 2　谷类食物的营养价值**
> • 谷类的营养成分及特点
> • 谷类食品的营养价值
> • 加工、烹调和储藏对谷类营养价值的影响

7.2.1　谷类结构和营养素分布

谷类食物主要包括小麦、大米、玉米、小米及高粱等。我国居民膳食以大米和面粉为主,称之为主食。我国居民膳食中,谷类食物占膳食的构成比例较大,根据《中国居民营养与慢性病状况报告(2020 年)》显示,2015—2017 年我国居民谷类食物平均每标准人日摄入量为 305.8 g,来自谷类的能量占总能量平均为 51.5%,与 2015 年相比,中国居民粮谷类食物摄入总量略有减少,其中城市变化不大,农村下降了 52.2 g。谷类食物也是我国居民膳食蛋白质和一些矿物质及 B 族维生素的重要来源。

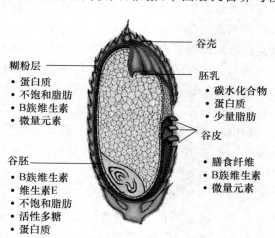

图 7-1　稻谷结构及成分图

谷粒由谷皮、糊粉层、胚乳和胚四个部分构成。实际谷皮外面还有种皮和谷壳,但进食前会先脱壳食用。尽管各种谷类种子形态大小不一,但结构相似,最外层为谷皮(有内颖、外颖、护颖、芒和小穗轴结构),起保护谷粒的作用,谷皮内为糊粉层(aleurone layer),再内为胚乳和位于一端的胚。以稻谷为例,结构图见图 7-1。各种营养成分在谷粒中的分布不均匀(表 7-2)。

表 7-2　小麦粒主要部分的重量和营养素占全粒的比例　　　　　%

	重量	蛋白质	硫胺素	核黄素	烟酸	泛酸	吡哆醇
谷皮	13～15	19	33	42	86	50	73
谷胚	2～3	8	64	26	2	7	21
胚乳	83	70～75	3	32	12	43	6

(1)谷皮。为谷粒外面的多层被膜,约占谷粒重量的6%,主要由纤维素、半纤维素等组成,含较高的矿物质和脂肪。

(2)糊粉层。糊粉层介于谷皮与胚乳之间,占谷粒重量的6%~7%,含丰富蛋白质、脂肪、矿物质和B族维生素,但在碾磨加工时,易与谷皮同时混入糠麸中丢失,使营养价值降低。

(3)胚乳。胚乳是谷类的主要部分,占谷粒总重的83%~87%,含大量淀粉和一定量的蛋白质,还含有少量的脂肪、矿物质和维生素。

(4)胚。位于谷粒一端,包括盾片、胚芽、胚轴和胚根四部分。胚芽富含脂肪,所以胚芽可以用于加工胚芽油。胚芽还富含蛋白质、矿物质、B族维生素和维生素E。胚芽柔软且韧性强,不易粉碎,在加工过程中易与胚乳脱离,与糊粉层一起混入糠麸,所以精加工谷类常因缺失胚芽造成营养价值降低。

7.2.2 谷类的营养成分及特点

谷类食物中的营养素种类和含量因谷物的种类、品种、产地、施肥以及加工方法的不同而有差异。

(1)蛋白质。谷类蛋白质含量一般在7%~16%之间,品种间有较大差异。例如,稻米的蛋白质含量为6%~9%,小麦则多为8%~13%,燕麦可达13%~17%。根据溶解度不同,可将谷类蛋白分为四类:即清蛋白(albumin,溶于水或稀盐缓冲液)、球蛋白(globulin,溶于稀盐溶液)、醇溶蛋白(gliadin,溶于70%~80%的乙醇中)、谷蛋白(glutelin,溶于稀酸和稀碱溶液),其中醇溶蛋白和谷蛋白是谷类丰富的蛋白质。小麦的谷蛋白和醇溶蛋白具有吸水膨胀性,可形成具有可塑性和延展性的面筋质网状结构,适宜于制作成各种面点。

谷类蛋白质一般所含的必需氨基酸组成不合理,谷类蛋白质的营养价值低于动物性食物,因其赖氨酸含量低,通常为第一限制氨基酸,有些谷类苏氨酸、色氨酸、苯丙氨酸、蛋氨酸也偏低。在谷类当中,玉米和小米的蛋白质最为缺乏赖氨酸,而燕麦蛋白质中赖氨酸含量最高。利用蛋白质互补作用将谷类与豆类等含丰富赖氨酸的食物混合食用,以弥补谷类食物含赖氨酸的不足,可提高谷类蛋白质的营养价值;也可以采用赖氨酸强化。目前通过传统的杂交育种方法已培育出高赖氨酸玉米(如Opaque-2玉米),其赖氨酸和色氨酸的含量比普通玉米高50%以上,因此,通过改进氨基酸模式,可提高其蛋白质的营养价值。

(2)碳水化合物。谷类含碳水化合物高,是碳水化合物最经济的来源,主要为淀粉(starch),其他为糊精、戊聚糖、葡萄糖和果糖等,其中淀粉含量达70%以上。

各种谷物的口感不同,在很大程度上取决于其中淀粉的特性差异。谷类淀粉分为直链淀粉(amylose)和支链淀粉(amylopectin)。直链淀粉是由数千个葡萄糖分子通过α-1,4糖苷键线性连接而成,黏性差,遇碘呈蓝色,容易出现"老化"现象,形成难消化的抗性淀粉(resistant starch)。支链淀粉除α-1,4糖苷键连接的葡萄糖残基主链外,由24~30个葡萄糖残基组成的支链与主链以α-1,6糖苷键连接,黏性大,遇碘产生棕色反应,容易"糊化",提高消化率,其血糖生成指数较直链淀粉大。直链淀粉和支链淀粉的比例因谷类品种不同而有差异,并直接影响谷类食物的风味及营养价值。一般来说,其中直链淀粉比例低,支链淀粉比例较高,则口感较为黏软。如普通玉米淀粉约含26%的直链淀粉,而糯玉米、黏高粱和糯米淀粉几乎全为支链淀粉。目前已培育出含直链淀粉达70%的玉米品种。

另外,谷皮中含有丰富的膳食纤维,加工越精细膳食纤维丢失越多,故全谷类食物是膳食纤维的重要来源。

(3)脂肪。谷类脂肪含量普遍较低,多数品种仅有1%～4%,但燕麦脂肪为5%～9%,主要集中在糊粉层和胚芽,其中含有丰富的亚油酸等多不饱和脂肪酸(表7-3),在谷类加工中,易转入糠麸中。小麦胚芽脂肪含量可达10.1%,而玉米胚芽中脂肪含量则更高,一般在17%以上,常用来加工玉米胚芽油。玉米胚芽油中不饱和脂肪酸含量达80%以上,主要为亚油酸和油酸,其中亚油酸占油脂总量的50%以上。

表7-3 谷类及其组分的脂肪和脂肪酸构成 %

谷类来源	脂肪含量	占总脂肪的比例		
		饱和脂肪酸	单不饱和脂肪酸	多不饱和脂肪酸
小麦富强粉	1.1	30.3	24.1	44.8
黑米	2.5	35.1	48.0	16.3
玉米面	4.5	15.3	28.4	56.3
小米面	2.1	35.6	14.6	49.4
荞麦	2.3	33.2	51.6	14.6

(4)矿物质。谷类中含有30多种矿物质,含量为1.5%～3.0%。但各元素的含量,特别是微量元素的含量与品种、气候、土壤、肥水等栽培环境条件关系极大,而且主要集中在外层的胚、糊粉层和谷皮部分,胚乳中心部分的含量比较低。在谷类的精制加工中,外层的胚、糊粉层和谷皮部分基本被除去,因此,加工精度越高,其矿物质的含量就越低,其矿物质(灰分)的含量可以用来表示加工的精度。

谷类所含的矿物质中,以磷的含量最为丰富,占矿物质总量的50%左右,其次是钾,占总量的1/4～1/3。在全谷类食物中,镁和锰的含量也较高,但谷类食物对膳食钙的贡献较小。谷类中的矿物质主要以不溶性形态存在,而且含有一些干扰吸收利用的因素,生物利用率不高。谷粒中所含的植酸常常与钙、铁、锌等形成不溶性的盐类,对这些元素的吸收有不利影响。例如,稻米所含的矿物质中,90%以植酸盐的形式存在。植酸和矿物质的分布类似,在谷粒的外层较多,而胚乳中植酸含量很低。所以,加工精度过低时,谷物的钙、铁锌等矿物质的利用率也有所降低。

二维码 7-1
不同谷类种子的
营养价值

(5)维生素。谷类是B族维生素摄入的重要来源,如维生素 B_1、维生素 B_2、烟酸、泛酸和维生素 B_6 等,但玉米中的烟酸为结合型,不易被人体利用,经加碱加工后可转化为游离型烟酸。谷类的维生素主要存在于糊粉层和胚芽中,精加工的谷物其维生素大量损失(表7-4)。玉米和小米含少量胡萝卜素。玉米和小麦胚芽中含有较多的维生素 E。谷类中不含有维生素 A、维生素 C、维生素 D。

表 7-4　粮食中维生素 B_1 的含量　　　　　　　　　　　　mg/100 g

粮食名称	维生素 B_1 的含量	粮食名称	维生素 B_1 的含量
小麦	0.37~0.61	糙米	0.3~0.45
小麦麸皮	0.7~2.8	米皮层	1.5~3.0
麦胚	1.56~3.0	米胚	3.0~8.0
面粉(出粉率85%)	0.3~0.4	米胚乳	0.03
面粉(出粉率73%)	0.07~0.1	玉米	0.3~0.45
面粉(出粉率60%)	0.07~0.08		

7.2.3　谷类食物中的植物化学物

谷类含有多种植物化学物,主要存在于谷皮部位,包括黄酮类化合物、酚酸类物质、植物固醇、类胡萝卜素、植酸、蛋白酶抑制剂等,含量因不同品种有较大差异,在一些杂粮中含量较高。

黄酮类化合物在谷类中大部分与糖结合成苷类以配基的形式存在,少部分以游离形式存在。在所有谷类食物中,荞麦中黄酮类化合物最高,芦丁约占其总黄酮的70%。花色苷广泛存在于黑米、黑玉米等黑色谷物中,具有抗氧化、抗癌、抗突变、改善近视、保护肝脏和减肥等作用。

酚酸类物质约占植物性食物中酚类化合物的1/3,多为苯甲酸和肉桂酸的羟化衍生物,在谷物麸皮中酚酸的含量由高到低的顺序为玉米>小麦>荞麦>燕麦。谷物麸皮中的酚酸绝大多数以束缚型酚酸的形式存在,主要作用于下消化道,经酶解释放出生物活性物质,可以预防结肠癌等慢性病。

玉米黄素属于类胡萝卜素,以黄玉米含量最高,以天然脂的形式存在于玉米胚乳中,营养价值较高。植酸广泛存在于谷类植物中,是种子中磷酸盐和肌醇的主要储存形式,在麸皮中含量较高。

7.2.4　谷类食品的营养价值

收获后的谷粒经脱壳形成可食用的粮粒,如糙米、麦粒,然后经加工制成不同精度的大米和面粉。粮谷类经深加工可以生产出各种产品,如面包、饼干及各类点心等,是目前市场上加工食品(预包装食品)的重要组成部分,其主要成分是碳水化合物。米和面通常需要经过一定程度的精制才能用于日常饮食和食品加工。在精制过程中会带来营养素的损失,但不同产品的营养素保留情况不同。

在经过碾磨的大米中,蒸谷米和胚芽米是营养价值较高的品种。蒸谷米是稻谷经过浸泡、汽蒸、干燥和冷却等处理之后再碾磨制成的米,稻谷中的维生素和矿物质等营养素向内部转移,因此碾磨后营养素损失少,而且容易消化吸收。胚芽米也称含胚精米,可以保留80%以上的米胚,从而保存了较多的营养成分。

营养强化米是在普通大米中添加营养素的成品米,通常用喷涂或造粒方式将营养素混入免淘米中,以强化维生素 B_1、维生素 B_2、烟酸、叶酸、赖氨酸、苏氨酸、铁和钙等营养素。

面粉产品的品种很多,有低筋粉和高筋粉,也有麦芯粉和雪花粉等,均属于精白面粉,营养价值较高的是全麦粉、标准粉和营养强化面粉,全麦粉和标准粉比精白面粉保留了更多的外层营养成分。营养强化面粉中添加了多种营养素,包括钙、铁、锌、维生素 B_1、维生素 B_2、维生素 B_6、烟酸和赖氨酸等。

由谷物蛋白经水解形成的生物低聚肽是近年来的研究热点,有研究表明玉米低聚肽具有降血压、降血脂等作用,小麦低聚肽具有血管紧张素转换酶(angiotensin-converting enzyme,ACE)抑制作用、免疫调节、抗氧化等多种生物活性,原卫生部已经将这两种谷物低聚肽批准为新资源食品。

(1)发酵谷类加工品。发酵谷类加工品包括馒头、面包、发糕、包子等食品,它们以蛋白质含量较高的面粉品种为原料,经酵母发酵增加了B族维生素的含量,使大部分植酸被酵母菌所含植酸酶水解,从而使钙、铁、锌等各种微量元素的生物利用性提高。自发面粉和特别松软的面食品中往往添加化学膨发剂,但只能使口感松软,矿物质的生物利用率不会如酵母发酵一样有所改善。其中所含的碳酸氢钠使钠含量提高,含明矾的膨发剂会增加铝的含量。从 2014 年 7 月开始,我国已经禁止在除油炸面制品之外的其他面食品中使用含铝的膨松剂。

(2)糕点饼干类食品。糕点饼干类食品的主要原料是面粉、精制糖、油脂,加上其他风味配料。这类产品为了达到柔软或酥脆的口感,通常使用低筋面粉原料,蛋白质质量较低。多数产品的添加糖含量为 10%~20%,脂肪含量为 10%~30%,其营养素密度较低而能量较高。

(3)挂面、切面和方便面。挂面需要有较强的韧性,其原料面粉的蛋白质含量较高。其中添加鸡蛋、豆粉、杂粮、蔬菜汁等配料和 B 族维生素、钙、铁等营养强化剂可提高其营养价值。为提高产品的筋力,挂面、各种冷藏面条和切面中往往加入氯化钠或碳酸钠,增加了钠含量,故而需要控制盐分的人群需要注意挂面的烹调方法和调味方式。方便面中以油炸方便面占据统治地位,含油量高达 18%~24%,能量值大大高于普通挂面,营养素密度较低。油炸时主要使用棕榈油,必需脂肪酸和维生素 E 含量较低。经过油炸的米粉的蛋白质含量低于方便面。非油炸方便面的营养价值与挂面大致相当。方便面的面饼和调料包中均含有钠盐,一包方便面所提供的钠元素往往接近一日摄入总量。在调料中添加 B 族维生素可提高方便面的营养价值。

(4)淀粉类制品。粉皮、粉丝、凉粉、酿皮等食品是由谷类、淀粉豆类或薯类提取淀粉制成的。在加工过程中,绝大部分的蛋白质、维生素和矿物质随多次的洗涤水而损失殆尽,剩下的几乎是纯粹的淀粉,仅存少量矿物质,营养价值很低。方便粉丝、酸辣粉等均属于淀粉类制品。

7.2.5 加工、烹调和储藏对谷类营养价值的影响

(1)谷类加工。谷类加工主要有制米、制粉两种。由于谷类结构的特点,其所含的各种营养素分布极不均匀。加工精度越高,糊粉层和胚芽层损失越多,营养素损失越多,尤以 B 族维生素损失显著。不同出粉率小麦粉中营养素的变化见表 7-5。

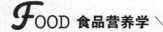

表 7-5 不同出粉率小麦粉的营养成分变化

出粉率/ %	粗蛋白/ %	粗脂肪/ %	碳水化合物/ %	粗纤维/ %	灰分/ %	B 族维生素/ (mg/100 g)	维生素 E/ (mg/100 g)
100	9.7	1.9	84.8	2.0	1.6	5.7	3.5
93	9.5	1.8	86.0	1.4	1.3	2.5	3.3
88	9.2	1.7	87.2	0.8	1.1	1.8	3.1
80	8.8	1.4	88.6	0.5	0.7	1.1	2.5
70	8.3	1.2	89.8	0.3	0.5	1.0	1.9
60	8.2	1.0	90.1	0.2	0.4	0.8	1.7

谷类加工粗糙时,虽然出粉(米)率高、营养素损失减少,但感观性状差,而且消化吸收率也相应降低。此外,因植酸和纤维素含量较多,还会影响矿物质的吸收。我国于 20 世纪 50 年代初加工生产的标准米(九五米)和标准粉(八五粉),既保留了较多的 B 族维生素、纤维素和矿物质,又能保持较好感官性状和消化吸收率,在节约粮食和预防某些营养缺乏病方面起到了积极作用。但标准米和标准面的概念近年来不再延用,在国家标准《大米》(GB/T 1354—2018)中,根据大米的加工精度将大米分为一级、二级、三级和四级大米,加工精度是用加工后米胚残留以及米粒表面和背沟残留皮层的程度来判断。除《小麦粉》GB/T 1355—1986 外,尚有 10 个专用小麦粉的行业标准,包括面包用小麦粉、饺子用小麦粉、发酵饼干用小麦粉、蛋糕用小麦粉、自发小麦粉、面条用小麦粉、馒头用小麦粉、酥性饼干小麦粉、糕点用小麦粉、小麦胚(胚片、胚粉),对其水分、灰分、粗细度等进行了规定。近年来随着经济的发展和人民生活水平的不断提高,人们倾向于选择精白米、面,为保障人民的健康,应采取对米面的营养强化措施,改良谷类加工工艺,提倡粗细粮搭配等方法来克服精白米、面在营养方面的缺陷。

(2)谷类烹调。米类食物在烹调处理一般需要淘洗,在淘洗过程中一些营养素特别是水溶性维生素和矿物质有部分丢失,淘洗次数越多,水温越高、浸泡时间越长,营养素的损失就越多。

谷类的烹调方法有煮、焖、蒸、烙、烤、炸及炒等,不同的烹调方法引起营养素损失的程度不同,主要是对 B 族维生素的影响。如制作米饭,采用蒸的方法 B 族维生素的保存率比弃汤捞蒸法要高,米饭在电饭煲中保温时,随时间延长,维生素 B_1 的损失增加,可损失所余部分的 $50\%\sim90\%$;在制作面食时,一般用蒸、烤、烙的方法,B 族维生素损失较少,但用高温油炸时损失较大。如油条制作时因加碱及高温油炸会使维生素 B_1 全部损失,维生素 B_2 和烟酸仅保留一半。

(3)谷类保藏。谷物在常温保藏期间,由于呼吸、氧化、酶的作用可发生许多物理化学变化,其程度大小、快慢与储存条件有关。在贮藏初期,淀粉酶仍较活跃,可将淀粉水解为麦芽糖和糊精,随着贮存时间延长,其淀粉酶活力下降。另外,蛋白质也会水解为氨基酸,如玉米在正常贮存条件下,其游离氨基酸的含量为 110 mg/100 g,在贮存不当时可增加至 3 200 mg/100 g。一般来说,在正常的保藏条件下,谷物蛋白质、维生素、矿物质含量变化不大。当保藏条件不当,粮粒发生霉变,感观性状及营养价值均降低,严重时完全失去食用价值。由于粮谷保藏条件和水分含量不同,各类维生素在保存过程中变化不尽相同,如谷粒水分为 17% 时,储存

5 个月,维生素 B_1 损失 30%;水分为 12% 时,损失减少至 12%;谷类不去壳储存 2 年,维生素 B_1 几乎无损失。

7.3　豆类及其制品的营养价值

要点 3　豆类及其制品的营养价值
- 大豆的营养价值
- 杂豆类的营养价值
- 豆制品的营养价值物

豆类可分为大豆类和杂豆类。大豆按种皮的颜色可分为黄、黑、青豆,杂豆类包括红小豆、绿豆、芸豆和花豆等;我国居民所称的杂粮通常包括了除米面以外的谷类和杂豆类。豆制品是由大豆类作为原料制作的发酵或非发酵食品,如豆酱、豆浆、豆腐、豆腐干等,是膳食中优质蛋白质的重要来源。几种豆类的部分营养素含量见表 7-6。

表 7-6　几种豆类的部分营养素含量(每 100 g 中含量)

名称	蛋白质/g	脂肪/g	硫胺素/mg	核黄素/mg	钙/mg	铁/mg	锌/mg
大豆	35.1	16.0	0.41	0.20	191	8.2	3.3
红豆	20.2	0.6	0.16	0.11	74	7.4	2.2
绿豆	21.6	0.8	0.25	0.11	81	6.5	2.2
扁豆	25.3	0.4	0.26	0.45	137	19.2	1.9
豌豆	20.3	1.1	0.49	0.14	97	4.9	2.4

7.3.1　大豆的营养价值

7.3.1.1　大豆的营养素种类及特点

大豆的蛋白质含量高达 35%～40%。大豆蛋白质由球蛋白、清蛋白、谷蛋白和醇溶蛋白组成,其中球蛋白含量最多。大豆蛋白质赖氨酸含量较多,氨基酸模式较好,具有较高的营养价值,属于优质蛋白质。大豆与谷类食物混合食用,可较好地发挥蛋白质的互补作用。

大豆脂肪含量为 15%～20%,以黄豆和黑豆较高,可用来榨油。大豆油中不饱和脂肪酸约占 85%,其中油酸含量 32%～36%,亚油酸为 52%～57%,亚麻酸 2%～10%,还含有 1.64% 的磷脂。大豆油是目前我国居民主要的烹调用油。

大豆含碳水化合物 25%～30%,其中一半为可供利用的阿拉伯糖、半乳聚糖和蔗糖,淀粉含量较少;另一半为人体不能消化吸收的寡糖,存在于大豆细胞壁中,如棉籽糖和水苏糖。

大豆含有丰富的维生素 B_1 和维生素 B_2,还富含维生素 E;干大豆不含维生素 C 和维生素 D。大豆中的钾、钙、镁、磷含量高于普通的谷类食品,是高钾、高镁、低钠的碱性食品,但可能受到所含植酸的影响。

7.3.1.2　大豆中的其他成分

大豆中的其他成分包括植物化学物类及抗营养因子。近年来研究表明,一些抗营养因

子也具有特殊的生物学作用。

（1）大豆异黄酮。大豆异黄酮主要分布于大豆种子的子叶和胚轴中，含量为0.1%～0.3%，分为游离型的苷元和结合型的糖苷两大类，目前发现的大豆异黄酮共有12种。大豆异黄酮具有抗氧化、抗肿瘤、抗血栓生成、雌激素样作用、增强免疫、抗辐射等多种生物学作用。

（2）大豆皂苷。大豆皂苷在大豆中的含量为0.62%～6.12%，具有抗氧化、抑制过氧化脂质生成、预防肿瘤、抗凝血、预防血栓形成、降脂减肥等生物学作用。

（3）大豆甾醇。大豆甾醇在大豆油脂中含量为0.1%～0.8%。其在体内的吸收方式与胆固醇相同，但是吸收率低，只有胆固醇的5%～10%。大豆甾醇的摄入能够阻碍胆固醇的吸收，抑制血清胆固醇的上升，因此有降血脂作用，起到预防和治疗高血压、冠心病等心血管疾病的作用。

（4）大豆卵磷脂。大豆卵磷脂是豆油精炼过程中得到的一种淡黄色至棕色、无异臭或略带有气味的黏稠状或粉末状物质。不溶于水，易溶于多种有机溶剂。大豆卵磷脂对营养相关慢性病如高脂血症和冠心病等具有一定的预防作用。

（5）大豆低聚糖。大豆中的水苏糖和棉籽糖，因人体缺乏$\alpha\text{-}D$-半乳糖苷酶和$\beta\text{-}D$-果糖苷酶，不能将其消化吸收，在肠道细菌作用下可产酸产气，引起胀气，故过去称之为胀气因子或抗营养因子。但近年来发现大豆低聚糖可被肠道益生菌所利用，具有维持肠道微生态平衡、提高免疫力、降血脂、降血压等作用，故被称为"益生原"，目前已利用大豆低聚糖作为功能性食品基料，部分代替蔗糖应用于清凉饮料、酸乳、面包等多种食品生产中。

（6）植酸。大豆中含植酸1%～3%，是很强的金属离子螯合剂，在肠道内可与锌、钙、镁、铁等矿物质螯合，影响其吸收利用。将大豆浸泡在pH4.5～5.5的溶液中，植酸可溶解35%～75%，而对蛋白质质量影响不大，通过此方法可除去大部分植酸。但近年来发现植酸也有有益的生物学作用，如具有防止脂质过氧化损伤和抗血小板凝集作用。

（7）蛋白酶抑制剂。大豆中的蛋白酶抑制剂以胰蛋白酶抑制剂为主，它可以降低大豆的营养价值。但经常压蒸汽加热30 min或1 kg压力加热10～25 min，胰蛋白酶抑制剂即可被败坏。因大豆中脲酶的抗热能力较蛋白酶抑制剂强，且测定方法简单，故常用脲酶实验来判定大豆中蛋白酶抑制剂是否已经被破坏。我国婴儿配方代乳粉标准中明确规定，含有豆粉的婴幼儿代乳品，脲酶实验必须是阴性。但近来发现蛋白酶抑制剂也具有有益的生物学作用，如抗艾滋病病毒作用。

（8）豆腥味。生食大豆有豆腥味和苦涩味，是由豆类中的不饱和脂肪酸经脂肪氧化酶氧化降解，产生醇、酮、醛等小分子挥发性物质所致。日常生活中将豆类加热、煮熟及烧透后即可破坏脂肪氧化酶和去除豆腥味。

（9）植物红细胞凝血素。是能凝集人和动物红细胞的一种蛋白质，集中在子叶和胚乳的蛋白体中，含量随成熟的程度而增加，发芽时含量迅速下降。大量食用数小时后可引起头晕、头疼、恶心、呕吐、腹疼、腹泻等症状。可影响动物的生长发育，加热即被破坏。

综上所述，大豆的营养价值很高，但也存在抗营养因素，大豆中的诸多植物化学物有良好的保健功能，这使得大豆成为健康膳食模式不可缺少的膳食种类。

7.3.2 杂豆类的营养价值

杂豆类主要有豌豆、蚕豆、绿豆、红豆、豇豆、小豆和芸豆等。其碳水化合物占50%~60%，主要以淀粉形式存在；蛋白质仅20%左右，含量低于大豆；脂肪含量也极少，为1%~2%，其营养素含量与谷类更接近。2016年《中国居民膳食指南》把杂豆类归到谷薯类。但杂豆类的蛋白质的氨基酸模式比谷类好。由于杂豆类淀粉含量较高，可以制作成粉条、粉皮、凉皮等，这些产品大部分蛋白质被去除，故其营养成分以碳水化合物为主，如粉条含淀粉90%以上；而凉粉含水95%，碳水化合物含量为4.5%。

7.3.3 豆制品的营养价值

豆制品包括非发酵性豆制品和发酵豆制品两类，前者如豆浆、豆腐、豆腐干、干燥豆制品（如腐竹等）；后者如腐乳、豆豉及臭豆腐等。几种传统豆制品的营养价值见表7-7。

表7-7 几种传统豆制品的部分营养素含量（每100 g中含量）

名称	蛋白质/g	脂肪/g	硫胺素/mg	核黄素/mg	钙/mg	铁/mg	锌/mg
内酯豆腐	5.0	1.9	0.06	0.03	17	0.8	0.55
北豆腐	12.2	4.8	0.05	0.03	138	2.5	0.63
油豆腐丝	24.2	17.1	0.02	0.09	152	5.0	2.98
素什锦	14.0	10.2	0.07	0.04	174	6.0	1.25
腐竹	44.6	21.7	0.13	0.07	77	16.5	3.69

（1）豆腐。豆腐是大豆经过浸泡、磨浆、过滤、煮浆等工序而加工成的产品，加工中去除了大量的粗纤维和植酸，胰蛋白酶抑制剂和植物红细胞凝集素被破坏，营养素的利用率有所提高。豆腐蛋白质含量5%~6%，脂肪0.8%~1.3%，碳水化合物2.8%~3.4%。

（2）豆腐干。由于加工中去除了大量水分，使得营养成分得以浓缩；豆腐丝、豆腐皮、百叶的水分含量更低，蛋白质含量可达20%~45%。

（3）豆浆。豆浆是将大豆用水泡后磨碎、过滤、煮沸而成，其营养成分的含量因制作过程中加入水的量不同而不同，易于消化吸收。

（4）发酵豆制品。豆豉、豆瓣酱、腐乳、酱油等是由大豆发酵制作而成的发酵豆制品。发酵使蛋白质部分降解，消化率提高；还可产生游离氨基酸，增加豆制品的鲜美口味；使豆制品维生素 B_2、维生素 B_6 及维生素 B_{12} 的含量增高，是素食人群补充维生素 B_{12} 的重要食物。经过发酵，大豆的棉籽糖、水苏糖被发酵用微生物（如曲霉、毛霉和根霉等）分解，故发酵豆制品不引起胀气。

（5）大豆蛋白制品。以大豆为原料制成的蛋白质制品主要有四种：①大豆分离蛋白，蛋白质含量约为90%，可用于强化和制成多种食品；②大豆浓缩蛋白，蛋白质含量65%以上，其余为纤维素等不溶成分；③大豆组织蛋白，将油粕、分离蛋白质和浓缩蛋白质除去纤维，加入各种调料或添加剂，经高温高压膨化而成；④油料粕粉，用大豆或脱脂豆粕碾碎而成，有粒度大小不一、脂肪含量不同的各种产品。以上四种大豆蛋白制品其氨基酸组成和蛋白质功效比值较好，目前已广泛应用于肉制品、烘焙食品、奶类制品等食品加工业中。

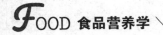

7.3.4 大豆类的加工对营养价值的影响

多数大豆制品的加工需经浸泡、磨浆、加热、凝固等多道工序,去除了纤维素、抗营养因子,还使蛋白质的结构从密集变成疏松状态,蛋白质的消化率提高。如干炒大豆蛋白质消化率只有 50% 左右,整粒煮熟大豆的蛋白质消化率为 65%,加工成豆浆后为 85%～90%,制成豆腐后可提高到 92%～96%。

大豆经发酵工艺可制成豆腐乳、豆瓣酱、豆豉等,发酵过程中酶的水解作用可提高营养素的消化吸收利用率,并且某些营养素和有益成分含量也会增加,如豆豉在发酵过程中,由于微生物的作用可合成维生素 B_2,豆豉中含维生素 B_2 可达 0.61 mg/100 g,活性较低的糖苷型异黄酮中的糖苷被水解,成为抗氧化活性更高的游离态异黄酮。另外,豆类在发酵过程中可以使谷氨酸游离,增加发酵豆制品的鲜味口感。

大豆经浸泡和保温发芽后制成豆芽,在发芽的过程中维生素 C 从 0 增至 5～10 mg/100 g 左右,豆芽中维生素 B_{12} 的含量为大豆的 10 倍。在发芽的过程中由于酶的作用还促使大豆中的植酸降解,更多的钙、磷、铁等矿物元素被释放出来,增加矿物质的消化率和利用率。

7.4 蔬菜、水果类食品的营养价值

要点 4 蔬菜、水果类食品的营养价值
- 蔬菜及其制品的营养价值
- 水果的营养素种类及特点
- 蔬菜水果的加工、烹调以及储藏对营养价值的影响

蔬菜和水果种类繁多,富含人体所必需的维生素、矿物质,含水分和酶类较多,含有一定量的碳水化合物,膳食纤维丰富,蛋白质、脂肪含量很少。由于蔬菜、水果中含有多种有机酸、芳香物质和色素等成分,使其具有良好的感官性质,对增进食欲、促进消化、赋予食物多样化具有重要意义。此外,蔬菜和水果富含多种植物化学物,具有多种对人体健康有益的生物学作用。

7.4.1 蔬菜及其制品的营养价值

蔬菜按其结构和可食部位不同,分为叶菜类、根茎类、瓜茄类、鲜豆类、花芽类和菌藻类,不同种类蔬菜其营养素含量差异较大。

7.4.1.1 蔬菜的营养素种类与特点

(1)蛋白质。大部分蔬菜蛋白质含量很低,一般为 1%～2%。在各种蔬菜中,以鲜豆类、菌类和深绿色叶菜的蛋白质含量较高,如鲜豇豆的蛋白质含量为 2.9%,金针菇为 2.4%,苋菜为 2.8%,菌藻类中发菜、干香菇和蘑菇的蛋白质含量可达 20% 以上。如果每天摄入 400 g 绿叶蔬菜,可以获得至少 6 g 蛋白质,相当于一个鸡蛋的量;瓜类蔬菜的蛋白质含量较低,但也是不可忽视的蛋白质来源。

蔬菜蛋白质质量较佳,如菠菜、豌豆苗、豇豆、韭菜等的限制性氨基酸均是含硫氨基酸,赖氨酸则比较丰富,可与谷类发生蛋白质营养互补,菌类蔬菜中的赖氨酸特别丰富。蔬菜中往往含有一些非蛋白质氨基酸,其中有的是蔬菜风味物质的重要来源,如 S-烷基半胱氨酸亚砜是洋葱风味的主要来源,而蒜氨酸是大蒜风味的前体物质。

(2)脂肪。蔬菜脂肪含量极低,大多数蔬菜脂肪含量不超过1%,属于低能量食品。例如,100 g 黄瓜所含能量仅为 63 kJ(15 kcal)。

(3)碳水化合物。不同种类蔬菜碳水化合物含量差异较大,一般为2%～6%,但藕、南瓜等含量较高,如马铃薯为16.5%,藕为15.2%,其中大部分为淀粉。蔬菜所含碳水化合物包括单糖、双糖、淀粉及膳食纤维。含单糖和双糖较多的蔬菜有胡萝卜、西红柿、南瓜等。蔬菜所含纤维素、半纤维素等是膳食纤维的主要来源,其含量在1%～3%之间,叶菜类和茎类蔬菜中含有较多的纤维素和半纤维素,如鲜豆类在1.5%～4.0%,叶菜类通常为1.0%～2.2%,瓜类较低,为0.2%～1.0%;南瓜、胡萝卜、番茄等则含有一定量的果胶。膳食纤维对人体健康的有益作用近年来已经得到广泛认可。

菌类蔬菜中的碳水化合物主要是菌类多糖,如香菇多糖、银耳多糖等。它们具有提高人体免疫和辅助抗肿瘤等多种保健作用。海藻类中的碳水化合物则主要是属于可溶性膳食纤维的海藻多糖,如褐藻胶、红藻胶、卡拉胶等,能够促进人体排出多余的胆固醇和体内的某些有毒、致癌物质,对人体有益。一些蔬菜中还含有少量菊糖,如菊苣、洋葱、芦笋、牛蒡等。鲜豆类中含有少量低聚糖,如棉籽糖、水苏糖和毛蕊花糖等。蔬菜中还有少部分碳水化合物以糖苷形式与类黄酮等成分结合而存在。

(4)矿物质。蔬菜中含量丰富的矿物质有钙、磷、铁、钾、钠、镁和铜等,其中以钾含量最多,其次为钙和镁,属高钾低钠食品,也是我国居民膳食中矿物质的重要来源。绿叶蔬菜一般含钙、铁比较丰富,如菠菜、雪里蕻、油菜、苋菜等;但蔬菜中的草酸不仅影响本身所含钙和铁的吸收,而且还影响其他同食食物中钙和铁的吸收。草酸是一种有机酸,能溶于水,加热易挥发,水焯和爆炒均可以将其破坏。含草酸较高的蔬菜有菠菜、苋菜及鲜竹笋等。一些蔬菜可富集某些微量元素,如大蒜中含有较多的硒,菠菜中含有较多的钼,卷心菜中含有较多的锰,豆类蔬菜则含有较多的锌。各微量元素的含量受到土壤、肥料、气候等因素的强烈影响。施用微量元素肥料可以有效地改变蔬菜中的微量元素含量。

(5)维生素。蔬菜所含的维生素 C 以及能在体内转化为维生素 A 的胡萝卜素具有重要意义。蔬菜中含有除维生素 D 和维生素 B_{12} 之外的各种维生素,包括维生素 B_1、维生素 B_2、维生素 B_6、烟酸、泛酸、生物素、叶酸、维生素 E 和维生素 K,其中绿叶蔬菜是维生素 B_2、叶酸和维生素 K 的重要膳食来源。菌类蔬菜中还含有维生素 B_{12}。蔬菜中的维生素含量与品种、鲜嫩程度和颜色有关,一般叶部含量较根茎部高,嫩叶比枯老叶高,深色菜叶比浅色菜叶高,建议日常摄入蔬菜中深色蔬菜应占一半。

蔬菜中胡萝卜素的含量与颜色有明显的相关关系。深绿色叶菜和橙黄色蔬菜的含量最高,每100 g 中含量达2～4 mg。胡萝卜素含量较高的有菠菜、空心、苋菜、落葵(木耳菜)、绿菜花(西兰花)、胡萝卜等。例如,每100 g 绿菜花含胡萝卜素7.2 mg,甘薯叶为5.9 mg。浅色蔬菜中胡萝卜素含量较低,如100 g 冬瓜中仅含胡萝卜素0.08 mg。蔬菜中同时还含有不

能转变成维生素 A 的番茄红素、玉米黄素等其他类胡萝卜素，也具有重要的健康意义。

维生素 C 含量与颜色无关，每 100 g 中含量多在 10～90 mg。维生素 C 含量较高的蔬菜有青椒和辣椒、油菜苔、菜花、苦瓜、芥蓝等。深绿色叶菜和花类蔬菜的维生素 B_2 含量较高，一般为 0.10 mg/100 g 左右。维生素的具体含量受品种、栽培、储存和季节等因素的影响而变动很大。部分蔬菜中的维生素 C 和胡萝卜素含量见表 7-8。

表 7-8　部分蔬菜中的维生素 C 和胡萝卜素含量　　　　　　　　　　mg/100 g

蔬菜名称	维生素 C	胡萝卜素	蔬菜名称	维生素 C	胡萝卜素
红胡萝卜	13	4.13	菠菜	32	2.92
小红辣椒	144	1.39	绿苋菜	47	2.11
绿菜花	51	7.21	芥菜	76	3.45
白菜花	61	0.03	小白菜	28	1.68
番茄	19	0.55	黄瓜	9	0.09

菌类和海藻类蔬菜的维生素 C 含量不高，但核黄素、烟酸和泛酸等 B 族维生素的含量较高。例如，鲜蘑菇的核黄素和烟酸含量分别为 0.35 mg/100 g 和 4.0 mg/100 g，鲜草菇为 0.34 mg/100 g 和 8.0 mg/100 g。许多菌类和海藻类都以干制品形式出售，按重量计的营养素含量很高；但是它们在日常生活中食用量不大，而且烹调前需经水发，水溶性营养素的损失较大。

7.4.1.2　蔬菜中的其他成分

（1）植物化学物。蔬菜的植物化学物主要有类胡萝卜素、植物固醇、皂苷、芥子油苷、多酚、蛋白酶抑制剂、单萜类、有机硫化物、植酸等。

萝卜、胡萝卜、大头菜等根茎类蔬菜的类胡萝卜素、硫代葡萄糖苷含量相对较高，胡萝卜中类胡萝卜素含量丰富，平均含量为 4.82 mg/100 g，卷心菜中含有硫代葡萄糖苷，经水解后能产生挥发性芥子油，具有促进消化吸收的作用。

白菜（大白菜、小白菜）、甘蓝类（结球甘蓝、球茎甘蓝、花椰菜、抱子甘蓝、青花菜）、芥菜类（榨菜、雪里蕻、结球芥菜）等含有芥子油苷。

绿叶蔬菜如莴苣、芹菜、菠菜、茼蒿、芫荽、苋菜、蕹菜、落葵等含有丰富的类胡萝卜素和皂苷，如茼蒿中胡萝卜素的含量为 1.51 mg/100 g。

葱蒜类如洋葱、大蒜、大葱、香葱、韭菜等含有丰富的含硫化合物及一定量的类黄酮、洋葱油树脂、苯丙素酚类和甾体皂苷类等，洋葱中黄酮类化合物含量为 59.2～91.3 g/100 g，紫皮洋葱的黄酮类化合物含量最高；大蒜中主要的活性物质为二丙烯基二硫化物，亦称大蒜素（allicin），新鲜大蒜中的大蒜素的含量达 370.0～580.0 mg/100 g。

茄果类中的番茄含有丰富的番茄红素和 β-胡萝卜素，辣椒中含辣椒素和辣椒红色素，其中辣椒红色素是一种存在于成熟红辣椒果实中的四萜类橙红色色素，其含量一般为其干重的 0.2％～0.5％；茄子中含有芦丁等黄酮类物质。

瓜类蔬菜含有皂苷、类胡萝卜素和黄酮类，冬瓜中皂苷类物质主要为 β-谷甾醇，苦瓜中含有多种活性成分，如苷类、甾醇类和黄酮类，但主要是苦瓜皂苷。南瓜中含有丰富的类胡萝卜素,同时还含有丰富的南瓜多糖。

水生蔬菜如藕、茭白、慈姑、荸荠、水芹、菱等含有的植物化学物主要为萜类、黄酮类物质。藕节中含有一定量的三萜类成分。

食用菌类含有丰富的多糖,如香菇多糖、金针菇多糖、木耳多糖等。香菇中还有一定量的硫化物、三萜类化合物,其中硫化物是其风味的重要组成成分。

(2)抗营养因子和有害物质。蔬菜中也存在抗营养因子,如植物血细胞凝集素、皂苷、蛋白酶抑制剂、草酸等,而木薯中的氰苷可抑制人和动物体内细胞色素酶的活性;甘蓝、萝卜和芥菜中的硫苷化合物在大剂量摄入时可致甲状腺肿;茄子和马铃薯表皮含有的茄碱可引起喉部瘙痒和灼热感;有些毒蕈中含有能引起中毒的毒素等;一些蔬菜中硝酸盐和亚硝酸盐含量较高,尤其在不新鲜和腐烂的蔬菜中更高。

7.4.1.3　蔬菜制品的营养价值

常见的蔬菜制品有酱腌菜,在加工过程中可造成营养素的损失,尤其维生素 C、叶酸的损失较大,但对矿物质及部分植物化学物的影响不大。另外,近年来冷冻保藏的蔬菜得到发展,如冷冻豌豆、胡萝卜粒、茭白、各类蔬菜拼盘等,既较好地保留了原有的感官性状和营养价值,又给居民提供了方便。

7.4.2　水果的营养素种类及特点

根据果实的形态和生理特征,水果可分为仁果类、核果类、浆果类、柑橘类和瓜果类等。新鲜水果的营养价值和新鲜蔬菜相似,是人体矿物质、维生素和膳食纤维的重要来源之一。

7.4.2.1　水果的营养素种类与特点

新鲜水果可食部分的主要成分是水、碳水化合物和矿物质,营养素含量相对较低,蛋白质及脂肪含量均不超过 1%。此外,还含有维生素、有机酸、多酚类物质、芳香物质、天然色素等成分(表 7-9)。

(1)碳水化合物。水果中所含碳水化合物在 6%～28% 之间,多在 10% 左右,水果含糖较蔬菜多而具甜味,主要是果糖、葡萄糖和蔗糖,不同种类和品种有较大差异,还富含纤维素、半纤维素和果胶。仁果类如苹果和梨以含果糖为主,核果类如桃、李、柑橘以含蔗糖为主,浆果类如葡萄、草莓则以葡萄糖和果糖为主。水果未成熟时含淀粉较高,在成熟过程中,淀粉逐渐转化为可溶性糖,甜度增加。香蕉是个例外,成熟香蕉中的淀粉含量高达 3% 以上。水果干制品的糖含量可高达 60% 以上。由于含有糖分,水果是膳食中能量的补充来源之一。水果中含有较丰富的膳食纤维,包括纤维素、半纤维素和果胶,其中以果胶最为突出,是膳食纤维的重要来源。随着成熟度的提高,水果中的总果胶含量下降,果胶当中的不溶性组分下降,而可溶性组分增加。果胶也是水果加工品的重要成分。

(2)蛋白质和脂肪。水果中蛋白质含量多为 0.5%～1.0%,不是膳食中蛋白质的重要来源,也不宜作为主食。其蛋白质中包括果胶酶、蛋白酶和酚氧化酶。部分水果蛋白酶活性较高,如菠萝、木瓜、无花果、猕猴桃等。它还含有微量活性胺类如多巴胺、去甲肾上腺素、脱氧肾上腺素等含氮物质。

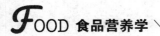

表 7-9　水果的平均化学组成(可食鲜重)　　　　　　　　　%

水果	干物质	总糖	滴定酸度	不溶纤维	果胶	灰分	pH
苹果	16.0	11.1	0.6(M)	2.1	0.6	0.3	3.3
梨	17.5	9.8	0.2(M)	3.1	0.5	0.4	3.9
杏	12.6	6.1	1.6(M)	1.6	1.0	0.6	3.7
甜樱桃	18.7	12.4	0.7(M)	2.0	0.3	0.6	4.0
桃	12.9	8.5	0.6(M)	—	—	0.5	3.7
李子	14.0	7.8	1.5(M)	1.3	0.9	0.5	3.3
黑莓	19.1	5.0	0.6(C)	9.2	0.7	0.5	3.4
草莓	10.2	5.7	0.9(C)	2.4	0.5	0.5	—
葡萄	17.3	14.8	0.4(T)	—	—	0.5	3.3
橙	13.0	7.0	0.8(C)	—	—	0.5	3.3
柠檬	11.7	2.2	6.0(C)	—	—	0.5	2.5
菠萝	15.4	12.3	1.1(C)	1.5	—	0.4	3.4
香蕉	26.4	18.0	0.4(M)	4.6	0.9	0.8	4.7
番石榴	19.0	13.0	0.2	—	—	0.9	—
杧果	19.0	14.0	0.5	—	0.5	—	—

注:滴定酸度按照 M:苹果酸;C:柠檬酸;T:酒石酸来计算。

水果的脂肪含量多在 0.3% 以下,只有鳄梨(牛油果)、榴梿、余甘、椰子等少数水果脂肪含量较高,如榴梿中脂肪含量高达 10% 以上。椰子肉所含脂肪以月桂酸为主,而鳄梨的脂肪中富含油酸。

(3)矿物质。水果含有人体所需的各种矿物质(表 7-10),如钾、钠、钙、镁、磷、铁、锌及铜等,以钾、钙、镁和磷含量较多。由于水果无须加盐烹调,摄入水果可有效改善膳食中的钾钠

表 7-10　几种水果中主要矿物质含量　　　　　　　　　mg/100 g

水果种类	钾	钠	镁	铁	钙
苹果	83	1	7	0.3	8
山楂	299	5	19	0.9	52
鸭梨	77	2	5	0.9	4
桃	100	2	8	0.4	10
葡萄	126	2	4	0.1	8
猕猴桃	100	2	8	0.4	10
鲜枣	375	1	25	1.2	22
龙眼	248	4	10	0.2	6
草莓	131	4	12	1.8	18
橙	159	1	14	0.4	20
柚	119	3	4	0.3	4
杧果	138	3	14	0.2	微量
香蕉	256	1	43	0.4	7

比例。草莓、大枣和山楂的铁含量不可忽视,而且因富含维生素 C 和有机酸,其中铁的生物利用率较高。微量元素含量则因栽培地区的土壤微量元素含量和微肥施用情况不同有较大差异。经过脱水处理之后,水果干中的矿物质含量得到浓缩而大幅提高。杏干、葡萄干、干枣、桂圆、无花果干等均为钾、铁、钙等矿物质的膳食补充来源之一。

(4)维生素。新鲜水果中含维生素 C 和胡萝卜素较多,与蔬菜一样,含有除维生素 D 和维生素 B_{12} 之外的所有维生素,但其 B 族维生素含量普遍较低。总体而言,水果中的维生素含量低于绿叶蔬菜。在各类水果中,柑橘类是维生素 C 的四季良好来源,包括橘、橙、柑、柚、柠檬等。草莓、山楂、酸枣、鲜枣、猕猴桃、龙眼等也是某些季节中维生素 C 的优良来源。热带水果多含有较为丰富的维生素 C,半野生水果的维生素 C 含量普遍超过普通栽培水果。然而,苹果、梨、桃等消费量最大的温带水果在提供维生素 C 方面意义不大。黄色和橙色的水果是类胡萝卜素的良好来源,包括 α-胡萝卜素、β-胡萝卜素、番茄红素、叶黄素和隐黄素等。西瓜、血橙、粉红色葡萄柚和木瓜的红色来自番茄红素,而柑橘类、黄杏、黄桃、杧果、木瓜、黄肉甜瓜、西番莲和柿子的黄色主要来自胡萝卜素。浅色果肉的水果中,类胡萝卜素的含量很低(表 7-11)。

表 7-11　几种水果中的维生素 C 和胡萝卜素含量　　　　　　mg/100 g

水果种类	维生素 C	胡萝卜素	水果种类	维生素 C	胡萝卜素
鲜枣	243	0.24	杧果	41	8.05
猕猴桃	60～250	0.13	菠萝	18	0.20
山楂	53	0.10	草莓	47	0.03
川红橘	33	0.18	鸭梨	4	0.01
红富士苹果	2	0.60	玫瑰香葡萄	4	0.02

7.4.2.2　水果中的其他成分

(1)有机酸。水果因含有多种有机酸而呈酸味,其中柠檬酸、苹果酸、酒石酸相对较多,还有少量的苯甲酸、水杨酸、琥珀酸和草酸等。柠檬酸为柑橘类水果所含的主要有机酸,仁果类及核果类含苹果酸较多,而葡萄的有机酸主要为酒石酸。在同一种果实中,往往是数种有机酸同时存在,如苹果中主要为苹果酸,同时含有少量的柠檬酸和草酸。

(2)植物化学物。水果中富含各类植物化学物,不同种类的水果含有的植物化学物不同。浆果类如草莓、桑葚、蓝莓、猕猴桃等富含花青素、类胡萝卜素和多酚类化合物;柑橘类如橘子、金橘、柠檬、葡萄柚等富含类胡萝卜素和黄酮类物质;核果类如樱桃、桃、杏、李、梅、枣、橄榄、龙眼、荔枝等主要含有多酚类化合物;樱桃、蓝莓、黑莓等富含花青素、各种花色苷、槲皮素、异槲皮素等;多酚类化合物是橄榄中最重要的功效成分,橄榄的苦涩以及许多药理作用都跟多酚类化合物有关;仁果类如苹果、梨、山楂等主要含有黄酮类物质;瓜果类如西瓜、香瓜、哈密瓜等主要含有类胡萝卜素,其中西瓜主要含番茄红素,哈密瓜主要含胡萝卜素。石榴、山楂、红提中类黄酮物质含量丰富,分别为 62.37 mg/100 g、41.58 mg/100 g 和 40.27 mg/100 g。

7.4.3　蔬菜水果的加工、烹调以及储藏对营养价值的影响

7.4.3.1　蔬菜、水果类加工

蔬菜、水果的深加工首先需要清洗和整理,如摘去老叶及去皮等,可造成不同程度的营养素丢失。蔬菜水果经加工可制成罐头食品、果脯、菜干等,加工过程中受损失的主要是维生素和矿物质,特别是维生素 C。

7.4.3.2　蔬菜烹调

在烹调中应注意水溶性维生素及矿物质的损失和破坏,特别是维生素 C。烹调对蔬菜中维生素的影响与烹调过程中洗涤方式、切碎程度、用水量、pH、加热的温度及时间有关。如蔬菜煮 5～10 分钟,维生素 C 损失达 70%～90%。使用合理加工烹调方法,即先洗后切、急火快炒,现做现吃是降低蔬菜中维生素损失的有效措施。

7.4.3.3　蔬菜、水果保藏

蔬菜、水果在采收后仍会不断发生生理、生化、物理和化学变化。当保藏条件不当时,蔬菜、水果的鲜度和品质会发生改变,使其营养价值和食用价值降低。

蔬菜、水果采摘后会发生三种作用:①水果中的酶参与的呼吸作用,尤其在有氧存在下加速水果中的碳水化合物、有机酸、糖苷、鞣质等有机物分解,从而降低蔬菜、水果的风味和营养价值;②蔬菜的春化作用(vernalization),即蔬菜打破休眠而发生发芽或抽薹变化,如马铃薯发芽(图 7-2)、

图 7-2　发芽的马铃薯

洋葱大蒜的抽薹等,这会大量消耗蔬菜体内的养分,使其营养价值降低;(3)水果的后熟作用,是水果脱离果树后的成熟过程,大多数水果采摘后可以直接食用,但有些水果刚采摘时不能直接食用,需要经过后熟过程才能食用。水果后熟进一步增加芳香和风味,使水果变软、变甜适合食用,对改善水果质量有重要意义。

蔬菜、水果常用的保藏方法有:

(1)低温保藏法。以不使蔬菜、水果受冻为原则,根据其不同特性进行保藏。如热带或亚热带水果对低温耐受性差,绿色香蕉(未完全成熟)应储藏在 12 ℃以上,柑橘在 2～7 ℃,而秋苹果可在 −1～1 ℃保藏。近年来速冻蔬菜在市场上越来越多,大多数蔬菜在冷冻前进行漂烫预处理,在漂烫过程中会造成维生素和矿物质的丢失,在预冻、冻藏及解冻过程中水溶性维生素将进一步受到损失。

(2)气调保藏法。是指改良环境气体成分的冷藏方法,利用一定浓度的二氧化碳(或其他气体如氮气等)使蔬菜、水果的呼吸作用变慢,延缓其后熟过程,以达到保鲜的目的,是目前国际上公认的最有效的果蔬储藏保

二维码 7-2
气调保鲜在果蔬
贮藏上应用
的现状

鲜方法之一。

(3)辐照保藏法。辐照保藏是利用 γ 射线或高能(低于 10 kGy)电子束辐照食品以达到抑制生长(如蘑菇)、防止发芽(如马铃薯、洋葱)、杀虫(如干果)、杀菌的功效,便于长期保藏的目的。在辐照剂量恰当的情况下,食物的感官性状及营养成分很少发生改变。大剂量照射会使营养成分尤其是维生素 C 造成一定的损失。但低剂量下再结合低温、低氧条件,能够较好地保存食物的外观和营养素。

7.5　肉类和水产类食物的营养价值

要点 5　肉类和水产类食物的营养价值
- 畜禽肉类的营养素种类及特点
- 水产品的营养素含量和特点
- 肉类和水产类加工品的营养价值
- 加工、烹调以及储藏对动物性食品营养价值的影响

畜禽肉类和水产品属于动物性食物,能为人体提供优质蛋白质、脂肪、矿物质和部分维生素,还可加工成各种制品和菜肴,是人类重要的食物资源,构成人类膳食的重要组成部分。它们的营养价值各具特点。随着我国居民膳食结构的变化,该类食物的摄入量逐渐增加。

7.5.1　畜禽肉类的营养素种类及特点

畜肉是指猪、牛、羊、马等牲畜的肌肉、内脏及其制品;禽肉则包括鸡、鸭、鹅等的肌肉、内脏及其制品。畜禽肉类主要提供优质蛋白质、脂肪、矿物质和维生素。畜禽肉类中营养素的分布与含量因动物的种类、年龄、肥瘦程度及部位的不同而差异较大。

(1)蛋白质。畜禽肉蛋白质大部分存在于肌肉组织中,含量为 10%～20%,属于优质蛋白质。动物的品种、年龄、肥瘦程度及部位不同,蛋白质含量有较大差异,如猪肉蛋白质平均含量为 13.2%,猪里脊肉为 20.2%,而猪五花肉为 7.7%,牛肉、鸡肉和兔肉为 20%,鸭肉为 16%,畜禽内脏如肝、心、禽胗等蛋白质含量较高。

皮肤和筋腱多为结缔组织,结缔组织蛋白质以胶原蛋白为主,其氨基酸组成特点是甘氨酸和脯氨酸含量高,且含有羟脯氨酸和羟赖氨酸,酪氨酸、组氨酸、色氨酸和含硫氨基酸的含量极低,氨基酸组成并不全面,生理价值低。富含胶原蛋白的动物皮、筋腱等不是膳食中蛋白质的重要来源。

畜禽肉中含有能溶于水的含氮浸出物,包括肌凝蛋白原、肌肽、肌酸、肌酐、嘌呤、尿素和游离氨基酸等非蛋白含氮浸出物以及无氮浸出物,使肉汤具有鲜味,成年动物含氮浸出物含量高于幼年动物。禽肉的质地较畜肉细嫩且含氮浸出物多,故禽肉炖汤的味道较畜肉更鲜美。

(2)脂肪。畜禽肉中脂肪含量同样因牲畜的品种、年龄、肥瘦程度以及部位不同有较大差异,如猪肥肉脂肪含量高达 90%,猪前肘为 31.5%,猪里脊肉为 7.9%,牛五花肉为 5.4%,瘦牛肉为 2.3%,骨中为 15%～21%,其中骨髓含脂肪 90%以上。畜肉中脂肪含量以

猪肉最高,其次是羊肉,牛肉和兔肉较低;在禽类中鸭和鹅肉的脂肪含量较高,鸡肉和鸽子肉次之。畜禽内脏中脑组织的脂肪含量最高。

畜肉类脂肪以饱和脂肪酸为主,主要为甘油三酯,还含有少量卵磷脂、胆固醇和游离脂肪酸。动物内脏含较高胆固醇,如瘦猪肉中含量为 77 mg/100 g,肥猪肉为 107 mg/100 g,而猪脑中含量为 2 571 mg/100 g,猪肝 288 mg/100 g,猪肾 354 mg/100 g,牛脑 2 447 mg/100 g,牛肝 297 mg/100 g。与畜肉相比,禽肉类脂肪含量较少,而且熔点低(23~40 ℃),并含有 20% 的亚油酸,易于消化吸收。

(3)碳水化合物。畜禽肉中的碳水化合物以糖原形式存在于肌肉和肝脏中,含量极少。

(4)矿物质。畜禽肉矿物质含量为 0.8%~2.0%,瘦肉中的含量高于肥肉,内脏高于瘦肉。畜禽肉和动物血中铁含量丰富,如猪肝含铁 22.6 mg/100 g,且主要以血红素铁的形式存在,生物吸收利用率高,是膳食铁的良好来源。牛肾和猪肾中硒的含量较高,是其他一般食物的数十倍。此外,畜肉还含有较多的磷、硫、钾、钠、铜等,但钙含量很低,如猪肉的含钙量仅为 6 mg/100 g 左右。禽肉中也含钾、钙、钠、镁、磷、铁、锰、硒及硫等,其中硒的含量高于畜肉。

(5)维生素。畜禽肉可提供多种维生素,其中以 B 族维生素和维生素 A 为主,如猪肉含维生素 B_1 达 0.54 mg/100 g,鸡胸脯肉含烟酸 10.8 mg/100 g,尤其内脏含量更高;其中肝脏的维生素 A 和核黄素的含量特别丰富。维生素 A 的含量以牛肝和羊肝最高,维生素 B_2 则以猪肝含量最高。

7.5.2 水产品的营养素含量和特点

水产品可分为鱼类、甲壳类和软体类。鱼类有海水鱼和淡水鱼之分,海水鱼又分为深海鱼和浅海鱼。

(1)蛋白质。鱼类中蛋白质含量因鱼的种类、年龄、肥瘦程度及捕获季节等不同而有区别,一般为 15%~25%。含有人体必需的各种氨基酸,尤其富含亮氨酸和赖氨酸,属于优质蛋白质。鱼类肌肉组织中肌纤维细短,间质蛋白少,水分含量多,组织柔软细嫩,较畜、禽肉更易消化,其营养价值与畜、禽肉相近。鱼类结缔组织和软骨蛋白质中的胶原蛋白和黏蛋白丰富,煮沸后呈溶胶状,是鱼汤冷却后形成凝胶的主要物质。鱼类还含有较多的其他含氮物质,如游离氨基酸、肽、胺类、嘌呤等化合物,是鱼汤的呈味物质。

其他水产品中河蟹、对虾、章鱼的蛋白质含量约为 17%,软体动物的蛋白质含量约为15%,酪氨酸和色氨酸的含量比牛肉和鱼肉高。

水产品中还含有氨基乙磺酸,即牛磺酸,它是一种能够促进胎儿和婴儿大脑发育、防止动脉粥样硬化、维持血压、保护视力的有益物质。贝类中牛磺酸的含量高于鱼类。

深色海鱼如鲭等含有较高的组氨酸,含量可达鲜肉重的 0.6%~1.3%。鱼肉细菌腐败时,组氨酸分解可以形成大量的组胺。此外,鱼类中富含低分子质量的胺类物质,是其腥味的来源之一。

(2)脂肪。鱼类脂肪含量低,不同种类的鱼脂肪含量差别较大,一般为 1%~10%,主要分布在皮下和内脏周围,肌肉组织中含量很少。鲲鱼含脂肪可高达 12.8%,而鳕鱼仅为 0.5%。

鱼类脂肪不饱和脂肪酸丰富(占 80%),熔点低,消化吸收率可达 95%。一些深海鱼类脂肪含长链多不饱和脂肪酸高,其中含量较高的有二十碳五烯酸(EPA)和二十二碳六烯酸(DHA),具有调节血脂、防治动脉粥样硬化、辅助抗肿瘤等作用。鱼类胆固醇含量一般约为 100 mg/100 g,但鱼子中含量较高,如鲳鱼子胆固醇含量为 1070 mg/100 g,黄花鱼的鱼子含 819 mg/100 g。蟹、河虾等脂肪含量约 2%,软体动物的脂肪含量平均为 1%。

(3)碳水化合物。鱼类碳水化合物的含量低,仅为 1.5% 左右,主要以糖原形式存在。有些鱼不含碳水化合物,如草鱼、青鱼、鳜鱼、鲈鱼等。其他水产品中海蜇、牡蛎和螺蛳等含量较高,可达 6%~7%。

(4)矿物质。鱼类矿物质含量为 1%~2%,含量最高的是磷,占总灰分的 40%,钙、钠、氯、钾及镁含量也较丰富。钙的含量较畜、禽肉高,为钙的良好来源。海水鱼类含碘丰富。此外,鱼类含锌、铁、硒也较丰富,如白条鱼、鲤鱼、泥鳅、鲑鱼、鲈鱼、带鱼、鳗鱼和沙丁鱼中锌含量均超过 2.0 mg/100 g。

河虾的钙含量高达 325 mg/100 g,虾类锌含量也较高;河蚌中锰的含量高达 59.6 mg/100 g,鲍鱼、河蚌和田螺中铁含量较高。软体动物中矿物质含量为 1.0%~1.5%,其中钙、钾、铁、锌、硒和锰含量丰富,如生蚝锌含量高达 71.2 mg/100 g,蛏干 13.6 mg/100 g,螺蛳 10.2 mg/100 g,海蟹、牡蛎和海参等的硒含量都超过 50 μg/100 g。

然而,贝类往往具有富集重金属污染的特性,食肉鱼因处在食物链的顶端,也极易富集汞、镉等重金属。故食用食肉鱼及贝类应适量。

(5)维生素。水产品中的维生素 A、维生素 D、维生素 E 含量均高于畜肉,有的含有较高的维生素 B_2。鱼类肝脏是维生素 A 和维生素 D 的重要来源,也是维生素 B_2 的良好来源,维生素 E、维生素 B_1 和烟酸的含量也较高,但几乎不含维生素 C。黄鳝中维生素 B_2 含量较高为 0.98 mg/100 g,河蟹和海蟹分别为 0.28 mg/100 g 和 0.39 mg/100 g。一些生鱼中含有硫胺素酶,当生鱼存放或生吃时可破坏维生素 B_1,此酶在加热时可被破坏。

软体动物维生素的含量与鱼类相似,但维生素 B_1 较低。另外贝类食物中维生素 E 含量较高。

7.5.3 肉类和水产类加工品的营养价值

肉、禽、鱼等食物在加工中,主要损失水溶性维生素,而蛋白质和矿物质的损失不大。脂肪含量可能因处理方式不同而有较大的变化。肉类加工品包括中式、西式两类,中式肉制品有香肠、腊肉、卤肉、熏肉等;西式肉制品有西式灌肠、西式火腿、培根等;水产类制品则主要包括鱼罐头、鱼虾贝类干制品和鱼糜制品。

(1)西式肉制品。西式灌肠通常是用瘦肉和肥肉糜经食盐、磷酸盐、亚硝酸盐、调味料等腌制、斩拌之后,装入肠衣,然后经过煮制而成,有的还经过烟熏或风干,其中水分含量在 50% 左右。为了改善肠的口感和切片性,通常要加入一定比例的肥肉、大豆蛋白、淀粉或改性淀粉、明胶以及植物胶等配料。多数灌肠的蛋白质含量为 10%~15%,脂肪含量为 20%~30%,产品中蛋白质、维生素和矿物质的含量随着肥肉、淀粉、胶质等配料的增加而

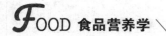

下降。

（2）中式肉制品。中式香肠的特点是不加入淀粉，也不经过煮制，而是经过腌制后干制保存。其主要原料是瘦肉丁、肥肉丁、盐、糖、亚硝酸盐、香辛料等，水分含量明显低于西式灌肠，其蛋白质含量在 20% 以上，但脂肪含量高达 40% 以上，因此是一种高能量食品。由于贮藏时间较长，其中脂肪可能有一定程度的氧化。其中的维生素和矿物质含量与原料肉基本相当。

（3）肉松。肉松是把肉煮烂后再经过炒干制成的。加工过程中 B 族维生素损失较大。长时间受热过程中，可能发生羰氨反应褐变和蛋白质的交联作用，使一些必需氨基酸的利用率降低，导致蛋白质生物价下降，但其中的矿物质如铁元素得到浓缩，含量有所增加。

（4）酱卤肉。制作过程中并不加入脂肪，故产品中的脂肪含量往往低于原料肉。同样由于长时间煮制，B 族维生素有部分损失，但因肉类缩水，并取出一部分脂肪，可以使矿物质含量得以浓缩。因此，酱卤肉是蛋白质、铁、锌等矿物质的良好来源。

（5）罐头制品。在罐头制作中，因为除去了部分水分，蛋白质含量往往有所升高。罐头鱼有油浸、水浸、茄汁等不同产品，其中油浸产品脂肪含量较高。在罐藏加工后，各种 B 族维生素均有明显损失，特别是维生素 B_1。罐头制品在长期室温贮藏中，氨基酸和 B 族维生素含量会发生持续的下降；降低贮藏温度可以大大延缓维生素的损失。如罐藏鱼肉制品在常温（20 ℃）下贮藏 2 年后，其蛋白质损失不大，但 B 族维生素损失约为 50%。在带骨肉罐头和鱼罐头中，由于长时间的加热使骨头酥软，其中的矿物质溶入汤汁中，大大增加了钙、磷、锌等元素的含量。

（6）水产干制品。鱼干、虾皮、海米、干贝等水产干制品，传统的干燥方法使肉类和鱼类表层的不饱和脂肪酸受到氧化，微生物的作用使蛋白质分解成小分子胺类，这是肉干和鱼干产生特殊风味的原因之一。因为水分被除去，这类产品的蛋白质含量可高达 50% 左右，而脂肪含量很低。它们浓缩了水产品中的矿物质，是钙和各种微量元素的优质来源，如钙的含量可高达 500 mg/100 g 以上。但它们的钠含量也很高，而且其中含有微量的亚硝胺类物质。

香肠、火腿、罐头等作为方便食品有其独特的风味，有特定的市场需求，但有的肉类制品可能含有危害人体健康的因素，如腌腊、熏烧烤、油炸等制品亚硝胺类或多环芳烃类物质的含量增加，应控制其摄入量，尽量食用鲜畜禽肉类。

7.5.4　加工、烹调以及储藏对动物性食品营养价值的影响

（1）畜、禽、鱼类加工。畜、禽、鱼类食物可加工制成罐头食品、熏制食品、干制品、熟食制品等，与新鲜食物比较更易保藏且具有独特风味。在加工过程中对蛋白质、脂肪、矿物质影响不大，但高温制作时会损失部分 B 族维生素。

（2）畜、禽、鱼类烹调。畜、禽、鱼等肉类的烹调方法多种多样，常用有炒、焖、蒸、炖、煮、煎炸、熏烤等。在烹调过程中，蛋白质含量变化不大，而且经烹调后，蛋白质变性更有利于消化吸收。无机盐和维生素在用炖、煮方法时，损失不大；在高温制作过程中，B 族维生素损失较多。上浆挂糊、急火快炒可使肉类外部蛋白质迅速凝固，减少营养素的外溢损失。

（3）动物性食物保藏。畜、禽、鱼等动物性食物一般采用低温储藏，低温贮藏是一种现代

的食品贮藏方法。根据贮藏时低温的程度,可分为冷却贮藏(冷藏)和冻结贮藏(冻藏)两种。冷却贮藏是将食品的温度降低到冻结点以上的某一适当温度(通常为 4～8 ℃),保持食品中的水分不结冰,降低酶和微生物活性的贮藏方法;冻结贮藏是将贮藏温度降至冰点以下(通常低于－18 ℃),使水全部或部分冻结的贮藏方法。

冷却贮藏常用于食品的保鲜或短期贮藏。食品冷藏时营养素损失小于常温贮藏。如芦笋青茎在 20 ℃贮存 7 d,维生素 C 损失约 80%;但若在 0 ℃贮存,损失率仅 20%。但是,对大多数食品而言,冷藏仅能降低酶和微生物的活力,并不能有效阻止食品的腐败变质。一般贮藏期为几天到几周。

冻结贮藏有缓冻冷藏和速冻冷藏 2 种类型。缓冻冷藏是指食品在绝热的低温室内并在静止的空气中进行冷冻的方法,其特点是冻结速度慢,质量低于速冻食品。速冻冷藏一般是在 30 min 内快速将食品的温度降低到冰点以下,从而使食品中的水分来不及形成大的冰晶,甚至仅以玻璃态存在,这样可大大减少冰晶对细胞的破坏作用,从而保证食品的品质不被破坏。

冻藏被认为是长期贮藏食品的最好方法。冷冻过程本身并不破坏营养素,大多数食品在冷冻状态下即使长时间贮存营养素包括维生素损失也很少。如牛排在－18 ℃贮藏 6 个月,维生素 B_1、维生素 B_2 和烟酸几乎无损失,维生素 B_6 损失低于 10%。肉在冻结中会发生脂肪氧化分解,产生哈喇味并变色,冻结温度越低,程度越小,－80～50 ℃冻藏基本不变色。但冻结食品的解冻过程对食品质量可能有比较大的影响,会造成维生素和矿物质的流失。因此,在冻藏时应遵循"快速冻结、缓慢解冻"的原则。

另外,食品在冻结过程中可能因温度波动、局部脱水及 pH 改变而引起蛋白质的冷冻变性,从而降低蛋白质的功能特性,甚至影响产品的质量。一般而言,冷冻对牛、羊、猪肉蛋白质变性影响较小,但对鱼肉蛋白质的影响较大,因此在将鱼肉进行冻藏前通常要加入一些抗冻剂(如山梨醇、复合磷酸盐),减少鱼肉蛋白质的冷冻变性。

7.6　乳及乳制品的营养价值

要点6　乳及乳制品的营养价值
- 乳的营养素种类与特点
- 乳制品的营养价值

乳(milk)包括牛乳、羊乳和马乳等,其中人们食用最多的是牛乳。乳能满足初生幼仔迅速生长发育的全部需要,是营养素齐全、容易消化吸收的一种优质食品,也是各年龄组健康人群及特殊人群(如婴幼儿、老年人、病人等)的理想食品。乳制品(milk products)是以乳为原料经浓缩、发酵等工艺制成的产品,如乳粉、酸乳及炼乳等。

7.6.1　乳的营养价值

鲜乳主要是由水、脂肪、蛋白质、乳糖、矿物质、维生素等组成的一种复杂乳胶体,水分含量占 86%～90%,因此其营养素含量与其他食物比较相对较低。牛乳的比重一般为

1.023～1.034,比重大小与乳中固体物质含量有关,乳的各种成分除脂肪含量变动相对较大外,其他成分基本上稳定。故比重可作为评定鲜乳质量的简易指标。乳味温和,稍有甜味,具有特有的乳香味,其特有的香味是由低分子化合物如丙酮、乙醛、二甲硫、短链脂肪酸和内酯形成的。

7.6.1.1　乳的营养素种类和特点

(1)蛋白质。牛乳蛋白质含量为 2.8%～3.5%,主要由酪蛋白(79.6%)、乳清蛋白(11.5%)和乳球蛋白(3.3%)组成。酪蛋白属于结合蛋白,与钙、磷等结合,形成酪蛋白胶粒,以胶体悬浮液的状态存在于牛乳中。乳清蛋白可分为热稳定乳清蛋白和热不稳定乳清蛋白两部分,加热时发生凝固并沉淀的属于不稳定乳清蛋白。在各种食物蛋白质中,乳清蛋白最富含亮氨酸,这种氨基酸有利于刺激肌肉组织的生长。乳球蛋白与机体免疫有关。乳的蛋白质消化吸收率为87%～89%,属优质蛋白质。

牛乳、羊乳与人乳的营养成分比较见表 7-12,人乳较牛乳蛋白质含量低,且酪蛋白比例低于牛乳,以乳清蛋白为主。利用乳清蛋白改变牛乳中酪蛋白与乳清蛋白的构成比,使之近似母乳的蛋白质构成,可以生产出适合婴幼儿生长发育需要的配方乳粉。

表 7-12　不同乳中主要营养素含量比较

营养成分(每 100 g)	人乳	牛乳	羊乳
水分/g	87.6	89.8	88.9
蛋白质/g	1.3	3.0	1.5
脂肪/g	3.4	3.2	3.5
碳水化合物/g	7.4	3.4	5.4
热能/kJ	272	226	247
钙/mg	30	104	82
磷/mg	13	73	98
铁/mg	0.1	0.3	0.5
视黄醇当量/μg	11	24	84
硫胺素/mg	0.01	0.03	0.04
核黄素/mg	0.05	0.14	0.12
烟酸/mg	0.20	0.10	2.10
抗坏血酸/mg	5.0	1.0	—

(2)脂类。乳中脂肪含量一般为 3.0%～5.0%,主要为甘油三酯,少量磷脂和胆固醇。乳脂肪呈高度乳化状态,以微粒分散在乳浆中,吸收率高达 97%。乳脂肪中脂肪酸组成复杂,已被分离出来的脂肪酸达 400 种之多,油酸、亚油酸和亚麻酸分别占 30%、5.3% 和2.1%,短链脂肪酸(如丁酸、己酸、辛酸)含量也较高,这是乳脂肪风味良好及易于消化的原因,其中丁酸是反刍动物乳脂中的特有脂肪酸。乳脂肪中的磷脂和胆固醇含量明显低于肉类和蛋类。

(3)碳水化合物。乳中碳水化合物主要为乳糖,含量为 3.4%～7.4%,人乳中含乳糖最高,羊乳居中,牛乳最少。乳糖有调节胃酸、促进胃肠蠕动和促进消化液分泌作用,还能促进钙、铁、锌等矿物质的吸收和促进肠道乳酸杆菌繁殖,对肠道健康具有重要意义。

部分成年人体内的乳糖酶活性很低,无法消化乳糖。小肠内未消化的乳糖促进肠道蠕动并有一定脱水作用,在大肠中经细菌发酵分解产生气体,导致乳糖不耐受,包括腹胀、肠道多气、腹痛、腹泻等症状,乳糖不耐受者可以食用经乳糖酶处理的低乳糖乳粉或低乳糖牛乳,也可以饮用酸乳,或将少量乳类与淀粉类主食混合食用。

(4)矿物质。乳中矿物质含量丰富,富含钙、磷、钾、镁、钠、硫、锌、锰等。牛乳中的钙80%以酪蛋白酸钙复合物的形式存在,高达 104 mg/100 mL,且吸收率高;其他矿物质也主要是以蛋白质结合、吸附在脂肪球膜上或与有机酸结合成盐类的形式存在。乳类钙磷比例合理,同时含有维生素 D、乳糖等促进吸收因子,且食用方便,因此乳类是膳食中钙的最佳来源之一,并成为动物性食品中唯一的成碱性食品。但乳类中铁、锌、铜等微量元素含量较低,喂养婴儿时应注意铁的补充。乳中的矿物质含量因品种、饲料、泌乳期等因素而有所差异,初乳中含量最高,常乳中含量略有下降。

(5)维生素。乳类含有几乎所有种类的脂溶性和水溶性维生素,包括维生素 A、维生素 D、维生素 E、维生素 K、各种 B 族维生素和微量的维生素 C。它是 B 族维生素的良好来源,特别是维生素 B_2。250 g 乳类可以提供超过成年人一日需要量 20%的核黄素,以及相当多的维生素 B_{12}、维生素 B_6 和泛酸。牛乳中的烟酸含量不高,但由于牛乳蛋白质中的色氨酸含量高,在需要时可以在人体内转化为烟酸。牛乳中维生素 D 含量较低,但夏季日照多时,其含量有一定的增加。牛乳中维生素含量与饲养方式和季节有关,如放牧期牛乳中维生素 A、维生素 D、胡萝卜素和维生素 C 含量,较冬春季在棚内饲养明显增多。添加维生素 A 和维生素 D 的营养强化乳是这两种维生素最方便和廉价的膳食来源之一,但脂溶性维生素只存在于牛乳的脂肪部分中,未强化脱脂乳中的脂溶性维生素含量很低。乳中的 B 族维生素主要是瘤胃中的微生物所产生,其含量受饲料影响较小。

羊乳中也富含多种维生素,但其中维生素 B_{12} 利用率较低,不宜作为幼儿动物性食品的唯一来源。骆驼乳、水牛乳、牦牛乳等乳类的维生素含量与牛乳相当或略高。

7.6.1.2 乳中其他成分

(1)酶类。牛乳中含多种酶类,主要是氧化还原酶、转移酶和水解酶。水解酶包括淀粉酶、蛋白酶和脂肪酶等,可促进营养物质的消化。牛乳还含有具有抗菌作用的成分如溶菌酶和过氧化物酶。牛乳中的转移酶主要有 γ-谷氨酰转移酶和黄素单核苷酸腺苷转移酶。

(2)有机酸。主要是柠檬酸及微量乳酸、丙酮酸及马尿酸等。乳中柠檬酸的含量约为0.18%,除以酪蛋白胶粒的形式存在外,还存在离子态及分子态的柠檬酸盐,主要是柠檬酸钙。乳类腐败变质时,乳酸的含量会增高。

(3)生理活性物质。较为重要的有生物活性肽、乳铁蛋白(lactoferrin)、免疫球蛋白、激素和生长因子等。生物活性肽类是乳蛋白质在消化过程中经蛋白酶水解产生的,包括镇静安神肽、抗高血压肽、免疫调节肽和抗菌肽等。牛乳中乳铁蛋白的含量为 $20\sim200$ μg/mL,具有调节铁代谢、促生长和抗氧化等作用,经蛋白酶水解形成的肽片段具有一定的免疫调节作用。

(4)功能性脂类物质。乳中也富含与健康相关的脂类物质,其中丁酸也称酪酸,是反刍动物乳脂中的特有脂肪酸,具有促进肠道细胞修复和抑制癌细胞增殖的作用。此外还含有反刍动物所特有的天然反式脂肪酸异油酸(*trans*-11-vaccenic acid)以及共轭亚油酸(*cis*-9, *trans*-11-conjugated linoleic acid,CLA)。异油酸和油脂氢化、加热过程中产生的反式脂肪酸,主要是反式油酸(*trans*-9-octadecenoic acid)结构不同,未发现对人体健康有害,并在动物实验中表现出抗动脉粥样硬化作用,而共轭亚油酸具有降低体脂含量和抑制癌细胞的作用,目前畜牧业已经研发出了高异油酸和高共轭亚油酸的牛乳。

(5)细胞成分。乳类含有白细胞、红细胞和上皮细胞等,属于来自乳牛的体细胞。牛乳的体细胞数是衡量牛乳卫生品质的指标之一,体细胞数越低,生鲜乳质量越高;体细胞数越高,对生鲜乳的质量影响越大,并对下游其他乳制品如酸乳、奶酪等的产量、质量、风味等产生较大的不利影响。

7.6.2 乳制品的营养价值

乳制品因加工工艺的不同营养素含量有很大差异。

7.6.2.1 巴氏杀菌乳、灭菌乳和调制乳

巴氏杀菌乳是指仅以生牛(羊)乳为原料,经巴氏杀菌等工序制得的液体产品;灭菌乳又分为超高温灭菌乳(ultra high temperature sterilized milk)和保持灭菌乳(retort sterilized milk)。超高温灭菌乳定义为以生牛(羊)乳为原料,添加或不添加复原乳,在连续流动的状态下,加热到至少 132 ℃并保持很短时间的灭菌,再经无菌灌装等工序制成的液体产品;保持灭菌乳则为以生牛(羊)乳为原料,添加或不添加复原乳,无论是否经过预热处理,在灌装并密封之后经灭菌等工序制成的液体产品。调制乳以不低于 80％的生牛(羊)乳或复原乳为主要原料,添加其他原料或食品添加剂或营养强化剂,采用适当的杀菌或灭菌等工艺制成的液体产品。这三种形式的产品是目前我国市场上流通的主要液态乳,除维生素 B₁ 和维生素 C 有损失外,营养价值与新鲜生牛乳差别不大,但调制乳因其是否进行营养强化而差异较大。

调制乳是用不低于 80％的牛乳或相应数量的乳粉,再添加其他配料制成的产品。调制乳的蛋白质含量不低于 2.3％,脂肪含量不低于 2.5％,略低于巴氏杀菌乳和灭菌乳,产品的具体营养素含量和添加量需要查看包装上的营养成分表。

7.6.2.2 发酵乳

发酵乳指以生牛(羊)乳或乳粉为原料,经杀菌、发酵后制成的 pH 降低的产品。其中以生牛(羊)乳或乳粉为原料,经杀菌、接种嗜热链球菌和保加利亚乳杆菌(德氏乳杆菌保加利亚亚种)发酵制成的产品称为酸乳(yoghurt)。

风味发酵乳(flavored fermented milk)是指以 80％以上生牛(羊)乳或乳粉为原料,添加其他原料,经杀菌、发酵后 pH 降低,发酵前或后添加或不添加食品添加剂、营养强化剂、果蔬、谷物等制成的产品。其中以 80％以上生牛(羊)乳或乳粉为原料添加其他原料,经杀菌、接种嗜热链球菌和保加利亚乳杆菌(德氏乳杆菌保加利亚亚种)发酵前或后添加或不添加食品添加剂、营养强化剂、果蔬、谷物等制成的产品称为风味酸乳(flavored yoghurt)。

发酵乳经过乳酸菌发酵后,乳糖变为乳酸,蛋白质凝固、游离氨基酸和肽增加,脂肪不同程度的水解,形成独特的风味,营养价值更高,如蛋白质的生物价提高,叶酸含量增加1倍。酸乳更容易消化吸收,还可刺激胃酸分泌。发酵乳中的益生菌可抑制肠道腐败菌的生长繁殖,防止腐败胺类产生,对维护人体的健康有重要作用,尤其对乳糖不耐受的人更适合。

7.6.2.3 炼乳(condensed milk)

炼乳是一种浓缩乳,有三种不同类型。

(1)淡炼乳(evaporated milk)。以生乳和(或)乳制品为原料,添加或不添加食品添加剂和营养强化剂,经加工制成的黏稠状产品。淡炼乳经高温灭菌后,维生素受到一定的破坏,因此常用维生素加以强化,按适当的比例冲稀后,其营养价值基本与鲜乳相同。

(2)加糖炼乳(sweetened condensed milk)。以生乳和(或)乳制品、食糖为原料,添加或不添加食品添加剂和营养强化剂,经加工制成黏稠状产品,也称为甜炼乳。成品中蔗糖含量为40%～45%,渗透压增大。利用其渗透压的作用抑制微生物的繁殖,因此成品保质期较长。因糖分过高,食前需加大量水分冲淡,造成蛋白质等营养素含量相对较低,故不宜用于喂养婴儿。

(3)调制炼乳(formulated condensed milk)。以生乳和(或)乳制品为主料,添加或不添加食糖、食品添加剂和营养强化剂,添加辅料,经加工制成的黏稠状产品,也有加糖调制炼乳和淡调制炼乳之分。

7.6.2.4 乳粉(milk powder)

乳粉指以生牛(羊)乳为原料,经加工制成的粉状产品,也称奶粉。以生牛(羊)乳或及其加工制品为主要原料,添加其他原料,添加或不添加食品添加剂和营养强化剂,经加工制成的乳固体含量不低于70%的粉状产品称为调制乳粉(modified milk powder)。目前市场上的产品多为调制乳粉。

根据鲜乳是否脱脂又可分为全脂乳粉(whole milk powder)和脱脂乳粉(skimmed milk powder)。全脂乳粉加工将鲜乳消毒后除去70%～80%的水分,采用喷雾干燥法,将乳喷成雾状微粒而成,一般全脂乳粉的营养素含量约为鲜乳的8倍。脱脂乳粉脂肪含量仅为1.3%,损失较多的脂溶性维生素,其他营养成分变化不大,适合于腹泻的婴儿及要求低脂膳食的人食用。

调制乳粉一般是以牛乳为基础,根据不同人群的营养需要特点,对牛乳的营养组成成分加以适当调整和改善调制而成,使各种营养素的含量、种类和比例接近母乳,更适合婴幼儿的生理特点和营养需要。如改变牛乳中酪蛋白的含量和酪蛋白与乳清蛋白的比例,补充乳糖的不足,以适当比例强化维生素 A、维生素 D、维生素 B_1、维生素 B_2、维生素 C、叶酸和铁、铜、锌及锰等矿物质。除婴幼儿配方乳粉外,还有孕妇乳粉、儿童乳粉、中老年乳粉等。

7.6.2.5 奶油

奶油有三种类型,主要用于佐餐和面包、糕点等的制作。

(1)稀奶油(cream)。以乳为原料,分离出的含脂肪的部分,添加或不添加其他原料、食品添加剂和营养强化剂,经加工制成的脂肪含量10%～80%的产品。

（2）奶油（黄油）（butter）。以乳和（或）稀奶油（经发酵或不发酵）为原料，添加或不添加其他原料、食品添加剂和营养强化剂，经加工制成的脂肪含量不小于 80.0％产品。

（3）无水奶油（无水黄油）（anhydrous milk fat）。以乳和（或）奶油或稀奶油（经发酵或不发酵）为原料，添加或不添加食品添加剂和营养强化剂，经加工制成的脂肪含量不小于99.8％的产品。

7.6.2.6　奶酪（cheese）

奶酪也称为干酪，是由牛乳经过发酵和凝乳，使蛋白质发生凝固，除去乳清，再经加盐压榨、后熟等处理后得到的产品。去掉乳清的加工环节会损失部分乳清蛋白、乳糖和水溶性维生素，但酪蛋白和其他营养素都得到了保留和浓缩，经过特定细菌和霉菌的后熟发酵，奶酪中的蛋白质和脂肪部分分解，消化吸收率提高，并产生奶酪特有的风味。

总体来说，奶酪是蛋白质、维生素 A、B 族维生素和钙等营养素的上好来源，碳水化合物含量则很低，这是因为奶酪制作过程中，大部分乳糖随乳清流失，少量乳糖经发酵产生乳酸也被除去，因而食用奶酪不会发生乳糖不耐受现象。随着浓缩程度的不同，其营养素比例也发生变化，原料牛乳中的蛋白质和脂肪含量接近 1∶1，而硬质奶酪中则降低为接近 1∶2，胆固醇也得到浓缩而大幅度上升。一些硬奶酪产品的脂肪含量可高达 30％～40％，属于高脂肪食物。

奶酪制作过程中，其中的钙和镁等矿物质元素得到了浓缩，脂溶性维生素仍然完整地保留在凝块当中，而水溶性的 B 族维生素大部分因为除去乳清而被损失，但因为后期发酵过程中微生物会产生各种 B 族维生素，其含量仍高于原料牛乳。据我国食物成分表，100 g 切达奶酪中含蛋白质 25.7 g，脂肪 23.5 g，核黄素 0.91 mg，钙 799 mg。

制作奶酪所分离的乳清含有容易消化的乳清蛋白和多种 B 族维生素，经过浓缩干燥制取的乳清粉，是制作婴儿乳粉和多种运动保健食品的重要配料。

7.7　蛋及蛋制品的营养价值

要点 7　蛋及蛋制品的营养价值
- 蛋的营养价值
- 蛋制品的营养价值

蛋类主要包括鸡蛋、鸭蛋、鹅蛋、鹌鹑蛋和鸽蛋等，食用最普遍、销量最大的是鸡蛋。鸡蛋的蛋黄和蛋清分别占可食部分的 1/3 和 2/3，蛋黄集中了鸡蛋中的大部分矿物质、维生素和脂肪。蛋制品是以蛋类为原料加工制成的产品，如皮蛋、咸蛋、糟蛋、冰蛋、干全蛋粉、干蛋清粉及干蛋黄粉等。

研究证据表明，鸡蛋摄入量与心血管疾病和中风的危险无关，与亚洲人群的癌症风险也没有关系。然而，有研究发现鸡蛋摄入量高时可增加糖尿病的发病风险，糖尿病患者每周摄入鸡蛋应少于 4 个。

7.7.1 蛋的结构

各种蛋类大小不一,但结构相似,由蛋壳、蛋清、蛋黄三部分组成(图7-3)。蛋壳在最外层,占全蛋重量的 $11\%\sim13\%$,壳上布满细孔,主要由碳酸钙构成。蛋壳表面附着有霜状水溶性胶状黏蛋白,对微生物进入蛋内和蛋内水分及二氧化碳过度向外蒸发起保护作用。蛋壳的颜色从白色到棕色,蛋壳的颜色由蛋壳中的原卟啉色素决定,该色素的合成能力因鸡蛋的品种而异,与蛋的营养价值关系不大;蛋清为白色半透明黏性胶状物质;蛋黄为浓稠、不透明、半流动黏稠物,表面包围有蛋黄膜,由两条韧带将蛋黄固定在蛋中央。

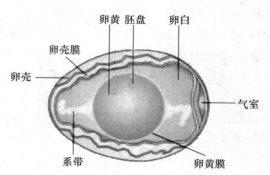

图 7-3 蛋的结构示意图

蛋黄的颜色受禽类饲料成分的影响,如饲料中添加 β-胡萝卜素可以增加蛋黄中的 β-胡萝卜素水平,而使蛋黄呈现黄色至橙色的鲜艳颜色。

7.7.2 蛋的营养价值

蛋类的宏量营养素含量稳定,微量营养素含量受品种、饲料、季节等多方面的影响。蛋类各部分的主要营养素含量见表7-13。

表 7-13 蛋类各部分的营养素含量

营养成分	全蛋	蛋清	蛋黄
水分(g/100 g)	74.1	84.4	51.5
蛋白质(g/100 g)	13.3	11.6	15.2
脂类(g/100 g)	8.8	0.1	28.2
碳水化合物(g/100 g)	2.8	3.1	3.4
钙(mg/100 g)	56	9	112
铁(mg/100 g)	2.0	1.6	6.5
锌(mg/100 g)	1.10	0.02	3.79
硒(μg/100 g)	14.34	6.97	27.01
视黄醇当量(μg/100 g)	234	—	438
硫胺素(mg/100 g)	0.11	0.04	0.33
核黄素(mg/100 g)	0.27	0.31	0.29
烟酸(mg/100 g)	0.2	0.2	0.1

(1)蛋白质。蛋类含蛋白质一般在 10% 以上。蛋清中较低,蛋黄中较高,加工成咸蛋或皮蛋后,蛋白质含量变化不大。蛋清中主要含卵清蛋白、卵伴清蛋白、卵黏蛋白、卵胶黏蛋白、卵类黏蛋白、卵球蛋白等。蛋黄中蛋白质主要是卵黄磷蛋白和卵黄球蛋白。鸡蛋蛋白的必需氨基酸组成与人体接近,是蛋白质生物学价值最高的食物,常被用作参考蛋白。按蛋白

质含量来计算,蛋类在各种动物蛋白质来源中是最为廉价的一种。鸡蛋中蛋白质的数量和质量基本恒定,受饲料影响较小。

(2)脂肪。蛋清中含脂肪 9%～15%,98%的脂肪集中在蛋黄中,呈乳化状,分散成细小颗粒,故易消化吸收。甘油三酯占蛋黄中脂肪的 62%～65%(所含脂肪中油酸约占 50%,亚油酸约占 10%),磷脂占 30%～33%,胆固醇占 4%～5%,还有微量脑苷脂类。蛋黄是磷脂的良好食物来源,蛋黄中的磷脂主要是卵磷脂和脑磷脂,除此之外还有神经鞘磷脂。卵磷脂具有降低血胆固醇的作用,并能促进脂溶性维生素的吸收。蛋类胆固醇含量较高,主要集中在蛋黄,如鸡蛋中胆固醇含量为 585 mg/100 g,而鸡蛋黄中胆固醇含量为 1 510 mg/100 g。但适量摄入鸡蛋并不明显影响血清胆固醇水平,也不明显影响心血管疾病的发病风险。饲料的成分同样对蛋黄中的胆固醇含量影响甚大,可以通过畜牧学措施生产出低胆固醇鸡蛋。

(3)碳水化合物。蛋类含碳水化合物较少,蛋清中主要是甘露糖和半乳糖,蛋黄中主要是葡萄糖,多与蛋白质结合形式存在。

(4)矿物质。蛋类的矿物质主要存在于蛋黄内,蛋清中含量极低。其中以磷、钙、钾、钠含量较多,如磷为 240 mg/100 g,钙为 112 mg/100 g。此外还含有丰富的铁、镁、锌、硒等矿物质。蛋黄中的铁含量虽然较高,但由于是非血红素铁,并与卵黄高磷蛋白结合,生物利用率仅为 3%左右。蛋中的矿物质含量受饲料因素影响较大,可以通过畜牧学措施生产出高碘、高硒、高锌等特种鸡蛋。

二维码 7-3
特种鸡蛋的
生产概述

(5)维生素。蛋中含有所有的 B 族维生素、维生素 A、维生素 D、维生素 E、维生素 K 和微量的维生素 C。其中维生素 A、维生素 D、维生素 K、硫胺素、核黄素、维生素 B_6 和维生素 B_{12} 较为丰富。一枚鸡蛋约可满足成年女子一日维生素 B_2 推荐量的 13%,维生素 A 推荐量的 22%。绝大部分的维生素 A、维生素 D、维生素 E 和大部分维生素 B_1 都存在于蛋黄当中。蛋中的维生素含量受到品种、季节和饲料等因素的影响而有所变异。

蛋黄的颜色来自核黄素、胡萝卜素、叶黄素和玉米黄素,饲料中添加类胡萝卜素类物质可以使蛋黄的颜色加深。有研究表明,蛋黄中的叶黄素和玉米黄素生物利用率高于绿叶蔬菜,可以补充视网膜黄斑中所含的色素,并具有较高的抗氧化能力,对于预防老年性眼病和心血管疾病有一定益处。

7.7.3 蛋制品的营养价值

蛋类加工品主要包括传统的皮蛋(松花蛋)、咸蛋、卤蛋,以及工业化生产的蛋粉。新鲜蛋类经特殊加工制成风味特异的蛋制品,宏量营养素与鲜蛋相似,但不同加工方法对一些微量营养素的含量产生影响。

(1)皮蛋。与鲜鸭蛋相比,皮蛋中赖氨酸和含硫氨基酸的评分均有明显下降,这是因为腌制过程中加入生石灰和纯碱使对碱较为敏感的碱性氨基酸和含硫氨基酸发生降解,含硫氨基酸部分转化为硫化氢,成为皮蛋风味的来源之一。从脂类变化角度来说,制作皮蛋使脂肪含量下降,磷脂因发生碱水解而含量下降。在脂肪酸组分中,饱和脂肪酸含量下降较为显著,而单不饱和脂肪酸含量上升,使脂肪酸的比例发生明显变化。由于添加大量碱性物质,制作皮蛋使维生素 B_1 和维生素 B_2 受到较大程度的破坏,因为维生素 B_1 和维生素 B_2 在碱性条件下不稳定。传统的松花蛋腌制中加入黄丹粉,即氧化铅,使产品的铅含量提高。目前已有多种"无铅皮蛋"问世,用铜或锌盐代替氧化铅,使得这些微量元素含量相应上升。

(2)咸蛋。与鲜鸭蛋相比,咸鸭蛋的含硫氨基酸评分也有轻微下降,但其他氨基酸和原料鸭蛋没有显著差异。制作咸蛋时,加入盐水腌制会极大地增加钠盐的含量,用低钠盐替代普通盐,或者在腌制中加入氯化钾,可以在不影响产品品质的前提下将产品中的钠含量降低 25% 左右,同时提高钾含量。用包草木灰的方式来制作咸蛋时,因其中富含碳酸钾,也会使咸蛋中的钾含量上升。此外,因为腌制过程中蛋壳中的钙部分溶出并向鸡蛋内部渗透,使咸蛋中的钙含量比腌制前均有显著上升,其中蛋清的钙含量升高幅度可达 10 倍以上。

(3)卤蛋。卤蛋产品的氨基酸组成与鲜鸡蛋差异不大,但由于水分含量下降,蛋白质含量有所上升,具体产品中的蛋白质和脂肪含量可查询产品包装上的营养成分表。经过长时间煮制之后,卤蛋中棕榈酸、硬脂酸等饱和脂肪酸含量下降,花生四烯酸和 DHA 等多不饱和脂肪酸含量也下降,而单不饱和脂肪酸含量上升,与肉类长时间炖制后的变化相一致。由于制作中加入了酱油和盐,并经过长时间煮制,其中钠含量大幅度上升,但钾元素有部分流失,含量下降;其他矿物质元素变化不大

(4)蛋粉。将鸡蛋制作成蛋粉对蛋白质的利用率无影响,B 族维生素有较大损失,但维生素 A 和维生素 D 含量受影响较小。

国外已有较多去掉蛋壳的液体蛋制品,包括全蛋液、蛋清液和添加 DHA 等活性成分的低胆固醇蛋液等,但国内尚未见这类产品。

? 思考题

1. 名词解释:食物的营养价值;营养素密度;营养质量指数;营养素生物利用率
2. 问答题:
(1)如何理解食物营养价值的相对性?
(2)谷类的主要营养特点是什么?哪些营养素相对不足?
(3)豆类有哪些营养特点?在营养上尚有哪些不足之处?
(4)试比较畜、禽、鱼、蛋类食品所含的脂肪差异。
(5)牛奶主要的营养特点及其不足之处有哪些?
(6)蛋类有哪些营养特点? 如何来看待蛋黄中的胆固醇?
(7)一位 25 岁每日能量需求为 7 950 kJ(1 900 kcal)的年轻女性,钙的参考摄入量为每日 800 mg。她想从食物途径补钙,请问,她是每天摄入冰淇淋,还是摄入酸奶,或小白菜好?不同选择各有什么利弊?已知它们的钙含量和总能量如下表,请计算 3 种食物中钙的 INQ。

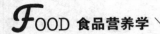

食品	钙含量/mg/100 g	能量/kcal/100 g	INQ
冰淇淋	126	127	
酸奶	118	72	
小白菜	90	15	

3. 分组讨论:可以用水果来代替蔬菜吗?为什么?

4. 实践活动:参观 1~3 类食物加工企业,了解食物的加工过程,并谈谈这些加工过程对食品营养价值的可能影响。

CHAPTER

8

第 8 章

食品营养强化与营养标签

【学习目的和要求】

1. 掌握营养强化食品、营养标签等基本概念。

2. 了解强化食品和营养标签历史、现状和发展趋势。

3. 初步了解作为强化食品的基本要求和有关的法律法规。

【学习重点】

食品营养强化的意义和种类；食品营养标签相关的概念。

【学习难点】

食品营养强化的基本要求；食品营养标签基本要求。

Food Nutrition

引例

1. 健康谷物的新时尚：营养强化谷物

近日，加拿大萨斯喀彻温大学开展了一项新的研究项目，旨在提高人们对全谷物和强化非全谷物产品的营养价值信息的认识，比如白面包、百吉饼、汉堡包和香肠面包等。该项研究对这些食物中的营养价值进行了详细阐述，这些食物都是由含特定营养素的面粉制成，比如叶酸、铁、钾和钙，这些营养素通常在加工的过程中会流失。

通常情况下，白面包产品的营养价值要比全麦面包低。但是，该项研究对强化非全谷物产品的健康效果很看好，其能为消费者提供关键的营养价值。其他国家的数据也表明，全谷物和强化非全谷物饮食能够为消费者提供营养和健康益处。研究人员表示，该项目将确保消费者和政策制定者了解更加科学的信息，做出正确的饮食选择。

加拿大食品指南目前正处于修订中，加拿大卫生部建议加拿大居民应该增加全谷物食物的膳食摄入量，降低强化非全谷物食品的摄入量。然而，加拿大以外的研究显示，强化非全谷物食品可提高儿童和成年人的营养摄入量。研究人员期望本项研究有类似的结果，并反过来影响加拿大食品指南的修订。

Nutrients 杂志刊登的一项研究显示，在其他因素确定的前提下，鼓励消费者摄入强化的非全谷物产品以及摄入全谷物产品，可提高美国儿童和成年人总体营养素的摄入量。现有的饮食和营养信息存在大量的误导性，该项研究希望通过这种方式对消费者和政策制定者产生积极的影响，同时让人们了解到摄入所有谷物来源产品的营养健康性，还可为加拿大种植谷物的农户提供益处。

该项研究利用了最近发布的 2015 加拿大社区健康调查（CCHS）数据信息，旨在为加拿大居民和政策制定者在全谷物和强化非全谷物饮食方面提供更好的指导。

其实，营养强化农作物的研究早已经展开，并取得了相当的成果，一些营养强化农作物已经开始商业化应用。如高维生素 D 蘑菇、高维生素 A 香蕉等。

2. 关注中小学生营养强化 助力全面建成小康社会

2020 年 5 月 22 日，十三届全国人大三次会议召开。《政府工作报告》中指出，确保完成决战决胜脱贫攻坚目标任务，全面建成小康社会将是今年发展主要目标。少年强则中国强，少年智则中国智。实施中小学生营养改善工程，是关乎民族昌盛的重大战略。实施营养改善，特别是强化中小学生营养干预，将影响青少年一代的身体素质和智力发育，有助于降低一代人的疾病患病风险，提升其成年后的素质水平，进而对社会经济发展产生长远的影响，有利于全面建成小康社会。

3. 加强营养干预 全面提升青少年素质

在政策层面，中小学生营养工作一直以来都得到了高度重视。从 1993 年至今发布的三个《中国食物与营养发展纲要》，每次都特别提到了要重视学生营养健康状况的相关内容。而2011年，国务院办公厅印发《关于实施农村义务教育学生营养改善计划的意见》，则决定投入大量的资金、人力和物力，将营养干预，特别是农村学生营养改善工作作为重中之重。各部委、各省市（自治区）也配套了相应的规章和政策，中小学生营养干预工作得到了长足的发展。

从实际情况来看，与国外学生营养干预相比，满足中国中小学生营养干预的需求，还有一定的提升空间。以饮用牛奶为例，中国营养学会建议儿童青少年每天钙推荐摄入量应达到1 300 mg，换算成牛奶，约为每天500 mL，但目前我国青少年平均牛奶摄入量远远低于500 mL，尤其对于偏远地区儿童而言，提高牛奶摄入已经成为拉升营养水平的必要手段。

4. 推动营养立法 持续提高人口素质

学生营养干预是一项长期战略和系统工程，既需要配套相应的政策，更需要制定专门的法规，从而让学生营养干预有政策支撑，有法律可依。

在许多国家，保障学生营养摄入被列入相关法律法规。在日本，通过立法规定学生必须在学校吃营养午餐，其午餐包括鱼、肉、蛋、奶及谷类蔬菜水果；在美国，规定学生每天必须吃5种蔬菜水果。目前，虽然我国出台了系列政策，各部委、各地方配套了规章，但至今没有专门立法，由于缺乏法律保障，政策的长期性无法持续，有时甚至因为偶发事件而夭折或中断，一定程度降低了学生营养改善工作的工作效率。

我国可以借鉴国外经验和做法，尽快推动学生营养立法，通过立法持续加强学生营养教育和强化营养干预工作，这是有利于改善中小学生营养、促进身体健康、提升智力水平、提高人口素质的基础，也是促进未来经济社会发展，增强综合国力的重中之重。

5. 巩固营养成果 多方位发挥乳品价值

乳制品是重要的营养来源，在改善青少年营养健康中起到重要作用。2000年，国家"学生饮用奶计划"开始实施，这项计划是我国第一个全国性的中小学生营养改善专项计划。

在这样的基础上，通过加强"学生饮用奶计划"与"学生营养改善计划"有机衔接，共同合力促进学生营养干预工作。同时要对学生饮用奶生产企业的加工能力、质量管理、奶源基地、管理制度、产品标准等方面提出更高要求，并推动"国家学生饮用奶计划"积极参与学生营养餐有关规范和标准制定工作，推荐乳品营养专家参与营养餐有关规范和标准制定工作，更好的发挥乳品在学生餐中的营养价值。从而更全面的推动青少年营养水平，为建设全面小康社会打好营养健康的基础。

随着中国社会经济飞速发展，国民营养问题受到前所未有的重视与关注。无论是营养不足抑或营养过剩抑或"隐性饥饿"，各种层出不穷的问题让科研工作者和民众自身，都意识到现代营养健康的特殊重要性。

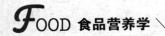

8.1　食品营养强化

要点1　食品营养强化
- 食品营养强化的意义
- 食品营养强化的基本要求
- 食品营养强化剂的种类

8.1.1　食品营养强化的相关概念

食品实践证明生活水平的普遍提高并不能消除营养缺乏症,总有一些特定人群处于营养缺乏的危险之中。现在人们对营养素与人体机能之间的关系有了新的认识,最新的营养学认为:适度"过量"摄入某些含特定营养素的营养强化食品(也称功能性食品)对预防慢性病有一定的功效。具体地,强化食品概念为添加营养强化剂后的食品。目前在发达国家,强化食品已得到人们的普通重视,已走进了千家万户。

按照我国 GB 14880—2012《食品安全国家标准　食品营养强化剂使用标准》,营养强化剂是为了增加食品营养成分(价值)而加入的天然或人工合成的营养素或其他营养成分,如钙、铁、碘、锌、维生素、叶酸、赖氨酸、牛磺酸、乳铁蛋白等,主要有 4 大类——氨基酸、脂肪酸、维生素和无机盐。营养强化剂不仅能提高食品的营养质量,而且还可以提高食品的感官质量和改善其保藏性能。营养强化剂不等同于营养素,因为它是人工添加的,也不等同于食品添加剂,因为它的添加目的特殊。GB 14880—2012 中描述:营养强化剂的使用目的是弥补食品在正常加工、储存时造成的营养素损失;通过强化改善营养素摄入水平低或缺乏导致的健康影响;或者补充和调整特殊膳食用食品中营养素和(或)其他营养成分的含量。

国际食品法典委员在 1987 年对食品营养强化给出了比较全面的界定,即食品营养强化是通过添加一种或多种基本营养物质,从而防止整个人群或者特定地域、特定经济水平、特定人群的营养缺乏。而需要添加营养强化剂的食品称为媒体(载体)食品。

强化食品为人类的膳食营养及身体健康做了很大的贡献,例如 1948 年菲律宾在大米中添加 B 族维生素及矿物质,明显降低了因脚气病、佝偻病而引起的死亡;碘的强化减少了地方性甲状腺肿大。

8.1.2　食品营养强化的意义

除母乳以外,几乎没有任何一种天然食品能完全满足人体所需各种营养素的需要,而且食品在烹调、加工、贮存等过程中往往有部分营养素损失。因此,为了弥补天然食品的营养缺陷,使得食品的营养更加均衡;补充食品加工、贮运过程中营养素的损失;以及满足不同人群对营养素的需要,有必要对有关食品进行营养强化。

(1)弥补天然食品的营养缺陷。食品进行营养强化主要为了补充天然食品的营养缺陷,改善食品中的营养成分及其比例,满足人们对营养的需要;减少和预防很多营养缺乏症及因营养缺乏引起的其他并发症;特别补充某些营养物质,达到特殊饮食和健康的目的。在高精度大米中,赖氨酸和苏氨酸分别是第一和第二限制性氨基酸,强化赖氨酸,或同时强化赖氨酸和苏氨酸,都能提高大米蛋白质的品质。而在中小学生食品的营养强化中,还应适度强化牛磺酸。另外新鲜果蔬含有丰富的维生素C,但其蛋白质和能源物质欠缺。含丰富优质蛋白质的乳、肉、禽、蛋等,其维生素含量则多不能满足人类的需要。此外,由于地球化学关系,一些地区的食物可能缺碘或硒。而饮食习惯等原因造成的缺铁,则可以通过食用市售的铁强化酱油改善这一问题。

(2)补充食品加工、贮运过程中营养素的损失。多数食品需要经过储存、运输、加工、烹调等过程,才能到达消费者手中。此系列过程中,机械、化学和生物因素均能引起食品部分营养素的损失。如稻米在加工过程中非常有营养的米胚和麸皮几乎百分之百的被去掉,营养损失达40%以上。谷粒所含的维生素、无机盐和含赖氨酸较高的蛋白质均集中在谷粒的外围部分和胚芽上,因此糙米碾磨程度越高,蛋白质、脂肪、无机盐及维生素等营养素损失就越大。另外,在我国普遍存在着煮饭前对大米进行淘洗的习惯,淘洗也会损失大米的成分。

(3)满足不同人群对营养素的需求。当前,在大多数解决了温饱问题的地区,主要存在的问题是微量营养素(维生素、矿物质)的摄入不足,即"隐形饥饿"。2014年第二届国际营养大会文件《营养问题罗马宣言》指出全球超过20亿人患有微营养素缺乏症,尤其缺乏维生素A、碘、铁和锌等。如在全球范围内孕妇普遍存在着铁缺乏、贫血等营养问题,且在许多贫困地区还存在较为严重的维生素A缺乏,其他孕期受关注的营养素还有叶酸、维生素D、锌和维生素B_{12}。GB 14880—2012规定了营养强化剂允许使用的范围,其中孕产妇用乳粉(孕妇奶粉)中可以强化维生素A、维生素D、维生素E、维生素K、B族维生素、维生素C、烟酸、叶酸、铁、钙、锌、硒等多种维生素和矿物质,营养素密度较高。因此,在日常膳食之外,孕妇或成为强化食品(孕妇奶粉)的高摄入人群。

又如船在大海上航行,海员受到海上多种因素的影响,在这种特殊环境工作和生活,其营养要求有一定的特殊性。在现代化的考察船上,维生素C和维生素B_2缺乏症的发生率仍有5%～15%。因此,远航时,对海员要额外补充维生素C和维生素B_2或食用强化维生素C和维生素B_2的食品。

8.1.3 食品营养强化的基本要求

营养强化食品的功能和优点很多,但其强化过程必须从营养、卫生及经济效益等方面全面考虑,并需适合各国的具体情况。进行食品营养强化时应遵循以下几个方面的原则。

(1)不应导致人群食用后,营养素及其他营养成分摄入过量或不均衡,不应导致任何营养素及其他营养成分的代谢异常

允许在食品中强化的营养素,必须根据本国(本地区)历年营养调查的情况和某些地区已暴露出来的与营养缺乏有关的健康问题,或满足特殊人群对某些营养素供给量需要的原则确定。例如,日本居民多以大米为主食,其膳食中缺少维生素B_1,他们根据其所缺少维生素B_1的数量在大米中增补。我国南方亦多以大米为主食,而且由于生活水平的提高,人们多食用精白米,致使有的地区维生素B_1缺乏病流行。因此,除了提倡食用标准米以防止维生素B_1缺乏病外,在有条件的地方也可考虑对精米进行适当的维生素强化。而营养强化剂

的具体使用范围和使用量,则必须根据应用的对象、地区、营养素的需要及载体的性质、工艺等特点来决定。

此外,人体所需各种营养素在数量之间有一定的比例关系,应注意保持各营养素之间的平衡。食品营养强化的主要目的是改善天然食物存在的营养素不平衡关系,强化的剂量应适当,避免造成某些新的不平衡。这些平衡关系主要有:必需氨基酸之间的平衡,脂肪酸之间的平衡,产能营养素之间的平衡,维生素 B_1、维生素 B_2、烟酸与能量之间的平衡,以及钙、磷平衡等。

(2)安全卫生。食品营养强化剂的卫生和质量应符合国家标准,如 GB 14880—2012《食品安全国家标准 食品营养强化剂使用标准》;同时还应严格进行卫生管理,切忌滥用。特别是对于那些人工合成的营养素衍生物更应通过一定的卫生评价方可使用。除了要保证营养强化剂安全卫生外,还要保证强化后的食品安全卫生。

(3)易被机体吸收。食品强化的营养素应尽量选取那些易于吸收利用的强化剂,例如可作为钙强化用的强化剂很多,柠檬酸钙、乳酸钙、葡萄糖酸钙、柠檬酸苹果酸钙、氯化钙、碳酸钙、磷酸钙、硫酸钙、磷酸二氢钙等。其中人体对乳酸钙吸收最好。

(4)不应导致食品一般特性如色泽、滋味、气味、烹调特性等发生明显不良改变。食品大多有其美好的颜色、气味和口味等感官性状。而食品营养强化剂也多具有本身特有的色、香、味。食品强化的过程,不应损害食品的原有感官性状而影响消费者的接受性。例如,用蛋氨酸强化食品时很容易产生异味,各国实际应用甚少。当用大豆粉强化食品时易产生豆腥味,故多采用大豆浓缩蛋白或分离蛋白。

(5)稳定性高、经济合理、有利推广。许多食品营养强化剂如同食品其他营养素一样,在光照、高温和有氧的条件下不稳定,因此,在食品加工及贮藏过程中可能会有部分损失。为了减少这部分损失,可通过改善强化工艺条件和贮藏方法,也可通过提高强化剂稳定性来实现。

通常,食品的营养强化需要增加一定的成本,但应注意营养强化食品的销售价格不能过高,否则不易向公众推广普及。要使营养强化食品经济上合理和便于推广,科学地选择载体食品是关键。食品营养强化时,应当选择广大居民普遍食用、经济上能够承受的食品作为载体。

8.1.4 食品营养强化剂的种类

营养强化剂按性质可分氨基酸类、维生素类、矿物质类三类。

(1)氨基酸类营养强化剂。氨基酸是构成生物体蛋白质的基本单位,氨基酸是否平衡且适量的供应给机体组织直接影响到人体免疫系统和其他功能,处于亚健康状态的人们,容易遭受病菌的侵染。氨基酸类食品强化剂主要以八种必需氨基酸和牛磺酸为主。

(2)维生素类营养强化剂。维生素是迄今为止使用最早且应用最广泛的营养强化剂。维生素是维持人体正常生理功能,促进各种新陈代谢过程中必不可少的营养物质。人体自身无法合成维生素,只能从外界获取,这使得维生素类食品强化剂尤为重要。GB 14880—2012 规定了维生素 A、维生素 D、维生素 E、维生素 B_1、维生素 B_2、维生素 B_6、维生素 B_{12}、维生素 C、维生素 K、烟酸、胆碱、肌醇、叶酸、泛酸和生物素等 15 种维生素的使用量及使用范围。其中维生素 D、维生素 E、维生素 K、维生素 A 属于脂溶性维生素,其他属于水溶性维生素。所以在添加维生素类强化剂是要注意它与其他食品的相溶程度。

(3)矿物质类营养强化剂。矿物质是构成人体组织和维持人体正常生理活动的重要物质。矿物质对于机体而言不仅不能被合成,而且还会随着人体的代谢排出体外,所以矿物质和维生素一样都必须从食物中获取。矿物质可以按照在人体中含量的不同,分为常量元素及微量元素。常量元素有 7 种,分别是钙、磷、镁、钾、钠、氯、硫。微量元素有 14 种,分别是铁、锌、铜、锰、碘、钼、钴、硒、铬、镍、锡、硅、氟、钒等。其中,按照其生物学功能,微量元素中的铁、锌、碘、铜、钼、钴、硒、铬被认为是人体必需微量元素。GB 14880—2012 制定了铁、钙、锌、硒、镁、铜、锰、钾、磷等 9 种允许使用的矿物质的使用范围和在食品中的强化量。

二维码 8-1

在中国,营养强化剂分为维生素类、矿物质类和其他。而在国外,营养强化剂分为氨基酸、多肽、蛋白质、膳食纤维、多不饱和脂肪酸、维生素类、植物甾醇、黄酮、矿物质、类胡萝卜素、益生菌、多酚等。不论中国还是世界发达国家和地区,销售额领先的都是氨基酸、多肽、蛋白质、膳食纤维、多不饱和脂肪酸、维生素类、植物甾醇和矿物质等营养强化剂。

8.1.5 食品营养强化的发展历程

(1)国外发展历程。美国食品营养强化最早始于 1924 年,为了预防居民甲状腺肿开始向食盐中加碘,随后在全美开始销售碘盐,使得甲状腺肿的发病率大大降低,此后,碘缺乏作为一种严重的公共卫生问题已基本被消除;20 世纪 30 年代,美国东南部居民膳食以研磨过细的谷物、培根为主,导致大量居民患有不同程度的烟酸缺乏症和粗皮病,为此,美国当局将维生素 B_1、核黄素添加到小麦粉和其他谷物中,来弥补由面粉加工过程中造成的营养流失,从而分别起到预防脚气病和核黄素缺乏症等疾病的作用。由于营养不良的高发病率,1941 年,美国国家研究委员会的食品和营养委员会首次提出了推荐的每日允许量(recommended daily allowances,RDA),主要是作为设计膳食和食物供应的参考依据,同时也作为强化的标尺与食品强化管理联系起来。1942 年,食品药品监督管理局(Food and Drug Administration,FDA)正式制定了强化白面粉(铁、硫胺素和烟酸、核黄素)产品标准。如果消费者每天平均吃 6 片面包的话,添加到面包和面粉中的维生素和铁的量就能够达到 RDA 的要求。1952 年,FDA 颁布了强化面包的食品标准,随后陆续制定了乳制品、玉米粉、白大米等食品强化的标准。1980 年,FDA 发布了关于食物强化的最终政策声明,并强调当前的营养调查显示大范围的食品强化不是必要的,食品强化应该给消费者带来好处而不能造成营养失衡,不能误导消费者相信吃强化食品可以确保营养合理的膳食,该食品营养强化声明一直延续至今。另外,在 1944 年,加拿大政府强制面粉和面包生产企业向食品中添加维生素 B_1、维生素 B_2 等;20 世纪中期开始,营养强化食品被许多欧洲国家认可。而在 20 世纪末期,Howarth Bouis 提出作物营养强化农作物概念。1993 年,国际农业研究磋商组织(CGIAR)启动了旨在通过培育新型农作物,提高作物本身微量元素含量来改进人体营养的项目研究。

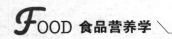

2004 年,国际作物营养强化项目启动。截至 2017 年,18 个营养强化作物新品种通过此项目被培育成功。

(2)我国食品营养强化的现状。我国食品营养强化工作起步较晚。20 世纪 50 年代生产的"5410"婴儿代乳粉,以大豆、大米为主要原料,同时添加了强化动物骨粉、维生素 A 和维生素 D 以及核黄素小米等,开创了我国食品营养强化的先例。在此基础上,又开发生产了核黄素面包、钙奶饼干等强化食品。随着营养缺乏的危害以及对营养强化作用的认识逐渐加深,我国政府越来越重视营养强化,相继推行了许多营养强化项目。进入 20 世纪 80 年代后,我国开始对食品营养强化进行标准化法制管理,相继颁布了《食品营养强化剂使用卫生标准(试行)》以及《食品营养强化剂卫生管理办法》,标准中规定赖氨酸、维生素 A、维生素 B_1、维生素 B_2、维生素 C、维生素 D、烟酸、亚铁盐、钙、锌和碘共计 11 种营养素可用于食品的营养强化。1990 年食品营养强化剂作为食品添加剂的一个类别纳入《食品添加剂使用卫生标准》。1994 年,国务院颁布《食盐加碘消除碘缺乏危害管理条例》,这是我国第一个由政府强制实施的全民强化项目,并取得了很大的成功,此后,分别在 1996 年和 2000 年进行了两次盐碘含量标准的调整,我国政府将盐碘含量标准调整为加工 35 mg/kg,碘含量的允许波动范围±15 mg/kg(20~50 mg/kg)。同年,颁布实施了国家标准《食品营养强化剂使用卫生标准》,该标准规定了食品营养强化的主要目的、使用营养强化剂的要求、可强化食品类别的选择要求以及营养强化剂的使用规定,并于 2012 年进行了修订。该标准规定了维生素、矿物质、氨基酸(肽、蛋白质)等 43 种营养素强化剂在不同食品类别中的使用量。以维生素 D 作为营养强化剂为例,该标准规定了维生素 D 用于调制乳、人造黄油、豆浆和饼干等 16 类食品类别中的使用量。该标准还规定了允许使用的营养强化剂化合物来源,以维生素 D 为例,化合物来源包括:麦角钙化醇(维生素 D_2)、胆钙化醇(维生素 D_3)。2000 年开始推广营养强化面粉,并出台了营养强化面粉的国家标准《营养强化小麦粉》,这些都充分表明了国家对食品营养强化的支持。

随着我国经济迅速发展,居民生活水平不断提高,我国对食品营养强化相关的法规标准进行了多次修订,以符合中国居民不断变化的饮食结构和健康状况。目前,我国强化的产品载体涉及谷物类及制品、调味品、乳制品等类别,其中除调味品中的碘盐为国家强制性食物强化外,其他食物强化目前都为非强制性的强化。

8.1.6 我国食品营养强化中存在的问题

(1)食品营养强化标准体系建设不健全。目前,我国有关强化食品标准及法规主要有《食品营养强化剂使用标准》(GB 14880—2012),《食品添加剂使用卫生标准》(GB 2760—2014)以及《中华人民共和国食品安全法》等。这些法规及标准体系的建设远远满足不了现代强化食品的发展需求。由于缺乏比较细致的强化食品标准法规,使得许多新开发的强化食品,如强化大米等,各生产厂家各行其是,市场鱼目混珠,消费者无所适从。给生产厂商的成本、市场价格和消费者引导都带来非常不利的影响。

(2)食品营养强化标准监管不到位。一是监管力度不足,导致一些不合格的营养强化产品充斥市场,如营养强化维生素 A 食用油,国家标准中明确规定其包装材料应该采用符合食品卫生和安全要求的不透明材料,而市场上仍然存在采用透明包装的维生素 A 食用油,这意味着三个月内食用油中的维生素 A 便会分解消失殆尽,无法起到营养强化的作用。

二是由于缺乏营养强化食品的具体标准法规,使得监管作用只能是杯水车薪,市场混乱。如质检部门与生产厂商对营养强化食品的标准不一,可能给生产厂商带来较大损失;且质检部门缺乏统一的规范标准,使得一些不达标或严重超标的产品在市场上流通,对消费者健康产生一定危害。

(3)消费者对营养强化食品认知不足,生产厂商积极性不高。随着国民经济的快速发展和居民收入水平的逐步提高,市场上各种食品琳琅满目,越来越多的消费者除了追求食物的口感、色泽和品质,已经逐渐向食品的营养与健康转变,但目前国内对于营养强化食品的宣传和普及程度不高,很多消费者对营养强化食品的功能和营养价值缺少正确的理解和认识,甚至有些人会将营养强化食品当作人造食品或不安全的食品而产生怀疑,直接影响消费者的购买预期。而消费者对营养强化食品的购买力不足,会对生产者的生产积极性产生不利影响,此外,国内一些新型的营养强化食品生产技术还不太成熟,营养强化食品的成本居高不下,较高的产品价格也让消费者望而却步,进一步影响了企业的销量和利润,使得很多企业仍处于观望态度。

(4)国家资金扶持力度不够

作为国内新型的营养强化食品,需要较多的技术研发投入,先进设备配套和市场开发资金投入;卫生部门和质检部门对于产品的生产测定和质量检测需要较大的人力、物力、财力投入;营养强化食品的从业者需要获得相关的知识培训,消费者需要有更多的知识认知等。这些费用单靠企业行为是不够的,特别是生产厂商利润驱动不足的背景下,需要国家阶段性的资金扶持。此外,营养强化食品的最广泛市场应该是在比较贫困的农村地区,如强化酱油的普及和推广,这里居民的营养失衡状况比较明显,但受经济发展水平,市场利润率等影响,更迫切需要国家的政策资金扶持。但实际状况是,我国目前对营养强化食品的专项资金扶持还比较缺乏,直接限制了营养强化食品产业的快速发展。

8.2　营养标签

要点 2　食品营养标签
- 食品营养标签基本要求
- 食品营养标签强制标示内容与营养成分

近年来,随着消费者对食品安全问题越来越重视,以及由于不合理的膳食引起的肥胖和慢性病发病率急剧攀升,食品营养标签作为传递营养信息的手段已经引起了前所未有的关注。

8.2.1　食品营养标签相关概念

食品营养标签对于消费者来说,所包含的营养信息,有助于消费者提高营养管理意识,调整饮食结构;于企业而言,是指导与规范食品中营养标示的主要手段,能够促进同行业的

公平竞争,通过指导企业改变食品营养质量和改进宣传方法以取得竞争优势;而在国际层面,建立或完善国际营养标签与标准体系,对我国在国际贸易中规避技术型的贸易壁垒、获取食品进出口贸易的主动地位大有裨益。

营养标签:预包装食品标签上向消费者提供食品营养信息和特性的说明,包括营养成分表、营养声称和营养成分功能声称。营养标签是预包装食品标签的一部分。

营养成分:食品中的营养素和除营养素以外的具有营养和(或)生理功能的其他食物成分。各营养成分的定义可参照 G/BZ—21922—2008《食品营养成分基本术语》。

核心营养素:营养标签中的核心营养素包括蛋白质、脂肪、碳水化合物和钠。

配料表、生产日期、保质期、贮存条件、产品标准号、营养成分表等都属于食品标签。除了最常见的生产日期、保质期和贮存条件,对消费者来说最重要的就是配料表和营养成分表了。

营养成分表:标有食品营养成分名称、含量和占营养素参考值(NRV)百分比的规范性表格。营养成分表是整个营养标签的核心部分。

营养素参考值(NRV):专用于食品营养标签,用于比较食品营养成分含量的参考值。

营养声称:对食品营养特性的描述和声明,如能量水平、蛋白质含量水平。营养声称包括含量声称和比较声称。

含量声称:描述食品中能量或营养成分含量水平的声称。声称用语包括"含有""高""低"或"无"等。

比较声称:与消费者熟知的同类食品的营养成分含量或能量值进行比较以后的声称。声称用语包括"增加"或"减少"等。

营养成分功能声称:某营养成分可以维持人体正常生长、发育和正常生理功能等作用的声称。

8.2.2　食品营养标签基本要求

(1)预包装食品营养标签标示的任何营养信息,应真实、客观,不得标示虚假信息,不得夸大产品的营养作用或其他作用。

(2)预包装食品营养标签应使用中文。如同时使用外文标示的,其内容应当与中文相对应,外文字号不得大于中文字号。

(3)营养成分表应以一个"方框表"的形式表示(特殊情况除外),方框可为任意尺寸,并与包装的基线垂直,表题为"营养成分表"。

(4)食品营养成分含量应以具体数值标示,数值可通过原料计算或产品检测获得。各营养成分的营养素参考值(NRV)见《食品安全国家标准　预包装食品营养标签通则》(GB 28050—2011)中附录 A。

(5)营养标签应标在向消费者提供的最小销售单元的包装上。

8.2.3　强制标示内容与营养成分表达方式

所有预包装食品营养标签强制标示的内容包括能量、核心营养素的含量值及其占营养素参考值(NRV)的百分比(图 8-1)。当标示其他成分时,应采取适当形式使能量和核心营养素的标示更加醒目。对除能量和核心营养素外的其他营养成分进行营养声称或营养成分功能声称时,在营养成分表中还应标示出该营养成分的含量及其占营养素参考值(NRV)的百分比。使用了营养强化剂的预包装食品,在营养成分表中还应标示强化后食品中该营养成分的含量值及其占营养素参考值(NRV)的百分比。当食品配料含有或生产过程中使用了氢化和(或)部分氢化油脂时,在营养成分表中还应标示出反式脂肪(酸)的含量。上述未规定营养素参考值(NRV)的营养成分仅需标示含量。

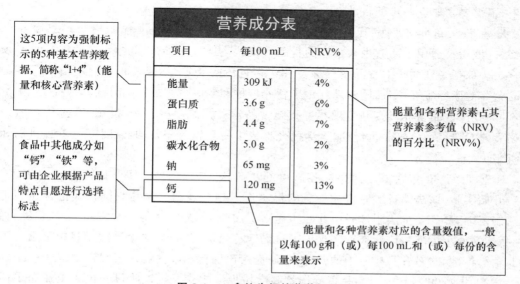

图 8-1　一盒纯牛奶的营养标签

GB 28050—2011 中规定预包装食品中能量和营养成分的含量应以每 100 克(g)和(或)每 100 毫升(mL)和(或)每份食品可食部中的具体数值来标示。当用份标示时,应标明每份食品的量。份的大小可根据食品的特点或推荐量规定。

8.2.4　国内外食品营养标签制度研究现状

(1)欧美国家食品营养标签法律体系的现状。1973 年,美国开始发布有关食品营养标签的规定,其食品营养标签法规经历了从个别食品到全部食品,标示内容从少到多,标示要求从自愿标示到强制标示的过程。第一,首先是要求营养强化食品必须标示营养标签,其后对一般性食品的营养标签标示也提出了相应的管理方案。FDA 制定法规,扩大了强制要求标示营养标签的食品范围。食品安全检验局(Food Safety and Inspection Service,FSIS)要求加工肉类和禽类食品必须标示食品营养标签。第二,逐步增加食品营养标签标示内容。1984 年,FDA 要求在食品营养标签中必须标示钠的含量,但可自愿标示钾,随后逐步增加至15 种标示内容,其后又统一健康声称,规定营养标签含量声称的表述方式。

美国对食品标签要求非常严格,一旦标示不清楚发生事故,将承担严重的法律责任,最著名的案例是“麦当劳咖啡烫伤赔偿案”。麦当劳出售高温咖啡,因为没有在咖啡杯醒目之处标注"警告(Warning)""高温热饮,小心烫伤",为此付出巨大代价,支付了 286 万美元的巨额责任赔偿。由此可知,美国对于食品标签非常重视,食品营养标签作为食品标签的一部分,也可能因为不合法标示而受到惩罚。这些制度足以引起食品企业高度重视食品营养标签问题。在食品营养标签召回制度上,美国对因食品营养标签问题的食品召回属于三级召回,对此类食品的召回,企业可以采取补救措施后继续销售,但是必须对消费者进行补偿。美国缺陷食品召回是在政府主导下召回,在实施召回后,还应由食品安全检验局进行"有效性检查",确认食品召回企业已经尽可能地将缺陷食品的危害降到最低后,才通知企业召回结束,不需要采取进一步的行动。

欧盟于 2006 年 12 月 30 日公布了《关于食品营养及健康声称的指令(EC)No1924/2006》。该指令适用于所有供人食用的食品或饮品,强调食品包装上标示的营养信息必须准确真实。该指令列明了对食品营养标签和广告宣传的要求,一律禁止含混不清或不准确的食品营养健康标签及广告,同时还规定了营养声称和健康声称的使用方式和前提。

(2)我国食品营养标签制度现状。我国食品营养标签制度自 20 世纪 80 年代中后期开始创立,初步形成是在 21 世纪初,至今已经形成了一套较为完备的法律体系、管理机制和配套机制。

①20 世纪 80 年代——食品标签制度起步阶段。1983 年 7 月 1 日,《食品卫生法(试行)》开始实施,该法律首次对食品标签的标示作了相关规定。这是我国正式把食品管理纳入法制范围,食品安全法制体系由此开始建立。1987 年,原国家标准局发布 GB 7718—1987《食品标签通用标准》,该标准首次提出可自愿标示热量、营养素含量。随后我国又发布了婴幼儿食品标准,并对食品标签中的营养成分、健康声明标示等内容作了细致规定。

②20 世纪 90 年代——食品营养标签制度初步形成阶段。该阶段我国主要颁布了两项国家标准,即 GB 13432—1992《特殊营养食品标签》和重新修订的 GB 7718—1994《食品标签通用标准》。GB 13432—1992 强制要求特殊营养食品应标示热量及营养素含量,自此我国开始强制要求在标签标示食品的营养信息。《食品标签通用标准》增加了例如"如标示热量、营养素含量,可参照《特殊营养食品标签》"等内容。

③21 世纪初——食品营养标签制度稳步发展阶段。2001 年我国正式加入 WTO,开始融入国际社会。在这一阶段,我国食品营养标签制度取得了长足的发展,不仅丰富了食品营养标签的标示内容,还发布了食品营养标签的管理规范。GB 7718—2004《预包装食品标签通则》提高了能量和营养素含量的标示要求,GB 13432—2004《预包装特殊膳食用食品标签通则》则增加了食品营养标签的标示内容,增加了对营养声称的规定。在这时期,原国家质检总局公布了《食品标识管理规定》,规定食品标签的标示要求和未合理标示的法律责任。2007 年,原卫生部发布了《食品营养标签管理规范》(卫监督发〔2007〕300 号),开始加强食品营养标签的管理。此《规范》不强制企业标示食品营养标签,是企业标示营养标签的指导性文件。自此,我国食品营养标签制度完全建立。

④2009 年至今——食品营养标签制度迅速发展阶段。我国食品安全法律政策以及管理体制有一个重要发展机遇始于《食品安全法》的颁布,这是我国首次规定食品安全标准的内容,并将食品营养标签纳入其中。食品营养标签正式进入食品安全法制范围,为食品营养

标签法律制度的发展提供了广阔空间。2011 年,原卫生部将《食品营养标签管理规范》(卫监督发〔2007〕300 号)修订为《预包装食品营养标签通则》,自 2013 年 1 月 1 日开始实施,标志我国预包装食品营养标签制度由推荐转为强制实施。2015 年新修订了《食品安全法》,再次强化了食品营养标签标准是国家安全标准。2015 年 3 月 15 日,原国家食品药品监督管理总局发布《食品召回管理办法》,对因食品标签问题的食品,根据风险评估结果可按三级召回程序召回。至此,我国食品营养标签制度进入一个新的里程。

8.2.5　当前我国营养标签上的某些问题

　　我国现阶段在食品的营养标签上主要存在几个问题:无商标或食品名称使消费者看不懂;配料列表不全,致敏成分无标注;实际净含量与标注不符;制造商名称与地址标注不详细甚至不标注;滥用质量图形图案和标志;商品生产日期随意篡改或无标注等。甚至有些食品的营养标签存在虚假信息或内容不全,有意误导消费者。究其问题产生原因,主要有以下几点:(1)卫生监管不到位,如一些卫生执法部门对营养标签监管的力度不够,对违反法规的企业处罚力度低、信息反馈慢,甚至有些执法部门私自审批,发证随意。(2)食品企业自觉性低,由于违法的成本较低,以及对营养标签相关的法律、法规等强制性的标准不够了解,因此,部分食品企业为增加销量,谋取更高的利润,不惜对此违反法律。在进行产品宣传时,为迎合消费者追求营养与健康的心理,以虚假宣传欺骗消费者;对于食品的营养标签,通常随意标注、弄虚作假,误导消费者进行购买。此外,我国对食品营养成分的测定方法还停留在传统阶段,所以很难实现对现代食品的检测,导致食品企业存在侥幸心理,自觉性、自律性较低,从而影响食品营养标签的规范性和标准性。(3)消费者关注度不高。我国大部分的消费者,包括大学生群体,对食品营养标签的关注度普遍较低,还未养成对

二维码 8-2

食品营养安全和标签可靠性观察或关注的习惯,自我保护意识与维权意识较弱。调查显示,在 100 名的消费者中,大概只有 25.3% 的消费者知道营养标签,而能够完全理解或大致上理解标签信息的只有大约 5.1%。再加上相关部门在食品营养规范、安全等相关法律法规的宣传力度不够,消费者对该方面的意识不强,因此关注度也不高,更谈不上发挥社会监督作用,从而给不法企业可乘之机。

❓ 思考题

　　1. 何为营养强化、营养强化食品、营养强化剂和营养标签?

　　2. 食品营养强化的基本要求有哪些?

　　3. 食品营养强化的目的是什么?

　　4. 食品营养标签基本要求有哪些?

　　5. 我国当前在营养标签上存在的不足有哪些?

《食品安全国家标准　预包装食品营养标签通则》(GB 28050—2011)

附录 A　食品标签营养素参考值(NRV)

规定的能量和 32 种营养成分参考数值如表 8-1 所示。

表 8-1　营养素参考值(NRV)

营养成分	NRV	营养成分	NRV
能量[a]	8 400 kJ	叶酸	400 μg DFE
蛋白质	60 g	泛酸	5 mg
脂肪	≤60 g	生物素	30 g
饱和脂肪酸	≤20 g	胆碱	450 mg
胆固醇	≤300 mg	钙	800 mg
碳水化合物	300 g	磷	700 mg
膳食纤维	25 g	钾	2 000 mg
维生素 A	800 μg RE	钠	2 000 mg
维生素 D	5 g	镁	300 mg
维生素 E	14 mg α-TE	铁	15 mg
维生素 K	80 μg	锌	15 mg
维生素 B_1	1.4 mg	碘	150 g
维生素 B_2	1.4 mg	硒	50 g
维生素 B_6	1.4 mg	铜	1.5 mg
维生素 B_{12}	2.4 g	氟	1 mg
维生素 C	100 mg	锰	3 mg
烟酸	14 mg		

[a] 能量相当于 2 000 kcal;蛋白质、脂肪、碳水化合物供能分别占总能量的 13%、27% 与 60%。

第 9 章
不同人群的营养

【学习目的和要求】

1. 了解研究不同条件人群营养的一般方法。

2. 掌握婴幼儿、孕妇和乳母、老年人的代谢特点、营养需求及膳食原则,并在此基础能提出其他特殊条件人群的合理膳食原则。

【学习重点】

孕妇、乳母的营养与膳食;婴幼儿营养与膳食。

【学习难点】

老年人、特殊环境人群的营养特点与食物搭配。

Food Nutrition

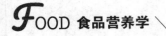

引例

健康快乐——人类穷极一生追求的目标

你家里都有哪些成员？爸爸、妈妈、爷爷、奶奶、哥哥、姐姐、弟弟、妹妹？对于他们你都了解吗？你又关注过他们的身体状况吗？你了解在日常生活中哪些因素对他们的健康有巨大威胁吗？

人的生命是通过对膳食中提供的各种营养素的吸收利用而维持的。不同年龄阶段、不同生理周期及不同生理机能对食营养的需求存在较大的区别，我们可以通过掌握人体不同生理周期生理变化特点，科学合理安排膳食，使人体达到营养平衡，从而保障身体健康。人的一生按照年龄分为以下几个阶段：

(1)婴儿期：出生 1～12 个月，包括新生儿期（断脐至出生后 28 天）；

(2)幼儿期：1～3 岁儿童；

(3)学龄前期：3～6 岁儿童；

(4)学龄期：6～12 岁儿童；

(5)少年期：12～18 岁，亦称青年期；

(6)成年期：18～60 岁；

(7)老年期：60 岁以上。

不同人群的特点与问题

(1)乳母与婴儿。不同母亲的母乳成分差异很大，同一位母亲在不同时期的母乳成分也并不完全一样。每个妈妈的母乳都是不一样的，就算是同一个妈妈，在不同的哺乳期、一天中不同的喂奶时间、甚至同一次喂奶的开始和结束，母乳的成分都有可能不同。此外，母亲的饮食构成与身体状况，对于母乳的组成也有一定的影响。更加奇特的是，母乳中的营养成分会随着宝宝的需求而变化，仿佛就是天然具备智能 AI 调节功能。比如有的宝宝食量比较大，那么妈妈的奶量就会相对较多，这种母乳的脂肪含量就比较低。而有的宝宝食量小，母乳产量也会相对少，相应的脂肪含量就会相对较高，以此来避免宝宝能量摄入过多或过低，保证每个宝宝都能健康的成长。

(2)婴幼儿。易发生龋齿问题，对于很多家长来说，孩子吃糖，也担心会长蛀牙。为什么吃糖会容易长蛀牙呢？龋齿主要是由于附着在牙齿上的细菌引起的，这些细菌靠饭后附着在牙齿上的食物颗粒生存，它们的副产物之一，是酸性物质，酸性物质会腐蚀牙齿，导致龋齿的发生。吃糖，相当于是给细菌生长代谢提供了更加方便快捷的能量，也就增加了龋齿风险。最近，世界卫生组织发布调查报告称，其于 2016 年至 2017 年间，抽检了英国、丹麦和西班牙市面上的婴儿食品，在检测过程中发现，部分生产商在食品中加入了果蓉等以增加糖分。若经常食用这些食品，会给婴儿造成龋齿、肥胖等多种健康伤害，建议禁止生产商在 3 岁以下婴幼儿食品中添加糖。

（3）幼儿。易发生挑食问题，幼儿在这发展阶段要表现独立、希望自己能够做主，这是正常的心理和行为表现；这个年龄的孩子较难接受陌生的食物和抗拒吃蔬菜，他们需多次重复接触新食物，才会愿意尝试；有些孩子对食物的质感（例如粗细、软硬度）或味道较敏感，并会抗拒某些质感或气味强烈的食物；孩子接触到的食物种类太少；喝奶过量、零食过多以致没有胃口尝试其他食物。食物摄取种类、数量都会营养幼儿营养物质的摄入，从而影响其身体的正常生长发育。

（4）老年人。随着我国人口老龄化问题的加重，关注老年人的健康状况已经成为我国日益严峻的问题。人体进入老年期，其身体各个生理功能均呈现衰退趋势，这些生理的变化影响着老年人对营养的需要、消化和吸收。因此，需要根据老年人特定的生理特点进行合理的营养补充，即老年人的健康状况离不开合理的营养支持。如何保持身体健康、防止疾病、延缓衰老一直是老年人最关注的话题。

人体每天都要从饮食中获得所需的各种营养素。不同的个体由于其年龄、性别、生理及劳动状况不同，对各种营养素的需要量可能不同。一个人如果长期摄入某种营养素不足就可能产生相应的营养素缺乏，如果长期摄入某种营养素过多也可能产生相应的问题。因此，必须科学地安排每日的膳食以获得种类齐全、数量适宜的营养素。用什么作标准来衡量所摄入的营养素是否适宜呢？营养学家通过研究提出了适用于不同年龄、性别及劳动状态、生理状态人群的膳食营养素参考摄入量。膳食营养素参考摄入量既是衡量所摄入的营养素是否适宜的尺度，又是帮助个体和人群拟订膳食计划的工具。

9.1　孕妇营养与膳食

要点 1　孕妇营养与膳食

• 孕妇的生理特点
• 孕妇的营养需要
• 孕妇的膳食需求

孕妇是特殊的营养需求群体，一般通过妊娠发展逐步调节和安排膳食营养。妊娠是指母体内胚胎的形成及胎儿的生长发育过程，一般分为妊娠早期（1～12周）、妊娠中期（13～27周）和妊娠晚期（28～40周）三个阶段。孕妇在妊娠期间需进行一系列的生理调整，以适应胎儿在体内的生长发育，妊娠各阶段孕妇也表现出对不同营养的需求变化，育龄妇女自妊娠开始直到产后哺乳，均处于需要加强营养的特殊生理过程。因为妊娠期胎儿生长发育所需的各种营养素均来自母体，一般而言，营养状况良好的妇女，通过

二维码 9-1

孕期体内一系列的生理和代谢调整，能够提供胎儿生长和乳汁分泌所需要增加的营养。因此，保证妊娠期的合理营养对母亲健康和婴幼儿的正常发育有着重大的生理意义。

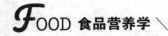

9.1.1　孕妇的生理特点

9.1.1.1　内分泌及代谢的改变

（1）分泌系统的改变。孕期内分泌的主要改变是与妊娠有关的激素水平的相关变化。随着妊娠时间的增加,胎盘增大,母体内雌激素、孕激素及胎盘激素的水平也相应地升高,尤其是胎盘生乳素,其分泌增加的速率与胎盘增大的速率相平行。胎盘生乳素可以通过刺激脂肪分解而增高循环中游离脂肪酸、甘油的浓度,同时抑制糖的利用和糖原异生,有致糖尿病的效应。但胎盘生乳素又有促胰岛素生成的作用,可导致母体血胰岛素水平增高,有利于蛋白质合成保持正氮平衡,这就保证了葡萄糖、游离脂肪酸、氨基酸等能源不断地输送给胎儿,有利于胎儿的生长;胎盘生乳素与垂体生乳素、雌激素、孕激素、胰岛素、皮脂醇、甲状腺激素一起,可促进乳腺发育,以备哺乳之需。妊娠期虽有多种激素参与乳腺发育做好泌乳的充分准备,但妊娠期并无乳汁分泌,可能大量的雌激素、孕激素有抑制乳汁生成的作用。孕激素可使孕妇肺通气量增加、呼吸加深、舒展平滑肌(特别是子宫和消化道平滑肌),并对胎盘可能起一种免疫抑制剂的作用。

（2）消化功能的改变。妊娠期由于雌激素增加,孕妇可出现牙龈充血肿胀、易出血即为妊娠患牙龈炎。孕期激素的变化可引起平滑肌张力降低、胃肠蠕动减慢、胃排空时间延长,加之胃酸及消化液分泌减少,因而影响了食物消化,孕妇常出现胃肠胀气及便秘;由于贲门括约肌松弛,导致胃内酸性内容物反流至食管下部产生"胃灼热感",在妊娠早期约有一半以上的孕妇有恶心呕吐等妊娠反应。但也因为食物在消化道内停留时间加长而增加了某些营养素如钙、铁、维生素 B_{12}、叶酸等的吸收。

（3）血容量及血液成分的改变。由于胎儿血液循环的需要,孕妇血容量随妊娠月份逐渐增加,从 10 周开始到 32～34 周达最高峰,最大增加量为 50%,以后逐渐下降,产后 4～6 周恢复至孕前状态。与此同时,红细胞和血红蛋白的量也增加,至分娩时达最大值,约增加 20%。血浆容积和红细胞增加程度的不一致,使血液相对稀释,导致生理性贫血。孕期血浆葡萄糖、氨基酸、铁及部分水溶性维生素如维生素 C、维生素 B_6、叶酸、维生素 B_{12} 及生物素下降,而一些脂溶性维生素如维生素 E 上升,维生素 A 变化不大。

（4）肾功能的改变。有效肾血浆流量、肾小球滤过率以及滤过分数在孕期都有改变,估计与孕妇清除自身及胎儿所产生的代谢废物有关:由于有效肾血浆流量和肾小球滤过率的增加,使尿中氨基酸、葡萄糖和部分水溶性维生素如维生素 B_2、烟酸、吡哆醛和叶酸的代谢终产物排出增加,其中葡萄糖的排出量可增加 10 倍以上,但钙的排出下降。

（5）水和电解质代谢特点。正常妊娠母体内逐渐驻留较多的钠,除供胎儿需要外,其余分布在母体细胞外液中,体内水分驻留增加。整个妊娠过程中母体含水量增加 6.5～7 kg,其中,血浆 1.3 kg,胎儿、胎盘和羊水 2 kg;子宫和乳房 0.7 kg,组织间液 2.5 kg。

（6）体质量增加及构成。不限制进食的健康孕妇体质量在足月是平均增加约 12.5 kg,前半期增加 3～4 kg,后半期 6～8 kg。其中,初期受孕妇女体质量增长平均值约高于产妇。孕期体质量增加及构成见表 9-1、表 9-2。

表 9-1　孕期体质量增加及构成

g

提质量增加/g	第 10 周	第 20 周	第 30 周	第 40 周
胎儿、胎盘及羊水	55	720	2 530	4 750
子房和乳房	170	765	1 170	1 300
血液	100	600	1 300	1 250
细胞外液	—		—	1 200
脂肪及其他	325	1 915	3 500	4 000
合计	650	4 000	8 500	12 500

表 9-2　按孕前体质指数推荐的孕妇体重适宜增长范围

体质指数	推荐体重增长范围/kg
低(<19.8)	12.5～18.0
正常(19.8～26.0)	11.5～16.0
超重(>26～29)	7.0～11.5
肥胖(>29)	6.0～6.8

9.1.1.2　妊娠期营养不良对母体的影响

（1）营养性贫血。营养性贫血包括缺铁性贫血和缺乏叶酸、维生素 B_{12} 引起的巨幼红细胞贫血。妊娠期贫血以缺铁性贫血为主，在妊娠末期患病率最高。其主要原因是膳食铁摄入不足，来源于植物性食物的铁吸收利用率差，母体和胎儿对铁的需要量增加，某些其他因素引起的失血等。重度贫血时，可因心肌缺氧导致贫血性心脏病，贫血还可降低孕产妇抵抗力，易并发产褥感染，甚至危及生命。现有大量的证据认为，孕早期的铁缺乏与早产和低出生体重（婴儿患病和死亡的最常见原因）有相关。此外，孕妇贫血也会使胎儿肝脏中缺少铁储备，出生后婴儿亦患贫血。缺铁性贫血还与孕期体重增长不足有关，也可以增加妊娠高血压综合征的发生。

（2）骨质软化症。维生素 D 缺乏可影响钙的吸收，导致血钙浓度下降。为了满足胎儿生长发育所需要的钙，必须动用母亲骨骼中的钙，结果使母体骨钙不足，引起脊柱、骨盆骨质软化、骨盆变形、重者甚至造成难产。此外，孕妇生育年龄多集中在 25～32 岁，该时期正值骨密度峰值形成期，妊娠期若钙摄入量低，可能对母体峰值骨密度造成影响。

（3）妊高征。妊高征表现为高血压、蛋白尿、水肿等。该病是威胁母婴健康最常见的一种疾病，发病率可达 10% 左右，多在妊娠 24 周后发生，常见于初产妇、多胎妊娠和羊水过多或者贫血的孕妇以及原有糖尿病、慢性肾炎或高血压的孕妇。妊高征的发生虽与遗传、营养状态、营养摄取量等因素均有关系，但目前比较一致的观点认为与某些营养素的不足或过多，以及运动量过少均有关系。其中可能原因在于动物脂肪、热能摄入太多，蛋白质、各种维生素、无机盐和微量元素摄入不足，诱发或加重妊高征。

（4）妊娠合并糖尿病。本病可能是原患有糖尿病的妇女怀孕，或原有糖耐量异常的妇女因妊娠而发展为糖尿病，或妊娠后新发生的并发症。妊娠糖尿病可引起羊水过多，妊高征增多 3～7 倍；酮症酸中毒及感染增高，胎儿围产死亡率增高，畸胎增多，巨大儿出生率可 10 倍于正常妊娠。新生儿可有呼吸困难综合征,低血钙、低血镁、高血磷及其他病变。为预防合并糖尿病,对肥胖妇女要正确减肥,有家族史者更需早做预防。

(5)营养不良性水肿。膳食蛋白质摄入量严重不足可导致营养不良性水肿,表现为下肢水肿,严重者出现全身浮肿。

(6)出现妊娠并发症。一般认为,妊娠毒血症与多种营养素缺乏有关。研究表明,蛋白质供给不足容易导致合并妊娠毒血症(妊娠高血压综合征),尤其是缺锌的孕妇,此病的患病率明显上升。

(7)加重妊娠反应。营养不良孕妇通常体质较弱,在某种程度上营养不良与妊娠反应为因果,妊娠反应加重进一步使孕妇营养状况恶化。

(8)增加产伤和感染机会 有研究表明,长期蛋白质供给不足,易发生产伤,而缺锌则容易引起感染且愈合缓慢。

9.1.1.3 妊娠期营养不良对胎体的影响

(1)先天畸形。若胚胎在器官分化形成的初期受到影响胚胎发育的因素干扰,就会导致胎儿器官、组织或身体某个部位发育不全或不发育,使胎儿出现畸形。引起胎儿畸形的因素很多,营养不良是其中之一。如维生素 A 缺乏或过多可导致无眼、小头等畸形,叶酸缺乏可导致胎儿神经管畸形。

(2)脑发育受损。胎儿脑细胞数的快速增殖在妊娠中期至出生后 3 个月,其后脑细胞主要以体积增大为主。胚胎期是脑细胞生长发育的关键时期,如果孕妇营养失调,给胎儿大脑发育带来的不良影响将无法弥补。如蛋白质、ω-3 系多不饱和脂肪酸和能量摄入不足,对胎儿的脑发育、智力等都可造成不良影响。

(3)低出生体重。低出生体重指新生儿出生体重小于 2 500 g。低出生体重婴儿围产期死亡率为正常婴儿的 4～6 倍,而且影响其儿童期和青春期的体能和智力发育。低出生体重还与成年后慢性病如糖尿病的发生率增加有关。

(4)巨大儿。巨大儿指新生儿出生体重大于 4 000 g。巨大儿可能是孕妇盲目摄入过多的能量或营养素造成,巨大儿不仅分娩困难,造成产伤,还与胎儿成年后慢性病如肥胖、高血压等发生密切相关。

9.1.2 孕妇的营养需要

9.1.2.1 孕妇营养需要和合理膳食

孕期妇女通过胎盘转运胎儿生长发育所需要的营养素,经过约 280 d 妊娠期,将肉眼看不见的受精卵孕育成体质量约 3 kg 的新生儿,同时发生一系列的生理变化,其营养要求远高于非孕妇女。为适应胎儿自母体吸收营养、排泄废物及成长发育,孕妇必需经受一系列的生理调整。妊娠期母体在生殖、循环、内分泌及新陈代谢等多方面均发生变化。

9.1.2.2 妊娠期膳食原则

妊娠期膳食应随着妊娠期妇女的生理变化和胎儿生长发育的状况而进行合理调整。为保证孕妇和胎儿的营养需要,建议孕妇多选择新鲜,易消化且营养丰富的食物,少量多餐;为防止孕期便秘,可多选用富含膳食纤维、维生素和矿物质的新鲜蔬菜、水果及薯类;妊娠后期若出现水肿,应限制盐分摄入、增加蛋白质摄入。尚需根据不同个体的具体情况做出适当调整。近年由于我国生活水准的提高,食物资源丰富,孕妇可获取足量甚至是过量的食品,针对一些食欲良好的孕妇,建议在孕后期适当控制食欲和每日进食次数和数量,以免体重增加过多,发生妊娠期肥胖及糖尿病、巨大儿和生产困难等。一方面要达到孕妇营养的供给与需要之间的平衡。在数量和质量上满足妊娠不同时期对营养的特殊需要;另一方面,则要达到各种营养素之间的平衡,以避免由于膳食构成比例失调而造成的不良影响。中国营养学会在《中国居民膳食指南》中对孕妇的膳食特别提出:自妊娠第 4 个月起,保证充足的能量;妊娠后期保持体重的正常增长;增加鱼、肉、蛋、奶、海产品的摄入。

9.1.3　孕妇的膳食需求

9.1.3.1　孕早期合理膳食

此期正处于胚胎分化增殖和主要器官形成的重要阶段,但胎儿生长发育缓慢,平均增重 1 g/d。孕妇膳食中热能及各种营养素需要量可与孕前基本相同。但由于孕妇机体经历一系列的调整过程,晨起或饭后常表现出不同程度的恶心、呕吐、厌食、厌油、偏食和嗜酸等异常变化。此间膳食与正常成人所需营养相似或略增,并特别注意以下几点:

(1)照顾孕妇喜好,选择促进食欲的食物。

(2)膳食宜清淡适口易消化,可选择粥、薯类、馒头和面包等,以减少呕吐。

(3)少吃多餐,以减少呕吐和增加进食量。

(4)多摄入富含叶酸的食物并补充叶酸,最好在计划妊娠时就开始补充叶酸,以避免胎儿神经管畸形。

9.1.3.2　孕中期营养与膳食

此时期胎儿生长较快,平均增重约 10 g/d,各种营养素及热能需要增加。膳食要点如下:

(1)热能充足。孕中期基础代谢加强,加上此期胎儿生长加快,母体子宫、乳房及胎盘也逐渐增大,以及弥补由于早孕反应导致的摄入不足,热能需要增加。《中国居民膳食营养素参考摄入量》建议,孕妇在非孕妇需要的基础上每日增加热能摄入 0.84 MJ,每日主食量应达 400 g,并注意粗细粮与杂粮搭配。

(2)选择富含优质蛋白质的食物。此期胎儿组织快速增长,《中国居民膳食营养素参考摄入量》建议,孕妇在非孕妇需要的基础上每日增加 15 g 蛋白质,其中,动物类和豆类食品等优质蛋白质占 1/3 以上。要适当增加鱼、禽、蛋、瘦肉和海产品的摄入量。

(3)选择富含钙、铁等矿物质的食品。供给适宜量矿物质对孕妇健康和胎儿的发育非常重要。孕妇注意选择富含铁的红肉、动物血液和肝脏,富含钙的虾皮、奶及制品,富含锌的动物性食物,以及富含碘的海带、紫菜等。

(4)适当选择富含必需脂肪酸的食物。一些坚果类食物如核桃、花生、芝麻、瓜子等富含必需脂肪酸可为胎儿大脑和视网膜等发育提供营养支持。

(5)食物多样化。食物多样化即每日膳食中的食物要包括谷类及薯类食物、动物性食物、豆类及其制品、蔬菜和水果等,并交替选用同一类中的各种食物,既可使膳食多样化,又能达到不同食物在营养成分上的互补。

(6)维生素丰富的食物。由于热能需要增加,物质代谢增强,维生素 B_1,维生素 B_2 和烟酸等相应提高。应多选择富维生素的新鲜瓜果蔬菜,特别是绿色、橙色和黄色等有色蔬菜水果。

(7)适当增加奶类摄入。可提供丰富的钙质和优质蛋白质。此外,每周 1 次海产品、1 次动物肝脏(约 25 g)、1 次动物血,以补充微量元素和维生素 A。

(8)注意饮食卫生。不洁的食物可引起胃肠炎,痢疾等疾病。某些化学性物质污染的食品不仅有致癌作用,还可诱发胎儿畸形,严重污染时还可发生食物中毒,危及母体及胎儿健康。因此,妊娠期尤其要注意食品的卫生质量。

(9)少吃过咸、过甜和油腻食物。摄入过多的盐与孕妇水肿和妊娠中毒的发生有关;过甜或过于油腻的食物易导致肥胖。

(10)不吃刺激性食物。浓茶、酒及辛辣的调味品等刺激性食物对孕妇不利,可使大便干燥,引发或加重痔疮。饮食中也不要摄入过多的香辛作料、咖啡等刺激性食物。

各餐食物合理分配。通常三餐的能量分配为早餐占 25%~35%,中餐占 40%,晚餐占 30%~35%。孕妇也可将每日总能量的 20%~30% 用于加餐;加餐可以安排牛奶、点心等食品。需要注意的是,孕妇不要营养过剩,以避免母亲肥胖及产生巨大儿而造成难产。养成良好的饮食习惯。孕妇应规律用餐,不暴饮暴食。不偏食;进餐时要专心一意并保持心情愉快,以保证食物的消化和吸收。

9.2　乳母营养与膳食

要点 2　乳母营养与膳食

- 乳母的生理特点
- 乳母的营养需要
- 乳母的膳食需求

母乳是出生至 4~6 个月婴儿最理想的食物。人类哺乳的开始及维持受复杂的神经内分泌机制控制。怀孕期间,乳房的发育为产后的泌乳做好了准备。分娩后,雌激素和孕激素水平突然下降,同时垂体分泌的催乳素水平增加,乳汁开始分泌。乳汁的分泌受两个反射的控制。其一是产奶反射。婴儿吸吮乳头可刺激乳母垂体产生催乳素,引起乳腺腺泡分泌乳汁,并储存在乳腺导管内。另一个反射是下奶反射。婴儿吸吮乳头时,可反射性地引起乳母垂体后叶释放催产素,引起乳腺周围肌肉收缩而出现排乳。

成功地分泌乳汁和进行哺乳是多种因素配合的结果。包括许多内分泌腺的活动,尤其是垂体激素中的催乳激素和缩宫素,还有婴儿的吸吮刺激,乳母的合理营养与生活方式以及乳母的情绪等都有一定的作用。

9.2.1　乳母的生理特点

（1）内分泌改变。分娩后,主要激素的改变导致哺乳的启动。雌激素和黄体酮的分泌显著下降,促乳素升高。催乳素引起乳腺开始分泌乳汁。

（2）婴儿的吸吮。吸吮对持续合成催乳素及维持乳汁的产生是必需的。吸吮作用抑制下丘脑分泌抑制催乳素产生的多巴胺,吸吮还导致垂体后叶释放催乳素,引起排列于乳腺囊壁和导管的平滑肌细胞收缩,从而导致乳导管的收缩使乳汁下移至乳头附近的窦道甚至引起乳房喷射(溢乳)。哺乳一旦建立,每日1次的吸吮是持续维持泌乳的信号。而持续的吸吮还可抑制黄体生成激素和促性腺释放激素的释放,使排卵和月经的恢复延迟。

（3）营养状况。乳母营养素摄入充分才能形成乳汁。妊娠期营养不良,不能储备足量脂肪、蛋白质等营养者,可影响泌乳;营养不良可致甲状激素,雌激素水平降低,对乳腺发育与乳汁分泌有不良影响。

（4）乳母情绪。可影响催乳素产生,如当母亲听到婴儿哭声时可发生溢乳。当乳汁分泌反射形成时,90%的新生儿在吸吮乳头3～5 min后可以得到母乳。若产后婴儿不吸乳,泌乳作用在3～4 d后就不能维持。母乳分为三期。产后第一周分泌的乳汁为初乳,呈淡黄色,质地黏稠,富含免疫球蛋白和乳铁蛋白等,但乳糖和脂肪较成熟乳少。第二周分泌的乳汁为过渡期乳。过渡期乳的乳糖和脂肪含量逐渐增多。第二周以后分泌的乳汁为成熟期乳,呈乳白色,富含蛋白质、乳糖、脂肪等。

一个足月产的婴儿在产后1～2 d可以得到50～100 mL/d乳汁,到产后第二周增加到500 mL/d左右,以后正常乳汁分泌量为750～850 mL/d。但泌乳量在不同个体之间变化较大,即使是营养良好的人群也同样。泌乳量少是母亲营养不良的一个指征。饥荒时营养不良的乳母甚至可以完全终止泌乳。在母亲营养状况极差的地区,以母乳为唯一来源的婴儿于产后6个月内出现早期干瘦型蛋白质热能营养不良的患病率增加。

9.2.2　乳母的营养需要

母乳是婴儿最好的食物,乳汁中的各种营养成分全部来自母体,因此良好的乳母营养供给对保证乳汁正常分泌并对恒定乳汁质量起到至关重要的作用。

9.2.2.1　能量

哺乳期妇女对能量的需求有所增加,旨在满足母体泌乳过程中需要消耗的体能和乳汁所含的能量。通常,乳母维持泌乳所需的额外能量与其泌乳量呈正比关系。人乳的能量为280～293 kJ/100 mL(67～70 kcal/100 mL),WHO推荐的母乳能效比平均以80%(76%～94%计算),即产生100 mL乳汁需要消耗能量约356 kJ(85 kcal)。其中,5%的能量来自乳蛋白质,38%的能量来自乳糖,50%以上的能量来自乳脂。

一般情况下,乳母在妊娠期储存3～4 kg脂肪,哺乳期体脂丢失率0.5～1.0 kg/月。乳母动用自身体脂提供的能量每天不足250 mL乳汁的需要,其余部分需由食物中提供。中国营养学会推荐从事轻体力劳动的乳母,日常维持能量需要量约为8.8 MJ/d(2 100 kcal/d);哺乳1～6个月的乳母能量摄入应增加2.1 MJ/d(500 kcal/d);6个月以后仍保持母乳喂养者能量摄入

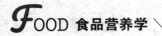

应增加 2.1～2.7 MJ/d(500～650 kcal/d)。

9.2.2.2　宏量营养素

（1）蛋白质

母乳蛋白质平均含量 1.1％,按日分泌 800 mL 计,约需 10 g 高等生物优质蛋白质,同时,膳食蛋白质转化为乳汁蛋白质时转变率的 70％,植物性蛋白质食品较多时则更低。《中国居民膳食营养素参考摄入量》建议乳母蛋白质推荐摄入量较成年女子多 20 g。

（2）脂类

人乳的脂肪含量在一天之内和每次哺乳期间均有变化。当每次哺乳临近结束时,奶中脂肪含量较高,有利于控制婴儿的食欲。乳母膳食中脂肪的构成可影响乳汁中脂肪成分,如人乳中各种脂肪酸的比例随乳母膳食脂肪酸摄入状况而改变。我国营养学会推荐乳母膳食脂肪的摄入量以其能量占总热能的 20％～30％为宜。

（3）矿物质

①钙。乳汁中钙的含量比较恒定,不受乳母膳食中钙含量的影响。如果乳母膳食钙不足,就会动用母体骨骼钙来维持乳汁钙恒定。乳母常因钙摄入不足发生腰腿酸痛、小腿肌肉痉挛等症状。中国营养学会推荐乳母钙的 AI 为 1 200 mg/d。

②铁。由于铁不能通过乳腺进入乳汁,所以人乳中铁含量极少。但由于孕后期大量失铁,2002 年中国居民营养与健康状况调查显示,我国乳母贫血率为 24.0％。为防治乳母缺铁性贫血,中国营养学会推荐乳母铁的 AI 为 25 mg/d。

③锌和碘。锌和碘与婴儿神经系统的发育及免疫功能关系密切,而乳汁中锌与碘的含量受乳母膳食的影响,因此,中国营养学会推荐乳母膳食中锌与碘的 RNI 分别为:21.5 mg/d 与 200 μg/d。

（4）维生素

人乳中维生素的含量依赖于母亲现时的维生素摄入量及其在体内的储存,但其相关性强度因维生素而异。当乳母膳食维生素较长时间供给不足时,将导致乳汁中的含量下降。因此哺乳期母亲膳食中各种维生素必须相应增加,以维持乳母健康,并满足婴儿生长发育的需要。

在脂溶性维生素中,只有维生素 A 能少量通过乳腺进入乳汁。维生素 A 能少量通过乳腺进入母乳中,可通过膳食调配保证乳汁中维生素 A 的含量,我国营养学会推荐乳母维生素 A 摄入量为 1 200 μgRE/d。维生素 D 几乎不能通过乳腺进入乳中,但有促进钙转化和吸收的功能,乳母应尽量选用动物肝脏、蛋黄等食物,并多晒太阳以增加体内维生素 D 的合成,我国营养学会推荐乳母摄入量为 10 μg/d。维生素 E 有促进乳汁分泌的作用,其含量与亚油酸含量呈正相关,多食用植物油可增加维生素 E 的量,乳母的 AI 为 14 mg/d。

（5）水分

乳母每天摄入的水量与乳汁分泌量密切相关,水分不足,会影响乳汁分泌量,乳母每天应多喝水,在每天的食物中还应增加肉汤,骨头汤和粥等含水较多的食物以供给水分。有调查显示,大豆、花生加上各种肉类如猪腿、猪排骨或猪尾煮汤,鲫鱼汤,黄花菜鸡汤,鸡蛋煮汤均能促进乳汁分泌。

9.2.3　乳母的膳食需求

产妇分娩后即进入哺乳期,这一时期不仅需要补偿分娩造成的营养损失,还需适应母乳泌出。乳汁形成的物质基础是母体的营养,包括哺乳期母体通过食物摄入,动用母体的储备或分解母体组织(如脂肪组织分解)。倘若乳母膳食中营养素摄入不足,则将动用母体中的营养素储备来维持乳汁营养成分的恒定,甚至牺牲母体组织来保证乳汁的质与量。因此,泌乳量少是母亲营养不良的一个指标,营养严重缺乏甚至可造成停止泌乳。通常可根据婴儿体重的增长率判断乳母泌乳量是否充足。

产妇哺乳不仅为婴儿提供了营养丰富的食物,而且有利于母体的健康。哺乳对乳母健康的影响表现为:促进产后子宫恢复;避免发生乳腺炎;延长恢复排卵时间;预防产后肥胖;降低骨质疏松的发病率;降低乳腺癌和卵巢癌的发病概率等。

如果母体长期营养不良,乳汁的分泌量也将减少。所以,为了保护母亲和分泌乳汁的需要,必须供给乳母充分的营养。

由于乳母对各种营养素的需要量均增加,因此在哺乳期必须多选用营养价值较高的食物,餐次也应比平时多。中国营养学会在《中国居民膳食指南》中关于乳母的膳食指南特别强调:要保证供给充足的能量;增加鱼、肉、蛋、奶和海产品的摄入。

(1)摄入充足的能量。充足的能量是保证母体健康和乳汁分泌的必要条件。能量主要来自主食。乳母一日膳食组成中应有 400~500 g 主食。包括大米、面粉、小米、玉米面、杂粮等。

(2)保证供给充足的优质蛋白质。乳母对蛋白质的需要量较高。动物性食物如蛋类、肉类、鱼类等蛋白质含量高且质量优良,宜多食用。每日膳食中鱼类、禽类、肉类及内脏等应达200 g,蛋类 150 g。大豆及其制品也能提供优质蛋白质并含丰富的钙质,膳食中应供给 50~100 g。

(3)多食含钙丰富的食物。乳母对钙的需要量大,故要特别注意补充,乳及乳制品含钙量高且易于吸收利用,所以每天应适量食用,乳母应保证每日饮奶 250 mL 以上。鱼、虾类及各种海产品等含钙丰富,应多选用。深绿色蔬菜、大豆类也可提供一定量的钙。

(4)重视蔬菜和水果的摄入。新鲜的蔬菜、水果含有多种维生素、无机盐、纤维素、果胶、有机酸等成分,还可增进食欲,补充水分,促进泌乳防止便秘,是乳母不可缺少的食物。每日要保证供应水果 200 g,蔬菜 500 g,并多选用绿叶蔬菜和其他有色蔬菜。

(5)少吃盐、腌制品和刺激性食物。避免进食这些食物通过乳汁进入婴儿体内,对婴儿产生不利影响。

(6)注意烹调方式。烹调方法应多用炖、煮、炒,少用油煎、油炸,如动物性食物(畜禽肉类、鱼类)以炖或煮为宜,食用时要同时喝汤,既可增加营养,又可促进乳汁分泌。

(7)膳食多样化,粗细粮搭配。乳母的膳食应多样化,多种食物搭配食用。每日膳食中应包括粮谷类、蔬菜水果类、鱼禽畜肉类、蛋类、乳类、大豆类等各中食物。乳母膳食中的主食也不能太单一,更不可光吃精米细面,应做到粗细粮搭配,每日食用一定量的各种杂粮、粗粮。

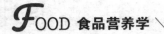

哺乳期注意健康饮食、合理运动及正确的饮食方法,不仅可顺利完成母乳喂养,同时也可帮助乳母早日恢复。一般情况宝宝出生6周后,乳母可以通过膳食调理和运动来逐渐恢复体型,饮食上主要是控制能量平衡、膳食多样化。在不影响哺乳的情况下,可用稀饭或蔬菜汤型,饮食上主要是控制能量平衡、膳食多样化。在不影响哺乳的情况下,可用稀饭或蔬菜汤时进行适量运动,如晚饭后进行适当快走。

二维码 9-2
乳母的泌乳量要
求与影响因素

9.3 婴幼儿营养与膳食

要点 3　婴幼儿营养与膳食
- 婴幼儿的生理特点
- 婴幼儿的营养需要
- 婴幼儿的膳食需求

9.3.1 婴幼儿的生理特点

9.3.1.1 婴幼儿的生理

(1)婴儿期是母体到母体外的过渡期

胎儿在母体内通过脐带获取营养,娩出初期以流质食物作为营养来源,完全依赖母乳营养。经过婴幼儿时期逐渐增加非乳品和固态食物,是从依赖母乳到母乳外食物的营养过渡期。

(2)生长发育迅速

①身体发育。婴儿期是人类生长发育的第一高峰期,尤其是出生后的前6个月。婴儿出生12个月后,平均体重增加2倍,身高增加0.5倍。

②脑与神经发育。在婴儿阶段,大脑是全身所有器官中发育最快的一个。婴儿出生时的脑容量仅有 390 cm³,9 个月就达到 660 cm³,一岁时达到 800 cm³,相当于成年人的 2/3。尤其是出生后前6个月是大脑和智力发育的关键时期。

③消化与吸收能力弱。婴儿消化系统尚处于发育阶段,胃容量小,消化液分泌量少,咀嚼能力极弱,因此消化、吸收功能有限。特别是新生儿的胃呈水平位,入口处(贲门括约肌)松弛而幽门括约肌发育良好,食管较松弛,而导致新生儿易溢乳。

9.3.1.2 婴幼儿常见营养缺乏

(1)佝偻病(rickets)。佝偻病是婴幼儿常见的多发病,以 3～18 个月的婴幼儿多见,主要是维生素 D 缺乏性缺钙,北方秋季出生的婴儿发病率较高,为预防佝偻病,婴儿自出生 2 周起可以补充鱼肝油,从 1 滴开始逐渐增加,但每日维生素 D 摄入量应控制在 400 IU 以内,一般服用 20 d,需停服 10 d,以避免维生素 D 体内蓄积造成维生素 D 中毒,每日适当晒太阳以增加皮下维生素 D 原的转化,起到预防效果。

(2)缺铁性贫血(IDA)。乳是低铁(Fe)食物,产后初乳中的 Fe 含量较高,但在很短时间内 Fe 浓度即从 0.6~0.8 mg/L 降至 0.3 mg/L;而胎儿体内储存的 Fe 仅能满足出生后 4 个月左右的需要,因此,胎儿 IDA 多发生于 5 月龄及以后,发病高峰在 6 月龄到 1.5 周岁。为预防 IDA 应补充富 Fe 食物,如肝泥和肉末等,同时补充蔬菜汁水果什等富含维生素 C 的食物以帮助 Fe 的吸收。早产儿体内 Fe 储备更少,应及时补充。

(3)锌缺乏症(zinc deficiency)。近年儿童缺锌(Zn)报道较多,多数为边缘性 Zn 缺乏,表现为食欲不佳味觉减退、异食癖,复发性口腔溃疡,临床检验血和毛发中 Zn 含量低于正常值,严重者有生长发育迟缓现象。主要原因为膳食 Zn 摄入量不足或 Zn 吸收利用不良,据调查,北京幼儿园幼儿膳食中 Zn 的摄入量仅达到推荐量的 50%,平均为每日 4.5~5.5 mg 为预防 Zn 元素缺乏,幼儿膳食应增加富锌食品,如海产品及肉禽、蛋等。

(4)蛋白质营养不良。蛋白质-能量营养不良(protein-energy malnutrition,PEM)是目前贫穷国家较严重的营养问题,主要见于 5 岁以下儿童。近些年来,严重的水肿型蛋白质-能量营养不良在我国已很少见,但蛋白质轻度缺乏在一些地区仍然存在。发病原因主要是饮食中长期缺乏热能、蛋白质的结果。蛋白质-能量营养不良的预防办法最主要的是因地制宜地,供给高蛋白(特别要注意优质蛋白质的含量)、高能量食物,改善其营养状况。但应注意食物蛋白质、能量应逐渐增加,以防消化功能紊乱。同时注意各类营养素摄入量之间的平衡。

9.3.1.3 幼儿期生长发育特点

幼儿期指从 1 周岁到满 3 周岁之前。此阶段生长发育虽不及婴儿期迅猛,但与成人相比也非常快速。体重每年平均增加 2 kg 左右;幼儿期大脑发育已显著减慢,但细胞体积开始增大,此时孩子学习语言最快;胃容量已从婴儿期的 200 mL 增至 300 mL;乳牙生长但牙齿数目有限,胃肠消化酶分泌及胃肠蠕动能力也远不及成人。这个时期幼儿易发生消化不良、腹泻、呕吐及某些营养缺乏病。此外,幼儿期营养物质的获得需从母乳为主过渡到以谷类食物等为主。幼儿期生长发育是否正常也可通过了解不同月龄身高进行判断。

(1)能量。幼儿对能量的需要通常包括基础代谢、生长发育、体力活动及食物的特殊动力作用的需要。1 岁以上的幼儿热能需要约相当于其母亲的一半。由于幼儿的体表面积相对较大,基础代谢率高于成人;生长发育所需能量为幼儿所特有,每增加 1 g 的体内新组织,需要 18.4~23.8 kJ(4.4~5.7 kcal)的能量。

(2)蛋白质。婴幼儿处于生长发育的旺盛时期,需要正氮平衡以保证正常生长发育。婴幼儿年龄愈小生长愈快,对蛋白质的需要量愈多,一般以蛋白质供能占摄入总能量的 15% 为宜。半岁前的婴儿,正是大脑继续发育的关键时期,神经脑细胞数还在继续增加,而脑细胞增加与机体其他组织的增长一样,需要足够的蛋白质。如果蛋白质缺乏,必然使脑细胞数目减少,即使以后补足蛋白质,也只能矫正脑细胞的大小,不能使脑细胞的数目增加,造成终身缺陷。蛋白质在人体内只有被消化成氨基酸才能被机体吸收、利用,因此必须考虑供给的蛋白质中必需氨基酸含量及相互间比值,是否适合婴幼儿需要。婴幼儿的必需氨基酸需要量较成人高,婴幼儿蛋白质需要量按每日每千克体重计算:母乳喂养为 1.6~2.2 g,人工喂养(牛乳)为 3~4 g,因牛乳蛋白质价值较母乳差。大豆蛋白质所含氨基酸也很丰富,可用于婴儿喂养,还可补充鸡蛋、鱼类等动物蛋白,应注意氨基酸的互补作用。

（3）脂肪。由于需要更多的能量和大脑快速发育,婴幼儿需要各种脂肪酸和脂类。婴幼儿饮食中脂肪供给的热量占总热量 35%～50%,其中必需脂肪酸提供的热量不应低于总热量的 1%～3%。长期缺乏脂肪的小儿,会体重下降,皮肤干燥易发生脱屑,还容易发生脂溶性维生素缺乏症。

（4）碳水化合物。婴幼儿需要的热量有一半来自碳水化合物,是其热量供应的主要来源。而且糖类能帮助婴幼儿体内蛋白质合成及脂肪的氧化,具有节约蛋白质的作用。但婴幼儿最初只能消化葡萄糖、乳糖、蔗糖等低分子质量糖,而母乳中乳糖含量为 6%～7%,因此能量主要由乳糖提供。婴儿出生 3 个月内缺乏淀粉酶,因而不能过早地给婴儿喂养淀粉类食物。婴幼儿摄入过多糖类,最初其体重可迅速增长,日久则肌肉松软、面色苍白呈虚胖样,易感染。

（5）矿物质

①钙。足月产新生儿体内含钙约 2 g,随增龄而增加。初生婴儿钙存留量高,每日可高达 450 mg,满 1 周岁时即降到 123 mg。

②铁。缺铁性贫血发病高峰在婴儿 4～6 月龄至 2 岁左右,因而铁营养在婴幼儿中很重要。足月出生婴儿体内贮存铁量约 300 mg,足以满足婴儿 4～6 月龄时所需。对婴儿过早补铁不仅不必要,还会干扰乳铁蛋白的抗病能力。4～6 月龄后,因体内贮存铁用尽,同时生长迅速,血容量增加,铁需要多,此时不论是人工或母乳喂养均需添加含铁食物。

③锌。锌与生长发育关系密切。新生儿体内无贮存的锌,但其组织锌含量近似成年人,约 20 mg/kg,故婴儿一出生即需提供数量适宜、生物利用率高的锌。

④碘。碘缺乏引起甲状腺功能不全,使生长发育阻滞,并影响脑发育。我国碘供给量婴儿 6 月龄以前为 40 μg,7～12 月龄为 50 μg。

（6）维生素

①维生素 A。维生素 A 与机体的生长、骨骼发育、生殖、视觉及抗感染有关。1～3 岁幼儿维生素 A 的适宜摄入量为 500 μg 视黄醇当量。由于维生素 A 可在肝脏蓄积,过量时可能发生中毒,不可盲目给小儿补充。

②维生素 D。幼儿是容易缺乏维生素 D 的人群。维生素 D 的膳食来源较少,主要来源是户外活动时通过紫外光照射皮肤,在皮下由 7-脱氢胆固醇合成维生素 D。我国 1～3 岁幼儿维生素 D 的推荐摄入量为 10 μg/d。

9.3.2　婴幼儿的营养需要

婴儿期是人类生命从母体内生活到母体外生活的过渡期,亦是从完全依赖母乳的营养到依赖母乳外食物的过渡时期。婴儿期是人类生命生长发育的第一高峰期。从 1 周岁到满 3 周岁之前为幼儿(young children)期。此期的生长发育虽不及婴儿期迅猛,但与成人相比亦非常旺盛。如体重每年增加 2 kg,身长第二年增加 11～13 cm,第三年增加 8～9 cm。进入幼儿期后,大脑发育速度已显著减慢,但并未结束,出生时连接大脑内部与躯体各部分的神经传导纤维还为数很少,幼儿期迅速增加;在幼儿期,神经细胞间的联系也逐渐复杂起来;尽管幼儿胃的容量较婴儿期增加,但幼儿牙齿少,咀嚼能力有限,此时幼儿易发生消化不良和某些营养缺乏病;幼儿到 1 岁半时胃蛋白酶的分泌已达成年人水平,1 岁后胰蛋白酶、糜蛋白酶、羧肽酶和脂酶的活性接近成人水平。

婴幼儿时期代谢旺盛需要得到足量优质的营养素,以满足生长发育和生理活动的需要。而婴幼儿消化功能尚未完善,对营养素的消化吸收和利用受到限制;如果喂养不当,不但会引起消化道功能紊乱,而且因营养不良会影响健康成长。

(1)能量。婴幼儿总能量需要(general energy requirement)包括维持需要、生长需要、活动需要和食物特殊动力需要四方面。维持需要约占总能量 60%,食物特殊动力需要约占总能量 10%,其余为生长和活动需要约占 30%。婴儿 1 kg 体重每日维持的能量需要约 230 kJ(55 kcal),生长的能量需要 62.8~82.7 kJ(15~20 kcal),因此婴儿在头 3 个月中摄入能量的 23% 用于生长发育,1 周岁以内婴儿 1 kg 体重需要的能量大约是成人 2 倍以上,婴儿活动包括啼哭、吸奶和简单的四肢运动;幼儿睡眠时间随年龄的增长逐渐减少,同时活动量和活动方式明显增大,体能消耗逐渐增加。

按照体表面积计算基础能量代谢,年龄越小其基础能量代谢相对越高,但随着年龄的增长、增长速度逐渐减慢,每 kg 体重所需要的生长能量逐渐减少。1 周岁末生长的能量需要由初生时的 62.8~82.7 kJ/kgBw(15~20 kcal/kgBw)降到 20.9~62.8 kJ/kgBw(5~15 kcal/kgBw),能量供给不足时,其他营养素在体内的利用会受到影响,机体不但会动用自身能量储备,甚至消耗自身组织来满足生理需要,因而会导致生长发育迟缓,消瘦、活动力减弱或消失,甚至死亡。相反,能量供给过多又可能导致肥胖,为了保证婴幼儿期体重按正常比例增加,能量摄入应与需要量相平衡。除此之外,还因考虑性别和气候条件对能量需要的影响。

(2)蛋白质。婴幼儿不仅需要蛋白质来补充日常代谢消耗,还要满足生长发育的需要。故这一时期处于正氮平衡状态,不仅量要相当高,而且需要优质蛋白质。另外,婴幼儿的必需氨基酸需要量远高于成人,由于婴儿体内的酶功能尚不完善,其需要必需氨基酸的种类也多于成人,即对于成人来说是非必需氨基酸,而对于婴儿来说是必需氨基酸,如半胱氨酸、组氨酸和酪氨酸。出生 6 个月的婴儿,9 种必需氨基酸的需要量均比成人大 5~10 倍,并要求氨基酸间有一个合适的比例。

婴幼儿如果缺乏蛋白质,不仅影响大脑发育,也会使得体重和身高增加缓慢,肌肉松弛,抵抗力下降,严重者会引起营养不良性水肿。过量的蛋白质对婴儿无益甚至有害,可能出现腹泻、酸中毒、高渗性脱水、发热、血清尿素和氨升高等。中国营养学会推荐的蛋白质摄入量为:0~1 岁为 1.5~3.0 g/(kg·d),1~2 岁为 35 g/(kg·d),2~3 岁为 40 g/(kg·d)。

(3)脂肪。婴儿的胃容积小,因而需要高热量的营养素,脂质正符合此条件。脂肪除提供婴儿相当的热能外,还可促进脂溶性维生素的吸收,并可避免发生必需脂肪酸缺乏。我国营养学会推荐,婴儿期脂肪所占之供热比应在 35%~50%。婴儿期脂肪的主要来源是乳类及合理的代乳食品。母乳中脂肪所占之热量为 40%~55%,其中不饱和脂肪酸的含量高达55% 以上,又含有软脂酸易被消化。因此,婴儿摄取母乳,较容易加以消化和吸收。对人工喂养或混合喂养的婴儿不应喂去脂牛奶或去脂奶粉。

二十二碳六烯酸是大脑和视网膜中一种具有重要功能的长链多不饱和脂肪酸,在婴儿

视觉和神经发育中发挥重要作用。婴儿缺乏二十二碳六烯酸,一方面可能影响神经纤维和神经连接处突触的发育,导致注意力受损和认知障碍;另一方面可导致视力异常,对明暗辨别能力降低,视物模糊。早产儿和人工喂养儿需要补充二十二碳六烯酸。因为早产儿脑中二十二碳六烯酸含量低,其体内催化α-亚麻酸转变成二十二碳六烯酸的去饱和酶活力较低,且生长较快对二十二碳六烯酸的需要量相对较大;而人工喂养儿的主要食物来源是牛乳和其他代乳品,牛乳中的二十二碳六烯酸含量较低,不能满足婴儿需要。

(4)碳水化合物。碳水化合物的功用是供给机体热能和构成人体组织,促进生长发育,并有助于完成脂肪氧化和节约蛋白质作用。碳水化合物是促进婴幼儿生长发育所必需的营养素,如葡萄糖、果糖、蔗糖乳糖等均为发育所必需。碳水化合物能防止脂肪氧化,保护蛋白质,乳糖又可助钙吸收。早期给婴幼儿添加适量淀粉,可以刺激唾液淀粉酶的分泌。碳水化合物供给的能量一般应占总能量的50%。

婴幼儿的食物中含碳水化合物不足,会出现血糖降低,同时也会有其他营养素缺乏的表现,使体内蛋白质消耗增加,营养不良的发生。若碳水化合物供给过多时,则引起婴儿增长快,肥胖,肌肉松弛,抵抗力差,易受感染,发病较多。此外,会引起肠内发酵作用,产生较多的低脂肪酸,刺激肠蠕动增加,导致腹泻。

婴儿在出生头几个月能消化蔗糖、果糖、葡萄糖,但缺乏淀粉酶,对淀粉不易消化,故3~4个月内不应给予米面等含淀粉多的食物。随着年龄增长,消化功能逐渐完善,其他淀粉类食物(如粥、面条等)可逐渐增加。

婴儿的乳糖酶活性较成年人高,有利于对乳中乳糖的消化吸收。婴儿碳水化合物供能占总能量的40%~50%,随着年龄增长,比例逐渐上升至50%~60%。母乳的组成中乳糖占37%~38%的热量,而牛乳中仅占26%~30%。若以牛乳代替母乳喂养婴儿,需添加乳糖来增加其营养价值,但添加量不宜超过母乳的含量。

(5)矿物质。矿物质是婴幼儿生长发育十分重要的营养物质,婴儿期最容易缺乏的矿物质元素包括钙、铁、碘、锌等。钙是骨骼和牙齿的主要成分,主要由母乳和牛奶供给,如果供应不足或钙的吸收不良均会发生佝偻病,严重者发生抽风、肌肉震颤等。铁是人体血红蛋白和肌红蛋白的重要原料,而母乳铁含量很低。正常新生儿体内有足够的储存铁,可以满足4~6个月的需要,4~6月后要添加含铁辅助食品。铁摄入不足,会发生缺铁性贫血,在婴幼儿和学龄前儿童发病率较高。锌促进蛋白质合成和生长发育,婴幼儿缺锌会导致食欲不振、生长停滞、味觉异常等。碘维持甲状腺的正常生理功能,制造甲状腺素,缺乏时导致甲状腺功能减退。

(6)维生素。正常母乳含有婴儿所需的各种维生素,只有维生素D稍低。人乳维生素D含量仅需$1\sim1.25\ \mu g/L$,鲜牛乳含量也不高,并随季节波动,婴儿维生素D的RNI为$10\ \mu g/d$,因此婴儿要注意多晒太阳及补充维生素D。人乳维生素E水平为$2\sim5\ mg/L$,牛乳含量仅为人乳的$1/10\sim1/2$,因此人工喂养时要注意维生素E的摄入。我国推荐维生素E供给量0~6月龄为3 mg,7~12月龄为4 mg。人乳维生素K含量低约$15\sim30\ \mu g/L$,显著低于牛乳和配方粉。婴儿出生头几天肠道内无细菌,不能合成维生素K,若为母乳喂养,由于母乳维生素K含量低,新生儿摄入乳量又不多,可致使婴儿维生素K水平不高。

(7)水。水是人体最重要的物质,营养的运输、代谢的进行均需要水分。小儿的新陈代谢旺盛,需水量相对多些,加上小儿活动量大、体表面积相对的大,水分蒸发多,所以需要增加水的供给量。婴幼儿对水的需要量取决于热量的需要,并与心脏、肾脏的浓缩功能有关。小儿对水的需要比成人敏感,失水的后果也较成人严重。若摄水量过少,可能发生脱水症状,若摄水量超过正常需要量,而心、肾、内分泌功能不全时,能发生水中毒。不同年龄儿童与青少年每日需要的能量与水见表9-3。

表 9-3 不同年龄儿童与青少年每日需要的能量与水

年龄/岁	能量/[kcal/(kg·d)]	水/[mL/(kg·d)]
0	13～15	60～50
0～1	110	150
1～3	100	125
4～7	90	10
7～9	80	75
10～12	70	75

9.3.3 婴幼儿的膳食需求

9.3.3.1 婴幼儿的喂养方式

(1)母乳喂养。母乳是最能满足婴儿生长发育所需要的天然营养品。母乳喂养的独特优点包括:

①母乳营养齐全。母乳中的营养素能全面满足婴儿生长发育的需要,且适合于婴儿的消化能力。一是母乳含优质蛋白质。与牛乳相比,母乳蛋白质的含量虽低于牛乳,但人乳以乳清蛋白(lactoalbumin)为主,酪蛋白(casein)含量相对较少,乳清蛋白和酪蛋白的比例为80:20,与牛乳正好相反,在婴儿胃内能形成柔软的絮状凝块,易于消化吸收。母乳蛋白质中必需氨基酸的组成被认为是最理想的,与婴儿体内必需氨基酸的构成极为一致,能被婴儿最大程度利用。此外,母乳中的牛磺酸含量也多,能满足婴儿脑组织发育的需要。二是含丰富的必需脂肪酸。每 100 mL 母乳含脂肪 4.5 g,在构成上以不饱和脂肪酸为主,其中尤以亚油酸含量高。母乳中花生四烯酸和二十二碳六烯酸的含量也很高,很可能对人脑的发育有重要作用。人乳本身含有丰富的脂酶,将母乳中脂肪乳化为细小颗粒,因此,人乳脂肪比牛乳的更易消化吸收。三是含丰富的乳糖。乳糖(lactose)是母乳中唯一的碳水化合物,含量为6.8%,较牛乳高。乳糖在肠道中可促进钙的吸收,并能诱导肠道正常菌群的生长,从而有效地抑制致病菌或病毒在肠道生长繁殖,有利于婴儿肠道健康。四是母乳中钙磷比例适宜,加上乳糖的作用,可满足婴儿对钙的需求。母乳中其他矿物质和微量元素齐全,含量既能满足婴儿生长发育需要又不会增加婴儿肾脏的负担。在乳母膳食营养供给充足时,母乳中的维生素可基本满足 6 个月内婴儿所需(维生素 D 例外)。

②母乳中还含有免疫物质,可以增强婴儿的体质;母乳在婴儿肠道内产生促进双歧乳酸杆菌生长因子,有利于杀灭肠道致病菌。

③母乳温度适宜,经济方便,无须专门消毒,最适合婴儿的消化能力。

④母乳喂养可以增加婴儿的安全感。当婴儿在同母亲温暖的皮肤接触时,表现得十分安宁,很少出现哭闹不止的情况。

⑤母乳喂养还可以增进母子之间的情感交流。当婴儿用小手抚摸母亲的乳房或用没长牙的小嘴无意识地碰撞时,母亲的全身就会感到一种快感,一种心灵的满足,对孩子慈爱的感情便会油然而生,这是母子之间的情感交往过程。

⑥婴儿吸吮乳头,还可以促进产妇体内激素分泌,加速子宫收缩,使子宫早日恢复原状,使产妇身材更加健美。

(2)人工喂养。由于某些原因母亲不能喂哺时,可用牛乳、羊乳等乳品或代乳品喂养,称为人工喂养。人工喂养的婴儿最好选用婴儿配方奶粉喂哺。用鲜牛乳喂养婴儿时,出生 2 周以内的婴儿应加水或米汤稀释成 3∶1 或 2∶1 后消毒(约煮沸 3 min)哺喂,以后逐渐过渡到全乳,一般 2 个月便可适应全乳。但要根据小儿具体情况适当调整。

(3)混合喂养。当母乳不足或乳母因故不能按时喂哺时,需加喂牛乳或其他代乳品,称混合喂养。混合喂养比单纯人工喂养好。尽管母乳不足,喂养时应采取补授法,即先喂母乳,然后再用其他乳品补足。也可在 2 次母乳之间喂代乳品 1 次,最好母乳不少于 1 d 3 次。

9.3.3.2 断奶过渡期的喂养

母乳中所含的营养足以提供 0～6 个月宝宝的生长需求,但到了 6 个月之后,母乳已经无法提供宝宝生长所需的完整营养,此时就必须添加辅食,补充所需的营养。宝宝 4～6 个月大,肠胃道功能已经越来越成熟,能渐进地接受普通的食物了,此时便可帮助宝宝添加辅食。对于婴儿来说,没有任何一种食物或营养食品能满足其营养需求,因此,必须合理地搭配婴幼儿的食物。

(1)添加辅食的目的

①提供生长所需的均衡饮食。随着月龄增加,母乳或配方奶已经慢慢无法适应宝宝的生长需求,尤其是铁质、蛋白质、维生素等,必须通过添加辅食来补充。

②训练吞咽和咀嚼能力。通过食物形态的改变(液态—半固态—固态),让宝宝练习吞咽和咀嚼,以便于日后进食。

③为断奶做准备。

(2)辅食添加的原则。由于 4 个月之内,婴儿的消化吸收能力较差,胃肠适应能力弱,容易出现过敏,因此辅食的添加应随婴儿生长发育营养需要、消化机能成熟情况,遵循从一种到多种,由少量到多量,由稀到稠,由细到粗的原则。

①2～3 个月后要开始补充维生素 A、维生素 D,给宝宝补充鱼肝油。另外可以加番茄汁、果汁、青菜水,每天 1～2 汤匙;

②4～5 个月开始加入米汤、1/4 鸡蛋黄泥、豆制品、代乳粉、果泥等;

③6～7 个月后搭配烂粥、整鸡蛋、碎菜末、较粗的果泥等;

④8～10 个月添加瘦肉末、肝末、鱼肉、豆腐、豆浆等;

⑤11～12 个月加软米饭、包子、饺子等,肉、蛋、蔬菜等都不可以缺少。

另外,由于婴儿肾功能发育不全,在 1 周岁之前尽量避免给婴儿喂含盐量多或调味品多的食物。

（3）添加的内容

①婴儿3个月时，因其生理发展状况只能够消化简单食物，此时可以添加菜汁、果汁，以补充维生素和矿物质。

②婴儿满5～6个月时，因其体内淀粉酶的活性增加，有能力消化淀粉，此时可以添加米糊、麦糊等食物，以供应足够的热能。

③6个月以后，婴儿开始长牙，可以小心地从小量开始给予半固体、固体食物，如蛋黄泥、鱼泥、豆腐、血豆腐、肉松、肉末、肝末、稀饭、面汤、馒头、饼干、软米饭等，既补充了营养，又锻炼小儿咀嚼，帮助牙齿生长。此阶段添加菜泥，可以补充维生素和矿物质，也可以预防婴儿便秘的发生。

④日光浴可视为一种添加营养的方法，在适宜的条件下也可在早期开始。

9.3.3.3 幼儿合理膳食

（1）幼儿营养喂养营养素需求。断乳后的幼儿，牙齿尚没有长全，咀嚼力差，肠胃消化力弱，这时如饮食和营养措施不当，会影响消化吸收，致使营养素摄入不足，阻碍生长发育。这个时期是小儿健康易出问题的时期，因此要保证营养素的供给充足，同时还要注意儿童的生理、心理发育特点，培养他们良好的饮食习惯。

①优先保证优质蛋白质供应。牛奶是首选食品，每日应保证250～500 mL 牛奶或豆浆，并注意肉、蛋、鱼、豆制品的供给。

②适量产能食品。适量供应碳水化合物及油脂。每日3次正餐加1～2顿点心，但应控制孩子吃零食。

③丰富的维生素和矿物质。需要摄入富含维生素 A、维生素 D、维生素 C 和钙、铁、碘、锌等的食物，多摄入黄绿色蔬菜和鲜水果。

④注意烹调方法。孩子的食物宜细、软、烂、碎，因此既要保证营养，又要色香、味美，多样化，要细软煮烂。

（2）幼儿平衡膳食。营养素来自食物，所选用的食物应含足量的营养素，而且各种营养素之间应保持合适的比例，如蛋白质、脂肪、碳水化合物三大营养素之间要有一定比例。每日膳食中应包括谷类、乳类、肉类、鱼类、蔬菜、水果类食物，并在同一类中的各种食物中轮流选用，做到膳食多样化，避免重复，这样既增加食欲，又可达到营养素之间取长补短的作用。幼儿膳食从乳类为主过渡到以谷类为主，以奶类、蛋类、鱼类、禽类、肉类及蔬菜和水果为辅的混合饮食，要求食物种类多样，营养全面，利于幼儿保持对进食的兴趣，如表9-4所示。

表9-4　1～3岁幼儿各类食物摄入量　　　　　　　　　　　　　　　　g/d

年岁	粮食	蔬菜	水果	豆制品	鱼、肉、禽、脏腑	蛋	牛奶或豆浆	油	糖
1～2	125～150	100～150	50	50	50～75	50	250	10	10
2～3	150～200	150～200	50	50	75～85	50	250	10	10

（3）幼儿合理加工与烹调。幼儿膳食应单独加工烹制，并选用适合的烹调加工方法。幼儿的咀嚼和消化功能低于成人，在选择中要避免选用过粗，食物应切碎煮烂，应多选用质地

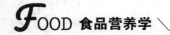
细软,容易消化的饭菜,随着年龄增长可逐渐增加食物种类。易于幼儿咀嚼吞咽和消化特别注意要完全去除皮、骨、刺、核等;大豆、花生等硬果类食物,应先磨碎,制成泥糊状进食。烹调方式上,宜采用蒸、煮、炖、煨等烹调方式,不宜采用油炸、烤、烙等方式。口味以清淡为好,不应以成人口味来判断咸淡(幼儿味觉比成人敏感)更不宜辛辣刺激性食物,不使用味精、鸡精、色素及糖精等的调味品。

二维码 9-3
婴幼儿生长发育的干预因素
与膳食调整

(4)培养良好的饮食习惯。幼儿胃容量小,且肝储备的糖原不多,加上幼儿活泼好动,容易饥饿,每日进食 5~6 次,随着年龄增长,可适当减少,可控制在 4 次为宜。饭前要洗手,不吃零食;为孩子营造安静良好的就餐环境,静坐喂食,通过鼓励和讲故事等方法提高幼儿进食乐趣,并培养孩子自己进食,让幼儿尝试使用小勺,并让幼儿学习剥皮的技能体验自己动手的乐趣等。父母要为孩子做好榜样不挑食,不偏食。变换烹调方式,使饮食多样化,多加引导,培养孩子良好的饮食习惯保证幼儿生长发育的全面营养。小儿饮食习惯的好坏,关系着小儿营养状况。饮食习惯好,良好的营养食品才能被更好地吸收利用,所以培养小儿养成良好饮食习惯,是保证营养的一个重要问题。因此在幼儿期要养成不偏食、不挑食、少吃零食的习惯;培养儿童细嚼慢咽,定点、定量的习惯;吃饭时要保持精神愉快。

(5)注意饮食卫生。为儿童制备膳食,必须新鲜可口,不用变质食品,餐具干净,常消毒。

9.4　学龄前儿童与学龄儿童的营养需要与膳食指南

要点 4　学龄前儿童与学龄儿童的营养需要与膳食指南
- 学龄前儿童的生理特点
- 学龄前儿童的营养需要
- 学龄前儿童的膳食需求
- 学龄儿童的合理膳食原则

小儿 3 周岁后至 6~7 岁为学龄前期,与婴幼儿期相比,生长发育速度减慢,脑及神经系统发育持续并逐渐成熟,但与成人相比,仍处于迅速生长发育之中。学龄儿童指从 6 岁进入小学至 12 岁小学毕业,这个时期儿童生长发育速度较平稳,但体力活动增大,智力迅速发育,并要为即将到来的青春期迅猛生长发育进行营养储备,因此对热能营养素的需求高于成人,而消化能力尚未成熟故要注意膳食结构及烹调方法,以便于消化和吸收。

9.4.1　学龄前儿童的生理特点

(1)体格发育特点。与幼儿期相比,学龄前儿童体格发育速度相对减慢,体质量年增长约 2 kg,身长年增长约 5 cm。但生长发育受遗传、环境等的影响有较大的个体差异。

(2)脑及神经系统发育特点。神经系统的发育在胎儿期先于其他各系统,至 3 岁时神经细胞的分化基本完成,但脑细胞体积的增大及神经纤维的髓鞘化仍继续进行。随着神经纤维髓鞘化的完成,运动转化为由大脑皮质中枢调节,神经冲动传导速度加快。

（3）消化功能发育特点。3 岁儿童乳牙出齐。6 岁时第一颗恒牙可能萌出,咀嚼能力可达到成人的 40%、消化能力有限,尤其是固体食物。

（4）心理发育特征。注意力分散是学龄前儿童行为表现特征之一。常在吃饭时不专心进餐,边吃边玩,使进餐时间延长。其次,模仿能力强,家庭成员尤其是父母的行为是其模仿的主要对象,因此,家庭成员应有良好的膳食习惯。

与婴幼儿相比,学龄前期儿童的体格发育速度相对减慢,但仍保持稳步增长。这一时期体重增长每年约 2 kg,身高每年增长 5~7 cm。学龄前期儿童神经系统发育逐渐完善,1 岁时脑重达 900 g,为成人脑重的 60%;4~6 岁时,脑组织进一步发育,达成人脑重的 86%~90%;3 岁时神经细胞的分化已基本完成,但脑细胞体积的增大和神经纤维的髓鞘化仍在继续,神经冲动的传到速度明显快于婴幼儿时期。尽管 3 岁时儿童乳牙已出齐,但学前儿童消化器官尚未完全发育成熟,特别是咀嚼和消化能力远不如成人,易发生消化不良,尤其是对固体食物需要较长时间适应,不能过早进食家庭成人膳食。5~6 岁儿童具有短暂地控制注意力的能力,时间约 15 min,但注意力分散仍然是学龄前儿童的行为表现特征之一。

9.4.2 学龄前儿童的营养需要

与婴幼儿期相比,学龄前儿童体格发育相对减慢,但活泼好动,营养需要不容忽视。

（1）能量

3~6 岁儿童较婴儿期生长减缓,能量需要相对减少。基础代谢能耗约 185 kJ/kg（44 kcal/kg）,加上生长、活动和特殊动力作用的能量需要。《中国居民膳食营养素参考摄入量》推荐 3~6 岁学龄前儿童总能量供给范围在 5.43~7.10 MJ/d,男孩稍高于女孩。

（2）宏量营养素

①碳水化合物。谷类所含碳水化合物是能量的主要来源,为总能量的 50%~60%,宜选用含复杂碳水化合物的粮谷类为主,如大米、面粉、红豆、绿豆及一些粗杂粮等,可同时提供适量膳食纤维,少用精制糖和甜食。

②脂肪。此期儿童胃容量相对小,膳食脂肪供能比相对高,供能比在 30%~35%,高于成人,脂肪需要量在 4~6 g/kg（体质量）。除提供能量外,儿童免疫功能的维持、大脑的发育及神经髓鞘的形成都需要脂肪,尤其是必需脂肪酸,建议多选用富含必需脂肪酸的大豆油、胚芽油、脂肪酸比例适宜的调和油,并适当多选用富含 n－3 系长链多不饱和脂肪酸的水产品。

③蛋白质。学龄前儿童每增加 1 kg 体质量约需 160 g 蛋白质积累,以满足细胞和组织的增长,《中国居民膳食营养素参考摄入量》建议学龄前儿童蛋白质推荐摄入量为 45~55 g/d,占总供能比的 14%~15%,其中来源于动物性食物的蛋白质应占 50%。

（3）微量维生素

钙、铁、锌、碘等矿物质都是儿童生长发育必需微量营养素。

①钙。为满足学龄前儿童骨骼生长,平均骨钙储留量为 100~150 mg/d,3~6 岁儿童钙需要量在 350~450 mg/d。食物钙的平均吸收率 35%,《中国居民膳食营养素参考摄入量》建议 3~6 岁学龄前儿童钙的 AI 值为 600~800 mg/d。奶及奶制品富钙且吸收率高,是儿

童理想的钙源。其他含钙丰富的食品有芝麻酱、虾皮、藻类及豆类食物，可适当选择。

②铁。学龄前儿童生长发育较快，内源性可利用的铁较少，加上膳食中奶类食物占比例较大，易发生铁缺乏，缺铁性贫血也是儿童期最常见的疾病。因此，《中国居民膳食营养素参考摄入量》建议 3～6 岁学龄前儿童铁的 AI 值为 12 mg/d。可适当选择富铁且吸收率高的动物肝脏、血液和红肉。

③锌。儿童期用于生长的锌 23～30 μg/kg，《中国居民膳食营养素参考摄入量》建议 3～6 岁学龄前儿童锌的 RNI 值为 12 mg/d。

④碘。是生长发育必需微量元素，《中国居民膳食营养素参考摄入量》建议 3～6 岁学龄前儿童碘的 RNI 值为 50～90 μg/d。

3～6 岁学龄前儿童钙、铁、锌、碘等营养素的 RNI 或 AI 值，见表 9-5、9-6。

表 9-5 3～6 岁儿童常量和微量元素的 AI

年龄/岁	AI 值/mg									
	钙	磷	钾	钠	镁	铁	铜	氟	铬	钼
3	600	450	1 000	650	100	12	0.8	0.6	20	15
4～6	800	500	1 500	900	150	12	1.0	0.8	30	20

表 9-6 3～6 岁儿童常量和微量元素的 RNI

年岁/岁	RNI 值/μg		
	锌	碘	硒
3	9 000	50	20
4～6	12 000	90	25

各类维生素或对儿童生长有重要作用，或者可提高机体免疫力，或者通过保证能量代谢促进儿童生长。

①脂溶性维生素。维生素 A 对儿童生长，尤其是骨骼生长有重要作用；维生素 D 帮助钙吸收，利于儿童骨酪生长发育。《中国居民膳食营养素参考摄入量》建议 3～6 岁学龄前儿童维生素 A 和维生素 D 的 RNI 值分别为 400～500 μg/d 和 10 μg/d。

②水溶性维生素。维生素 B_1、维生素 B_2 和烟酸在保证能量代谢和促进生长发育方面有重要作用，《中国居民膳食营养素参考摄入量》建议 3～6 岁学龄前儿童维生素 B_1、维生素 B_2 和烟酸需要量的 RNI 值分别为 0.6～0.7 mg/d、0.6～0.7 mg/d 以及 6～7 mg/d。鉴于维生素 C 影响儿童免疫功能及帮助铁的吸收，《中国居民膳食营养素参考摄入量》建议 3～6 岁学龄前儿童维生素 C 需要量的 RNI 值增加至 60～70 mg/d。

9.4.3 学龄前儿童合理膳食需求

(1)食物种类要多样，合理搭配。每日膳食应由适宜数量的谷类、乳类、肉类或蛋或鱼、蔬菜和水果类四大类食物组成，在各类食物的数量相对恒定的前提下，同类中的各种物可轮流选用，做到膳食多样化，从而发挥各种食物在营养上的互补作用，使其营养全平衡。

（2）食物应合理烹调，易于消化，少调料、少油炸、应进行专门烹调。学龄前期儿童食物要专门制作，蔬菜切碎，瘦肉加工成肉末，尽量减少食盐和调味品的使用，烹调成质地细软、容易消化的膳食；随着年龄的增长逐渐增加食物的种类和数量，烹调向成人膳食过渡。

（3）制定合理膳食制度。学龄前儿童胃的容量小，肝脏中糖原储存量少，又活泼好动，容易饥饿。要适当增加餐次以适应学龄前期儿童的消化能力。因此，学龄前期儿童以一日"三餐两点"制为宜，各餐营养素和能量适宜分配，早、中、晚正餐之间加适量点心。保证营养需要，又不增加胃肠道过多的负担。一日三餐的能量分配为：早餐 30%，午餐 35%，晚餐 25%，加餐 10%左右。

（4）培养良好的饮食习惯。要使儿童养成不偏食，不挑食，少零食，细嚼慢咽，不暴饮暴食，口味清淡的健康饮食习惯，以保证足够的营养摄入，正常的生长发育，预防成年后肥胖和慢性病的发生。

9.4.4　学龄儿童的合理膳食原则

《中国居民膳食指南》中关于学龄儿童的膳食指南特别强调：保证吃好早餐；少吃零食，饮用清淡饮料，控制食糖摄入；重视室外活动。

学龄儿童的合理膳食原则如下：

（1）膳食多样化，力争做到平衡膳食。平衡膳食应摄入粗细搭配的多种食物，保证鱼、禽、蛋、肉、奶类及豆类等食物的供应，每日饮用 300 mL 左右牛奶，1～2 个鸡蛋及其他动物性食物 100～150 g。谷类及豆类食物的供应应为 300～500 g，以提供足够的能量及较多的 B 族维生素。此外要注意，学龄儿童机体器官尚未完全发育成熟，咀嚼和消化功能不如成人，肠道对粗糙食物比较敏感，易发生消化不良，因此，食物要比较容易消化，数量和种类应逐渐增加。

（2）注意三餐合理的能量分配，特别是早餐的食量应相当于全日量的 1/3。由于不少学生早起胃口不佳，食品质量不高，因此，早餐量少质差，热量不够，影响上午上课时集中精力，故应在上午 10 点增加一次课间餐，以补早点不足。

（3）培养良好的饮食习惯和卫生习惯。要定时定量进食，避免偏食、择食；不吃零食，不暴饮暴食。学龄儿童应养成饭前便后洗手习惯，防止病从口入；进食场所必须清洁卫生，食品本身及餐具、饮具也应保证清洁，防止肠道感染。

（4）加强学生考试期间的营养。应加强营养素的质和量，多供给优质蛋白质和脂肪，特别是卵磷脂和维生素 A、维生素 B_1、维生素 B_2、维生素 C 等以补充在考试期间学生高级神经系统紧张活动时的特殊消耗。

9.5　青少年的营养需要与合理膳食

要点 5　青少年的营养需要与合理膳食
- 青少年的生理特点
- 青少年的营养需要
- 青少年的膳食需求

9.5.1　青少年的生理特点

一般以 12～18 岁为青春发育期,不同儿童青春期开始的年龄和青春期进展的速度不同;不同性别进入青春发育期的年龄不同,女性早于男性。我国女孩青春发育期在 12～14 岁,而男孩青春期生长突增比女孩晚约 2 年,在 12～15 岁进入青春期。但近年来儿童发育进入青春期的年龄有下降趋势。青春期发育的激素变化可造成形体、体成分、骨骼框架和性成熟的特殊性变化。

9.5.2　青少年的营养需求

(1)能量。青少年对能量的需求与生长发育速度及活动量成正比,为满足快速的生长发育和大量活动对能量的需求,一般来说,青春期的能量供给要超过从事轻体力劳动的成人,如 10 岁以上青少年能量的推荐摄入量为女性 8.36～9.62 MJ/d,男性 8.80～12.00 MJ/d。

(2)蛋白质。青春期是发育旺盛时期,体组织增长很快,性器官逐渐发达。蛋白质是身体各组织的基本物质,因此应摄入足够的蛋白质以满足迅速生长发育的需求。蛋白质的供热比应占总能量供应的 13%～15%,推荐摄入量在 1.5～2.0 g/(kg·d)。如 10 岁以上青少年,男性的蛋白质推荐摄入量为 70～85 g/d,女性为 65～80 g/d。此外,在食物选择上还要注意优质蛋白质的摄入,动物和大豆蛋白质应占 1/2,以提供丰富的必需氨基酸

(3)碳水化合物。青春期所需热量较成人多 25%～50%,这是因为青少年活动量大,生长发育又需要许多额外的营养。热量主要来自碳水化合物,所以青少年必须保证足够的饭量。

(4)维生素。青少年能量代谢旺盛,对维生素的需要量也增加,尤其 B 族维生素和维生素 C 等。人体所需的维生素大部分来自蔬菜水果,其中,芹菜、豆类等蔬菜含大量 B 族维生素,山楂、鲜枣、西红柿富维生素 C。

(5)矿物质。矿物质是人体生理活动必需的,尤其青少年对矿物质的需要量极大。钙、磷参与骨骼和神经细胞的形成,如钙摄入不足或钙磷比不当,会导致骨骼发育不全。奶类、豆制品富含钙。青少年对铁的需要量高于成人,青春期女性开始来月经,铁丢失增多,每次月经要损失 50～100 mL 血,至少要补充 15～30 mg 铁。膳食中要注意补充富血红素铁的食物,如瘦肉、肝脏、血豆腐等,同时要吃些富维生素 C 的新鲜水果和蔬菜,以促进铁的吸收。

9.5.3　青少年的膳食需求

处于青春发育期青少年热能和营养素的需要高于一般人,食物供给量较多,要选择营养素密度较高的食物。膳食注意事项如下。

(1)食物选择。饮食多样化,谷类为主,米面是基本食物。每日 400～500 g 谷类主食可为青少年提供 55%～60% 的能量、约一半的维生素 B_1 和烟酸。摄取平衡膳食,注意养成良好的饮食习惯,不挑食,不偏食,保证饮食多样化。饮食中注意多食谷类,主食的推荐量为 400～500 g/d。每日应适量摄取鱼、肉、蛋、奶、豆类和新鲜的蔬菜、水果等,以保证机体蛋白质、无机盐和各种维生素的需要,其中鱼、禽、蛋的供应量应达 200～300 g/d,奶类不低于

300 mL/d,蔬菜类应达 400～500 g/d,水果 100～200 g/d。

此外,青春期女性易患缺铁性贫血,应注意适当多食动物内脏、瘦肉、血豆腐及其他富含铁和蛋白质的食物。

(2)在热能供给充分的前提下,注意保证蛋白质的摄入量和提高利用率,膳食中应有充足的动物性和大豆类食物,肉、禽、鱼、虾类交替选用。注意主副食搭配,每餐有荤有素或粮豆菜混食,以充分发挥蛋白质的互补作用。

(3)参加体力活动,加强体育锻炼,维持适当体重。适量运动和合理营养结合可促进青少年生长发育,改善心肺功能,提高耐久力,减少身体脂肪和改进心理状态等。增强体质和耐力,提高机体各部位柔韧性和协调性,保持健康体质量。同时,一定的户外活动有利于体内维生素 D 的合成,有利于骨骼健康发育。不要轻信广告和媒体宣传而任意节食与减肥,应通过体育锻炼和合理的饮食来控制体重,以避免贫血和营养不良。

(4)养成吃早餐的良好习惯。营养充足的早餐不仅保证青少年身体的正常发育,对其学习效率的提高也起不容忽视的作用,必要时课间加一杯牛奶或豆浆。提倡课间加餐。为保证营养供给并补充上下午的热能和营养素不足,可推广课间加餐。作为加餐的食品,应统一加工,集中供给,而且应有合理的配方和良好的加工。

(5)不抽烟、不饮酒。青少年处于一生中发育最快的第二阶段,身体各系统各器官还未成熟,对外界不良刺激抵抗力较差,抽烟喝酒对青少年的不良影响要远高于成年人。其中,抽烟影响青少年大脑机能、性发育和呼吸系统发育等;喝酒则影响青少年体格和精神发育。因此,养成不抽烟不喝酒的好习惯,对于其自身的健康成长具有重要意义。

(6)特殊时期的营养补充。青春期学业繁重,应注意学习紧张期间,如考试时的营养和饮食安排。人体处于紧张状态下,一些营养素,如蛋白质、维生素 A 和维生素 C 的消耗会增加。要注意这些营养素的补充,像鱼、瘦肉、肝、牛奶、豆制品等食物富含蛋白质和维生素,新鲜蔬菜水果富含维生素 C 和矿物质。

二维码 9-4
儿童与青少年的
肥胖问题

9.6　老年人营养

要点 6　老年人的营养与膳食

• 老年人的生理特点
• 老年人的营养需要
• 老年人的膳食需求

截至 2014 年,中国 60 岁以上老年人口达到 2.1 亿。2018 年 8 月,官方最新公布的多个数据显示,中国人口老龄化程度不断攀升,结婚率和出生人口持续下降。五年间,60 周岁及以上老年人口激增近 25％。至 2020 年我国 60 岁以上老龄人口达到 2.6 亿。我国老年人平均寿命分别是女性 73 岁,男性 69 岁。众多的老龄人口已引起我国政府的高度重视,是有待提高的我国人群生活质量的重要影响因素之一,老年营养是老年保健、延缓衰老进程、预防

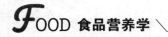

各种老年常见病重要的一部分,合理的营养有助于延缓衰老、预防疾病;而营养不良或过盛、紊乱则有可能加速衰老和疾病发生的进程。

9.6.1　老年人的生理特点

(1)体内成分的改变。老年人体内脂肪组织随年龄增长而增加,而去脂组织则随着年龄增长而减少。老年人由于组织再生能力相对较低,造成功能性的实质细胞不断减少,突出表现为肌肉组织的重量减少而出现肌肉萎缩;细胞内液减少而使体水分降低;由于骨组织中矿物质减少(尤其是钙减少)而出现骨密度降低,因而老年人易发生不同程度的骨质疏松症及骨折。

唾液分泌量随着老年人年龄增长而日渐减少,特别是进行药物治疗(例如充血性心脏衰竭)的人。唾液缺乏影响食物消化,而且引起牙龈疾病,形成免疫系统对抗感染的一道缺口。此外,消化液分泌逐年减少,特别是胃液和盐酸,常见于老年人的萎缩性胃炎。这种疾病影响蛋白质的消化,干扰铁、钙、维生素 B_{12}、维生素 B_6 以及叶酸的吸收。虽然乳糖酶的制造也逐年减少,不过完全的乳糖不耐症倒不太常见,大部分人还是可以吃些牛奶和乳酪的。

(2)器官功能改变。器官机能减退,尤其是消化吸收、代谢功能、排泄功能及循环功能减退。如心肌萎缩,发生纤维样变化,使心肌硬化及心内膜硬化,导致心脏泵效率下降,血流速度减慢,对氧的利用率下降;肝细胞数目减少、纤维组织增多,故解毒能力和合成蛋白的能力下降;肾脏萎缩,肾小球滤过率及肾小管重吸收能力下降,导致肾功能减退;神经细胞数量逐渐减少,脑重减轻等。

胃肠蠕动减慢,胃排空时间延长,容易引起食物在胃内发酵,导致胃肠胀气,同时由于食糜进入小肠迟缓,而且因食物消化不全使粪便通过肠道时间延长,增加了肠道对水分的吸收,容易引起便秘;胆汁分泌减少,对脂肪的消化能力下降。此外,老年人肝脏体积缩小,血流减少,合成白蛋白的能力下降等均会影响消化和吸收功能,导致食欲减退、消化吸收功能减退。

(3)感觉器官功能的改变。老年人的味觉阈值是青年人的 2 倍以上,需要较重口味才有感觉。由于味蕾、舌乳头和神经末梢的改变,首先是对甜和咸的味觉变得迟钝,所以他们嗜吃高盐高糖的食物,往往造成健康问题。跟着味觉一起退化的还有嗅觉,尤其是 70 岁以上的人。老年人的牙齿数目减少或松脱,假牙过度受力会使牙床疼痛,导致老人进食不便,食量减少或排除某些事物的选用,因而限制了营养素的摄取。在饮食的调理上,如果能有强烈的风味以及质地的软化,老人会觉得比较可口与舒适,乐意吃的比较多,因而得到较多的营养素。老年人视力降低,味觉,嗅觉,触觉等感觉器官较不灵敏,会影响对食物的喜好程度而减少摄取量,口味也因此加重,容易摄入过多调味太重的食物。

9.6.2　老年人的营养需要

(1)能量。老年人由于脂肪细胞增加,肌肉减少,造成基础代谢率随年龄增长而逐渐下降,因此老年期对能量的需要量相对减少,60 岁老年人对能量的需要减少20%,70 岁以后减少30％。老年人应减少热量食物的摄取,并维持适度的运动,以控制体重和促进血液循环。老年人由于基础代谢下降,体力活动减少和体内脂肪组织比例增加,对能量的需要量相对减少,如果能量摄入过多,过剩的能量可转变为脂肪在体内储存而引起肥胖。因此,能量摄入量应随年龄增长逐渐减少。然而,老年人个体差异和活动量的不同,能量的消耗量也不尽相同。

(2)蛋白质。老年人体内的分解代谢大于合成代谢,蛋白质的合成能力差,而且对蛋白质的吸收利用率降低,容易出现负氮平衡;另一方面由于老年人肝、肾功能降低,过多的蛋白质可增加肝、肾的负担。因此,蛋白质的摄入量应质优量足且应以维持氮平衡为原则。一般认为每日按 $1.0 \sim 1.2$ g/(kg·bw)供给蛋白质比较适宜,由蛋白质提供的能量以占总能量的 12％～14％较合适。应注意优质蛋白质(动物蛋白质和豆类蛋白质)的摄入,但动物蛋白质不宜摄入过多,否则会引起脂肪摄入增加而对机体产生不利影响。

(3)脂类。老年人由于胆汁酸分泌减少,脂酶活性降低,对脂肪的消化吸收功能下降;由于体内脂质分解排泄迟缓,血浆脂质也升高,因而老年人脂肪的摄入不宜过多,特别要限制高胆固醇,高饱和脂肪酸的动物性脂肪及肝、蛋黄等的摄入。膳食脂肪来源应以含多不饱和脂肪酸的植物油为主。摄入脂肪的供热比占总热能的 20％～30％为宜。饱和脂肪酸、单不饱和脂肪酸、多不饱和脂肪酸的比例为 $1:1:1$, n-3 系脂肪酸和 n-6 系脂肪酸的比例为 1:4 为宜。胆固醇的摄入量宜 <300 mg/d。

(4)碳水化合物。老年人的胰岛素对血糖的调节作用减弱,糖耐量低,故有血糖升高趋势,糖过多易发生糖尿病及诱发糖源性高脂血症。所以,老人碳水化合物摄入量占总能量的 55％～65％为宜。老年人应控制糖果、精制甜点心摄入量,可食用一些含果糖多的食物,如各种水果、蜂蜜等。

膳食纤维对于老年人具有特殊的重要作用。因为老年人消化系统功能减弱,肠胃蠕动缓慢,老年人便秘的发病率增高。适量的膳食纤维可刺激肠蠕动,有效防治老年性便秘。同时膳食纤维还有防治高血脂、结肠癌以及降血糖等功效。因此,老年人的膳食要注意摄入足够的膳食纤维,在每日膳食中应安排一定数量的粗粮、蔬菜及水果。

(5)矿物质。矿物质主要为钙、铁和钠基。老年人胃肠功能降低,胃酸分泌降低,影响对钙的吸收利用,利用率一般在 20％左右。钙摄入量不足使老年人易出现钙负平衡,易发生骨折、骨质疏松等。中国营养学会建议 50 岁老年人应摄入钙 1 000 mg/d,食物中钙含量丰富首选牛奶,其次,豆制品、芝麻酱、虾皮、海带、绿叶蔬菜也都是钙的良好食物来源。老年人对铁吸收利用能力下降,造血功能减退,血红蛋白减少,易出现缺铁性贫血,因此铁的摄入量也需充足,我国营差学会推荐老年人膳食铁的供给量为 12 mg/d。动物肝脏是铁的良好来源,同时还应多食用富维生素 C 的蔬菜水果,以利铁的吸收。老年人饮食中不能摄入过多钠盐,每天食盐摄入量应控制在 $5 \sim 8$ g。患冠心病和高血压者,以不超过 5 g 为宜。

(6)维生素。大量研究表明老年人增加维生素的摄入有利于健康。如维生素 A 可改善老人皮肤干燥,上皮角化,还能改善铁的吸收和转运。B 族维生素及 β-胡萝卜素可抑制胃癌细胞生长。维生素 E 有抗氧化作用,可减少体内脂质过氧化物,又可降低血胆固醇浓度,足量维生素 E 可消除脂褐质,改善皮肤弹性,有抗衰老及防癌作用。维生素 C 可促进组织胶原

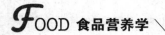

蛋白合成,保持毛细血管弹性,减少脆性,防止老年血管硬化,并可扩张冠状动脉,降低血浆胆固醇及增强机体免疫功能。老年膳食中容易缺乏维生素 B_2,长期缺乏可引起口角炎、唇炎、舌炎、脂溢性皮炎等。

总之,老年人能量摄入应适当,多用维生素 A、维生素 E、维生素 C、β-胡萝卜素和硒含量高的食物,以提高清除自由基的能力,大蒜、酸枣、核桃等有较强的抗氧化作用,其次为枸杞、山楂、花粉、蜂蜜、胡萝卜、大枣、香菇、海带等皆有延缓衰老的作用。

9.6.3 老年人的膳食需求

(1)食物组成要多样化。各食品有各自的营养特征。如果能使膳食中的食物多样化,既可使营养素之间起互补作用,又可消除某些食物对机体产生的不利影响。

多食一些必需氨基酸丰富且易于消化的优质蛋白(如禽蛋肉类及豆制品等)、富维生素的蔬菜水果及含膳食纤维较多的食品等。蔬菜品种要多,以每日进食 500 g 以上为宜。食物烹调加工要适合老年人消化系统的特点,同时要注意清淡、少盐。老年人的食物宜偏于细致、清淡、易于咀嚼和易于消化,食物制作时宜选用蒸、炖、煮和焯等方式烹调。要经常改变不同的烹调方式,并注意食品的色、香、味、形,促进食欲。老年人机体群的抵抗力差,故烹调食物时,还应注意清洁卫生、饮食温度适中,不能过热或过冷。但要注意老年人食物不宜过精,应强调粗细搭配。每日膳食食盐摄入量控制在 6 g 以下。

(2)少吃多餐、营养充足。每餐进食的量要适当少一些,以七八分饱为宜,尤其是晚餐要少吃,随着年龄的增长,老年人胃肠功能减退,一次进食量过多会造成消化不良和腹部鼓胀不适;但进食量少,又会导致营养素供应不足,出现能量和蛋白质的负平衡现象,建议正餐之间,添加点心、水果和乳制品。进食时尽量细嚼慢咽,既有助于胃肠消化吸收,又可预防因进食不当而发生的意外。

(3)主动足量饮水。老年人身体对缺水的耐受性下降,要主动饮水,每天的饮水量达到 1 500～1 700 mL,首选温热的白开水。

(4)延缓肌肉衰减,维持适宜体重。骨骼肌肉是身体的重要组成部分,延缓肌肉衰减对维持老年人活动能力和健康状况极为重要。延缓肌肉衰减的有效方法是吃动结合,一方面要增加摄入富含优质蛋白质的瘦肉海鱼、豆类等食物,另一方面要进行有氧运动和适当的抗阻运动。老年人体重应维持在正常稳定水平,不应过度苛求减重,体重过高或过低都会影响健康。从降低营养不良风险和死亡风险的角度考虑,60 岁以上的老年人的 BMI 应不低于 20 kg/m² 为好。血脂等指标正常情况下,BMI 上限值可略放宽到 26 kg/m²。

二维码 9-5 老年人疾病与建议解决方法

? **思考题**

1. 婴幼儿膳食补充蛋白质时应注意些什么？
2. 对婴儿来讲,牛乳有哪些营养缺陷？
3. 婴儿配方奶粉的基本要求有哪些？
4. 如何做到幼儿的合理膳食？
5. 学龄前儿童存在的主要营养问题是什么？
6. 青少年的膳食原则是什么？
7. 老年人的膳食原则是什么？

第 10 章
特殊环境条件下人群的营养

【学习目的和要求】

1. 理解各种特殊环境条件下人群的生理变化、营养需求和膳食需求。

2. 理解不同人群对蛋白质、碳水化合物、脂肪以及其他必需元素的营养需求的差异。

【学习重点】

人群生理变化和营养膳食需求的关系。

【学习难点】

人群生理变化和营养膳食需求的关系。

Food Nutrition

引例

中暑或可致死,高温作业需做好防范

2019 年 8 月 13 日,尽管已经立秋,长沙的气温仍居高不下。对于从事高温作业或室外露天作业的劳动者来说,持续高温对健康是很大的挑战,其中最常发生的是职业性中暑。李先生在一家带钢公司的生产流水线上工作,在夏季高温季节,公司采取轮班制,每班由两批工人每隔两个小时轮流作业。一天,李先生在连续工作数小时后,突然感到剧烈头痛伴有大量冷汗,继而无汗,神志模糊,逐渐发展为昏迷伴四肢抽搐,送医院后被诊断为职业性中暑。

职业性中暑,是由于热平衡和(或)水盐代谢紊乱等引起的一种以中枢神经系统和(或)心血管系统障碍为主要表现的急性热致疾病。高温作业单位和劳动者都应提高防范意识,除了通过改善工作条件、定期体检、加强个体物理防护等方法来做好预防工作以外,合理安排作息时间、及时补充水和盐分、合理膳食、补充营养、使用防暑用品等都是能够提高自身身体素质的有效预防方法。

(来源:长沙晚报)

10.1 高温环境人群的营养

要点 1 高温环境人群的营养
- 高温环境下人体的生理变化
- 高温环境下人体的营养需要
- 高温环境下人体的膳食需求

高温环境通常由自然热源(如太阳光)和人工热源(如锻造场、锅炉房等)引起,前者一般是指热带或酷暑 35 ℃以上的生活环境,后者为 32 ℃以上的工作环境,另外相对湿度大于 80% 且环境温度大于 30 ℃的环境亦可视为高温环境。

高温作业的定义:有生产性热源,或作业温度比当地夏季最高通风设计计算温度高 2 ℃以上。

高温作业的分类:高温强热辐射作业(冶金工业的炼钢、轧钢,机械工业的铸造、锻造,陶瓷、玻璃等工业的炉前作业);高温高湿作业(印染、缫丝、造纸厂的蒸煮场所);夏季室外露天作业(农业、建筑业、运输业)。

10.1.1 高温环境下人体的生理变化

人体为了维持恒定的体温,在氧化产能营养素(蛋白质、脂肪、碳水化合物)产生能量的同时不断向环境散热,以维持人体能量的平衡。人体散热的方式有三种:辐射散热、传导-对流散热、蒸发散热。在高温环境下,蒸发散热是唯一的散热途径。人体在高温环境下劳动和生活时,体温调节中枢通过神经和体液共同调节作用引起机体大量出汗,通过出汗及汗液的

蒸发来散发机体代谢所产生的热,以维持体温的相对恒定。人体对外界环境温度的变化具有一定调节和控制能力,具体表现在以下几个方面:

10.1.1.1　循环系统

高温环境下机体会出现心率增加和血压降低等一系列心血管系统的反应。在高温环境下皮肤血管扩张,血液被浓缩,黏稠度增加,心脏需要做更多的功才能维持正常的血液循环,此时心脏的负担加重,血容量减少,需要对血液流量重新分配,以保持人体重要器官的血液供给,心脏的负担加重的同时也增加了能量消耗。机体为了散热需要增加对皮肤的血液供给,将热量带到体表散发,人体的体温调节中枢的负担加重。在高温环境下,由于机体的散热增强,人体内脏血液的重新分配,使消化液分泌减少,食欲减退,食物的消化、吸收能力下降;肾脏血流减少,人体的消化功能产生的代谢废物不能有效排泄,如尿素等氨代谢物会加重肾脏的负担,严重者可能出现蛋白尿、管型尿、氨基酸尿、糖尿等。

10.1.1.2　免疫系统

免疫系统功能对高温作用的反应具有明显的时相性,在热应激状态时机体的免疫功能先有短暂的反应性增强,随后出现免疫抑制。长时间暴露于热环境可引起血清中 IgG、IgA 和 IgM 等免疫球蛋白含量下降,从而引起免疫功能下降,机体合成抗体减少,拮抗和排泄生产环境中毒性物质的能力亦随之降低。

10.1.1.3　消化系统

高温环境下,人的皮肤血管扩张,腹腔内血管收缩,消化液(包括唾液、胃液胰液、肠液等)分泌减少,食物消化过程中所必需的游离盐酸、蛋白酶、淀粉酶和胆汁酸等相应减少,致使消化功能减退。摄食中枢受到的抑制作用也会引起食欲下降。同时,体温调节中枢的兴奋还会引起饮水中枢的兴奋。高温下,大量出汗会引起氯离子和钠离子的严重流失,胃液中盐酸的生成受到影响。当胃液酸度降低时,可影响胃肠的消化功能。另外,高温环境下人体胃排空加速,致使胃中的食物尚未经完全消化就进入了十二指肠,从而也会影响营养物质的吸收。

10.1.1.4　能量的代谢

高温环境一方面引起机体代谢率的增加和 ATP 酶活性的升高,另一方面机体在高温刺激下的应激和适应过程中,通过大量出汗、心率加快等调节方式引起能量消耗的增加。

10.1.1.5　蛋白质的代谢

高温环境下,失水增多和体温增高的相互作用从而引发蛋白质的分解增加;同时,大量出汗引起氮和氨基酸的流失导致蛋白质的合成受到影响,其中每 100 mL 汗液中含氮 20～70 mg。不过研究发现,高温环境下如果机体的水盐代谢和体温调节能力较强则不会引起蛋白质分解的明显增加。有研究测量了热环境人群的尿液成分,发现他们在汗液中氮流失增加的同时尿液中的氮排泄发生代偿性降低,且随着对热环境的适应,汗液中的氮流失也逐渐减少。因此,高温环境下蛋白质需要量增多的情况较少,通常只有在出汗量大且未及时补充水分或者机体对热环境尚未适应时需要。

10.1.1.6 脂肪和碳水化合物的代谢

热环境下,不同人群所需脂肪量差异较大,这可能与被调查者的膳食习惯及其个体差异有关。目前认为高温环境下脂肪的供给应该维持正常情况下的量,而碳水化合物应占膳食总能量的 60% 以上。

10.1.1.7 水和矿物质的代谢

高温下大量出汗可引起电解质平衡的紊乱,若不补充水,则汗液作为一种低渗液,可出现以缺水为主的水电解质紊乱;若只补充水分而不补充盐分会出现细胞外液渗透压降低、细胞水肿、神经肌肉兴奋性增强、以缺盐为主的水电解质紊乱、肌肉痉挛等。汗液中含有多种矿物质,包括钠、钾、钙、镁、铁、锌和铜等元素。其中最主要的是钠盐,钠离子对维持体液的正常渗透压、维持肌肉的正常收缩和酸碱平衡有重要作用。大量出汗时亦可造成这些矿物质元素的流失,因此研究高温环境下水和矿物质的代谢与补充具有重要意义。

10.1.1.8 维生素的代谢

高温环境下机体代谢增强,营养素消耗增加,因此机体对维生素的需求量也增加。同时,大量出汗也会引起水溶性维生素的流失,比如有研究检测到汗液中维生素 C 含量高达 $10\ \mu g/mL$ 时,维生素 B_1 的排泄量也较正常环境增多。

10.1.2 高温环境下人体的营养需要

10.1.2.1 能量

当环境温度高于 30 ℃时,每上升 1 ℃应增加能量供给 0.5%。一般能量需求应维持在 $10\ 450 \sim 12\ 540\ kJ/d(2\ 500 \sim 3\ 000\ kcal/d)$。

10.1.2.2 蛋白质

在高温环境下蛋白质在机体内代谢加速,应适当增加蛋白质的供给量,但不宜过高,以免增加肾脏的负担。蛋白质的供给量占总能量的 12% ~ 15%,优质蛋白质应占蛋白质总量的 50% 以上。

10.1.2.3 脂肪和碳水化合物

脂肪供给量不应超过总能量的 30%,脂肪含量过高的膳食影响食欲。碳水化合物的摄入应占总能量的 58% 左右。

10.1.2.4 水和矿物质

高温环境下必须注意水的补充,以少量多次为宜,注意补水时要同时补充矿物质,以维持电解质的平衡。气温高于 36.7 ℃时,每升高 0.1 ℃,每天应增加氯化钠 1 g,但总量不应超过 25 g。含盐饮料的盐浓度以 0.1% ~ 0.15%、温度以 15 ~ 20 ℃为宜。通过汗液等流失的其他矿物质也需要得到及时补充,其中,钙的供给量应为 600 ~ 800 mg/d,镁为 200 ~ 300 mg/d,钾为 3 ~ 6 g/d,锌不应低于 15 mg/d。

10.1.2.5 水溶性维生素

在高温环境中水溶性维生素极易随汗液流失,尤其是维生素 C、维生素 B_1、维生素 B_2。维

生素 C 每人每日供给 0.7 mg,维生素 B_1 2.5～3.0 mg,维生素 B_2 3～5 mg,维生素 A 1 500 μg RE,可基本满足机体需要。

10.1.3 高温环境下人体的膳食需求

10.1.3.1 合理补充水和无机盐

高温作业者常可因在短时间内丢失大量的水和无机盐,因此应当及时补充以避免水和矿物质的缺乏。在膳食中,汤可以作为补充水和无机盐的重要措施,可选用菜汤、肉汤、鱼汤交替供应,在饭前饮用少量的汤还可以增加食欲。高温环境人群应该参照其劳动强度及具体生活环境调整补水量,如中等劳动强度、中等气象条件时日补水量需 3～5 L,饮水的温度最好是 12～18 ℃,补水的方法应为少量多次。

10.1.3.2 提供平衡膳食,全面补充营养

膳食应注意优质蛋白质的供应,其中瘦肉、鱼、牛奶、蛋类及豆制品是优质蛋白质的良好来源。同时也应及时补充矿物质,其中钾、钙含量高的食物有水果、蔬菜、豆制品、海带和禽蛋等;铁含量高的食物有动物肝脏、血液、豆制品等;锌含量高的食物有牡蛎、鲜鱼、动物肝脏等。高温作业者维生素 C、维生素 B_1、维生素 B_2、维生素 A 的需要量也增加,含维生素 C 较多的食物为各种新鲜绿色蔬菜;含维生素 B_1 较多的食物有小麦面、黑米、瘦猪肉等;含维生素 B_2 和维生素 A 较多的食物有动物肝脏和蛋类。

10.1.3.3 合理搭配,精心烹调

菜肴注意荤素搭配、新鲜可口,选择清淡易消化的食物,食物尽量多样化,尽量保证色、香、味、形俱佳,就餐环境应当清凉舒爽,增强高温环境者的食欲。

10.1.3.4 建立良好的进餐制度

根据高温下的作业强度和时间等情况,调整一日三餐的进餐时间和进餐食量,避免饱餐后马上开始作业。

10.2 低温环境人群的营养

要点 2 低温环境人群的营养
- 低温环境下人体的生理变化
- 低温环境下人体的营养需要
- 低温环境下人体的膳食需求

环境温度持续低于 10 ℃ 的外界环境为低温环境,在我国低温环境主要见于冬季,低温环境分为高寒地区(东北、西北、华北)、低寒地区(青藏高原)、湿寒地区(华东、西南、东南)。职业性接触低温、南极考察和冷库作业等也属于低温作业的工作环境。人体所实际感受的温度,除了与环境温度有关外,还与经度、纬度、环境中的空气湿度、风速以及个人防护等综合因素有关。

10.2.1 低温环境下人体的生理变化

低温环境下,人体的体温调节功能增强,反射性地引起皮肤血管收缩、肌肉震颤和立毛肌收缩(起鸡皮疙瘩)以减少热能散发,同时,甲状腺素释放增加,产能营养素氧化代谢增加,甚至动用储存的脂肪和碳水化合物增加产热,以维持人体的体温恒定。

10.2.1.1 心血管系统

心血管系统在低温环境下可直接或反射性地引起皮肤血管收缩,同时由于交感神经系统的兴奋,血液中儿茶酚胺浓度的升高会使心排血量增多、血压上升和心率加快。

10.2.1.2 呼吸系统

冷空气的吸入,使呼吸道上皮组织受刺激,气管和支气管收缩,气道阻力增加,可引发哮喘病;在寒冷环境下,呼吸道及肺实质的血流也受影响,肺实质可表现为肺静脉收缩,可能引起进行性肺高压。

10.2.1.3 消化系统

在低温环境下胃酸分泌增加,酸度增大,食物在胃内消化更充分。寒冷环境可使食欲增加,促进摄食以满足机体能量代谢的需要。

10.2.1.4 神经系统

寒冷可通过对中枢和外周神经系统、肌肉和关节的作用影响肢体功能,使皮肤敏感性、肌肉收缩力、神经-肌肉的协调性和操作灵活性减弱,这时机体更易出现疲劳。

10.2.1.5 内分泌和免疫系统

在低温环境下,甲状腺及肾上腺皮质活动增强,血液中儿茶酚胺浓度升高。冷习服以后甲状腺和肾上腺皮质活动的程度逐渐恢复,但血液中去甲肾上腺素的水平仍然较高,此现象与冷习服的维持有关。

10.2.1.6 体温调节系统

在低温环境下会引起局部体温调节障碍,可引起局部性损伤(冻伤、冻疮),严重时会导致全身性损伤(冻僵、冻亡)。

10.2.1.7 碳水化合物和脂肪的代谢

因为碳水化合物和脂肪能够增强人体的耐寒能力,所以寒冷环境下机体对碳水化合物和脂肪的利用增加。虽然低温环境下,碳水化合物和脂肪的代谢都增加,但碳水化合物被优先利用。脂肪对机体有保护作用,同时也有良好的保温作用。环境温度逐渐下降过程中,人们膳食中的脂肪摄入明显增多,有关碳水化合物代谢的酶活性下降,而有关脂肪代谢的酶活性增强,能量供应开始转为以脂肪为主。

10.2.1.8 蛋白质的代谢

研究发现,某些氨基酸能提高机体的耐寒能力,如蛋氨酸可以经过甲基转移作用提供适应寒冷所需要的甲基,酪氨酸也能提高人体在寒冷环境下的适应能力。

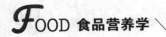

10.2.1.9　水、维生素和矿物质的代谢

在寒冷环境下,机体内水和电解质的代谢发生特殊的改变。机体会轻度脱水和失盐,血液容积减少,血液中锌、镁、钙、钠含量下降。因此,电解质不足会使基础代谢水平下降,不利于耐寒。低温环境下人体内水溶性维生素的代谢变化较大,体内水溶性维生素的含量有夏季偏低、冬季偏高的现象。维生素 C 对暴露于寒冷环境下的机体有保护作用,可以减慢寒冷环境下直肠温度的下降,缓解肾上腺的过度应激反应,增强机体的耐寒性。维生素 E 能改善低温而引起的线粒体功能降低,提高线粒体代谢功能,促进低温环境下机体脂肪等组织中环核苷酸的代谢,从而增加能量代谢,提高耐寒能力。维生素 B_2 能参与机体甲状腺素调节的能量代谢,促进体内氧化磷酸化过程,增加产能,有利于增强机体的耐寒能力。寒冷地区的人群体内矿物质含量(钙、钠、镁、锌、碘、氟等元素)常低于机体需要水平,尤其是钙和钠,应当给予及时有效的补充。

10.2.2　低温环境下人体的营养需要

10.2.2.1　能量和产能营养素

同一人群低温环境下对能量的需求应比常温下增加 10%～15%。蛋白质、脂肪、碳水化合物的供能比分别为总能量的 13%～15%、35%～40%、45%～50%。产能营养素特别是脂肪的摄入量应该增加,一般每日能量供给量为 12 540～16 720 kJ。蛋白质的供给量应略有增加,以占总能量的 13%～15% 为宜,动物性蛋白质应占 12% 以上,补充某些必需氨基酸(如蛋氨酸)能使机体增强耐寒能力。一般脂肪供能应占 35%～40% 及以上。选择高蛋白质和高脂肪性食物,可保证充足的必需氨基酸和脂肪的供给。

10.2.2.2　矿物质

低温环境下容易出现钙和钠缺乏,应及时补充。为了适应产热的需要,食盐的需要摄入量是温带地区的 1～1.5 倍。因为日照时间短、维生素 D 转化量不足等,容易出现缺钙的人群的钙摄入量应为 600～1 200 mg/d,可从含钙丰富的豆类、奶类、虾皮等食物中摄取。碘是甲状腺素的重要成分,必须保证能满足需要。对于寒冷地区出现较多的微量元素缺乏症,应当主要从食物来源和生物利用率上寻找解决方法。

10.2.2.3　维生素

低温环境作业人员每人每日需维生素 A 为 1 500 μg RE,维生素 B_1 为 2 mg,维生素 B_2 为 2.5 mg,烟酸为 1.5 mg,维生素 B_6 为 2 mg。维生素 C 每日供应 70～120 mg,且应尽量从新鲜蔬菜和水果中摄取,必要时可通过强化食品补充。

10.2.3　低温环境下人体的膳食需求

10.2.3.1　平衡而合理的膳食

低温条件下的膳食应比同一人群常温条件下的能量供给提高 10%～15%,主要应通过提高脂肪和碳水化合物的摄入来补充能量增加的部分。在低温环境下摄入一定量的脂肪有助于提高机体的耐寒能力,膳食中脂肪的供应量应占总能量的 35%,而碳水化合物仍然是能量的主要来源,应该约占总能量的 50%,每日应供给 450～600 g 主食。此外,要注意膳食中钙、钠、钾、镁等矿物元素的补充。维生素的供给要特别强调维生素 C 的供应,其他维生素如硫胺素、核黄素、维生素 A、烟酸等的供应量也应有所增加,其增加幅度为 30%～50%。为了平衡膳食,应保证新鲜蔬菜水果、瘦肉、蛋类及豆制品的摄入。

10.2.3.2 减少散热增加产热

在低温环境中人体散热增加,除采取各种防寒保暖措施外,在饮食上要注意少吃冷食,以免冷食对胃肠道产生不良刺激。热食应以高脂肪和高蛋白质的食品为主,如鱼类、蛋类、肉类和豆制品,不仅有利于消化吸收,也能保持食品卫生安全。为了适应寒冷地区能量需求大的特点,每日可安排进食 4 餐,早餐占一日能量的 25%、间餐占 15%、午餐占 35%、晚餐占 25%。

10.3 脑力劳动者的营养

要点 3　脑力劳动者的营养
- 脑力劳动者的生理变化
- 脑力劳动者的营养需要
- 脑力劳动者的膳食需求

劳动可分为体力劳动、脑力劳动及精神紧张性劳动三种形式。脑力劳动指思维、综合、分析活动为主要表现形式的劳动,如编辑、作家、教师、科研工作者、企业管理者等。他们大脑经常超负荷工作,少运动,经常长时间保持固定姿势,用脑时间长,面临各种压力,精神长时间处于紧张状态。这些特点使脑细胞对其能量物质的供应失调非常敏感,中枢神经系统尤其在大脑的高级中枢部的耐受力很差,长期处于这种状态会导致脑损伤。

10.3.1 脑力劳动者的生理变化

脑力劳动者往往长期在室内工作,阳光、空气都不如室外,脑力活动强度大,精神紧张,用眼机会多,视力下降快,颈部和腰部肌肉容易疲劳,血流缓慢,各内脏器官,特别是脑组织的氧和葡萄糖等营养物质的供应可能不太充足,容易引起脑细胞疲劳,工作效率降低,久而久之会产生头晕、失眠、记忆力下降等神经衰弱症状。紧张的生活节奏和高强度的工作压力使许多脑力劳动者精力疲惫,记忆力减退,工作效率下降,容易患慢性疲劳综合征和应激反应综合征。长此以往,容易使神经衰弱、精神易兴奋、脑力易疲乏、伴有情绪烦恼和肌肉紧张性疼痛等。同时,长时间静坐工作,能量消耗少,易出现脂肪代谢障碍,导致高脂血症、动脉粥样硬化、糖尿病、肥胖症、高血压、高尿酸血症和骨关节炎等慢性疾病。由于他们接触电脑、手机等电器机会较多,因此提高其免疫力、增强抗辐射能力显得十分重要。

10.3.2 脑力劳动者的营养需要

脑力劳动者全身活动较少,所以日常膳食所提供的能量可以满足需要,无须额外添加能

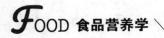

量类食品,而他们的大脑更加需要蛋白质和脂类,尤其是卵磷脂等构成和修补大脑神经组织的脂类,因此,脑力劳动者应在日常膳食的基础上特别注意补充优质蛋白、不饱和脂肪酸和各种维生素。

10.3.2.1　蛋白质

脑力劳动者在记忆思考的过程中需要大量的蛋白质,膳食中提供优质且充分的蛋白质是保证大脑皮质处于较好生理功能状态的重要前提。

10.3.2.2　脂肪

人脑所需要的脂类主要是脑磷脂、卵磷脂和不饱和脂肪酸,它们有提高记忆力的作用,能使人精力充沛,工作和学习效率提高。脑力劳动者应该特别注意补充含有不饱和脂肪酸的食物。n-3 系列脂肪酸对神经系统尤为重要,如 EPA、DHA 缺乏时对脑功能影响较大。

10.3.2.3　碳水化合物

碳水化合物分解成葡萄糖后进入血液循环提供血糖,血糖是膳食中提供脑组织活动的唯一能源。大脑对血糖极为敏感,如果血糖降低,脑的耗氧量也下降,轻者感到疲倦,重者可能发生低血糖反应而昏倒。

10.3.2.4　维生素

维生素 B_1、维生素 B_2、维生素 B_6、维生素 B_{12}、叶酸和维生素 C 等水溶性维生素和某些脂溶性维生素(维生素 A、维生素 D、维生素 E)都可直接或间接地对神经组织和细胞的多种代谢产生影响。脑力劳动者紧张的思维和用眼活动将增加机体对 B 族维生素、维生素 C 及维生素 A 的需要量。在动物实验和临床研究中发现,水溶性维生素严重不足时,记忆会受到损害,补充维生素后,记忆则恢复到正常水平,多种神经生物学变化都可伴随维生素缺乏症的改善和治疗而恢复到正常。

10.3.2.5　矿物质

磷是组成脑磷脂和卵磷脂的重要部分,参与神经信号传导和细胞膜的生理活动,是细胞内能量代谢必不可少的矿物质;钙能调节神经递质的释放、神经元细胞膜的兴奋性;锌、铁是人体必需的微量元素,在体内具有重要的生理功能,它们与脑发育密切相关,缺铁和缺锌使儿童注意力分散、智力发育不全,成人缺铁也影响脑的功能。

10.3.3　脑力劳动者的膳食需求

10.3.3.1　提供充足的碳水化合物

人类碳水化合物的主要来源是谷类,包括米、面、杂粮等,它们只有被分解成葡萄糖进入血液后才能被脑部细胞利用。所以脑力劳动者必须保证碳水化合物的供给充足,尤其是早餐必不可少。

10.3.3.2　提高蛋白质比例

脑细胞在新陈代谢过程中需要大量蛋白质,增加优质蛋白的摄入能够加强大脑皮层的调节功能。膳食中的优质蛋白可来源于大豆、奶、蛋、鱼、瘦肉和虾等,并且每日最好能搭配 3

种以上这些食物。

10.3.3.3 增加磷脂食物的供应

经常摄入含磷脂类丰富的食物，可以使人感到精力充沛、提高工作和学习效率。含磷脂丰富的食物主要有大豆、蛋黄、花生米、核桃仁、松子、葵花籽、芝麻等。

10.3.3.4 供应多种维生素

脑力劳动者应增加含有丰富的维生素 A、维生素 B_1 和烟酸的蔬菜，它们对保护视力和保证碳水化合物代谢也必不可少。

10.3.3.5 控制总能量和脂肪

脑力劳动者因为身体活动相对较少，应该注意控制脂肪和总能量的摄入，特别是尽量控制甜食的摄入。

10.4 运动员的营养

要点 4 运动员的营养
- 运动员的生理变化
- 运动员的营养需要
- 运动员的膳食需求

随着人类文明的进步，体育运动被赋予其独特的内涵和竞技精神，它在增强人群体质过程中起到了的积极作用。合理的营养与膳食是提高运动成绩的物质基础，也有助于消除疲劳，恢复体力，而营养的不足或过量均可严重影响运动员的生理、生化代谢过程、各种功能发挥以及竞技状态。

10.4.1 运动员的生理变化

运动员训练和比赛时，机体处于高度应激状态，肌肉活动量很大而引发多种生理变化。大运动量的训练或激烈的比赛引发肌肉强烈收缩，无氧代谢增加，乳酸堆积；脂肪代谢增强，酮体蓄积，体液酸性增加，产生疲劳感。随着运动量的增加，能量代谢明显增加，体内储存的碳水化合物、脂肪、蛋白质依次被消耗，因此运动员需要补充各种营养素。不同的运动项目对身体有不同的要求，对营养素消耗也不同，运动员营养的供给要与运动项目相适应。

10.4.1.1 心血管系统

运动员心脏活动加快加强，心脏血液输出量增加，血容量明显增大，运载更多的氧气和营养素。

10.4.1.2 神经系统

运动使神经-体液调节受到影响，大脑紧张，交感神经过度兴奋，而迷走神经相对抑制，机体呼吸加深加快，需要大量摄取氧气。

10.4.1.3 消化系统

剧烈运动过程中,胃肠道和消化腺体血流量减少,机体对营养素的消化吸收能力下降。据统计,有超过50%的耐力运动员在平时训练和比赛中,会有肠胃不适的现象发生。事实上还有约25%的运动员虽然没有明显症状,但他们的肠胃也有着各种问题,这些问题有可能对免疫、肌肉、大脑产生副作用。在各种运动中,跑步是对身体产生最多压力的一项运动之一,跑者常见的肠胃不适现象有恶心、呕吐、腹泻等。一般来说,上消化系统的症状主要来自胃,如胃痉挛、呕吐等;而下消化系统的症状包括肠道不适、疼痛和腹泻。

10.4.1.4 免疫系统和内分泌系统

关于运动对机体免疫能力的影响已有大量研究,免疫系统的功能受到多种因素的影响,如运动的方式、负荷的时间、运动的频率和运动的强度等。有研究发现在越野滑雪后,运动员保护上呼吸道不受感染的免疫球蛋白的分泌减少,而上呼吸道感染的发病率却并没有增加;在另一些研究中,如在马拉松跑后给运动员立刻注射抗破伤风血清后,发现运动员的抗体反应正常。运动员在大运动量训练后常表现为辅助 T 细胞水平下降,这可能与免疫抑制有关。虽然运动对免疫系统的影响是微弱的、暂时的,但在过度训练时运动员的免疫抑制却十分明显。

10.4.1.5 蛋白质的代谢

蛋白质对运动员生理功能维持和比赛成绩提高有重要作用,其需要量与机体劳动强度、肌肉量的多少、年龄、性别及营养状况等有关。运动项目的不同,运动员对蛋白质的要求也不同,一般运动强度越大,消耗的蛋白质越多。

10.4.1.6 脂肪的代谢

运动过程中脂肪代谢增强。体育训练可以增强人体利用脂肪酸和氧化酮体的能力,从而节约糖原的消耗,提高耐久力。脂肪酸氧化过程中耗氧量高,其代谢产物属酸性,而氧化不完全时酮体的蓄积会则降低耐久力。

10.4.1.7 碳水化合物的代谢

碳水化合物是运动时重要的供能物质,氧化时耗氧量最小,是经济而快速的能量来源;同时也是心脏和大脑的主要供能物质,对维持其生理功能起着关键的作用;此外,还有抗生酮的作用,可以调节脂类代谢。碳水化合物可在有氧或无氧的情况下分解,当氧气供应充足时它通过有氧氧化供能,氧气不足时通过酵解反应供能,同时产生乳酸。因此,短时间内大强度运动的能量几乎全部由碳水化合物提供,只有长时间运动一段时间后机体才开始利用脂肪。

10.4.1.8 维生素的代谢

运动员的维生素供应充足有助于改善机体物质和能量代谢。运动员对维生素缺乏的耐受性差,在加大运动负荷时维生素缺乏症状可提前发生或加重。运动员的维生素缺乏常为轻度或亚临床水平,但即使是轻度的维生素缺乏也容易导致运动员运动能力减弱、疲劳提前发生、对疾病的抵抗力下降及创伤恢复减慢等不良后果。

10.4.1.9　水和矿物质的代谢

运动员的排汗与运动强度、运动持续时间、气温和空气湿度等因素有关,大量出汗后如不及时补充水分及相应电解质,很容易引起脱水和体内电解质紊乱,脱水可导致运动员体温升高,心血管负担加重,同时对肾脏也有不同程度的伤害。运动情况下,钾、钙、镁、钠等元素的代谢增强。长时间的运动后血清钾、钠可显著降低,在高热、高湿度环境下长跑后,血浆钠、钾含量显著升高,镁含量显著降低。运动可加强人体的铁代谢,铁供应量不足会使运动员的有氧运动能力和耐力降低。锌与肌肉的收缩耐力及力量相关,人体中锌主要存在于肌肉(60%)和骨骼(30%),运动可使锌的代谢加强并增加锌的消耗量。铜与能量代谢密切相关,是合成血红蛋白、肌红蛋白、细胞色素以及一些多肽激素过程中的一种重要矿物质,大运动量训练会引起铜的负平衡,长时间耐力运动也可使血清中铜含量显著下降。

10.4.2　运动员的营养需要

10.4.2.1　能量

运动员的能量需要量主要取决于运动强度、运动频率、运动持续时间,个体情况(身高、体重、年龄)和环境状况。在运动开始阶段,碳水化合物供能的比例大,随着运动时间的延长,脂肪供能的比例逐步增加。当运动强度达到最大需氧量的75%或以上时,碳水化合物氧化供能的比例增大;当运动强度降为最大需氧量的65%或以下时,脂肪的供能比例增加。

10.4.2.2　蛋白质

运动员在大运动量训练和比赛后,机体的能量代谢增加,体内蛋白质分解代谢增加,甚至出现负氮平衡。提高运动成绩不仅需要增加能量代谢,而且需要更多的血红蛋白以携带氧,因此运动员必须按照膳食需求摄入足量的优质蛋白。然而,运动员摄取的蛋白质也不应该过量,蛋白质氧化时耗氧较多而对运动不利,而且大量蛋白质在代谢过程中还会增加肝脏和肾脏的负担,如果膳食中摄入的含硫氨基酸过多,还会加速骨质中钙的流失。

10.4.2.3　脂肪

中度运动时脂肪提供30%的能量,持久运动时则更多。脂肪代谢过程耗氧量大,代谢产物为酸性,不利于运动员体力的恢复。和其他营养素相比,同等质量下,脂肪体积小,含能量高,在胃中停留的时间长,更适合为能量消耗大、机体散热多、运动时间长的运动供能。运动员膳食中脂肪供能的比例应占总能量的25%～35%。

10.4.2.4　碳水化合物

碳水化合物在有氧和无氧情况下均能供能,可满足不同运动项目的要求。高强度的运动如短跑,瞬间能量需求量大,只有碳水化合物才能快速提供能量。碳水化合物在人体内主要以糖原形式储存,但体内储存的糖原有限,糖原耗竭时可出现低血糖现象,影响运动员体力、耐力和速度的恢复,因此,保证运动员体内的糖原储备量非常重要。大运动量训练和比赛前后应按每天 9～10 g/kg(体重)提供碳水化合物,以保证足够的糖原贮备。短时间的极限运动比赛和平时训练前一般不需要额外补充糖分。运动员每天碳水化合物供能占总能量的比例应为 55%～60%。

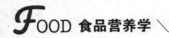

10.4.2.5 水、矿物质和维生素

比赛或大运动量的训练时容易大量出汗,水、矿物质和维生素的过量流失都会影响运动员的运动成绩和身体健康,当失水量达到体重的 2%～3% 时就会产生显著影响。大量出汗时,饮水应遵循少量多次的原则,以避免大量水分同时进入血液而引起胃部不适,并增加心脏、肾脏负担。喝水时的水温为 13 ℃ 左右较好,有利于降低体温;补充的水以低渗溶液为佳,同时要补充矿物质和维生素。长时间、大运动量的运动可以使钾、钙、镁、钠等矿物质大量流失,应该及时补充。强健的骨骼和肌肉的有力收缩是运动员的基本要求,其机体需要足量的钙、铁和维生素 D。铁、维生素 C、维生素 B_{12} 和叶酸影响血红蛋白的生成,影响血氧的运输。运动员的铁所需供给量为 20～25 mg/d,持续大运动量的训练可能导致贫血。虽然维生素对运动员必不可少,但是不应过量,过多维生素在体内的累积反而会造成毒害作用。

10.4.3 运动员的膳食需求

10.4.3.1 平衡膳食

运动员要获得均衡的营养,应保证做到平衡膳食,密切结合运动员的生理代谢特点以及特殊运动项目对营养素的额外需求,注意食物的多样化,包括粮谷类主食、乳及乳制品、豆及豆制品、动物性食物、新鲜蔬菜、水果、坚果、油脂等合理搭配,以便向机体提供全面营养素。

10.4.3.2 蛋白质

运动员的蛋白质营养不仅应当满足数量的要求,在质量上还必须含有至少 1/3 的优质蛋白,占总能量的 12%～15%,力量型运动项目可增加到 15%～16%。

10.4.3.3 脂肪

一般运动员膳食的脂肪需求占总能量的 25%～30%,游泳和冰上项目可增加到 35%,耐力运动项目(登山、马拉松)以 30%～35% 为宜。饱和脂肪酸、多不饱和脂肪酸和单不饱和脂肪酸的比例应为 1∶1∶(1～1.5)。尤其应该注意控制饱和脂肪酸的摄入量。进行能量消耗大、机体散热多、持续时间长的项目的运动员应适当增加其脂肪摄入量。

10.4.3.4 碳水化合物

一般碳水化合物的营养需求占总能量的 55%～65%,耐力项目可以增加到 60%～70%。运动前后应该以补充复合型碳水化合物为主,增加体内糖原的储备;运动中可以选用复合糖饮料,最好以等渗溶液的状态摄入。运动时间长于 1 h 的大强度运动,应以每小时 30～60 g 的频率补充糖分,或每小时饮用 600～1 000 mL 的 4%～8% 的糖溶液,以维持血糖浓度和减少疲劳感。

10.4.3.5 矿物质和维生素

运动过程中多种矿物质和维生素的代谢增强,及时适当的补充可保证运动员的正常生理机能。合理摄入碳酸氢钠、磷酸盐等矿物质可以增加体内的碱贮备,提高肌肉 pH 和缓冲酸性代谢物。

10.4.3.6 科学烹调,促进食欲

运动员的饮食需要科学的烹调,以减少加工时营养素的损失,使食物更容易消化吸收。

注意保持食物的色、香、味、形,增加食物的多样性能刺激运动员的食欲。

10.4.3.7 运动员特殊要求

运动员需要的能量较大,为了避免摄入食物的体积过大而影响运动,应该选择高能量密度、高营养素密度且容易吸收的膳食。一日食物总量一般不宜超过 2 500 g。由于运动员所需膳食中碳水化合物的比例较高,而碳水化合物在胃中的消化较快,为避免过度饱餐和饥饿感,运动员应该采取少食多餐的进餐制度,比如三餐两点或三餐三点,在高强度训练或比赛前的一餐至少提前 2 h,运动后至少休息 30 min 后再安排进餐。

10.5 高原环境人群的营养

要点5 高原环境人群的营养
- 高原环境人群的生理变化
- 高原环境人群的营养需要
- 高原环境人群的膳食需求

高原一般指海拔 3 000 m 以上的地区,在我国,西藏、青海、甘肃、新疆南部和四川、云南西北部为高原地区,占全国面积的 1/6,人口约为 1 000 万人,由于高原地区大气氧分压低,导致人体处于缺氧环境,血氧饱和度下降,常出现头痛、头晕、目眩、心悸、气短、恶心、食欲减退、失眠、胸闷或发晕等低氧症状。

10.5.1 高原环境人群的生理变化

10.5.1.1 呼吸系统

高原是缺氧环境,海拔高度与大气压、氧分压、血氧饱和度呈负相关,缺氧环境使人体呼吸加快、加深。

10.5.1.2 心脑血管系统

机体在高原环境下缺氧使心肌收缩力下降,心率增加,血压升高,引起肺动脉高压,甚至肺水肿。长期在缺氧环境中,人体血液中血红蛋白的含量代偿性增加,血液黏稠度增加,血液循环的阻力明显增加,心脏的负担加重。

10.5.1.3 消化系统

急性缺氧可使胃肠道系统中多种消化酶、胃肠道激素、胃酸和胃泌素的分泌量减少,导致消化功能下降;胃肠黏膜细胞缺氧,则导致肠道消化、吸收、胃肠蠕动减少,加重缺氧所致的食欲减退。

10.5.1.4 碳水化合物的代谢

机体缺氧时碳水化合物代谢增强,糖原分解作用和糖原异生作用增强,葡萄糖利用率增加。人体在缺氧环境一段时间后,一些糖酵解酶和调节磷酸戊糖旁路的酶活性也增强,这是由于酶活性的变化具有代偿和适应的特征。在高原缺氧环境,碳水化合物能增加换气量,提

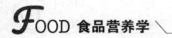

高动脉的氧分压,增强肺的扩张能力。

10.5.1.5 蛋白质的代谢

进入高原时,人体的蛋白质合成减弱而分解增强,出现不同程度的负氮平衡,氨基酸的代谢及与其代谢有关的酶的活性发生变化。同时,在高原环境中,血红蛋白和红细胞容积增加使单位体积血液的氧饱和度增加。

10.5.1.6 脂肪的代谢

高原缺氧条件下人体的脂肪分解增强,血脂增高,酮体生成增多,具体表现为体脂减少、血和尿中酮体增多。但在严重缺氧时脂肪氧化不完全可致血、尿酮体大幅度增高,而酮体大量积累则会使机体的缺氧耐力降低。

10.5.1.7 水、维生素和矿物质的代谢

高原环境下,由于呼吸加快导致人体呼吸时排出的水增多,体内水分减少。维生素作为辅酶的构成成分,参加有氧代谢,在呼吸链电子传递过程中起重要作用,有利于 ATP 的生成,缺氧时辅酶含量下降,从而阻碍有氧代谢。人体在进入高原后,心电图的改变与低钾血症相似,应适量进食含钾多的食品或在膳食中选用钾盐,同时适当限制钠的摄入量。

10.5.2 高原环境人群的营养需要

10.5.2.1 能量

在高原缺氧环境中人体需要摄入足够多的氧气以保证正常呼吸,需要更多的能量以维持正常低氧环境下的正常生理功能。

10.5.2.2 碳水化合物

糖和糖原是应急供能的主要来源,保持血糖的稳定对维持正常脑功能和呼吸都有重要的作用。碳水化合物能提高急性缺氧的耐力,有利于肺部气体交换,使肺泡和动脉氧的分压及血氧饱和度增大。摄入高碳水化合物可减轻高原反应症状(头痛、恶心、嗜睡),适量增加碳水化合物不仅可提高有氧劳动能力,而且可防止高原暴露 24 h 内出现的负氮平衡。碳水化合物可提高低氧耐力是因为:①糖分子中的氧原子多于其他产能营养素;②消耗等量氧时,产能量高于其他产能营养素;③产生更多的 CO_2 有利于减轻低氧和过度通气导致的碱中毒。

10.5.2.3 脂肪和蛋白质

高原环境下,机体仍能有效利用脂肪,脂肪仍是人体能量的重要来源。在高原缺氧环境中,蛋白质合成加强,而且某些氨基酸能够提高缺氧耐力,比如色氨酸、酪氨酸、赖氨酸和谷氨酸等。在高原低氧环境中,血红蛋白、红细胞数量和红细胞容积增加,所以也需要摄入定量的蛋白质以保证机体的正常功能。然而,蛋白质总量的摄入不宜过多,因为蛋白质氧化时耗氧最多,高蛋白膳食不易消化并可能引起组胺等的聚积,所以应该适量补充蛋白质,尽量选用优质蛋白。

10.5.2.4 维生素

维生素、复合维生素及微量元素、酵母或核苷酸等,都可以不同程度提高机体的缺氧耐

力。高原缺氧环境下,机体对缺氧的代偿和适应反应增加维生素的消耗,而食欲下降可能导致维生素摄入量不足,因此,补充维生素或增加膳食维生素的供给量,可使体内维生素保持较好的营养水平,并可显著提高缺氧耐力,加速习服过程。补充维生素 E 能促进红细胞的生成,提高机体的耐氧能力,有利于减缓高原反应。维生素 C 可改善缺氧环境下的氧化还原过程,提高氧的利用率,且缺氧的应激效应使肾上腺活动增强,导致维生素 C 的消耗量增加,因此维生素 C 也需要适量补充。

10.5.2.5 水和矿物质

高原缺氧反应使呼吸加快,排出水分增加,应适当补充水分。补充铁元素有利于血红蛋白、肌红蛋白、含铁蛋白质和酶的合成,有助于缓解高原缺氧反应,提高呼吸效率。在高原环境中,钾、磷、钙、锌等元素有利于高原缺氧习服,可减少食盐的摄入,适当增加磷酸盐的使用。

10.5.3 高原环境人群的膳食需求

10.5.3.1 维持正常食欲

进入高原前,应通过体育锻炼或体力劳动达到体力适应,保持良好的心理状态和良好的体力状态,缩短高原习服过程。刚进入高原时,应逐步增加体力活动,避免剧烈运动。为了维持正常食欲,供给的食品既要符合初入高原者的饮食习惯,又要适合高原饮食的习惯,合理的补水也能促进食欲并防止代谢紊乱,应避免食欲衰退产生厌食和体重减轻。

10.5.3.2 调节能量供给

在高原地区总能量应在原来基础上增加约 10%,初入高原一般可采用蛋白质占 10%～15%、脂肪占 20%～30%、碳水化合物占 60%～70% 的比例供给能量。习服后脂肪可提高到 35%,注意增加其中优质蛋白的占比;另外可用容易消化的小分子糖(如葡萄糖、蔗糖等)代替部分多糖,提高人的适应能力,减轻急性高原反应。

10.5.3.3 维生素和矿物质

高原环境人群应该要适当补充多种维生素制剂和矿物质。每日补充维生素 A 1 000 μg RE,维生素 B_1 2.0～2.6 mg/d,维生素 B_2 1.8～2.4 mg/d,维生素 C 80～150 mg/d,泛酸(维生素 B_5)20～25 mg/d,铁 25 mg/d,钙 1 000 mg/d。

10.6 有毒物质作业人群的营养

要点 6　有毒物质作业人群的营养
- 铅作业人群的生理变化、营养需要和膳食需求
- 苯作业人群的生理变化、营养需要和膳食需求

有毒物质是指较小剂量进入人体就能干扰正常的生化过程或生理功能,引起暂时性或永久性病理改变的物质。职业接触的有毒物质种类繁多,这些化学物质会长期、少量进入机

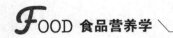

体,包括重金属的铅、镉、汞、有机溶剂、各种农药等。这些化合物通过呼吸道、饮水或食物进入人体后,通常会干扰和破坏正常生理功能,造成急性、亚急性或慢性危害。当机体营养状况良好时,可以一定程度上抵抗毒物的危害,有些营养素甚至还有独特的解毒功能,因此,可以通过改善人体营养来提高机体对毒物的耐受和抵抗力。

10.6.1 有毒物质作业人群的生理变化

10.6.1.1 铅作业人员

日常生活及工作中铅及其化合物主要存在于冶金、蓄电池、印刷、陶瓷、玻璃、油漆、染料等行业。人体因职业接触铅时,铅可通过其化合物进入人体呼吸道和消化道,继而引起神经系统的损害和血红蛋白合成障碍等病理改变。铅及其化合物都有毒,目前职业性铅中毒多为慢性中毒,症状主要表现在神经、消化系统两大系统中。铅中毒性神经衰弱综合征出现较早,是中毒早期的常见症状。儿童由于血脑屏障发育尚不健全,对铅中毒尤为敏感,体内铅含量过高,不但影响婴幼儿和儿童的智力发育、学习记忆和注意力等脑的功能,甚至直接影响到身高和体重的发育。铅对消化系统的影响主要表现为食欲不振、恶心、隐性腹痛、腹胀、腹泻或便秘等消化道症状。铅对红细胞,特别是骨髓中幼稚红细胞具有较强的毒性,易导致其超微结构发生改变,如核膜变薄、胞质异常、成熟障碍等。长期接触铅还可能导致免疫系统的功能和生殖能力受到损害。

10.6.1.2 苯作业人员

苯属于芳香烃类化合物,有特殊芳香气味,广泛用于工业生产。苯及其化合物苯胺、硝基苯均为脂溶性、可挥发的有机化合物,主要通过呼吸道进入人体,其毒性作用的靶器官主要是神经和造血系统。急性苯中毒时主要表现于中枢神经系统中,轻者出现黏膜刺激、头痛、头晕、恶心、呕吐等症状,随后出现兴奋或酒醉状态,严重时昏迷、抽搐、血压下降、呼吸和循环系统衰竭。慢性苯中毒时,以造血系统损害为主要表现,患者常有头晕、头痛、乏力、失眠和记忆力减退等神经衰弱症候群的表现。造血系统损害主要表现为中性粒细胞减少,苯中毒晚期可出现全血细胞减少,导致再生障碍性贫血,甚至诱发白血病。

10.6.2 铅作业人群的营养需要和膳食需求

在平衡膳食的基础上有针对性地进行营养补充可以减少铅在胃肠道的吸收、促进铅的排出或提高机体对铅毒性损害的耐受力。

10.6.2.1 供给充足的维生素

维生素 C 能在肠道内与铅结合,以减少肠道对铅的吸收,还原型谷胱甘肽有一定的解除铅中毒的作用,维生素 C 还能促进氧化型谷胱甘肽还原为还原型谷胱甘肽从而起到解毒作用。铅中毒后会消耗大量维生素 C 而导致维生素 C 缺乏病,及时补充能减轻其危害。因此,对于铅作业人群,除了每天摄入 500 g 蔬菜以外,至少补充 100 mg 维生素 C。另外,维生素 B_1 作为丙酮酸脱氢酶和转酮醇的辅因子,能与金属生成复合物,从而加速铅的转移,并经由粪便排出体外。维生素 B_2 和叶酸则可以促进血蛋白的合成和红细胞的生成,增加其摄入可促进血红蛋白的合成,减轻贫血。所以,铅作业人群在日常膳食中应注意多种维生素的补充。

10.6.2.2　补充优质蛋白质

蛋白质不足会降低机体的排铅能力,增加铅在体内的贮留和机体对铅中毒的敏感性,充足的蛋白质,尤其是富含硫氨基酸(如蛋氨酸、胱氨酸等)的优质蛋白质,对降低体内(肾和肌肉中)的铅浓度有利。蛋白质的供给量应该占总能量的 15%,优质蛋白质应占总蛋白的 50%。

10.6.2.3　补充矿物质

钙与铅在体内有拮抗作用,摄入充足的钙能避免沉积在骨骼中的铅过多地融入血液,发生急性铅中毒症状,钙每天的建议摄入量以 800~1 000 mg 为宜。锌可以诱导金属硫蛋白的合成,而金属硫蛋白能与铅结合一起排出体外。铁在肠道内能与铅竞争黏膜上的结合性受体,缺铁时铅的储存会增加,从而加重铅的危害。硒能与包括铅在内的许多有害金属元素结合,形成金属硒蛋白质复合物一起排出体外从而起到解毒作用。

10.6.2.4　限制脂肪、增加膳食纤维的摄入

摄入脂肪能促进铅暴露人群的小肠内的铅吸收,加重铅的危害,脂肪的摄入量以控制在总能量的 20% 为宜。摄入膳食纤维(特别是果胶)能降低铅在肠道的吸收,因此每天保证摄入一定量的蔬菜和水果有益于铅的排出。

10.6.3　苯作业人群的营养需要和膳食需求

10.6.3.1　限制脂肪摄入

苯是脂溶性物质,具有较强的亲脂性,可以直接吸附在细胞表面,抑制细胞的氧化还原作用和能量代谢。过多的脂肪摄入会增加苯在体内的蓄积,从而产生慢性中毒,增加机体对苯的敏感性。

10.6.3.2　适当增加优质蛋白质的摄入

苯的解毒过程主要在肝脏进行,增加优质蛋白质的摄入有利于提高肝脏微粒体混合功能氧化酶的活性,使苯羟化成酚后与葡糖醛酸结合排出体外,进而提高机体对苯的解毒能力。优质蛋白质尤其是富含硫氨基酸的蛋白质还可以提供足够的胱氨酸,有利于维持体内还原型谷胱甘肽的正常水平,还原型谷胱甘肽可与部分苯直接结合从而降低苯对机体的危害。

10.6.3.3　适当提高碳水化合物的摄入

碳水化合物在代谢过程中可以提供重要的解毒剂——葡糖醛酸,在肝、肾等组织中,葡糖醛酸与苯结合,然后共同从尿液中排出。

10.6.3.4　适当增加维生素和矿物质的摄入

提高维生素 C 的摄入能增加苯代谢产物的排泄,维生素 C 的摄入量以每天 150 mg 为宜。为了预防苯中毒所致的贫血,还应适当增加铁的供给量,同时补充维生素 B_6、维生素

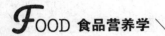

B$_{12}$和叶酸,以促进血红细胞的生成。适量增加富含维生素 A 和维生素 E 的食物,可以保护神经系统,增强机体抵抗苯中毒的能力。

❓ 思考题

1. 问答题

(1)高温环境人群的生理变化和营养膳食需求有什么联系?

(2)铅作业人群的营养需要和膳食需求有哪些特点?

2. 案例分析

顶级运动员不仅有强壮的心脏,他们肠胃也异于常人。《自然医学》杂志一项新的研究发现,参加波士顿马拉松赛和奥运会的运动员,他们消化道中检测出的韦荣球菌(Veillonella)含量高于平时。这是一种能帮助恢复体力和提高体能的细菌,而这种细菌不存在于久坐的白领群体中。科学家利用小鼠作为对照试验,发现食用韦荣球菌的小鼠在跑步机上的表现相对更好。为了验证他们的理论,研究人员早在 2015 年就开始试验。他们通过提取波士顿马拉松运动员在参赛前一周以及比赛后一周的粪便样本,来比对运动员微生物组内细菌种类的波动和变化。试验结果发现,参加马拉松后,运动员粪便中韦荣球菌数量相比其他细菌大幅增加。而另一组对比样本中,久坐不动的群体韦荣球菌数量远低于运动员。根据这个材料,请谈谈你对运动改变人体肠道微生物以及身体健康的看法?

第 11 章
营养与疾病

【学习目的和要求】

1. 了解人体测量的常用指标及意义。

2. 掌握营养与肥胖、心血管疾病、糖尿病、癌症的关系。

3. 熟悉营养与痛风的关系。

【学习重点】

营养与肥胖、心血管疾病、糖尿病、癌症的关系。

【学习难点】

营养与心血管疾病、糖尿病、痛风的关系。

Food Nutrition

引例

有关数据显示，目前我国慢性病医疗支出比例占医疗总支出的 70%，因此说，防控慢性病刻不容缓。在慢性病的防治过程中，膳食营养的改善至关重要，营养治疗和宣传对强化居民均衡营养观念、改善慢性病患者的健康状况及生活质量，有着重要意义。中华医学会副会长、北京医学会会长金大鹏强调，目前我国传统意义上的"骨瘦如柴"型"营养不良"已不多见，随之而来的是如今的"膀大腰圆"型"营养不良"，特别是在高收入、高学历、高层次的"三高"人群中，营养不良的比例更大，最终导致的是高血压、高血脂、高血糖这"三高"人群迅速蔓延，成为今天的非传染性流行病，这种慢性非传染性疾病，已成为我国居民致死和致残的首要原因，目前我国各类慢病患者已达到了 3 亿人以上，并呈快速上升和年轻化趋势，且治疗的达标率低，病情控制效果不理想，医疗花费大，加重了民众的经济和精神负担。

临床营养学是研究人体处于疾病状态下的营养需求与提供的办法。在正常生理需要的基础上，根据疾病的诊断、病情及其他情况，合理地调整和制订临床营养治疗方案，并通过各种途径对病人进行营养治疗，以改善代谢、增强机体对疾病的抵抗力，达到促使疾病好转或痊愈的目的。

（来源：人民日报海外版）

现代慢病起因于营养失衡

根据国际著名杂志《柳叶刀》上发表的《全球疾病负担研究》，跟踪 195 个国家 1990 年至 2017 年间 15 种饮食因素的消费趋势，世界几乎每个地区的人们都可以从重新平衡饮食中获益，从而获得最佳数量的各种食物和营养素。这项研究估计，全球五分之一的死亡人数（相当于 1 100 万人死亡）与饮食不良有关，而饮食导致了世界各地的一系列慢性病。2017 年，全麦、水果、坚果和种子等食物含量过低的饮食比反式脂肪、含糖饮料和高含量红肉和加工肉类等食物造成的死亡人数更多。

营养医学是一门比较新的学问，整合了医学及临床营养，研究营养素与疾病预防治疗的关联。营养医学补充品又被称为营养素。营养医学理论：疾病的本质是指细胞受损伤的过程，这个过程长为慢性疾病，短为急性疾病。治疗是指修复损伤细胞的过程。营养一个细胞，减少一种疾病；缺乏一种营养，产生一种疾病。

现代营养疾病包括：恶性肿瘤、糖尿病、低血糖症、心脑血管疾病、高脂蛋白血症、先天性氨基酸代谢异常疾病、痛风、代谢性心脏病、代谢性肺疾病、代谢性骨关节疾病、维生素缺乏症、皮肤衰老、肥胖、厌食症等 40 余种病。

11.1 临床营养基础

要点1 临床营养基础

- 人体测量
- 体格检查
- 实验室检查

11.1.1 人体测量

人体测量数据能够较好地反映人体的营养状况,通过对体重、皮褶厚度、围度的测量对患者营养状况进行评价。

(1)身高标准体重法

①标准体重计算公式。目前在我国尚没有统一的标准体重数据。较普遍采用的计算方法有三种:

a. Broca 公式:

$$标准体重(kg)=身高(cm)-100(适用于 165\ cm 以下者)$$

b. 改良 Broca 公式:

$$标准体重(kg)=身高(cm)-105(适用于 166\sim175\ cm 者)$$
$$标准体重(kg)=身高(cm)-110(适用于 176\ cm 以上者)$$

c. 平田公式:

$$标准体重(kg)=[身高(cm)-100]\times0.9$$

②肥胖度计算公式

$$肥胖度(\%)=[实际体重(kg)-标准体重(kg)]/身高标准体重(kg)\times100\%$$

判断标准为:肥胖度≥10%为超重;>20%~29%为轻度肥胖;>30%~49%为中度肥胖;≥50%为重度肥胖。

③体重改变。体重改变作指标是体重变化的幅度与速度相结合起来考虑(表11-1)。反映出是否存在蛋白质-能量营养不良。如果短时间内体重改变超过10%,同时血浆白蛋白低于 30 g/L,应该考虑为重度蛋白质-能量营养不良。

$$体重改变(\%)=[通常体重(kg)-实测体重(kg)]\div通常体重(kg)\times100\%$$

(2)体质指数(BMI)法　BMI 是 Body Mass Index 的缩写,BMI 中文是"体质指数"的意思,是以你的身高体重计算出来的。BMI 是世界公认的一种评定肥胖程度的分级方法,世界卫生组织(WHO)也以 BMI 来对肥胖或超重进行定义(表11-2)。

表 11-1　体重变化的评定标准

时间	中度体重丧失	重度体重丧失
1 周	1%～2%	＞2%
1 月	5%	＞5%
3 月	7.5%	＞7.5%
6 月	10%	＞10%

体质指数（BMI）＝体重（kg）/[身高（m）]^2

判断标准为：＜18.5 为消瘦或慢性营养不良，男性＞25 为肥胖，20～25 为正常；女性＞24 为肥胖，19～24 为正常。最理想的体重指数是 22。

表 11-2　BMI 标准差异比较

类型	WHO 成人标准	亚洲成人标准	中国标准
偏瘦	＜18.5		
正常	18.5～24.9	18.5～22.9	18.5～23.9
超重	≥25	≥23	≥24
偏胖	25.0～29.9	23～24.9	24～27.9
肥胖	30.0～34.9	25～29.9	≥28
重度肥胖	35.0～39.9	≥30	
极重度肥胖	≥40.0		

（3）皮褶厚度　皮褶厚度的测量可以反映体脂分布情况，也可从不同部位的皮褶厚度推算出体脂总量，对判断人体的营养状况具有重要意义。

测试仪器：皮褶厚度计。

测试部位：上臂部、肩胛部和腹部。

测试方法：受试者自然站立，充分裸露被测部位。测试人员用左手拇指、食指和中指将被测部位皮肤和皮下组织捏提起来，测量皮褶捏提点下方 1 cm 处的厚度。共测量 3 次，取中间值或两次相同的值。记录以毫米为单位，精确到小数点后 1 位。

上臂部测量点：右上臂肩峰后面与鹰嘴连线中点处。沿上肢长轴方向纵向捏提皮褶。

肩胛部测量点：右肩胛骨下角下方 1 cm 处。与脊柱成 45°方向捏提皮褶。

腹部测量点：脐水平线与右锁骨中线交界处。沿躯干长轴方向纵向捏提皮褶。

正常成年男性的腹部皮褶厚度为 5～15 mm，大于 15 mm 为肥胖，小于 5 mm 为消瘦；正常成年女性的腹部皮褶厚度为 12～20 mm，大于 20 mm 为肥胖，小于 12 mm 为消瘦，尤其对 40 岁以上妇女测量此部位更有意义。

（4）腰围和腰臀比　腰围指的是经脐点的腰部水平围长，是反映脂肪总量和脂肪分布的综合指标。

标准腰围计算公式为：

男性：身高（cm）÷2－11（cm），女性：身高（cm）÷2－14（cm）

±5% 为正常范围腰围的值。腰围是另一个用来反映肥胖程度的指标，是反映脂肪总量和脂肪分布的综合指标,该指标和腹部内脏脂肪堆积的相关性优于腰臀比值。世界卫生组织建议将腰围男性＞94 cm、女性＞80 cm 作为肥胖的标准,但这一标准适宜于欧洲人群。对于亚太地区包括中国人群,建议采用腰围男性＞90 cm、女性＞80 cm 作为肥胖的标准更合适。但是国内也有研究显示,对于中国女性腰围＞85 cm 可能是一个更为合适的标准。腰围是身体健康的晴雨表,能够监测对早期预防肥胖症、糖尿病、心血管等疾病具有积极作用。

腰臀比(Waist-to-Hip Ratio,WHR)是腰围和臀围的比值,是判定中心性肥胖的重要指标。

计算公式:腰臀比＝腰围/臀围。

正常值:标准的腰臀比为男性小于 0.8,女性小于 0.7。

评价标准:女性得数在 0.8 以下,男性得数在 0.9 以下,就说明在健康范围内。当男性腰臀比大于 0.9,女性腰臀比大于 0.8 时,可诊断为中心性肥胖。但其分界值随年龄、性别、人种的不同而略有差异。腰臀比是早期预测肥胖的指标之一,其比值越小,则说明越健康。腰围尺寸大,表明脂肪存在于腹部,是危险较大的信号;而一个人臀围大,表明其下身肌肉发达,对人的健康有益。脂肪堆积在腰腹部的腹部型肥胖的危害(苹果形肥胖)要比脂肪堆积在大腿和臀部的(梨形肥胖)对身体的危害要大得多。

11.1.2 体格检查

一般来说,营养不良进展缓慢,常要经历数月或数年之久。当人体营养物质的贮藏量减少时,变化最先从细胞水平开始发生,它会影响机体的生化过程和降低机体抵抗力。随着时间的流逝,许多种症状开始出现,包括:贫血、体重减轻、肌肉减少、虚弱、干皮症、水肿(肿胀,由于缺乏蛋白质)、头发色素缺失、指甲易脆和畸形(匙状甲)、慢性腹泻、创伤愈合缓慢、骨和关节疾病、生长发育迟缓(儿童)、精神改变(混乱和易怒)、甲状腺肿等。特殊营养物质的缺乏可有特征性的症状,例如:维生素 B_{12} 缺乏可引起麻刺感、麻木感、四肢灼热感(严重创伤造成),维生素 A 的缺乏可引起夜盲症和光敏感度增加,维生素 D 缺乏可引起骨病和骨畸形。症状的严重程度则依赖于营养物质缺乏的强度和持续时间,像骨和神经的一些变化将是不可逆的。

11.1.3 实验室检查

实验室检查可以提供客观的营养评价结果,并且可以确定营养素的缺乏种类及程度,因此实验室检查对早期发现营养素缺乏具有重要意义。

(1)血浆蛋白。血浆蛋白水平可以反映机体蛋白质营养状况。常见指标有白蛋白,前白蛋白,转铁蛋白,视黄醇结合蛋白。

白蛋白:白蛋白(albumin,ALB)在血浆蛋白质中含量最多,半衰期为 14～20 d,能反映机体较长时间内的蛋白质营养状况。评价标准:35～50 g/L 为正常,28～34 g/L 为轻度缺乏,21～27 g/L 为中度缺乏,＜21 g/L 为重度缺乏。

前白蛋白:前白蛋白(prealbumin,PA)半衰期仅为 1.9 d,是评价蛋白-能量营养不良和

211

反映近期膳食摄入状况的敏感指标。评价标准:0.20~0.40 g/L 为正常,0.16~0.20 g/L 为轻度缺乏,0.10~0.15 g/L 为中度缺乏,<0.10 g/L 为重度缺乏。

转铁蛋白:转铁蛋白(transferrin,TFN)是血清铁的运载蛋白。半衰期为 8~10 d,能反映内脏蛋白质的急剧变化,能反映营养治疗后营养状态与免疫功能的恢复率。评价标准:2.0~4.0 g/L 为正常,1.5~2.0 g/L 为轻度缺乏,1.0~1.5 g/L 为中度缺乏,<1.0 g/L 为重度缺乏。

视黄醇结合蛋白:主要功能是运载维生素 A 和前白蛋白。半衰期是 10~12 h,是反映内脏蛋白质的急剧变化的指标。评价标准:正常值为 40~70 mg/L。

(2)氮平衡。氮平衡(nitrogen balance,NB)是评价蛋白质营养状况的常用指标,反映摄入氮能否满足体内需要及体内蛋白质合成与分解代谢情况,有助于判断营养治疗效果。肿瘤患者如果能从负氮平衡转换到正氮平衡的状态,就说明肿瘤康复期内患者身体体质恢复得非常好。

(3)肌酐-身高指数。肌酐-身高指数是测定肌蛋白消耗的指标,也是衡量机体蛋白质水平的一项灵敏的指标。在蛋白质营养不良、消耗性疾病和肌肉消瘦时,肌酐生成量减少,尿中排出量亦随之降低。

测定方法:准确地收集病人 24 h 尿,分析其肌酐排出量,与相同身高的健康人尿肌酐排出量对比,以肌酐-身高指数衡量骨骼肌亏损程度。肾衰时肌酐排出量降低。

肌酐-身高指数＝被试者 24 h 尿中肌酐排出量(mg)/相同身高健康人 24 h 尿中肌酐排出量(mg)

评定标准:病人的肌酐-身高指标数与健康成人对比,90%~110% 为营养状况正常,80%~90% 为轻度营养不良,60%~80% 为中度营养不良,低于 60% 为重度营养不良。

11.2 常见疾病的营养

要点 2 常见疾病的营养
- 肥胖症的营养与膳食
- 心血管疾病的营养与膳食
- 恶性肿瘤的营养与膳食
- 糖尿病的营养与膳食

11.2.1 肥胖症

2017 年我国成人超重人口占比为 33.12%,其中肥胖率达 12.87%,成人超重及肥胖人口数大概分别为 34 427 万人和 13 567 万人。肥胖症(obesity)是指体内脂肪堆积过多,体重增加。实测体重超过标准体重 20% 以上,并有脂肪百分率(F%)超过 30% 者,即为肥胖症。实测体重超过标准体重,但<20% 者,为超重;超过标准体重 20%~30%,F% 超过 30%~34% 者,为轻度肥胖;超过标准体重 30%~50%,F% 超过 35%~45% 者,为中度肥胖;超过标准体重 50% 以上,F% 超过 45% 者,为重度肥胖。肥胖的原因:有遗传因素(2014 年中国

科学家发现,位于人类 6 号染色体长臂 D6S1009 位点旁侧的 SLC35D3 基因是人类肥胖症和代谢综合征的致病基因)、社会经济因素、饮食因素、行为心理因素。肥胖对健康有害,影响儿童生长发育、体能和智力发育、心血管系统、呼吸系统,肥胖使成人死亡率升高、肥胖者易患心血管疾病、糖尿病等。

肥胖症在以往教科书中定义为营养过剩,认为超重个体的营养状况优于均衡体重者。但事实上,肥胖者对营养需求量可能大于每日营养参考量。研究表明,肥胖者体内易缺乏维生素 C、维生素 E、维生素 B_1、维生素 B_{12}、维生素 D、维生素 K,胡萝卜素,锌,同型半胱氨酸和叶酸等营养素。

(1)相关营养素

①碳水化合物。肥胖症与长时期较大量摄入高碳水化合物有密切关系,过多的碳水化合物最终变为脂肪,渐渐地体内脂肪堆积于体内。肥胖症患者的血浆胰岛素浓度大多处于较高水平,长时期的高碳水化合物摄入最终导致胰岛功能衰竭,出现糖代谢异常。

②脂肪。脂肪细胞以其肥大的和增生两种形式进行多余能量储存的调节。过剩的能量以甘油三酯形式贮存于脂肪细胞,其脂肪细胞体积增大,脂肪细胞的数目增多,脂肪组织中脂蛋白脂酶活性升高,促使甘油三酯进入细胞能力提高,从而脂肪合成加强。由于膳食脂肪具有很高的能量密度,易导致人体的能量摄入超标。

③蛋白质。蛋白质是三大物质的能源物质之一,尽管不是主要的供能物质,但过多的供给也会促使人体肥胖。为维持正常的氮平衡,必须保证膳食中有足够量的优质食物蛋白。

(2)营养治疗

①控制总能量供应。目前能量的控制有低能量饮食,超低能量饮食、断食和绝食疗法。根据不同的个体和病情,可以设计阶段性的能量限制。但总体来讲,膳食供能量必须是低能膳。成年肥胖者,每月稳步减肥以 0.5～1.0 kg 为宜。每日的膳食供能量至少应为 4 193 kJ(1 003 kcal)这是最低安全水平。

②限制碳水化合物提供。人类对碳水化合物的饱食感低,而且碳水化合物能增加食欲。肥胖症的日碳水化合物供能宜占总能量的 40%～55%,对于重度肥胖症,短期内碳水化合物至少应占总能量的约 20%,还应坚持以低血糖指数的食物为主。

③保证蛋白质摄入。中度以上肥胖者应采用低能膳食,蛋白质供给量应控制在总能量的 20%～30%。要保证优质蛋白质的供给为主。

④严格控制脂肪供给。脂肪日供应量宜控制在总能量的 20%～30%,尤其要注意控制饱和脂肪酸和胆固醇的供给量,食胆固醇每人每日应低于 300 mg 为宜。

⑤补充维生素和微量元素。因低能膳食会引起某些维生素和微量元素的缺乏,须针对性补充所需的维生素,常见是维生素 B_1、维生素 B_6 和维生素 C,微量元素如钾、钙、钠与锌等。

⑥鼓励参加体育运动。在科学限制饮食的情况下,坚持每天增加一定的活动量,提倡有氧运动。如打乒乓球、篮球、排球、羽毛球、骑车、登山、游泳、跑步等。有规律的运动不仅能减轻体重,而且可以改善胰岛功能。

⑦食物的选择。宜选食物:低血糖指数的谷类食物如各种麦类食品、大豆类及其制品、

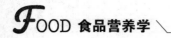

低脂牛奶等、各类蔬菜与瓜果类。各类畜禽类瘦肉、鱼虾类,但应要限量选用。

少用或忌用食物:严格限制零食,少选糖果、糕点和酒类特别应限制低分子糖类食品如蔗糖、麦芽糖、蜜饯等及富含饱和脂肪酸的食物,如肥肉、猪油、牛油、鸡油、动物内脏等。

11.2.2 心血管疾病的营养与膳食

2019 年 3 月 17 日,《2019ACC/AHA 心血管疾病一级预防指南》在第 68 届美国心脏病学会科学年会(ACC2019)上正式发布。关于心血管疾病预防中饮食部分的建议:所有成年人都应摄入健康的饮食,增加蔬菜、水果、坚果、全谷物、鱼类的摄入,并尽量减少反式脂肪、加工肉类、精制碳水化合物和含糖饮料的摄入。对于超重和肥胖的成年人,建议通过咨询和限制热量的方式来实现和保持减重。

11.2.2.1 高脂血症、动脉粥样硬化和冠心病的营养与膳食

高脂血症是指血脂高于正常值上限,又称高脂蛋白血症。包括高胆固醇血症、高甘油三酯血症和两者兼有的混合型高脂血症。高脂血症是动脉粥样硬化和动脉粥样硬化相关疾病如冠心病、缺血性脑血管病等的主要原因,也是代谢综合征的重要表现之一。

动脉粥样硬化(atherosclerosis AS)是指在中等及大动脉血管内膜和中层形成的脂肪斑块,这些脂肪斑块主要由胆固醇和胆固醇酯组成。随着我国人民生活水平提高和饮食习惯改变,该病也成为我国主要死亡原因。

冠心病(coronary heart disease,CHD)是冠状动脉粥样硬化致血管腔阻塞导致心肌缺血缺氧而引起的心脏病。冠状动脉粥样硬化是动脉粥样硬化中对人类构成威胁最大的疾病。冠状动脉粥样硬化常伴发冠状动脉痉挛,后者可使原有的管腔狭窄程度加剧,甚至导致供血的中断,引起心肌缺血及相应的心脏病变(如心绞痛,心肌梗死等),并可导致心源性猝死。其危险因子有高血压、脂代谢异常、糖尿病、肥胖症、膳食不平衡、吸烟等。

(1)相关营养素

①能量。预防心脑血管疾病应该多吃粗粮食物,减少能量的摄入,可以增加人体内复杂糖类和纤维素的含量。坚持合理控制能量,预防超重与肥胖,对有肥胖家族史的体重超过标准体重者,应减少每日的总能量摄入,使体重接近或达到标准体重。

②脂肪。膳食脂肪含量过高对血清脂质和脂蛋白有重要的影响。主要致动脉粥样硬化的脂蛋白是低密度脂蛋白(LDL),血清 LDL 升高,促进动脉粥样硬化,与发生冠心病的危险性呈正相关。其机制主要是血中的 LDL 滤过动脉内膜进入内膜下间隙,促进斑块形成。多选用不饱和脂肪酸摄入能增加胆酸合成,促进胆固醇分解,最终降低血胆固醇含量的作用。

③碳水化合物。对于糖分的总摄入量应该保持在 $60\%\sim70\%$。碳水化合物摄入超过了生理需要量,除了部分以糖原的形式储存,其他均转变为脂肪储存于脂肪组织中。过多的碳水化合物摄入,易导致血中的甘油三酯升高。甘油三酯水平增高可能会导致形成小的致密的 LDL 颗粒,从而会增加冠心病的危险性,同时还可伴有较低的 HDL 水平,这也是冠心病的危险因素。

④膳食纤维。可溶于水的膳食纤维可显著降低血胆固醇水平,主要原因是膳食纤维能通过吸附胆固醇,阻碍胆固醇吸收和促进胆酸的排泄,减少了胆固醇的合成。

（2）营养治疗

①控制总能量。一般患者宜以低于标准体重的5％供能,对超重或肥胖症者应积极控制能量摄入降低体重。心血管疾病发病期,能量摄入更应严格控制,原则上每天供能一般在1 000 kcal左右,以减轻心血管的负担。

②限制脂肪摄入。预防心脑血管疾病应以植物性脂肪为主,每天脂肪的摄入量中动物脂肪应低于10％,主要为少量的瘦肉、家禽或是鱼类,并且脂肪的总摄入量应该保持在30％以下。胆固醇的日摄入量应低于300 mg。如脂代谢异常者则日摄入量应低于200 mg。避免过多食用动物性脂肪和高胆固醇的食物,如肥肉、动物内脏、鱼子、蟹黄等。

③适量碳水化合物和蛋白质。预防心脑血管疾病,尽量少选用单糖和双糖食品。每天摄入的蛋白质含量也不宜过高,肥胖者的蛋白质供给要注意动物性蛋白和植物性蛋白的合理搭配。可以通过牛奶、酸奶、鱼类、豆类等食物中获取。大豆制品有助于降低血胆固醇的水平,可提倡食用。

④适当增加膳食纤维摄入。多选富含水溶性纤维的食物,如燕麦、荚豆类、竹笋、蔬菜类等,能使血浆胆固醇水平降低5％～18％。

⑤补充维生素。维生素能改善心血管代谢和功能。维生素 B_6 能降低血脂的水平。维生素C不仅能使部分高胆固醇血症者血胆固醇水平下降,还能增强血管的弹性,保护血管壁的完整性而防止出血。尤对心肌梗死患者,维生素C能促进心肌梗死的病变愈合。维生素E是抗氧化剂,能防止脂质过氧化,改善冠状动脉血液供应,降低心肌的耗氧量。在平时应注意补充富含B族维生素、维生素C、维生素E的食物,如芹菜、莴苣、茭白、芦笋、青辣椒、番茄、香菇、木耳、洋葱、大蒜、苹果、梨、香蕉、橘子、猕猴桃等,干果类如开心果、杏仁、核桃、莲子、红枣、黑枣、桂圆等。

⑥限制盐的摄入。部分冠心病患者患有高血压,所以应坚持每日盐摄入量低于5 g。部分人群合并心脏功能不全,临床表现有水肿表现,更应采用低钠饮食,以减轻水肿与减轻心脏负担。

⑦食物的选择。Ⅰ宜选食物:最好是多吃红、黄色的食物,比如鲜枣、芥蓝、胡萝卜、番茄等,因为这些蔬菜水果中含有丰富的钾、维生素C和 β-胡萝卜素等,可以有效防止血压的波动,降低动脉硬化、心肌梗死等心血管疾病的发生。但是,由于这几种物质都属于水溶性,在夏天容易随汗液排出体外而流失,所以,在夏天更应该多吃这些食物来进行补充。Ⅱ少选或忌选食物:动物性食物和胆固醇高的食物,如肥肉、动物内脏、鱼子、蟹黄、油条、炸鸡腿、炸鸡翅及腌制品、咸肉、咸鱼、腐乳、咸菜等。高糖饮料、碳酸饮料、咖啡与浓茶。

11.2.2.2 高血压的营养与膳食

2018年《中国高血压防治指南（2018年修订版）》发布,指南指出我国人群高血压的患病率仍呈升高趋势。我国人群高血压流行有两个比较显著的特点:从南方到北方,高血压患病率递增;不同民族之间高血压患病率存在差异。我国高血压患者的知晓率、治疗率和控制率（粗率）近年来有明显提高,但总体仍处于较低的水平,分别达51.6％、45.8％和16.8％。高钠、低钾膳食,超重和肥胖是我国人群重要的高血压危险因素。

高血压（hypertension）是指血压高于正常值。诊断标准为:在未使用降压药物的情况下,非同日 3 次测量血压,收缩压≥140 mmHg(1 mmHg＝0.133 kPa)和(或)舒张压≥90 mmHg,即可诊断为高血压。高血压危险因素包括遗传因素、年龄以及多种不良生活方式等多方面。人群中普遍存在危险因素的聚集,随着高血压危险因素聚集的数目和严重程度增加,血压水平呈现升高的趋势,高血压患病风险增大。

(1)相关营养素

①钠。食盐是人们生活中所不可缺少的。钠以食盐的形式被摄入,成人体内所含钠离子的总量约为 60 g,其中 80％存在于细胞外液,即在血浆和细胞间液中。钠不仅可以维持人体细胞渗透压,而且还参与调节体液的酸碱平衡以及维持神经和肌肉的正常兴奋性。高血压的发病与每日钠的摄入量有关,研究人群 24 h 尿钠排泄量中位数增加 2.3 g(100 mmol/d),收缩压(SBP)/舒张压(DBP)中位数平均升高 5～7/2～4 mmHg。现况调查发现 2012 年我国 18 岁及以上居民的平均烹调盐摄入量为 10.5 g,虽低于 1992 年的 12.9 g 和 2002 年的 12.0 g,但较推荐的盐摄入量水平依旧高 75.0％,且中国人群普遍对钠敏感。

②钾。钾可以调节细胞内适宜的渗透压和体液的酸碱平衡,参与细胞内糖和蛋白质的代谢。有助于维持神经健康、心跳规律正常,可以预防中风,并协助肌肉正常收缩。在摄入高钠而导致高血压时,钾具有降血压作用。饮食中增加钾摄入量有利于水与钠的排出,对防治高血压有一定的好处。

③钙。钙的摄入量与血压呈负相关,当钙摄入不足,在细胞外液中的钙含量相对较低,致使血管壁平滑肌细胞膜的通透性增加,细胞外的钙向细胞内流,促使平滑肌细胞收缩,阻力增加使血压上升。钙还与血管的收缩和舒张有关,当钙摄入量增加时,促进钠的排泄可以降低血压。所以,利尿剂和钙通道阻滞剂是治疗调节型盐敏感性高血压的首选药物。

(2)营养治疗

①减少或限制钠的摄入。钠盐可显著升高血压以及高血压的发病风险,适度减少钠盐摄入可有效降低血压。我国居民的膳食中 75.8％的钠来自家庭烹饪用盐,其次为高盐调味品。随着饮食模式的改变,加工食品中的钠盐也将成为重要的钠盐摄入途径。为了预防高血压和降低高血压患者的血压,钠的摄入量减少至 2 400 mg/d(6 g 氯化钠)。所有高血压患者均应采取各种措施,限制钠盐摄入量。主要措施包括:a. 减少烹调用盐及含钠高的调味品(包括味精、酱油);b. 避免或减少含钠盐量较高的加工食品,如咸菜、火腿、各类炒货和腌制品;c. 建议在烹调时尽可能使用定量盐勺,以起到警示的作用。

②适当增加钾与钙的摄入。钾与钙的合理摄入有利于高血压的防治。每日的钾摄入量要保证,成年人为 1 875～5 625 mg,特别在多尿、多汗时,及时补充富钾的主要措施为:a. 增加富钾食物(新鲜蔬菜、水果和豆类)的摄入量;b. 肾功能良好者可选择低钠富钾替代盐。不建议服用钾补充剂(包括药物)来降低血压。肾功能不全者补钾前应咨询医生。钙的摄入也应合理增加,应多摄入鱼虾类、贝壳类、麦类等食物。

③合理膳食。合理膳食模式可降低人群高血压、心血管疾病的发病风险。高血压病人建议使用得舒饮食(Dietary Approaches to Stop Hypertension, DASH)计划。该饮食计划主要包括:多吃水果、蔬菜和低脂乳制品;减少富含饱和脂肪、胆固醇和反式脂肪的食物;多吃全谷物食品、鱼、家禽和坚果;限制钠、糖果、含糖饮料和红肉的食用。

④控制能量摄入。推荐将体重维持在健康范围内(BMI：18.5～23.9 kg/m²，男性腰围<90 cm，女性<85 cm)。建议所有超重和肥胖患者减重。控制体重，包括控制能量摄入、增加体力活动和行为干预。在膳食平衡基础上减少每日总热量摄入，控制高热量食物(高脂肪食物、含糖饮料和酒类等)的摄入，适当控制碳水化合物的摄入。减重计划应长期坚持，速度因人而异，不可急于求成。建议将目标定为一年内体重减少初始体重的5%～10%。

⑤不吸烟。吸烟是一种不健康行为，是心血管病和癌症的主要危险因素之一。被动吸烟显著增加心血管疾病风险。戒烟虽不能降低血压，但戒烟可降低心血管疾病风险。因此，强烈建议并督促高血压患者戒烟。

⑥限制饮酒。过量饮酒显著增加高血压的发病风险，且其风险随着饮酒量的增加而增加，限制饮酒可使血压降低。建议高血压患者不饮酒。若饮酒，则应少量并选择低度酒，避免饮用高度烈性酒。每日酒精摄入量男性不超过25 g，女性不超过15 g；每周酒精摄入量男性不超过140 g，女性不超过80 g。

⑦增加运动。运动可以改善血压水平，研究发现高血压患者定期锻炼可降低心血管死亡和全因死亡风险。因此，建议非高血压人群(为降低高血压发生风险)或高血压患者(为了降低血压)，除日常生活的活动外，每周4～7 d，每天累计30～60 min的中等强度运动(如步行、慢跑、骑自行车、游泳等)。

⑧减轻精神压力，保持心理平衡。精神紧张可激活交感神经从而使血压升高。精神压力增加的主要原因包括过度的工作和生活压力以及病态心理，包括抑郁症、焦虑症、A型性格、社会孤立和缺乏社会支持等。医生应该对高血压患者进行压力管理，指导患者进行个体化认知行为干预。

11.2.3 恶性肿瘤

2014年全国恶性肿瘤估计新发病例数380.4万例(男性211.4万例，女性169.0万例)，平均每天超过1万人被确诊为癌症，每分钟有7个人被确诊为癌症。恶性肿瘤发病率由高到低依次为东部、中部、西部。各地区中男性发病率均高于女性。各地区肿瘤年龄性别死亡率趋势相似，主要恶性肿瘤死因大致相同，肺癌、肝癌、胃癌、食管癌、结直肠癌在各地区均为主要恶性肿瘤死因。

恶性肿瘤严重地危害人类健康和生命，虽然恶性肿瘤的早期症状并不明显，但是，也不是完全无迹可循的。下面这10个症状，就是恶性肿瘤侵犯身体的信号。当然，定期体检，以便尽早发现肿瘤也是很重要的。

(1)在皮肤、乳腺、舌部或身体其他部位有可触及的硬块或不消散的肿块。

(2)皮肤疣或黑痣近期有明显的变化，如颜色加深、迅速增大、瘙痒、脱毛、溃烂或出血。

(3)持续性消化功能不正常，如饱胀、厌食、腹泻或便秘等。

(4)进食时有梗阻感，胸骨后不适，咽部或食管内有异物感或剑突下疼痛。

(5)耳鸣、鼻塞、鼻衄、听力减退、用力吸气时咯出血性鼻咽分泌物，有头痛或颈部出现肿块。

(6)不正常的阴道出血，如月经外或绝经后发生不规则阴道出血，或性交后出血。

（7）持续性进行性声音嘶哑，咳嗽痰中带血伴胸痛等。

（8）原因不明的大便带血及黏液，或腹泻与便秘交替，以及原因不明的血尿，外耳道出血。

（9）久治不愈的溃疡、瘘管、灼伤疤痕。

（10）原因不明的体重减轻。

11.2.3.1 何为癌

肿瘤（tumour）是机体在各种致瘤因素作用下，局部组织的细胞在基因水平上失去对其生长的正常调控导致异常增生与分化而形成的新生物（newgrowth），因为这种新生物多呈占位性块状突起，也称赘生物（neoplasm）。肿瘤又分为良性和恶性两种，其区别为：①是否发生转移：恶性肿瘤极易在人体内扩散蔓延；②肿瘤的生长速度：恶性肿瘤的生长速度相当迅速；③大部分恶性肿瘤没有包膜，容易侵犯周边器官形成粘连而给周围正常组织器官带来影响；④恶性肿瘤有强大的扩散转移给身体器官带来的破坏力，患者容易出现消瘦、贫血、恶病质等诸多临床表现，甚至很快危及患者的生命。癌便是恶性肿瘤，是一种死亡率很高的疾病。在这些治疗中，饮食治疗是基础。

二维码 11-1

11.2.3.2 相关营养素

（1）热量。研究发现，体重超重或肥胖的人比体重正常的人更易于有患肿瘤的危险，而肥胖与肠癌和乳腺癌有关，与胰腺癌、肝癌、胆囊癌、泌尿系统癌症、子宫癌等也有一定关系。流行病学研究表明摄入的能量高（表现为体重过重或肥胖）与上述肿瘤的发生率呈正相关；而能量消耗多（以体力活动衡量）则与上述肿瘤的发生率呈负相关。

（2）蛋白质。饮食蛋白质过高或过低均易导致癌症的发生。目前研究已发现在烧烤、煎炸、烘焙肉类时，由蛋白质、肽、氨基酸的热裂解物中分离出一组具有致突变和致癌性氨基咪唑氮杂芳烃类化合物杂环胺（HA），后者主要包括氨基-咪唑-吡啶（PHIP）和氨基-咪唑-嘌呤（IQ 型化合物）。现已证实，一半以上的 HA 有致癌作用，且经口给予 PHIP 主要引起大肠癌和乳腺癌。IQ 型化合物也有诱导乳腺肿瘤的作用。另有研究发现，不是全部肉类都可能会增加患乳腺癌的风险。一些经过加工的肉类产品（如香肠、火腿、腌肉等）会增加患乳腺癌的风险，可能与加工肉类产品腌制过程会产生亚硝基化合物等致癌物质有关，包括结肠癌和乳腺癌。

（3）脂肪。流行病学资料表明，高脂肪膳食可使结肠癌、乳腺癌的发病率增加。西班牙巴塞罗那研究所研究发现，高脂肪的饮食导致超过 50% 的小鼠的癌细胞转移得更快，转移规模更大。油炸面食包括油条、生煎等亦是女性乳腺癌的危险因素，可能与这类食物在烹调中油脂被反复加热，产生过氧化物、脂肪酸的二聚体和多聚体等以致脂肪酸氧化而有一定毒性有关。另外，各种深海鱼、鱼油、橄榄油等含单不饱和脂肪酸，ω-3 多不饱和脂肪酸高的食物可以降低乳腺癌发病风险。

（4）膳食纤维。膳食纤维是指不易被消化酶消化的多糖类食物成分，主要来自植物的细胞壁。膳食纤维分为水溶性纤维（树脂、果胶、一些半纤维素）和非水溶性纤维（纤维素、木质素、一些半纤维素)两大类。膳食纤维具有多种重要的生理功能,如通便、降低血胆固醇、降血糖、改善肠道细菌的微生态环境和预防癌症。水溶性膳食纤维主要在结肠内经细菌酵解产生短链脂肪酸(SCFA),发挥其抗癌和抑癌功能。此外,非水溶性膳食纤维的膨胀作用有助于稀释肠内的有毒物质,减少它们对肠道的毒害作用,有助于预防结直肠癌等肿瘤发生。2015 年,我国研究人员发现摄入膳食纤维量最高组相比最低组的心血管疾病死亡率降低23%,恶性肿瘤死亡率降低 17%。每天摄入的膳食纤维量每增加 10 g,冠心病死亡率可降低11%,恶性肿瘤死亡率可降低 9%。

(5)酒精。1988 年,国际癌症研究机构已经宣布酒精是致癌物。大量饮酒增加肝脏对酒精分解,肝细胞易发生炎症、坏死,最终可导致肝硬化;在肝癌的发展中,乙醇与黄曲霉素 B_1 或乙肝病毒间也存在协同性;口咽癌、喉癌、食管癌、结肠癌、直肠癌属于消化系统癌症。乙醇与唾液接触后转化为乙醛,使得乙醛在唾液内的水平比血液内高 10~100 倍,这就是消化道癌症发生的一个重要因素。乙醛属于国际癌症研究机构划分的Ⅰ类致癌物,也是喝酒导致癌症的罪魁祸首。

(6)吸烟。《2015 年中国癌症统计》中指出吸烟与 23%～25% 的国人癌症死亡相关,特别是肺癌、喉癌、口腔癌、食管癌,还可致膀胱癌、胰腺癌和肾癌,其中最致命的是肺癌和胰腺癌。研究报道指出:只要停止吸烟,90% 的肺癌得以预防,如果吸烟逐年下降,那么在若干年后,癌症特别是肺癌的发生率和死亡率就会随之下降。

(7)维生素。维生素 C 在富氧环境如人的动脉内,可被氧化并转化为一种新的化合物称为脱氢抗坏血酸(DHA)。研究人员发现,DHA 一旦进入细胞内,癌细胞里面的天然抗氧化剂会试图将 DHA 转变回抗坏血酸;这个过程使肿瘤细胞内的抗氧化剂枯竭同时导致肿瘤细胞因氧化应激而死亡。我国食管癌高发区普遍缺少新鲜蔬菜、水果。B 族维生素对化学致癌作用的影响较为复杂。维生素 B_6 缺乏使机体免疫体系受损,致使一些肿瘤复发,如乳腺癌。叶酸摄入充足对预防乳腺癌有重要意义,尤其是饮酒妇女。中等量饮酒与乳腺癌的发生率直接相关。低水平血浆维生素 B_{12} 与增加绝经后妇女乳腺癌危险度有关。维生素 A 或 β-胡萝卜素的摄入量与肺癌、胃癌、食管癌、膀胱癌、结肠癌等呈负相关。动物实验表明,维生素 A 明显抑制亚硝胺及多环芳烃诱发小鼠胃癌、膀胱癌、结肠癌、乳腺癌,大鼠肺癌、鼻咽癌等的生长。我国华北地区食管癌病因研究中进行维生素 A 抑制亚硝胺致癌作用的实验,对食管上皮增生、乳头瘤及癌症有抑制作用。经综合研究认为维生素 A 对气管、支气管上皮的作用是抑制基底细胞增生,保持良好的分化状态,并可改变致癌物质的代谢,增强机体的免疫反应及对肿瘤的抵抗力。维生素 E 对致癌物有解毒功能,与硒联合使用,有一定的防治癌症作用。

(8)矿物质。碘缺乏或过量时,均可引起甲状旁腺癌;缺碘状态下易发生乳腺癌。铜可抑制化学致癌物对肝的致癌作用。锌与癌的关系存在两种相反的观点,有研究认为锌对癌的形成有抑制作用,亦有人认为锌对机体的作用重要而复杂,有可能在机体各部位引起不同类型的肿瘤,也有试验发现低锌饮食可缩小正在生长的肿瘤,也有看法认为锌会抑制硒的防癌功能,因此食物的锌量不宜过多。镁可减少肿瘤的发生,给动物注射镁盐可使胃癌的发病率减少 50%,亦有人认为缺镁可诱发胸腺淋巴细胞和粒细胞白血病。

硒可预防癌症,其摄入量与乳腺癌、卵巢癌、结肠癌、直肠癌、前列腺癌、白血病、胃肠道肿瘤、泌尿道肿瘤等的发生呈负相关(尤其是食管癌);硒是强氧化剂,能通过抗氧化作用阻止致癌物与宿主细胞相结合,并能抑制细胞内溶酶体酶系统的活力,加强机体的解毒作用。钼缺乏可增加食管癌的发病率。缺铁时消化道肿瘤的发病率增加,实验动物饲料中缺铁可提高化学诱癌剂的致癌作用。钙可保护胃黏膜免受高浓度氯化钠和硫酸盐的作用,以避免胃黏膜萎缩,并可消除炎症。有报道,钙摄入量与结肠癌呈负相关,喝软水的人群结肠癌的发病率高。

钙能抑制脂质过氧化,能与脱氧胆酸等相结合形成不溶性钙盐,保护胃肠道免受次级胆酸损伤,甚至有研究认为,钙的摄入量与结直肠癌呈负相关,钙和维生素 D 是潜在的结直肠癌化学预防剂。我国膳食易缺钙,建议增加钙摄入量。血清铜、锌及铜/锌值在肿瘤发生发展中具重要作用,且铜与锌多是同时出现又相互对立的一对微量元素。肿瘤病人多数为铜高锌低,治疗改善则铜降低、锌增高,铜/锌值下降,则表示预后良好。原发性肺癌、食管癌、胃癌、肝癌、膀胱癌、白血病患者均可见血清铜高锌低现象,尤以病情恶化者明显。锌摄入过低降低机体免疫功能,锌摄入过高亦会降低机体的免疫功能,影响硒的吸收。食物锌添加应慎重。

11.2.3.3　营养治疗

2018 年国家卫健委第一次发布《恶性肿瘤患者膳食指导》(下称"膳食指导")行业标准。恶性肿瘤患者膳食指导原则:

(1)合理膳食,适当运动。

(2)保持适宜的、相对稳定的体重。

(3)食物的选择应多样化。

(4)适当多摄入富含蛋白质的食物。

(5)多吃蔬菜、水果和其他植物性食物。

(6)多吃富含矿物质和维生素的食物。

(7)限制精制糖摄入。

(8)肿瘤患者抗肿瘤治疗期和康复期膳食摄入不足,在经膳食指导仍不能满足目标需要量时,建议给予肠内、肠外营养支持治疗。

11.2.3.4　膳食与癌

膳食中既有抗癌因素,又有诱癌因素,治疗癌症应从预防着手。

(1)具有抗癌作用的食物。

①茶。茶叶尤其绿茶含有较多的茶多酚,对肿瘤有预防作用。

②蔬菜和水果。蔬菜和水果中有多种抗癌成分,以下种类的作用较明显:a. 十字花科蔬菜对预防结肠癌、直肠癌有作用,常见的有大白菜、紫油菜、莲花白、花菜;b. 葱属对预防胃癌、结肠癌、直肠癌有作用,葱属植物主要有大蒜、洋葱、大葱、小葱、韭菜;c. 绿叶蔬菜和深色蔬菜,如苋菜、豆苗、菠菜、冬寒菜、空心菜、软浆叶、芥菜、胡萝卜、番茄、辣椒;d. 蘑菇中的多糖有抗癌作用,主要有香菇、猴头菇、银耳、木耳、灵芝、金针菇等;e. 水果,柑橘类水果可预防

消化道癌症。

③大豆及其制品。大豆中的黄酮类对乳腺癌、胰腺癌、肺癌、结肠癌等有预防作用。

（2）具有诱癌作用的饮食

①食用烧焦、烟熏、盐渍、腌制食物，烟熏因可能受到致癌物苯并芘、亚硝胺的污染，如长期食用这些食物，使患骨癌、食管癌、肺癌的危险增加。

②饮酒，有证据表明，酒精可增加咽喉癌、食管癌、肝癌、结肠癌、直肠癌、乳腺癌和肺癌的危险性。

③家畜肉类，含大量红肉（牛、羊、猪肉）的膳食可能增加结肠癌、直肠癌的危险性。

④不良饮食习惯，三餐不按时吃、暴饮暴食、进餐过快者、进餐时经常生气者、喜吃烫食和重盐者，都使患癌的危险性增加。

11.2.4 糖尿病

2017年国际糖尿病联盟（IDF）出版的糖尿病地图集第8版估计中国的糖尿病患者人数为1.14亿，相当于全世界超过1/4的糖尿病患者（全球共约4.25亿患者）来自中国。糖尿病现已成为严重影响国人身心健康的慢性非传染性疾病之一。糖尿病和痛风都属于代谢性疾病，与高脂血症、动脉粥样硬化、冠心病、肥胖、脂肪肝等一起被称为"富贵病"。

11.2.4.1 糖尿病的概念

糖尿病（diabetes mellitus，DM）是指血糖升高并出现尿糖的一种疾病。糖尿病是一种与遗传和多种环境因素相关联的全身性慢性内分泌代谢疾病。当胰脏不能产生足够的胰岛素或者当身体不能有效利用产生的胰岛素时，就会出现糖尿病。糖尿病诊断标准：糖尿病症状（高血糖所导致的多饮、多食、多尿、体重下降、皮肤瘙痒、视力模糊等急性代谢紊乱表现）加随机血糖 $\geqslant 11.1$ mmol/L 或空腹血糖 $\geqslant 7.0$ mmol/L 或葡萄糖负荷后 2 h 血糖 $\geqslant$ 11.1 mmol/L。糖尿病导致人体内糖、脂、蛋白质、水和电解质代谢紊乱，并可造成眼、肾、心脏、脑、神经和皮肤的损伤。目前还无法根治糖尿病，此病要以预防为主，一旦患上此病，将给个人、家庭和社会带来经济和精神压力。

11.2.4.2 糖尿病的影响因素

（1）糖尿病的分类。糖尿病可分为胰岛素依赖型、非胰岛素依赖型和其他类型。

胰岛素依赖型（IDDM，Ⅰ型）：其特征为：①起病较急；②典型病例见于小儿及青少年，但任何年龄均可发病；③血浆胰岛素及 C 肽水平低，服糖刺激后分泌仍呈低平曲线；④必须依赖胰岛素治疗为主，一旦骤停即发生酮症酸中毒，威胁生命；⑤遗传为重要诱因，表现于第6对染色体上 HLA 某些抗原的阳性率增减；⑥胰岛细胞抗体（ICA）常阳性。

非胰岛素依赖型（NIDDM，Ⅱ型）：其特征为：①起病较慢；②典型病例见于成人中老年，偶见于幼儿；③血浆胰岛素水平仅相对性降低，且在糖刺激后呈延迟释放，有时肥胖病人空腹血浆胰岛素基值可偏高，糖刺激后胰岛素亦高于正常人，但比相同体重的非糖尿病肥胖者为低；④遗传因素亦为重要诱因，但 HLA 属阴性；⑤ICA 呈阴性；⑥胰岛素效应往往较差；⑦单用口服抗糖尿病药物，一般可以控制血糖。一般在早中期不需胰岛素治疗，但患者在应激时易发生酮症酸中毒,必须用胰岛素治疗,否则会危及生命。

与营养不良有关的糖尿病:其特征为:①此型大多见于亚、非、南美等第三世界发展中国家;②起病年龄大多为青少年(15～30岁);③形体消瘦,营养不良;④不少病例须用胰岛素治疗,有时剂量偏大;⑤酮症不多见。

(2)病因。糖尿病的病因和发病机理是个复杂问题,至今尚未完全阐明。通常认为遗传因素和环境因素及二者之间复杂的相互作用,是发生糖尿病的主要病因。

①遗传因素。25%～50%的糖尿病患者有家族史。例如在双胎中一例发生糖尿病,另一例有50%的机会发病。如为单卵双胎,则多在同时发病。据统计,假如父或母患非依赖型糖尿病,子女发病的危险率为5%～10%,如父母均患依赖型糖尿病,则子女的发病危险率更高。存在人类白细胞抗原(HLA)遗传标志者易患胰岛素依赖型糖尿病;存在人类白细胞抗原系统外的遗传标志者易患非胰岛素依赖型糖尿病。

②病毒感染。感染在糖尿病的发病诱因中占非常重要的位置,特别是病毒感染是Ⅰ型糖尿病的主要诱发因素。在动物研究中发现许多病毒可引起胰岛炎而致病,包括脑炎病毒、心肌炎病毒、柯萨奇 B_4 病毒等。病毒感染可引起胰岛炎,导致胰岛素分泌不足而产生糖尿病。另外,病毒感染后还可使潜伏的糖尿病加重而成为显性糖尿病。

③体重和体力活动。肥胖是诱发糖尿病的另一因素。肥胖时脂肪细胞膜和肌肉细胞膜上胰岛素受体数目减少,对胰岛素的亲和能力降低、体细胞对胰岛素的敏感性下降,导致糖的利用障碍,使血糖升高而出现糖尿病。体力活动增加可以减轻或防止肥胖,从而增加胰岛素的敏感性,使血糖能被利用,而不出现糖尿病。

④其他因素。胰岛素拮抗激素如胰高血糖素、生长激素、促肾上腺皮质激素、糖皮质激素,生长抑素、催乳素、前列腺素、性激素及衍生物、儿茶酚胺等分泌过多使血糖升高。另外,下丘脑对胰岛素的分泌有调节作用。刺激下丘脑外侧核,可兴奋迷走神经使胰岛素分泌增加,血糖下降;刺激下丘脑内侧核,可兴奋交感神经使胰岛素分泌减少,血糖升高。自身免疫也可以引发糖尿病,临床常见胰岛素依赖型糖尿病患者或其亲属有自身免疫性疾病,人类白细胞抗原和胰岛细胞抗体的发现,都说明胰岛素依赖型糖尿病的发生与自身免疫有关。

(3)临床表现。典型糖尿病病例可出现多尿、多饮、多食、消瘦等表现,即"三多一少"症状,糖尿病(血糖)一旦控制不好会引发并发症,导致肾、眼、足等部位的衰竭病变,且无法治愈。

多尿:尿量增多,每昼夜尿量达3 000～5 000 mL,最高可达10 000 mL以上。排尿次数也增多。糖尿病人血糖浓度增高,体内不能被充分利用,特别是肾小球滤出而不能完全被肾小管重吸收,以致形成渗透性利尿,出现多尿。血糖越高,排出的尿糖越多,尿量也越多。当酮症酸中毒时,钾钠离子回收更困难,多尿更严重。

多饮:由于多尿,水分丢失过多,发生细胞内脱水,刺激口渴中枢,出现烦渴多饮,饮水量和饮水次数都增多,以此补充水分。排尿越多,饮水也越多,形成正比关系。

多食:由于大量尿糖丢失,如每日失糖500 g以上,机体处于半饥饿状态,能量缺乏需要补充引起食欲亢进,食量增加。同时又因高血糖刺激胰岛素分泌,因而病人易产生饥饿感,食欲亢进,老有吃不饱的感觉,甚至每天吃五六次饭,主食达1～1.5 kg,副食也比正常人明显增多,还不能满足食欲。

消瘦:由于胰岛素不足,机体不能充分利用葡萄糖,使脂肪和蛋白质分解加速来补充能量和热量。其结果使体内碳水化合物、脂肪及蛋白质被大量消耗,再加上水分的丢失,病人体重减轻、形体消瘦,严重者体重可下降数十斤,以致疲乏无力,精神不振。同样,病程时间越长,血糖越高;病情越重,消瘦也就越明显。

(4)糖尿病并发症。糖尿病患者随着病程延长及个体免疫力、劳累等急性应激差异,并发症逐年增多。并发症主要分急性与慢性两大类。

糖尿病的急性并发症:由于短时间内胰岛素缺乏、严重感染、降糖药使用不当,血糖过高或过低出现急性代谢紊乱,包括糖尿病酮症酸中毒、非酮症性高渗性昏迷、糖尿病乳酸性酸中毒、低血糖昏迷。

糖尿病的慢性并发症:

①感染。糖尿病病人的高血糖状态有利于细菌在体内生长繁殖,同时高血糖状态也抑制白细胞吞噬细菌的能力,使病人的抗感染能力下降。常见的有泌尿道感染、呼吸道感染、皮肤感染等。

②酮症酸中毒。糖尿病病人胰岛素严重不足,脂肪分解加速,生成大量脂肪酸。大量脂肪酸进入肝脏氧化,其中间代谢产物酮体在血中的浓度显著升高,而肝外组织对酮体的利用大大减少,导致高酮体血症和尿酮体。由于酮体是酸性物质,致使体内发生代谢性酸中毒。

③糖尿病肾病。也称糖尿病肾小球硬化症,是糖尿病常见而难治的微血管并发症,为糖尿病的主要死因之一。

④心脏病变。糖尿病人发生冠心病的机会是非糖尿病病人的2～3倍,常见的有心脏扩大、心力衰竭、心律失常、心绞痛、心肌梗死等。

⑤神经病变。在高血糖状态下,神经细胞、神经纤维易产生病变。临床表现为四肢自发性疼痛、麻木感、感觉减退。个别患者出现局部肌无力、肌萎缩。自主神经功能紊乱则表现为腹泻、便秘、尿潴留、阳痿等。

⑥眼部病变。糖尿病病程超过10年,大部分病人合并不同程度的视网膜病变。常见的病变有虹膜炎、青光眼、白内障等。

⑦糖尿病足。糖尿病病人因末梢神经病变,下肢供血不足及细菌感染引起足部疼痛、溃疡、肢端坏疽等病变,统称为糖尿病足。

(5)相关营养素

①能量。病人的营养状况、体重、年龄、性别、体力活动情况及有无并发症决定了热能需求量。糖尿病成年患者理想体重计算公式:理想体重(kg)=身高(cm)−105;

糖尿病成年患者每日所需能量:每日所需能量(kcal)=理想体重(kg)×下表对应数据,糖尿病热能可以按标准体重计算供给量见表11-3。

②碳水化合物。糖尿病人在控制总热能的基础上,碳水化合物占总热能的50%～65%。碳水化合物组成不同,血糖升高也不同。实验证明,荞麦面、玉米渣和白米饭、绿豆海带软米饭、二合面、三合面的血糖指数较低,即血浆葡萄糖升高的反应较慢。糖尿病饮食中碳水化合物最好全部来自复合碳水化合物,尽量不用单糖或双糖。如果糖尿病患者对甜食有需求,

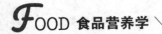

表 11-3 成人糖尿病每日能量供给量[kJ(kcal/kg 理想体重)]

体型	极轻体力劳动	轻体力劳动	中体力劳动	重体力劳动
消瘦	120(30)	146(35)	167(40)	188~200(40~45)
正常	84~105(20~25)	126(30)	146(35)	167(40)
肥胖	63~84(15~20)	84~105(20~25)	126(30)	146(35)

注:50 岁以上,每增加 10 岁,能量供应量减少 10%。

可把甜味剂作为其正常膳食的一部分,如甜叶菊、木糖醇、阿斯巴甜等。应严格限制蜂蜜、蔗糖、麦芽糖、果糖等纯糖制品,甜点心、冰激凌、软饮料、水果等尽量不用。如食用水果,应适当减掉部分主食,时间要妥善安排,最好作为加餐。

③蛋白质。糖尿病人蛋白质消耗较大,因此膳食中优质蛋白质供给量应充足,占总热能 10%~20% 为宜。成人按每天 1.0~1.5 g/kg。肾功能不全、尿毒症、肝昏迷患者,则应控制蛋白质摄入。具体根据肝肾功能状态而定,一般按每天 0.5~0.8 g/kg 供给。鱼、虾、禽、蛋、奶等动物蛋白不低于蛋白质总量的 35%,同时补充一定量的豆类蛋白。

④脂肪。心脑血管疾病及高脂血症是糖尿病常见并发症,因此糖尿病饮食应适当降低脂肪的供给量。脂肪占总热能的 20%~30%,或按每天 0.7~1.0 g/kg 供给。限制动物性脂肪的摄入,如牛油、羊油、猪油、奶油、黄油、动物内脏、全脂牛奶、蛋黄等。增加不饱和脂肪酸含量丰富的植物性脂肪,如花生油、芝麻油、豆油、菜籽油、玉米油等。每日胆固醇摄入量小于 300 mg。

⑤膳食纤维。膳食纤维具有降低血糖和改善糖耐量的作用。适当增加可溶性纤维和非可溶性纤维,如麦麸、黄豆皮等。可以在饮食中增加粗粮、干豆类、硬果类和蔬菜类等。食物纤维还具有饱腹感、降血脂、降血压、降胆固醇、防止便秘的作用,这对降低糖尿病病人的饥饿感、预防高脂血症并发症是有益的。但食物纤维增加太多,可影响无机盐和微量元素的吸收。因此,一般认为每 4.18 MJ(1 000 kal)热能补充 12~28 g 膳食纤维即可。

⑥维生素。维生素与糖尿病关系密切,尤其是 B 族维生素、维生素 C、维生素 A 等。维生素 B_1 在糖代谢的多个环节起重要作用,维生素 B_2 可改善神经症状,B 族维生素主要存在于各种谷物、果仁、水果、绿叶蔬菜及动物内脏中。补充维生素 C 可防止因微血管病变而引起的缺乏。糖尿病并发视网膜病变与胡萝卜素不能转变为维生素 A 有关,应加以补充,鱼肝油、奶类、蛋黄、胡萝卜、香蕉等食物中都含有丰富的维生素 A。联合补充维生素 C、维生素 E 及镁、锌可能有助于糖尿病患者的血糖控制,并改善肾小球功能,降低血压。

⑦无机盐和微量元素。糖尿病人应适当限制钠盐摄入,以防止和减轻高血压、冠心病、高脂血症及肾功能不全等并发症。适当增加钾、镁、钙、铬、锌等元素的补充。血镁低的糖尿病患者易并发视网膜病变,适当补充镁,是防止视网膜病变的有效措施。缺钙可导致骨质疏松,影响儿童生长发育,补钙对糖尿病患者尤为重要。铬对碳水化合物代谢有直接作用,并促进蛋白质合成,激活胰岛素。缺铬时周围组织对胰岛素敏感性下降,增加铬供给可以改善糖耐量。锌不但参与胰岛素合成,还有稳定胰岛素结构的作用,能协助葡萄糖在细胞膜转运,且与胰岛素活性有关。蔬菜是无机盐、维生素的良好来源;乳类是钙的良好来源;酵母、牛肉、肝、蘑菇等是铬的良好来源;动物性食物是锌的主要来源。

11.2.4.3 营养治疗

2017 年 5 月 22 日,中国营养学会第 13 届全国营养科学大会暨全球华人营养科学家大会正式发布了《中国糖尿病膳食指南(2017)》。该指南为中国糖尿病患者提供了切实可行的膳食建议,主要推荐内容见下:

(1)吃、动平衡,合理用药,控制血糖,达到或维持健康体重

①控制腰围,预防腹型肥胖,男性腰围不超过 90 cm,女性腰围不超过 85 cm。

②平衡膳食,控制总热量及总碳水化合物摄入。合理饮食,预防营养不良,成年人体重指数应在 18.5～23.9 kg/m²。

③规律运动,以有氧运动为主,每周至少 3 次,每次不少于 20 min。

(2)主食定量,粗细搭配,全谷物、杂豆类占 1/3

①主食定量,摄入量因人而异;在医生或者营养师的帮助下,确定适合自己的主食量。

②选择低 GI(Glycemic Index,血糖生成指数)主食,避免白米白面等过精细主食,搭配杂粮杂豆(如小米、燕麦、薏米、紫米、绿豆、红豆、黑豆),全谷物、杂豆类应占主食的 1/3。

(3)多吃蔬菜,水果适量,种类、颜色要多样

①增加新鲜蔬菜摄入量以降低膳食 GI,建议餐餐有蔬菜。

②每天 300～500 g 新鲜蔬菜(生重),其中深色蔬菜(如绿色叶子菜、橙色胡萝卜、紫色甘蓝、红色番茄等)占一半以上。

③两餐之间适量选择低 GI 的水果。水果颜色、形状尽量多样化。

(4)常吃鱼禽,蛋类和畜肉适量,限制加工肉类

①常吃鱼虾蟹贝及禽肉,猪牛羊等畜肉要适量摄入,尽量少吃肥肉。

②每周不超过四个鸡蛋(或每两天一个鸡蛋),蛋白跟蛋黄一起吃。

③腊肉、香肠、烤肉等烟熏、腌制、烘烤等肉类制品要少吃,限制摄入量。

(5)奶类豆类天天有,零食加餐合理选择

①保证每日 300 g 液态奶或相当量奶制品的摄入;每天摄入豆浆、豆干、豆腐等大豆制品。

②零食选择选择适量开心果、扁桃仁、核桃等坚果,但要注意摄入量;根据自己的情况选择适合的加餐餐数,部分低 GI 主食、水果可作为加餐食物,计入总碳水化合物中。

(6)清淡饮食,足量饮水,限制饮酒

①烹调注意少油少盐,成人每天烹调油 25～30 g,食盐用量不超过 6 g。

②推荐饮用白开水,成人每天饮用量 1 500～1 700 mL;尽量避免含糖软饮料。

③饮料可选淡茶与咖啡。

④不推荐糖尿病患者饮酒。

(7)定时定量,细嚼慢咽,注意进餐顺序

①定时定量进餐,餐次安排视病情而定。

②控制进餐速度,早晨 15～20 min,中晚餐 30 min 左右。

③细嚼慢咽,每口饭菜最好咀嚼 25～30 次。

④改变进餐顺序,先吃蔬菜、再吃肉类、最后吃主食。

（8）注重自我管理，定期接受个体化营养指导

①注重包括饮食控制、规律锻炼、遵医嘱用药、监测血糖、足部护理以及高低血糖预防和处理等六方面的自我管理。

②定期接受营养（医）师的个体化营养指导，频率至少每年四次。按指导执行，养成良好的饮食习惯。

11.2.5 痛风

众所周知，痛风是由高尿酸引起的，而且不能摄入太多海鲜、啤酒等。20 世纪 80 年代以来，随着全国人民生活水平的提高，痛风的前身——高尿酸血症的患病率也在不断提高，据统计，在经济发达及沿海地区，高尿酸血症患病率达到 5％～23.5％，且男性多于女性。尽管高尿酸血症患者最后只有一部分发展为痛风，但是巨大的基数也使痛风成为沿海地区一种比较常见的病症。

11.2.5.1 概念

痛风（gout）与高尿酸血症（hyperuricemia）是长期嘌呤代谢障碍引起的一组异质性代谢病。高尿酸血症是指血尿酸超过 390 μmol/L，它不一定出现临床症状。研究证实：血尿酸 $\geqslant$600 μmol/L 时痛风的发生率为 30.5％，血尿酸 $<$420 μmol/L 时痛风的发生率仅为 0.6％；而血尿酸 $<$420 μmol/L 时痛风发作的平均年龄为 55 岁，血尿酸 $\geqslant$520 μmol/L 时痛风发作的平均年龄为 39 岁。痛风导致关节畸形与功能障碍（慢性痛风性关节炎）、皮下痛风结节、尿酸性肾病及肾结石等。

病因和发病机制。尿酸的生成主要来自细胞的分解代谢，核酸为细胞的重要成分，它主要包括 DNA 与 RNA。细胞分解代谢后产生嘌呤类包括腺嘌呤核苷酸、鸟嘌呤核苷酸、次黄嘌呤核苷酸等，而这些嘌呤类进一步分解即产生尿酸。正常人体内嘌呤的合成与分解代谢速度处于动态平衡状态，所以每日尿酸生成量较为恒定，为 600～700 mg，而痛风病人每日尿酸生成量可高达 2 000～3 000 mg，远远超过肾脏的排泄能力，而致血尿酸升高。当血尿酸超过 420 μmol/L 时已达饱和状态，极易在组织器官中沉积，尤其是关节及其周围皮下组织、耳郭等部位，导致痛风性关节炎发作和痛风结节肿。这是由于沉积于关节组织内的尿酸盐结晶被大量的细胞吞噬后，破坏溶酶体膜，使溶酶体内的酶释放出来而损伤白细胞和关节滑膜及软骨组织，从而引起关节和痛风结节的炎症。尿酸沉积于肾脏则可引发尿酸性肾结石和肾间质炎症即尿酸性肾病。

11.2.5.2 临床表现

痛风的临床表现一般分为 4 个阶段，第一个阶段是无症状的临床表现，这个阶段仅有尿酸持续或波动性的升高。第二个阶段是急性痛风性关节炎期的临床表现，这期主要表现是关节疼痛，主要以第一趾跖关节比较多，持续时间一般为数天或数周，可自行缓解，通常不会超过两周；全身表现可有低热、头疼、乏力、心悸、寒战。第三个阶段是间歇期的临床表现，也就是缓解期完全无症状。第四个阶段是慢性痛风性关节炎，慢性痛风性关节炎期的临床表现。

11.2.5.3　相关营养素

(1)热能和碳水化合物。痛风患者多伴有肥胖、糖尿病、高血压、高脂血症等,故应降低体重、限制热能。体重最好低于理想体重的10%~15%;热能根据病情而定,一般为6.28~7.35 MJ(1 500~1 800 kcal)。不过,减轻体重应循序渐进,否则容易导致酮症或痛风急性发作。一般减肥应以2~3周内减重2 kg左右为宜。碳水化合物可促进尿酸排出,患者可食用富含碳水化合物的米饭、馒头、面食等,但对于合并糖尿病的患者也要控制。

(2)含嘌呤的食物。正常嘌呤摄取量为600~1 000 mg/d,痛风病人应长期控制嘌呤摄入。急性期应选用含嘌呤低的食物,不用或禁用含嘌呤高的食物。

①嘌呤含量很少或不含嘌呤的食品,痛风发作期和间歇期均可食用

粮食:大米、小麦、小米、大米、荞麦、玉米面、精白粉、富强粉、通心粉、面条、面包、馒头、苏打饼干、黄油小点心。

蔬菜:白菜、卷心菜、胡萝卜、芹菜、黄瓜、茄子、甘蓝、芜菁甘蓝、甘蓝菜、莴笋、刀豆、南瓜(倭瓜)、西葫芦、番茄、山芋、马铃薯、泡菜、咸菜。

水果:各种水果。

蛋、乳类:鲜奶、炼乳、奶酪、酸奶、麦乳精。

饮料:汽水、茶、咖啡、可可、巧克力。

其他:各种油脂、花生酱、洋菜冻、果酱、干果等。

②嘌呤含量较少的食品(每100 g食品中,嘌呤含量<75 mg),痛风发作期禁食,间歇期限制食用

鱼蟹类:青鱼、鲱鱼、鲑鱼、鲥鱼、金枪鱼、白鱼、龙虾、蟹、牡蛎。

肉食:火腿、羊肉、牛肉汤、鸡、熏肉。

麦麸:麦片、面包、粗粮。

蔬菜:芦笋、四季豆、青豆、豌豆、菜豆、菠菜、蘑菇、干豆类、豆腐。

③嘌呤含量较高的食品(每100 g食品中,嘌呤含量75~150 mg),痛风发作期禁食,间歇期限制食用

鱼类:鲤鱼、鳕鱼、大比目鱼、鲈鱼、梭鱼、贝壳类、鳗鱼及鳝鱼。

肉食:熏火腿、猪肉、牛肉、牛舌、小牛肉、兔肉、鹿肉。

禽类:鸭、鸽子、鹌鹑、野鸡、火鸡。

④嘌呤含量极高的食品(每100 g食品中,嘌呤含量>150 mg),痛风发作期和间歇期均禁止食用

肝、肾、胰、心、脑、肉馅、肉汁、肉汤、鲭鱼、凤尾鱼、沙丁鱼、鱼卵、小虾、鹅、斑鸠、石鸡、酵母。

(3)蛋白质与脂肪。蛋白质可根据体重,按照比例来摄取,1 kg体重应摄取0.8~1 g的蛋白质,并以牛奶、脱脂奶粉、奶酪和鸡蛋为主。如果是瘦肉、鸡鸭肉等,应煮沸后去汤食用,避免吃炖肉或卤肉。但酸奶因含乳酸较多,对痛风病人不利,故不宜饮用。少吃脂肪,因脂肪会减少尿酸排出。痛风并发高脂血症者,脂肪摄取应控制在总热量的20%~25%以内。

(4)维生素和无机盐。供给充足的B族维生素和维生素C。B族维生素和维生素C能

促使组织内淤积的尿酸盐溶解。此外,尿酸在酸性环境中容易析出结晶,在碱性环境中易溶解,故应多食用弱碱性食物。蔬菜、水果是弱碱性食物并含有丰富的维生素 C,多食用蔬菜和水果对痛风病人是很有益的,每天保证食用蔬菜 1 000 g 以上,水果 4～5 个。水果蔬菜中还含有较多钠、钾、钙、镁等元素。痛风症病人易患高血压和高脂血症等,应限制钠盐,一般每天控制在 4 g 左右。

(5)水分。多喝水,增加液体供给量,最好每日在 300 mL 以上,以保证尿量,促进尿酸的排泄,喝碱性矿泉水比较好。

(6)禁用刺激性食品。少用强烈刺激的调味品或香料。过分嗜好辛辣食物者平均血尿酸水平显著高于不食辛辣食物者。戒酒,酒精可促进尿酸合成,过多饮酒可引起乳酸升高而阻碍尿酸的排泄,啤酒本身即含大量嘌呤成分,故痛风病人应忌饮各种酒类。

11.2.5.4　营养治疗

(1)限制总能量、减少碳水化合物摄入。
(2)限制蛋白质、低脂肪饮食。
(3)严格限制嘌呤饮食。
(4)多饮水、忌饮酒。
(5)多吃新鲜蔬菜和水果。

ⓠ 思考题

1. 名词解释
肥胖症;动脉粥样硬化;肿瘤;糖尿病;痛风

2. 问答题
(1)肥胖的营养防治策略有哪些?
(2)糖尿病人的食谱设计需要注意哪些内容?
(3)高血压病与主要营养素的关系如何?
(4)阐述癌症防御的主要策略。
(5)痛风病人饮食需要注意哪些?

3. 案例分析
据福克斯新闻网 2020 年 4 月 9 日报道,法国首席流行病学家 Jean-Franois Delfraissy 在采访中指出,超重是新冠病毒感染者主要风险因素之一,美国尤其危险。Delfraissy 说,这种病毒不仅会袭击老年人,也会导致年轻人感染,而超重肥胖的年轻人应当尤为小心。目前,25% 的法国患者因年龄、慢性病或肥胖出现了新冠肺炎严重并发症风险。一般来说,新冠病毒引起重症并导致死亡的概率约为 2%,但上述高危人群死亡率则达到了 14%。先前各类研究结果显示,与肥胖相关的疾病,包括心脏病、脑卒中、Ⅱ型糖尿病和部分癌症,均为"可预防"的过早死亡原因。肥胖的人患流感并发症的风险更高,同时,感染流感的肥胖患者比不肥胖的患者病毒排出时间更长。请问肥胖的评价指标有哪些? 设计食谱的时候需要注意哪些因素?

第 12 章
社会营养

【学习目的和要求】

1. 了解膳食营养素参考摄入量、膳食结构、膳食调查的概念。

2. 熟悉膳食营养学参考摄入量的主要指标、不同类型的膳食结构特点、不同人群膳食指南。

3. 掌握膳食营养素参考摄入量的应用、一般人群的膳食指南、不同膳食调查的方法。

【学习重点】

膳食营养素参考摄入量、中国居民膳食结构、一般人群膳食指南、膳食调查与评价。

【学习难点】

膳食营养素参考摄入量的应用、膳食调查与评价。

Food Nutrition

引例

五大城市超过 2/3 的儿童饮水量未达标

2015 年 5 月 18 日,由中国营养学会主办,中国达能饮料支持的"儿童饮水与健康—从科学研究到生活实践"专家研讨会在北京举行。这是首次在全国营养科学大会上举办的关注儿童饮水研讨会。

据"中国五大城市儿童饮水状况调查报告"资料显示,在每日饮水量这一关键衡量指标上,超过 2/3 的儿童未达到《中国居民膳食指南》中的建议量(1 200 mL),学生饮水健康知识普遍匮乏。例如,成都儿童饮水未达标比例居五城市之首,高达 81.8%,上海以 63.9% 次之,北京和广州学生也超过了一半。超过 60% 的儿童提及喝水时,认为"口渴时才需要喝水",而近 30% 的受访儿童表示不知道每日的科学饮水次数。调查还发现,学生在休息日饮水较少,周末饮用饮料的量有所增加。

二维码 12-1

12.1 膳食营养素参考摄入量

要点 1 膳食营养素参考摄入量的主要指标

- 平均需要量
- 推荐摄入量
- 适宜摄入量
- 可耐受最高摄入量
- 宏量营养素可接受范围
- 预防非传染性慢性病的建议摄入量
- 特定建议值

为了维持人类健康、满足正常生活的需要,人们必须每日从膳食中获取各种各样的营养物质。人体对某种营养素的需要量因年龄、性别和生理状况不同而不同。儿童、青少年除维持机体功能外,还需更多营养素以满足生长发育的需要,成年人需要营养素来维持体重及保障机体的生理功能,妊娠和哺乳的妇女需要营养素以保证胎儿及母体相关组织的增长和泌乳的需要。如果某种营养素长期供给不足或过多,就可能产生相应的营养不良或营养过多的危害。正常人体需要的各种营养素均需要从饮食中获得,因此,必须科学地安排每日膳食以提供适宜的数量及质量的营养素。为帮助个体和人群合理地摄入各种营养素,避免营养缺乏或营养过多产生的危害,营养学家根据有关营养素需要量的科学知识,提出了适用于各类人群的膳食营养素参考摄入量(dietary reference intakes,DRIs)。

12.1.1　膳食营养素参考摄入量概述

膳食营养素参考摄入量（DRIs）是一组每日平均膳食营养素摄入量的参考值，它是在推荐营养素供给量（recommended dietary allowances，RDAs）基础上发展起来的，与推荐营养素供给量相比，膳食营养素参考摄入量更具有现实意义，它可同时从预防营养素缺乏和预防慢性疾病两方面来考虑人类的营养需求。

膳食营养素参考摄入量不是一成不变的，随着科学知识的积累及社会经济的发展，对已建议的营养素参考摄入量应及时进行修订，进而适应新的认识水平和应用需要。如中国膳食营养素参考摄入量（2000 年第 1 版）包括平均需要量、推荐摄入量、适宜摄入量、可耐受最高摄入量等四个参数，而 2013 年修订版增加与非传染性慢性病（non-communicable chronic diseases，NCD）有关的三个参数：宏量营养素可接受范围、预防非传染性慢性病的建议摄入量和某些膳食成分的特定建议值。中国居民膳食营养素参考摄入量的历史沿革如表 12-1 所示。

表 12-1　《中国居民膳食营养素参考摄入量》的历史沿革

时间	内容	文献
1938 年	中国民众最低限度之营养需要	中华医学会特刊第 10 号(1938)
1952 年	膳食营养素需要量表	食物成分表(1952)
1955 年	每日膳食中营养素供给量(RDAs)	食物成分表·修订本(1956)
1962 年	每日膳食中营养素供给量(RDAs)	食物成分表·第三版(1962)
1981 年	每日膳食中营养素供给量(RDAs)	营养学报(1981,3:185)
1988 年	推荐的每日膳食中营养素供给量(RDAs)	营养学报(1990,12:1)
2000 年	《中国居民膳食营养素参考摄入量(DRIs)》	中国轻工业出版社(2000)
2013 年	《中国居民膳食营养素参考摄入量(DRIs)》	科学出版社(2014)

中国膳食营养素参考摄入量（2013 版）包括平均需要量（estimated average requirement，EAR）、推荐摄入量（recommended nutrient intake，RNI）、适宜摄入量（adequate intakes，AI）和可耐受最高摄入量（tolerable upper intake level，UL）等 4 项基本指标，为预防非传染性慢性病还新增设了宏量营养素可接受范围（acceptable macronutrient distribution range，AMDR）、建议摄入量（proposed intakes for preventing non-communicable chronic diseases，PI-NCD）和特定建议量（specific proposed levels，SPL）等三项指标，部分数据见表 12-2。

表 12-2　中国居民膳食碳水化合物、脂肪酸参考摄入量（DRIs）　　　　(%)ª

人群	总碳水化合物(g/d)	亚油酸($\%E^a$)	α-亚麻酸(%E)	EPA+DHA(g/d)
	EAR	AI	AI	AI
0 岁～	60(AI)	7.3(0.15 g[b])	0.87	0.10[c]
0.5 岁～	85(AI)	6.0	0.66	0.10[c]
1 岁～	120	4.0	0.60	0.10[c]

续表 12-2

人群	总碳水化合物(g/d)		亚油酸(%Eᵃ)	α-亚麻酸(%E)	EPA+DHA(g/d)
	EAR	AI	AI	AI	AI
4 岁～	120		4.0	0.60	—
7 岁～	120		4.0	0.60	—
11 岁～	150		4.0	0.60	—
14 岁～	150		4.0	0.60	—
18 岁～	120		4.0	0.60	—
50 岁～	120		4.0	0.60	—
65 岁～	—		4.0	0.60	—
80 岁～	—		4.0	0.60	—
孕妇	130		4.0	0.60	0.25(0.20ᶜ)
乳母	160		4.0	0.60	0.25(0.20ᶜ)

注:a 为占能量的百分比。b 为花生四烯酸。c 为 DHA。

12.1.2 膳食营养素参考摄入量的主要指标

12.1.2.1 平均需要量(EAR)

平均需要量是指某一特定性别、年龄及生理状况的群体中各个体营养素需要量的平均值。平均需要量是根据个体需要量的研究资料计算得到的。按照平均需要量的水平摄入营养素,可以满足群体中 50%成员的营养素需要,但不能满足另外 50%成员对该营养素的需要。由于某些营养素的研究尚缺乏足够的人体需要量资料,因此并非所有营养素都能制定出其平均需要量。平均需要量是营养素需要量的最低值,是制订推荐摄入量的基础。

12.1.2.2 推荐摄入量(RNI)

推荐摄入量是指可以满足某一特定性别、年龄及生理状况群体中绝大多数个体(97%～98%)的某种营养素需要量的摄入水平。推荐摄入量相当于传统意义上的 RDAs。推荐摄入量是根据某一特定人群中体重在正常范围内的个体需要量而设定的。对于个别身高、体重超过此参考范围较多的个体,可按每 kg 体重的需要量调整其推荐摄入量。长期摄入推荐摄入量水平,可以满足机体对该营养素的需要、并维持组织中有适当储备以保障机体的健康水平。推荐摄入量是个体每日摄入该营养素的目标值。

推荐摄入量是以平均需要量为基础制订的,如果已知某营养素平均需要量的标准差,则推荐摄入量定为平均需要量加两个标准差,即 RNI=EAR+2Sd。如果关于某营养素的需要量变异资料不够充分,不能计算 Sd 时,一般设 EAR 的变异系数为 10%,此时 RNI=1.2×EAR。

12.1.2.3 适宜摄入量(AI)

当某种营养素的个体需要量研究资料不足而无法计算平均需要量,从而难以推算推荐摄入量时,可通过设定适宜摄入量制定该营养素的摄入量目标。

适宜摄入量不是通过研究营养素的个体需要量计算出来的,而是通过对健康人群摄入量的观察或实验获得的。例如纯母乳喂养的足月产的健康婴儿,从出生到 4～6 个月,他们的营养素全部来自母乳。母乳中供给的各种营养素量就是该类人群所需的各营养素的适宜摄入量。AI 可作为个体营养素摄入量的目标值。AI 与 RNI 两者均可以作为个体摄入量的目标,能够满足目标人群中几乎所有个体的需要,但 AI 值远不如 RNI 值准确,可能明显高于 RNI,因此使用 AI 时应更加小心。

12.1.2.4 可耐受最高摄入量(UL)

可耐受最高摄入量是营养素或食物成分的每日摄入量的安全上限,是一个健康人群中几乎所有个体都不会产生毒副作用的最高摄入水平。该摄入水平在生物学上一般是可以耐受的,对一般人群中的几乎所有个体似乎都不至于损害健康,但并不表示达到这一水平对健康可能是有益的。当摄入量进一步超过 UL 时,损害健康的危险性逐步增大。对大多数营养素而言,健康个体摄入量超过 RNI 或 AI 水平不会有更多好处。对许多营养素来说,目前尚没有足够的资料来制订它们的 UL,因此没有 UL 值并不意味着过多摄入这些营养素就没有潜在的危险。目前已有 UL 的营养素及膳食成分常见的有:维生素 A、维生素 D、维生素 E、维生素 B_6、维生素 C、叶酸、烟酸、胆碱、钙、磷、铁、锌、硒、氟、锰、钼、叶黄素、大豆异黄酮、番茄红素、原花青素、植物甾醇、L-肉碱、姜黄素等。UL 并不是一个建议的摄入水平。

12.1.2.5 宏量营养素可接受范围(AMDR)

宏量营养素可接受范围是指蛋白质、碳水化合物和脂肪的理想摄入量范围,该范围不仅可满足人体对这些必需营养素的需要,还有利于降低慢性病的发病风险,常用占能量摄入量的百分比表示。

蛋白质、碳水化合物和脂肪都属于在体内代谢过程中能够产生热量的营养素,被称为生热营养素,属于人体的必需营养素,上述三者的摄入比例还影响微量营养素的摄入状况。其上限为降低非传染性慢性疾病发生的风险,其下限为预防营养缺乏。如果个体摄入量高于或低于推荐的范围,可能引起罹患慢性病的风险增加,或使这种必需营养素缺乏的可能性增加。

12.1.2.6 预防非传染性慢性病的建议摄入量(建议摄入量,PI)

膳食营养素摄入量过高时会导致肥胖、血脂异常、糖尿病、高血压、脑卒中、心肌梗死及某些癌症等慢性病的发生。预防非传染性慢性病的建议摄入量是以非传染性慢性病的一级预防为目标,提出的必需营养素的每日摄入量。当非传染性慢性病易感人群的某些营养素的摄入量接近或达到 PI 时,可以降低其发生 NCD 的风险。某些营养素的预防非传染性慢性病的建议摄入量可能高于 RNI 或 AI,如维生素 C、钾等;而另一些营养素可能低于 AI,例如钠。

12.1.2.7 特定建议值(SPL)

传统营养素以外的某些膳食成分,也具有改善人体生理功能、预防非传染性慢性病的生物学作用,其中大多属于植物化学物。特定建议值是指膳食中这些成分的摄入量达到这个建议水平时,有利于维持人体的健康水平。目前,我国对大豆异黄酮、叶黄素、花色苷、原花青素、番茄红素、植物甾醇、氨基葡萄糖等成分已制定了特定建议值。

12.1.3　膳食营养素参考摄入量的应用

膳食营养素参考摄入量主要用于膳食评价和制订膳食计划。在膳食评价中,膳食营养素参考摄入量被作为参考标准,用于衡量人们实际摄入的营养素量是否适宜;在制订膳食计划中,膳食营养素参考摄入量被作为适宜的营养状况目标,建议人们如何合理地摄取食物进而实现目标。此外,膳食营养素参考摄入量可用于制定营养政策、膳食指南、食品营养标准(如婴幼儿食品标准,营养强化剂使用标准,营养食品标签通则等),在临床营养、营养食品开发和评审等方面(如营养补充剂、保健食品)也得到应用。

12.1.3.1　膳食营养参考摄入量在膳食评价中的应用

(1)评价个体膳食。膳食评价是营养状况评价的组成部分,虽然根据膳食内容不足以判断一个人的营养状况,但把一个人的营养素摄入量与其相应的 DRIs 进行比较还是合理的。为获得可靠的结果,需要准确收集膳食摄入有关的资料,正确选择膳食评价的参考值,并合理解释所得的结果。评价个体营养状况的理想方法是把膳食评价结果与临床、生化检验以及体格测量等资料结合起来进行分析。

①用平均摄入量(EAR)评价个体摄入量。对个体膳食进行评价主要是为了说明该个体的日常营养素摄入量是否充足。由于不知道特定个体的需要量,而直接比较个体的摄入量与需要量是有难度的;此外,也不可能得到个人准确的日常摄入量。由于日常摄入量几乎无法获得,较好的办法是运用统计学方法评估在一段时间内观察到的摄入量是高于还是低于其需要量。该方法基于以下假定:EAR 是个体需要量的最佳参考值;观察到的平均摄入量是一个人日常摄入量的最佳估计值;需要量的标准差是反映个体之间需要量差异的指标,体现了人群中个体对该营养素的需要量与平均需要量的差异大小;营养素摄入量的个体内差异的标准差是个体每日摄入量差异的指标,体现了观测到的摄入量与日常摄入量的差异大小。将观测到的个体摄入量于相应人群需要量中值的比较可判断个体膳食的适宜状况。例如,当摄入量远远大于需要量中值时,该个体的摄入量基本是充足的;反之则表明个体的摄入量基本是不充足的。在实际应用中,观测到的摄入量低于 EAR 时,可认为摄入不足的概率高达 50%,营养状况必须予以改善;当摄入量在 EAR 与 RNI 之间时,表明摄入不足的概率在 2%～3%,营养状况也可能需要改善。只有通过较长时间的观测,摄入量达到或超过 RNI 时,或虽然只有少数天数的观测但结果远高于 RNI 时,才可比较把握的认为摄入量是充足的。

②用最高可耐受摄入量(UL)评价个体摄入量。用最高可耐受摄入量衡量个体摄入量是将观测到的短时间内的摄入量与 UL 进行比较,推断该个体的日常摄入量是否过高,或是否可能会危及机体的健康。为判断其日常摄入量是否高于 UL,可采取类似用 AI 评价摄入量是否适宜的假说来进行测验。对某些营养素,摄入量可以只计算通过补充、强化和药物途径摄入的热量,而另外一些营养素则应把食物来源也包括在内。而有些营养素摄入过量的后果较严重,有时甚至不可逆,若摄入量超过了 UL,一定要认真关注。

(2)评价群体膳食。群体膳食评价主要包括人群中某种营养素的摄入量低于其需要量的个体所占的比例;个体日常摄入量很高,面临健康危害风险的个体的所占比例等两部分内容。要正确评价人群的营养素摄入量,需要获得准确的膳食资料、选择适当的参考值、调整个体摄入量变异的分布及影响因素并对结果进行合理的解释。

①用平均需要量(EAR)评价群体营养素摄入量。在实际工作中,评价群体膳食摄入量是否适宜主要采用概率法和平均需要量切点法。

概率法(Probability method)。是一种把群体内需要量的分布和摄入量的分布结合起来的统计学方法。当摄入量极低时,摄入不足的概率很高;当摄入量很高时,摄入不足的概率可忽略不计。它产生一个估测值,体现有多大比例的个体面临摄入不足而产生的风险。为了计算每一摄入水平的摄入不足危险度,需要知道需要量分布的平均值(EAR)或中位需要量,变异度及其分布形态。实际上,有了人群需要量的分布资料后,对每一摄入水平都可以计算出一个摄入不足危险度;再加权平均求得人群的摄入不足的概率。如果某营养素没有 EAR,就不能用概率法来计算摄入不足的概率。

平均需要量切点法(EAR cut-off method)。比概率法简单,如果条件可行,效果不比概率法差。本方法基于以下要点:营养素的摄入量与需要量之间没有相关关系;需要量可以认为呈正态分布;营养素摄入量的变异大于需要量的变异。根据现有的资料,我们可以假定已制订了 EAR 和 RNI 的营养素均符合上述条件,均可用本法进行评价。EAR 切点法只需简单计算在观测人群中有多少个体的日常摄入量低于 EAR,而不需要计算每一摄入水平的摄入不足危险度。这些个体在人群中的比例就等于该人群摄入不足个体的比例。

对摄入量分布资料的调整:不管采用哪种评价方法来评估群体中营养素摄入不足的概率,日常摄入量的分布资料是必不可少的。为获上述资料需对观测到的摄入量进行调整以排除个体摄入量的日间差异(个体内差异)。经调整后的日常摄入量分布应能够更好地反映个体间的差异。如果要对摄入量的分布进行调整至少需要观测一个有代表性的亚人群,其中各个体至少有连续 3 d 的膳食资料或者至少有两个独立的每日膳食资料。如果样本人群每人只有 1 d 的膳食资料,也有可能可以对观察摄入量的分布进行调整,但需要借助别的资料系列估测的摄入量个体内差异。如果摄入量的分布没有得到适当的调整,则不论选择哪种方法均难以正确估测摄入不足的比例。

②用适宜摄入量(AI)评估群体摄入量。某营养素的 AI 值可能是根据实验研究推算来的,亦可能是依据实验资料和人群流行病学资料结合制订的。当人群的平均摄入量大于或等于适用于该人群的营养素 AI 时,可认为该人群中发生该营养素摄入不足的概率很低。当平均摄入量在 AI 以下时,则不能判断群体摄入不足的程度。此外,由于营养素的 AI 和 EAR 之间没有肯定的关系,不要试图基于 AI 对 EAR 进行推测。

③用可耐受最高摄入量(UL)评估群体摄入量。可耐受最高摄入量适用于评估摄入营养素过量而危害健康的风险。当摄入量超过 UL 时,发生中毒的潜在危险增加。可根据日常摄入量的分布来确定摄入量超过 UL 者所占的比例。在进行可耐受最高摄入量评估时,有的营养素需要准确获得各种来源摄入量的总值,有的营养素需要考虑通过强化、作为补充剂和药物时的摄入量。由于在推导 UL 时使用了不确定系数,因此,在一般人群中,根据日常摄入量大于 UL 的资料来定量评估健康风险往往是很困难的。由于不确定系数在推导过程的多个环节均有可能存在一定程度的不准确性,当前只能把 UL 作为安全摄入量的切点

来使用。

12.1.3.2　膳食营养素参考摄入量在膳食计划中的应用

(1)计划个体膳食

计划个体膳食主要包括设定适宜的营养素摄入量目标和制订食物消费计划两部分内容。

①设定适宜的营养素摄入目标。要最大限度地减少营养不足和营养过剩产生的风险，制订膳食计划要结合已经建立了 DRIs 的所有营养素，也就是说为个体计划的膳食中的蛋白质、维生素、矿物质等摄入量能达到各自的 RNI 或 AI，但又不高于其 UL。计划的膳食应是个体的"日常摄入量"，即个体的长期的膳食摄入量。在特殊情况下，也可不用 RNI 作为计划个体膳食的目标，但需要注意 EAR 不是计划个体膳食的目标。建议用平均能量需要量(EER)作为计划膳食中的能量摄入量的唯一参考值。

②制订膳食计划。以《中国居民膳食指南(2016 版)》《平衡膳食宝塔(2016 版)》为依据，制订食物消费计划，然后再根据食物营养成分数据复查计划的膳食是否满足了 RNI、AI 而又不超过 UL 水平。还应根据各地食物生产和供应的实际情况调整《平衡膳食宝塔》所列举的各类食物及各种具体食物品种的搭配。如果有本地的食物成分表，最好根据当地的食物营养成分来验证计划的膳食能否提供充足的营养素。在特定情况下，需要用强化食品甚至用一些营养素补充剂来保证特定营养素的供给。

(2)计划群体膳食

①确定计划目标。对于有 EAR 和 UL 的营养素要确定可以允许人群中有多大比例有摄入不足的危险和有多大比例有摄入过量的潜在危险。一般来说，允许群体中 2%～3% 的个体有摄入不足的危险，有 2%～3% 的个体有摄入过量产生不良后果的危险；但对于不同的营养素或针对特定的人群来说，上述百分比可根据实际需要进行调整。如果只有一个 AI 值的营养素，应设置群体摄入量的中值等于 AI 值。目标应该设定为这个人群的平均能量需要量。另外，一般都需要考虑宏量营养素的分布目标。

②设置靶日常营养素摄入量分布。靶日常营养素摄入量分布(Target usual nutrient intake distribution)能够确保所涉及的群体中在绝大多数情况下摄入不足的概率和摄入过多的概率都很低。对于有 EAR 和 UL 的营养素来说，多数均可用群体中的摄入量低于平均需要量的个体所占的比例表示摄入不足的概率，摄入量超过 UL 的个体所占的比例表示摄入量过多的概率。对于有 EAR 的营养素来说，应用 EAR 作为切点进行计算摄入不足的概率，除了营养素铁以外都是适用的。

③编制靶日常营养素摄入量分布食谱。设置关心的营养素的靶日常营养素摄入量分布后，就需要把这个"靶"通过食谱来实现。一般按在靶日常营养素摄入量分布的基础上为食谱设置营养素含量目标；确定提供什么样的食物能够最大可能的实现靶日常营养素摄入量分布目标；确定需要购买和需要供应的各种食物数量等步骤进行。

④评估计划膳食的结果。评估计划膳食的结果往往根据评价群体膳食的方法进行。从人群的摄入量密度目标中值找出最高的营养素密度中值，该值设定为整个人群的计划目标。尽管这种方法在理论上可为不均匀人群计划膳食得到一个更为准确的、适宜的摄入量目标

均值,但在膳食计划工作中尚未得到实践检验。

12.1.3.3 膳食营养素参考摄入量在其他方面的应用

(1)在制定营养政策中的应用。任何营养政策制订的目的均是为了保证人群的营养需求,使人群尽可能达到营养素参考摄入量并有足够的储备量,进而使机体保持健康状态。制订营养政策时会直接或间接地应用 DRIs,以此作为膳食营养发展方向或预期达到的目标。

(2)在制订《中国居民膳食指南》中的应用。《中国居民膳食指南》是以食物为基础制订的文件,而如何合理选择、摄取食物,则需要按照"膳食营养素参考摄入量"来确定。《中国居民平衡膳食宝塔》将五类食物分别置于其中的五层内,并为每类食物列出了推荐的摄入量。这些食物的摄入量是根据 DRIs 推荐的营养素摄入量换算而来的。《中国居民膳食指南》和《中国居民平衡膳食宝塔》就是 DRIs 在食物消费领域的具体体现。

(3)在制定食品营养标准中的应用。国家食品标准特别是食品安全国家标准,如营养强化剂的标准,有关营养配方食品,以及营养素补充剂等标准,均会涉及人体每日需要摄入的营养素,在制订中均以 DRIs 作为基本依据。

(4)在临床营养中的应用。膳食营养素参考摄入量的适用对象主要是健康的个体及以健康个体构成的人群。另外,也适用于患有轻度高血压、血脂异常、高血糖等亚健康的人群。

(5)在研发和评审营养食品中的应用。随着我国经济水平的持续发展,居民的膳食需求已从食品的数量向质量转变,食品企业在新产品的研发时也对营养给予了极大关注。为满足不同人群的各种营养需求,食品企业将 DRIs 作为研发、生产的重要指南。

12.2 膳食结构

要点2 不同类型的膳食结构
- 动物性食物为主的膳食结构
- 植物性食物为主的膳食结构
- 动植物食物平衡的膳食结构
- 地中海式的膳食结构

12.2.1 膳食结构的概念

膳食结构又称膳食模式,是指膳食中各类食物的数量及其在膳食中所占的比例。膳食结构的形成与生产力发展水平,科学技术、文化知识水平以及自然环境条件等多方面的因素有关,并随以上因素的变化而改变,因此可通过适当的干预以促使其向有利于健康的方向发展。同时应注意,一个国家、民族或人群的膳食结构又具有一定的稳定性,不会迅速发生重大的改变。

12.2.2 不同类型的膳食结构

膳食结构类型的划分方法有多种,根据膳食中动物性食物和植物性食物所占的比重,以

及能量、蛋白质、脂肪和碳水化合物的摄入量作为划分膳食结构的标准,可将世界不同地区的膳食结构分为以下 4 种类型。

12.2.2.1 动物性食物为主的膳食结构

动物性食物为主的膳食结构主要见于欧美等经济发达国家和地区,属于营养过剩型。膳食组成以动物性食品为主,年人均消耗畜肉类多达 100 kg,奶类 100～150 kg,蛋类 15 kg,此外,消费大量的家禽等,而谷类消费仅为 50～70 kg。每人每天能量摄入量平均为 3 300～3 500 kcal、蛋白质 100 g 左右、脂肪 130～150 g,属高能量、高脂肪、高蛋白、低纤维,所谓"三高一低"膳食模式。尽管膳食质量比较好,但营养过剩,严重损害了该类人群的健康。如今,心脏病、脑血管病和恶性肿瘤已成为欧美发达国家人民的三大死亡原因,尤其是心脏病死亡率明显高于发展中国家和日本。

12.2.2.2 植物性食物为主的膳食结构

植物性食物为主的膳食结构易见于亚洲、非洲部分国家和地区。膳食组成以植物性食物为主,动物性食物较少,年人均消耗粮食多达 140～200 kg,而肉、蛋、奶及鱼虾共计年人均消费仅为 20～30 kg,动物性蛋白占蛋白总量的 10%～20%,低者不足 10%,每人每天能量摄入量平均为 2 000～2 300 kcal。此膳食模式虽然没有欧美发达国家三高一低的膳食缺陷,但是膳食蛋白质和脂肪的摄入量均较低,蛋白质来源以植物为主,某些矿物质和维生素不足,易患营养缺乏病,但因膳食纤维充足,动物性脂肪较低,冠心病和高脂血症发病率较低。

12.2.2.3 动植物食物平衡的膳食结构

动、植物性食物消费量比较均衡,能量、蛋白质、脂肪、碳水化合物等摄入量基本符合营养要求,膳食结构比较合理,也称为营养平衡型,以日本人的膳食为代表。人均年谷类消费量 110 kg 左右,动物性食物 135 kg 左右,动物性蛋白占蛋白总量的 40% 左右,每人每天能量摄入量平均为 2 000 kcal 左右,脂肪提供热能占总热能百分比低于 30%。这种膳食模式既可以满足人群对营养素的需要,又可预防慢性病,膳食结构基本合理,此类膳食结构已经成为世界各国调整膳食结构的参考。

12.2.2.4 地中海膳食结构

该膳食结构以地中海命名是因为该膳食结构的特点是居住在地中海地区的居民所特有的,意大利、希腊为该种膳食结构的代表国家。该膳食结构的主要特点是富含植物性食物,鱼、禽、蛋、奶、畜等各类动物性食物比例适宜,食物的加工程度低,新鲜度较高,食用油主要以橄榄油为主,饱和脂肪所占比例较低。该地区居民心脑血管发生率很低。该膳食结构以高膳食纤维,高维生素,低饱和脂肪为特点。研究资料表明,地中海膳食模式是影响地中海地区居民健康的重要因素,可降低心血管疾病、Ⅱ型糖尿病、代谢综合征以及某些肿瘤发生的风险。

12.2.3 我国居民膳食结构的现状

以植物性食物为主,谷薯类和蔬菜的摄入量较高,肉类食物的摄入量较低的食物组成构成了中国传统膳食模式。随着我国经济持续向好发展、居民经济收入提高和居民健康意识的增强,我国居民膳食模式正在悄然发生变化。

12.2.3.1 谷薯类摄入量呈下降趋势

由 1992 年的全国营养调查、2002 年全国居民营养与健康状况调查和 2010—2012 年中国居民营养与健康状况监测等数据资料可知,谷类食物仍是我国城乡居民主要的膳食能量来源,但消费量逐年减少。其中,城市居民的谷类摄入量下降水平明显高于农村,而农村居民的薯类摄入量下降幅度高于城市居民。

2012 年我国居民摄入谷类提供的能量占总能量的 53.1%,与 1992 年相比,谷类食物的供能比下降了近 20 个百分点,尤其是大城市的谷类供能比仅占 40% 左右。此外,资料显示很多青年人基本不吃或很少吃主食。

12.2.3.2 蔬菜摄入量有所减少,水果摄入量均值变化不大

我国居民蔬菜摄入量有所减少,水果摄入量没有明显变化。根据 2010—2012 年中国居民营养与健康状况监测资料显示,我国城乡居民平均每标准人日的蔬菜摄入量为 269.7 g,尚未到达中国居民膳食指南推荐量(300~500 g)(以 2 000 kcal 为例)。城市居民蔬菜的摄入量高于农村居民,与 2002 年相比,全国城乡居民总体平均蔬菜摄入量基本稳定,但城市居民平均增加了 31.4 g,农村居民却减少了 29.5 g。城乡居民中有 81% 的人能够每天摄入新鲜蔬菜,城市明显高于农村。

2010—2012 年中国居民营养与健康状况监测结果表明,我国城乡居民平均每标准人日水果的摄入量为 40.7 g,远未达到中国居民膳食指南推荐目标量(200~400 g)(以 2 000 kcal 为例)。其中,城市居民的水果摄入量为 48.8 g,农村居民为 32.9 g,大城市居民达到 87.4 g。与 2002 年相比,大城市居民略有增加,但全国总体水果摄入量变化不大。

12.2.3.3 肉类食品摄入量逐渐增高

2010—2012 年中国居民营养与健康状况监测结果表明,我国居民肉类食品摄入量逐渐增高。全国平均每标准人日动物性食物的摄入总量为 137.7 g,其中畜肉占动物性食物总量的比例高达 54.4%;禽肉仅为 10.7%,畜禽肉两者共占 65.1%。在畜肉中,猪肉摄入的比例最大,高达 85.7%。与 2002 年调查结果相比,动物性食物摄入量增加了 4.4%,但畜禽类增加了 14.1%。其中猪肉增加幅度较大,为 26.6%,而鱼虾类减少了 19.9%。

12.2.3.4 居民的食盐摄入量下降,食用油平均摄入量基本持平

2010—2012 年中国居民营养与健康状况监测结果表明,我国每人日平均食盐摄入量为 10.5 g,城市为 10.3 g,农村为 10.7 g。尽管与 2002 年全国城市居民的食盐摄入量相比,下降了 1.5 g,但仍远高于建议的 6 g 的摄入量标准。全国城乡居民平均每标准人食用油的摄入量为 42.1 g,其中植物油 37.3 g,动物油 4.8 g。农村居民食用油摄入量为 41 g,城市居民食用油摄入量为 43.1 g。与 2002 年相比,全国城乡居民食用油摄入量基本持平,植物油摄入有所增加,动物油摄入有所减少。

12.3 中国膳食指南

要点 3 中国膳食指南
- 一般人群膳食指南的主要内容
- 不同生理期人群的膳食指南

12.3.1 膳食指南概述

《中国居民膳食指南》是根据营养学原则,结合国情制定的,是教育人民群众采用平衡膳食,以摄取合理营养促进健康的指导性意见。

1989 年我国首次发布《中国居民膳食指南》,得到了较好的推广和宣传实施。随后在 1997 年和 2007 年进行了修订和出版。为更加切合当前我国居民营养状况和健康需求,从 2014 年起,中国营养学会再次对《中国居民膳食指南》修订,并于 2016 年 5 月 13 日发布了《中国居民膳食指南(2016)》。

《中国居民膳食指南(2016)》由一般人群膳食指南、特定人群膳食指南和中国居民平衡膳食实践三个部分组成。

针对孕妇、乳母、2 岁以下婴幼儿、2～6 岁学龄前儿童、7～17 岁儿童青少年、老年和素食人群等特定人群的生理特点及营养需要,在一般人群膳食指南的基础上对其膳食选择提出了特殊指导。

12.3.2 一般人群的膳食指南

针对 2 岁以上的所有健康人群,新版膳食指南提出了 6 条核心推荐,分别为:食物多样、谷类为主,吃动平衡、健康体重,多吃蔬果、奶类、大豆,适量吃鱼、禽、蛋、瘦肉,少盐少油、控糖限酒,杜绝浪费、兴新食尚。

12.3.2.1 食物多样,谷类为主

(1)主要内容

食物多样是平衡膳食模式的基本原则。每天的膳食应包括谷薯类、蔬菜水果类、畜禽鱼蛋奶类、大豆坚果类等食物。建议平均每天摄入食物 12 种以上、每周 25 种以上。每天摄入谷薯类食物 250～400 g,其中全谷物和杂豆类 50～150 g,薯类 50～100 g;碳水化合物提供的能量应占膳食总能量的 50% 以上。

(2)注意事项

①量化一日三餐的食物"多样性"。谷类、薯类、杂豆类食物的品种数平均每天 3 种以上,每周 5 种以上;蔬菜、菌藻和水果类食物的品种数平均每天 4 种以上,每周 10 种以上;鱼、蛋、禽肉、畜肉类食物的品种数平均每天 3 种以上,每周 5 种以上;奶、大豆、坚果类食物的品种数平均每天 2 种,每周 5 种以上。早餐摄入至少 4～5 个食物品种,午餐摄入 5～6 个食物品种,晚餐摄入 4～5 个食物品种,零食 1～2 个食物品种。

②谷类食物所提供的能量占膳食总能量的一半及以上。在家就餐时,每餐均应该有米饭、馒头、面条等主食类食物,各餐次主食宜选不同种类的谷类食材。可采用各种加工方法将谷物制作成不同口味、不同风味的主食。

③在外就餐,不要忽视主食。点餐时,宜先点主食或蔬菜类,不能只点肉菜或酒水;就餐时,主食和菜肴同时上桌,尽量不要在用餐将要结束时才把主食端上桌。

④适度选择全谷、杂豆和薯类。稻米、小麦、裸麦、大麦、玉米、黄米、小米、粟米、燕麦、黑麦、黑米、薏米、高粱、青稞、荞麦等经适度加工后均可做全谷物的良好来源;选择红豆、绿豆、花豆、黑豆等杂豆;选用马铃薯、甘薯、山药等薯类。

12.3.2.2 吃动平衡,健康体重

（1）主要内容

吃和动是保持健康体重的关键。各个年龄段人群都应坚持天天运动、维持能量平衡、保持健康体重。体重过低和过高均易增加疾病的发生风险。每周应至少进行 5 d 中等强度的身体活动,累计 150 min 以上;坚持日常身体活动,平均每天主动身体活动 6 000 步;尽量减少久坐时间,每小时起来动一动。

（2）注意事项

①量出为入,多动会吃。对成年人来说,轻体力劳动者每天能量摄入量,男性为 2 250 kcal,女性为 1 800 kcal;中、重体力劳动者或活动量大的人,每天能量摄入应适当增加 300~500 kcal。鼓励多动会吃,不建议少动少吃,忌不动不吃。一日三餐应定时定量,重视早餐质量、不漏餐。

②保持足够的日常身体活动。充分利用外出、工作间隙、家务劳动和闲暇时间,尽可能地减少"静坐"的时间、增加"动"的机会;应保持足够的日常身体活动,相当于每天运动 6 000 步或以上。

③培养运动意识和习惯,循序渐进。将运动时间列入每天的工作日程中,培养运动意识和运动习惯;有计划安排运动,做到循序渐进,逐渐增加运动量。每天进行中等强度运动 30 min 以上,每周运动 5~7 d,如快走、乒乓球、羽毛球、篮球、游泳、跳舞等;每 2~3 d 进行 1 次肌肉力量锻炼,如俯卧撑、深蹲等;天天进行伸展和柔韧性运动 10~15 min,如颈、肩、肘、腕、髋、膝、踝等关节的屈伸活动,上肢和下肢肌肉的拉伸活动。

12.3.2.3 多吃蔬果、奶类、大豆

（1）主要内容

提倡餐餐有蔬菜,推荐每天摄入 300~500 g,深色蔬菜应占 1/2。天天吃水果,推荐每天摄入 200~350 g 的新鲜水果,果汁不能代替鲜果。吃各种奶制品,摄入量相当于每天液态奶 300 g。经常吃豆制品,每天相当于大豆 25 g 以上,适量吃坚果。

（2）注意事项

①餐餐有蔬菜。每餐吃一大把蔬菜,其中深色蔬菜占总蔬菜量的 1/2;巧妙地使用烹饪方法,保持蔬菜营养。

②天天吃水果。选择多种多样时令鲜果,尽量做到每天一个。

③多种多样奶制品。应把牛奶及其制品当作膳食组成的必需品。

④常吃大豆及其制品。可选择豆腐、豆浆、豆芽、豆干、发酵豆制品等豆制品摄入。

⑤坚果不可过量。对坚果的摄入应适量，一周食用量控制在 50～70 g。

12.3.2.4　适量吃鱼、禽、蛋、瘦肉

（1）主要内容

动物性食物优选鱼和禽类，其次是蛋类，吃畜肉宜选择瘦肉；应当少吃烟熏和腌制肉类；建议每周吃鱼 280～525 g、畜禽肉 280～525 g、蛋类 280～350 g、平均每天摄入鱼、禽、蛋和瘦肉总量 120～200 g。

（2）注意事项

①控制摄入总量。成人每周摄入鱼和畜禽肉的总量不超过 1.1 kg，鸡蛋不超过 7 个。尽量做到每餐有肉，天天见蛋。

②制定每周食谱。建议制定周食谱。鱼与畜禽肉可互相替换，但不宜相互取代。每天各类动物性食物不必样样齐全，但最好每天多于 2 类。

③掌握食物分量。在烹调时应掌握食物的大小，以及在食用时主动掌握食物的摄入量。大块的肉类食物，如红烧蹄髈、鸡腿、粉蒸肉等，在烹饪时宜切小块烹制；烹制成的大块畜禽肉或鱼，就餐前最好分成小块再食用。

④外餐荤素搭配。建议尽量减少在外就餐的次数；如需在外就餐，点餐时要做到荤素搭配，并做到以清淡为主，尽量用鱼和豆制品代替畜禽肉。

12.3.2.5　少盐少油，控糖限酒

（1）主要内容

培养清淡饮食习惯，成人每天食盐不超过 6 g，每天烹调油 25～30 g。每天摄入糖不超过 50 g，最好控制在 25 g 以下。应足量饮水，建议成年人每天 7～8 杯（1 500～1 700 mL），提倡饮用白开水和茶水，不喝或少喝含糖饮料。儿童少年、孕妇、乳母不应饮酒，成人如饮酒，一天饮酒的酒精量男性不超过 25 g，女性不超过 15 g。

（2）注意事项

①自觉纠正因口味过咸而过量添加食盐和酱油的不良习惯。对每天食盐摄入采取总量控制，最好用量具量出，每餐按量放入菜肴。一般 20 mL 酱油中含有 3 g 食盐，如果菜肴需要用酱油和酱类，应按比例减少食盐用量。习惯过咸口味食物者，为满足口感的需要，可在烹制菜肴时放少量醋，提高菜肴的鲜香味，帮助自己适应少盐食物。烹制菜肴时如果加糖会掩盖咸味，所以不能仅凭品尝来判断食盐是否过量，使用量具更准确。此外，还要注意减少酱菜、腌制食品以及其他过咸食品的摄入量。

②科学用油。主要包括"少用油"和"巧用油"，即控制烹调油的食用总量不超过 30 g/d，并且搭配多种植物油，尽量少食用动物油和人造黄油或起酥油。"少用油"可使用带刻度的油壶来控制炒菜用油；选择合理的烹饪方法，如蒸、煮、炖、拌等，使用煎炸代替油炸；少吃富含饱和脂肪酸和反式脂肪酸的食物，例如饼干、蛋糕、糕点、加工肉制品以及薯条/薯片等。"巧用油"是经常更换烹调油的种类，食用多种植物油，减少动物油的用量。

③尽量不添加糖。对于儿童青少年来说,建议不喝或少喝含糖饮料。通过减少摄入包装食品如糕点、甜点、冷饮等,也可控制添加糖。此外,家庭烹饪时也会使用糖作为作料加入菜肴中,如红烧、糖醋等,在烹饪时应注意尽量少加糖。喝茶、咖啡时也容易摄入过多的糖,需要引起注意。

④科学饮水。饮用白开水是补充水分的最好方式。在温和气候条件下,成年男性每日最少饮用1 700 mL(约8.5杯)水,女性最少饮用1 500 mL(约7.5杯)水。少量多次是最好的饮水方式,每次1杯(200 mL),不鼓励一次大量饮水,尤其是在进餐前,大量饮水会冲淡胃液,影响食物的消化吸收。除了早、晚各1杯水外,在三餐前后可以饮用1~2杯水,分多次喝完;也可饮用较淡的茶水替代部分白开水。此外,在炎热夏天,饮水量也需要相应地增加。对于运动量大、劳动强度高或暴露于高温、干燥等特殊环境下的人,如运动员、农民、军人、矿工、建筑工人、消防队员等,全天的饮水推荐量大大超过普通人,并需同时补充一定量的钠和钾等矿物质。

12.3.2.6 杜绝浪费,兴新食尚

(1)主要内容

按需选购食物、按需备餐,提倡分餐不浪费。选择新鲜卫生的食物和适宜的烹调方式,保障饮食卫生。学会阅读食品标签,合理选择食品。创造和支持文明饮食新风的社会环境和条件,应该从每个人做起,回家吃饭,享受食物和亲情,传承优良饮食文化,树立健康饮食新风。

(2)注意事项

①珍惜食物,从我做起。为珍惜食物应从每个人做起,日常生活应做到按需购买食物、适量备餐、准备小分量食物、合理利用剩饭菜。上班族午餐建议分餐制或简餐。

②选择当季食物,确保熟透。选择当地、当季食物,最大限度保障食物的新鲜度和营养;备餐应彻底煮熟,对于肉类和家禽、蛋类等食物,应确保熟透。

③学会阅读食物标签。购买预包装食品要认真阅读食品标签,包括食品的生产日期、保质期、配料、质量(品质)等级等信息。同时,要关注过敏食物及食物中的过敏原等信息。

12.3.3 6月龄内婴儿喂养指南

6月龄内婴儿喂养指南有6条核心推荐,分别为:产后尽早开奶,坚持新生儿第一口食物是母乳;坚持6月龄内纯母乳喂养;顺应喂养,建立良好的生活规律;生后数日开始补充维生素D,不需补钙;婴儿配方奶是不能纯母乳喂养时的无奈选择;监测体格指标,保持健康生长。

12.3.3.1 产后尽早开奶,坚持新生儿第一口食物是母乳

(1)主要内容

母亲分娩后,应尽早开奶,让婴儿开始吸吮乳头,获得初乳并进一步刺激泌乳、增加乳汁分泌。婴儿出生后第一口食物应是母乳。让婴儿尽早反复吸吮乳头,是确保成功纯母乳喂养的关键。婴儿出生时,体内具有一定的能量储备,可满足至少3 d的代谢需求;开奶过程中不用担心新生儿饥饿,可密切关注婴儿体重,体重下降只要不超过出生体重的7%就应坚持纯母乳喂养。温馨环境、愉悦心情、精神鼓励、乳腺按摩等辅助因素,有助于顺利成功开

奶。准备母乳喂养应从孕期开始。

（2）注意事项

①分娩后尽早让婴儿反复吸吮乳头。

②婴儿出生后的第一口食物应该是母乳。

③生后体重下降只要不超过出生体重的 7％就应该坚持纯母乳喂养。

④婴儿吸吮前不需过分擦拭或消毒乳头。

⑤温馨环境、愉悦心情、精神鼓励、乳腺按摩等辅助因素,有助于顺利成功开奶。

12.3.3.2　坚持 6 月龄内纯母乳喂养

（1）主要内容

母乳是婴儿最理想的食物,纯母乳喂养能满足婴儿 6 月龄以内所需要的全部液体、能量和营养素;应坚持纯母乳喂养 6 个月;母乳喂养需要全社会的努力,专业人员的技术指导,家庭、社区和工作单位应积极支持;充分利用政策和法律保护母乳喂养。

（2）注意事项

①应坚持纯母乳喂养 6 个月。

②按需喂奶,两侧乳房交替喂养;每天喂奶 6～8 次或更多。

③坚持让婴儿直接吸吮母乳,尽可能不使用奶瓶间接喂哺人工挤出的母乳。

二维码 12-2

④特殊情况下,需要在满 6 月龄前添加辅食的,应咨询医生或其他专业人员后谨慎做出决定。

12.3.3.3　顺应喂养,建立良好的生活规律

（1）主要内容

母乳喂养应顺应婴儿胃肠道成熟和生长发育过程,从按需喂养模式到规律喂养模式递进。婴儿饥饿是按需喂养的基础,饥饿引起哭闹时应及时喂哺,不要强求喂奶次数和时间,3月龄以前的婴儿更应如此。婴儿生后 2～4 周就基本建立了自己的进食规律,家长应明确感知其进食规律的时间信息。随月龄增加,单次摄乳量也随之增加,哺喂间隔则相应延长,喂奶次数减少,逐渐建立规律哺喂的良好饮食习惯。如果婴儿哭闹与平日进食规律明显不符,应首先排除非饥饿引起。非饥饿原因哭闹时,应及时就医。

（2）注意事项

①母乳喂养应从按需喂养模式到规律喂养模式递进进行。

②饥饿引起哭闹时应及时喂哺,但不要强求喂奶次数和时间。一般每天喂奶的次数可能在 8 次以上,刚出生后会在 10 次以上。

③随婴儿月龄增加,应逐渐减少喂奶次数,并建立规律哺喂的良好习惯。

④婴儿异常哭闹时,应考虑非饥饿原因,并积极就医。

12.3.3.4　生后数日开始补充维生素 D,不需补钙

（1）主要内容

母乳中维生素 D 含量低,母乳喂养不能通过母乳获得足量的维生素 D。适宜的阳光照

射会促进皮肤中维生素 D 的合成,但鉴于养育方式的限制,阳光照射可能不是 6 月龄内婴儿获得维生素 D 的最方便途径。婴儿出生后数日就应开始每日补充维生素 D 10 μg(400 IU)。纯母乳喂养能满足婴儿骨骼生长对钙的需求,不需额外补钙。新生儿,尤其是剖宫产的新生儿出生后应补充维生素 K。

(2)注意事项

①婴儿生后数日开始每日补充维生素 D 10 μg(400 IU)。

②纯母乳喂养的婴儿不需要补钙。

③新生儿出生后应肌内注射 1 mg 维生素 K_1。

12.3.3.5 婴儿配方奶是不能纯母乳喂养时的无奈选择

(1)主要内容

由于婴儿患有某些代谢性疾病、乳母患有某些传染性或精神性疾病,乳汁分泌不足或无乳汁分泌等原因,不能用纯母乳喂养婴儿时,建议首选适合于 6 月龄内婴儿的配方奶喂养,不宜直接用普通液态奶、成人奶粉、蛋白粉、豆奶粉等喂养婴儿。任何婴儿配方奶只能作为纯母乳喂养失败后的无奈选择,或 6 月龄后对母乳的补充。6 月龄前放弃母乳喂养,选择婴儿配方奶粉,不利于婴儿的健康。

(2)注意事项

①任何婴儿配方奶只能作为母乳喂养失败后的无奈选择,或母乳不足时对母乳的补充。

②当婴儿患有苯丙酮尿症、半乳糖血症、严重母乳性高胆红素血症时,建议选用适合于 6 月龄内婴儿的配方奶喂养。

③母亲患有 HIV 和人类 T 淋巴细胞病毒感染、单纯疱疹病毒、巨细胞病毒、水痘-带状疱疹病毒、结核病、乙型肝炎和丙型肝炎病毒等,以及大量饮用酒精饮料和吸烟、使用某些药物、癌症治疗和密切接触放射性物质时,建议选用适合于 6 月龄内婴儿的配方奶粉喂养。

④经过专业人员指导和各种努力后,乳汁分泌仍不足,建议选用适合于 6 月龄内婴儿的配方奶粉喂养。

12.3.3.6 监测体格指标,保持健康生长

(1)主要内容

选用世界卫生组织的《儿童生长曲线》判断婴儿是否得到正确、合理喂养。6 月龄前婴儿应每半月测一次身长和体重,病后恢复期可增加测量次数;婴儿生长有自身规律,过快、过慢生长都不利于儿童远期健康;婴儿生长存在个体差异,也存在阶段性波动;母乳喂养儿体重增长可能低于配方奶喂养儿。

(2)注意事项

①6 个月龄前婴儿每半月测量一次身长和体重,病后恢复期可增加测量次数。

②选用世界卫生组织的《儿童生长曲线》判断生长状况。

③出生体重正常婴儿的最佳生长模式是基本维持其出生时在群体中的分布水平。

④婴儿生长有自身规律,不宜追求参考值上限。

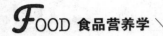

12.3.4　7～24月龄婴幼儿喂养指南

7～24月龄婴幼儿的喂养指南有6条核心推荐,分别为:继续母乳喂养,满6月龄起添加辅食;从富含铁的泥糊状食物开始,逐步添加达到食物多样;提倡顺应喂养,鼓励但不强迫进食;辅食不加调味品,尽量减少糖和盐的摄入;注重饮食卫生和进食安全;定期监测体格指标,追求健康生长。

二维码 12-3

12.3.4.1　继续母乳喂养,满6月龄起添加辅食

(1)主要内容

7～24月龄婴幼儿应继续母乳喂养。不能母乳喂养或母乳不足时,需以配方奶作为母乳的补充。满6月龄开始添加辅食,既能满足婴儿的营养需求,也能满足其心理需求,并能促进其感觉和知觉、心理及认知和行为能力的发展。

(2)注意事项

①婴儿满6月龄后仍需继续母乳喂养,并逐渐引入各种食物。

②辅食是除母乳和(或)配方奶以外的其他各种性状食物的统称。

③如有特殊需要,应在医生的指导下调整添加辅食的时间。

④不能母乳喂养或母乳不足的婴幼儿,应及时选择配方奶作为母乳的补充。

12.3.4.2　从富铁泥糊状食物开始,逐步添加达到食物多样

(1)主要内容

7～12月龄婴儿所需能量来自辅食的占1/3～1/2,13～24月龄幼儿所需能量来自辅食的占1/2～2/3,而母乳喂养的婴幼儿来自辅食的铁高达99%。婴儿最先添加的辅食应是富铁的高能量食物。在此基础上逐渐引入其他不同种类的食物以提供不同的营养素。每次只添加一种新食物,由少到多、由稀到稠、由细到粗,循序渐进。应从泥糊状食物开始,逐渐过渡到固体食物。每次只引入一种新的食物,逐步达到食物多样化。

(2)注意事项

①随母乳分泌量的减少,逐渐增加辅食量。

②从强化铁的婴儿米粉、肉泥等富铁泥糊状食物开始,逐渐增加食物种类,逐渐过渡到烂面、肉末、碎菜、水果粒等半固体或固体食物。

③每引入一种新的食物应适应2～3 d,密切观察是否出现呕吐、腹泻、皮疹等不良反应,适应一种食物后再添加其他新的食物。

④辅食应添加适量的植物油。

12.3.4.3　提倡顺应喂养,鼓励但不强迫进食

(1)主要内容

随婴幼儿生长发育,父母及喂养者应顺应婴幼儿需要来进行喂养,进而帮助婴幼儿逐步达到与家人同步的规律进餐模式,并学会自主进食,遵守必要的进餐礼仪。父母及喂养者有责任和义务为婴幼儿提供多样化,且与其发育水平相适应的食物,在喂养过程中应及时感知婴幼儿所发出的饥饿或饱足的信号,并做出适宜的回应。尊重婴幼儿对食物的选择,耐心鼓

励和协助婴幼儿进食,但绝不能强迫婴幼儿进食。父母及喂养者有责任为婴幼儿营造良好的进餐环境,保持进餐环境安静、愉悦。控制每餐时间不超过 20 min。此外,父母及喂养者应是婴幼儿进食的好榜样。

（2）注意事项

①父母及喂养者应耐心喂养,鼓励婴幼儿进食,但决不强迫进食。

②鼓励并协助婴幼儿自己进食,培养进餐兴趣。

③进餐时不看电视、玩玩具,每次进餐时间不超过 20 min。

④进餐时父母及喂养者与婴幼儿应充分交流,不能以食物作为奖励或惩罚。

⑤父母及喂养者应保持自身良好的进食习惯,成为婴幼儿的榜样。

12.3.4.4　辅食不加调味品,尽量减少糖和盐的摄入

（1）主要内容

辅食应保持原味,不加盐、糖以及刺激性的调味品,保持淡口味。淡口味食物既利于婴幼儿提高对不同天然食物口味的接受度,减少偏食挑食的风险,也可减少婴幼儿对盐和糖的摄入量,降低儿童期及成人期肥胖、糖尿病、高血压、心血管疾病的风险,同时也提醒父母在准备家庭食物时应保持淡口味,既为适应婴幼儿的需要,也为保护全家人的健康。

（2）注意事项

①婴幼儿辅食应单独制作。

②婴幼儿辅食不需要额外加糖、盐及各种调味品,应保持原味。

③一岁以后要逐渐尝试淡口味的家庭膳食。

12.3.4.5　注重饮食卫生和进食安全

（1）主要内容

选择新鲜、优质、无污染的食物和清洁水制作婴幼儿辅食;制作辅食前应洗手;制作辅食的餐具、场所应保持清洁;辅食应煮熟、煮透;制作的辅食应及时食用或妥善保存;进餐前洗手,保持餐具和进餐环境清洁、安全;婴幼儿进食时一定要有成人看护,以防进食意外;整粒花生、坚果、果冻等食物不适合提供给婴幼儿食用。

（2）注意事项

①应选择安全、优质、新鲜的食材。

②辅食加工制作过程中应始终保持清洁卫生,生熟分开。

③应妥善保存和处理剩余食物。

④婴幼儿进食前应洗手,进食时应有成人看护。

⑤应给婴幼儿提供卫生安全的进食环境。

12.3.4.6　定期监测体格指标,追求健康生长

（1）主要内容

适度、平稳生长是最佳的生长模式。每 3 个月一次定期监测并评估 7～24 月龄婴幼儿的体格生长指标,并根据体格生长指标的变化,及时调整营养和喂养。对于生长不良、超重肥胖,以及处于急慢性疾病期间的婴幼儿应增加监测次数。

（2）注意事项

①每3个月一次定期测量身长、体重、头围等体格生长指标。

②应增加生长不良、超重肥胖及处于急慢性疾病期间的婴幼儿的体格监测次数。

12.3.5　学龄前儿童膳食指南

学龄前儿童膳食指南在一般人群膳食指南基础上增加5条核心推荐，分别为：规律就餐，自主进食不挑食，培养良好饮食习惯；每天饮奶，足量饮水，正确选择零食；食物应合理烹调，易于消化，少调料、少油炸；参与食物选择与制作，增进对食物的认知与喜爱；经常户外活动，保障健康生长。

12.3.5.1　规律就餐，自主进食不挑食，培养良好饮食习惯

（1）主要内容

学龄前儿童的合理营养应由多种食物构成的平衡膳食来提供，规律就餐是其获得全面、足量的食物摄入和良好消化吸收的保障；要引导儿童自主、有规律地进餐，保证每天不少于三次正餐和两次加餐，不随意改变进餐时间、环境和进食量，培养儿童摄入多样化食物的良好饮食习惯，纠正挑食、偏食等不良饮食行为。

（2）注意事项

①合理安排膳食。每天应安排早、中、晚三次正餐，在此基础上还至少有两次加餐。一般分别安排在上、下午各一次，晚餐时间比较早时，可在睡前2 h安排一次加餐。加餐以奶类、水果为主，配以少量松软面点。晚间加餐不宜安排甜食。

②引导儿童规律就餐、专注进食。尽可能给儿童提供固定的就餐座位，定时定量进餐；避免追着喂、边吃边玩、边吃边看电视等行为；就餐应细嚼慢咽但不拖延，就餐时间控制在30 min内完成；鼓励儿童自己使用筷子、匙子进食，养成自主进餐的习惯。

③避免儿童挑食偏食。家长应以身作则、言传身教，并与儿童一起进食，帮助儿童从小养成不挑食不偏食的良好习惯。鼓励儿童选择多种食物，引导其多选择健康的食物。对于儿童不喜欢吃的食物，可通过变换烹调方法或盛放容器，也可采用重复小分量供应，鼓励尝试并及时给予表扬加以改善，不可强迫喂食。可通过增加儿童身体活动量，增加能量消耗，增进食欲，提高进食能力。

12.3.5.2　每天饮奶，足量饮水，正确选择零食

（1）主要内容

建议每天饮奶300～400 mL或相当量的奶制品；每天总水量为1 300～1 600 mL，除奶类和其他食物中摄入的水外，建议学龄前儿童每天饮水600～800 mL，以白开水为主，少量多次饮用；零食应尽可能与加餐相结合，以不影响正餐为前提；多选用奶制品、水果、蛋类及坚果类等营养素密度高的食物，不宜选用油炸食品等能量密度高的食品作为零食。

（2）注意事项

①培养和巩固儿童饮奶习惯。奶及奶制品中是儿童钙的最佳来源。每天饮用300～400 mL奶或相当量奶制品。家长应以身作则常饮奶，鼓励和督促孩子每天饮奶，选择和提

供儿童喜爱和适宜的奶制品,逐步养成每天饮奶的习惯。

如果儿童饮奶后出现腹胀、腹泻、腹痛等胃肠不适,可能与乳糖不耐受有关,可通过少量多次,饮奶前进食一定主食,避免空腹饮奶,饮用无乳糖奶或饮奶时加用乳糖酶等方法解决。

②培养儿童喝白开水的习惯。学龄前儿童每天饮水 600～800 mL,应以白开水为主,避免饮用含糖饮料。每天应少量多次饮水(如上午、下午各 2～3 次)。此外,不宜在进餐前大量饮水。

③正确选择和摄入零食。宜选择新鲜、天然、易消化的食物;少选油炸食品和膨化食品;零食最好安排在两次正餐之间,睡觉前 30 min 不要摄入零食。吃零食前要洗手,吃完要漱口;注意零食的食用安全,建议坚果和豆类食物磨成粉或打成糊食用。对年龄较大的儿童,可积极引导孩子认识食品标签,学会辨识食品生产日期和保质期。

12.3.5.3 食物应合理烹调,易于消化,少调料、少油炸

(1)主要内容

在烹调方式上,宜采用蒸、煮、炖、煨等烹调方式;口味以清淡为好,不应过咸、油腻和辛辣;应控制食盐用量,少选含盐高的腌制食品或调味品;可选天然、新鲜香料,新鲜蔬果汁进行调味。

(2)注意事项

①烹调应适宜。多采用蒸、煮、炖、煨等烹调方式;要完全去除皮、骨、刺、核等;大豆、花生等坚果类食物,应先磨碎,制成泥糊浆等状态进食。

②口味宜清淡。不应过咸、油腻和辛辣,尽可能少用或不用味精或鸡精、色素、糖精等调味品。

③控制食盐量。为儿童烹调食物时,应控制食盐用量,少选含盐高的腌制食品或调味品。可选如葱、蒜、洋葱、柠檬、香草等天然、新鲜香料,番茄汁、南瓜汁、菠菜汁等新鲜蔬果汁进行调味。

12.3.5.4 参与食物选择与制作,增进对食物的认知与喜爱

(1)主要内容

鼓励儿童体验和认识各种食物的天然味道和质地,了解食物特性,增进对食物的喜爱。同时,鼓励儿童参与家庭食物选择和制作过程,吸引儿童对各种食物的兴趣,让儿童享受烹饪食物过程中的乐趣和成就。

(2)注意事项

①充分利用节假日。在节假日,带儿童去农田认识农作物,体验简单的农业生产过程,参与植物的种植,观察植物的生长过程,介绍蔬菜的生长方式、营养成分及对身体的好处,并亲自动手采摘蔬菜,激发孩子对食物的兴趣,享受劳动成果。

②让儿童参与力所能及的活动。让儿童参观家庭膳食制备过程,如参与择菜等力所能及的加工活动。

12.3.5.5 经常户外活动,保障健康生长

(1)主要内容

鼓励儿童经常参加户外游戏与活动;每天应进行至少 60 min 的体育活动,最好是户外

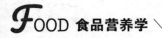

游戏或运动;建议每天结合日常生活多做体力锻炼,适量做较高强度的运动和户外活动,减少静态活动。

(2)注意事项

①结合日常生活多做体育锻炼,可包括公园玩耍、散步、爬楼梯、收拾玩具等。

②适量做较高强度的运动和户外活动,可包括骑小自行车、快跑等有氧运动,攀架、健身球等伸展运动、肌肉运动,跳舞、小型球类游戏等团体活动。

③应减少静态活动。除睡觉外,应减少看电视、玩手机、电脑或电子游戏等静态活动,上述活动时间不应超过连续 1 h。

12.3.6　学龄儿童膳食指南

学龄儿童膳食指南在一般人群膳食指南基础上增加 5 条核心推荐,分别为:认识食物,学习烹饪,提高营养科学素养;三餐合理,规律进餐,培养健康饮食行为;合理选择零食,足量饮水,不喝含糖饮料,禁止饮酒;不偏食节食,不暴饮暴食,保持适宜体重增长;保证每天至少活动 60 min,增加户外活动时间。

12.3.6.1　认识食物,学习烹饪,提高营养科学素养

(1)主要内容

学龄儿童要认识食物、参与食物的选择和烹调,养成健康的饮食行为;要积极学习营养健康知识,传承我国优秀饮食文化和礼仪,提高营养健康素养;家庭、学校和社会要共同努力,开展儿童少年的饮食教育;家长要将营养健康知识融入儿童少年的日常生活;学校可以开设符合儿童少年特点的营养与健康教育相关课程,营造校园营养环境。

(2)注意事项

①认识食物。家长应学习和掌握营养知识,改变自身不健康饮食行为,通过言传身教引导和培养孩子选择食物的能力。学校应开设符合学龄儿童特点的营养与健康相关课程,营造营养健康的支持环境。

②学习烹饪。鼓励学龄儿童参与食物的准备和烹调,学习餐桌礼仪,体会珍惜食物,鼓励社会提供健康合理的营养氛围。

③享受食物。家长应与孩子一道共同营造轻松快乐的就餐环境,享受家人/朋友/同学团聚的快乐。在进餐过程中,保持心情愉快,不要在进餐时批评孩子。

12.3.6.2　三餐合理,规律进餐,培养健康饮食行为

(1)主要内容

儿童应做到一日三餐。两餐间隔 4~6 h,三餐定时定量。要每天吃早餐,保证早餐的营养充足。三餐不能用糕点、甜食或零食代替。做到清淡饮食,少吃高盐、高糖和高脂肪的快餐。

(2)注意事项

①饮食要有规律。一日三餐就餐时间应相对固定,做到定时定量,进餐时细嚼慢咽。早餐提供的能量应占全天总能量的 25%~30%。午餐要吃饱吃好,提倡吃"营养午餐"。晚餐

要适量。要少吃高盐、高糖或高脂肪的快餐，如果要吃快餐，尽量选择搭配蔬菜、水果的快餐。

②吃好早餐。每天吃早餐，并做到早餐营养充足。可结合本地饮食习惯，丰富早餐品种，保证早餐营养质量。一顿营养充足的早餐应包括适量的馒头、花卷等谷薯类，菠菜、西红柿、黄瓜、西兰花、苹果、梨、香蕉等蔬菜水果，蛋、猪肉、牛肉、鸡肉等禽畜鱼蛋，豆浆、豆腐等豆类，坚果及充足的牛奶、酸奶等奶制品。

③天天喝奶。每天摄入奶 300 mL 或相当量奶制品，可以选择鲜奶、酸奶、奶粉或奶酪。同时，积极参加各种身体活动，促进钙的吸收和利用。

12.3.6.3 合理选择零食，足量饮水，不喝含糖饮料，禁止饮酒

（1）主要内容

要合理选择零食，零食不包括水，可选择卫生、营养丰富的食物作为零食；油炸、高盐或高糖的食品不宜做零食；要保障充足饮水，每天 800～1 400 mL，首选白开水，不喝或少喝含糖饮料，更不能饮酒。

（2）注意事项

①合理选择零食。应选择卫生、营养丰富的食物做零食，如水果和能生吃的新鲜蔬菜、奶类、大豆及其制品，花生、瓜子、核桃等坚果，全麦面包、麦片、煮甘薯等谷类和薯类。不宜选择油炸、高盐或高糖的食品做零食。

②不喝或少喝含糖饮料，更不能用饮料替代水。要尽量做到少喝或不喝含糖饮料，更不能用饮料替代饮用水；如果喝饮料，要学会查看食品标签中的营养成分表，选择"碳水化合物"或"糖"含量低的饮料。

③足量饮水。6～10 岁儿童每天 800～1 000 mL，11～17 岁儿童每天 1 100～1 400 mL。每天少量多次、足量喝水。天气炎热或运动时出汗较多，应增加饮水量。饮水时应少量多次，不要感到口渴时再喝，每个课间宜饮水 100～200 mL。

④禁止饮酒。学校应开展预防酒精滥用的宣教活动，加强对学生的心理健康引导。儿童不宜尝试饮酒。加强对儿童聚会、聚餐的引导，避免饮酒。

12.3.6.4 不偏食节食，不暴饮暴食，保持适宜体重增长

（1）主要内容

儿童应做到不偏食挑食、不暴饮暴食，正确认识自己的体型，保证适宜的体重增长。营养不良的儿童，要在吃饱的基础上，增加鱼禽蛋肉或豆制品等富含优质蛋白质食物的摄入。儿童要通过合理膳食和积极的身体活动预防超重肥胖。对于已经超重肥胖的儿童，应在保证体重合理增长的基础上，控制总能量摄入，逐步增加运动频率和运动强度。

（2）注意事项

①不偏食节食、不暴饮暴食。要避免盲目节食，或采用极端的减肥方式控制体重。同时，要避免暴饮暴食，做到遵循进餐规律，减缓进食速度。低年龄儿童可以用较小的餐具进餐。家长应自身养成合理饮食行为，做到以身作则，对孩子健康的饮食行为给予鼓励。要早发现、早纠正儿童的偏食、挑食行为，调整食物结构，增加食物多样性。

②保持适宜的体重增长。采用分性别和年龄的身高来判断学龄儿童的营养状况。树立科学的健康观念和体型认知,正确认识体重的合理增长以及青春期体型变化。

12.3.6.5 保证每天至少活动 60 min,增加户外活动时间

(1)主要内容

儿童少年要增加户外活动时间,做到每天累计至少 60 min 中等强度以上的身体活动,其中每周至少 3 次高强度的身体活动(包括抗阻力运动和骨质增强型运动);视屏时间越少越好,建议每天不超过 2 h。

(2)注意事项

①制定作息时间表和运动计划。鼓励家长与孩子一起进行形式多样的运动;运动尽量生活化,如上下学步行、参加家务劳动等;充分利用在校期间的课间活动或体育课等时间,积极在户外阳光下活动。

②积极开展身体活动。应每天累计至少 60 min 中等到高强度的身体活动,以有氧运动为主,每次最好 10 min 以上。每周至少进行 3 次高强度身体活动,3 次抗阻力运动和骨质增强型运动。运动前做好充分的准备活动,避免空腹运动,饭后 1 h 再进行运动,运动中和运动后注意补充水分。运动强度、形式以及部位应多样化,兼顾有氧运动和无氧运动、关节柔韧性活动、躯干和四肢大肌肉群的抗阻力训练、身体平衡和协调性练习等。同时,注意运动姿势的正确性,以及低、中和高强度身体活动之间的过渡环节。

③每坐 1 h,都要进行身体活动。不在卧室摆放电视、电脑,减少看电视、电脑及使用手机等视屏时间,每天不超过 2 h,越少越好。保证充足的睡眠时间,小学生每天 10 h、初中生 9 h、高中生 8 h。

12.3.7 备孕妇女膳食指南

备孕妇女膳食指南在一般人群膳食指南基础上增加 5 条核心推荐,分别为:调整孕前体重至适宜水平;常吃含铁丰富的食物,选用碘盐,孕前 3 个月开始补充叶酸;禁烟酒,保持健康生活方式。

二维码 12-4

12.3.7.1 调整孕前体重至适宜水平

(1)主要内容

肥胖或低体重备孕妇女应调整体重,使体质指数(BMI)达到 $18.5 \sim 23.9\ kg/m^2$,并维持适宜体重,以在最佳的生理状态下孕育新生命。

(2)注意事项

①低体重($BMI < 18.5\ kg/m^2$)备孕妇女。该类人群可通过适当增加食物量和规律运动来增加体重,每天可有 $1 \sim 2$ 次的加餐,如每天增加 200 mL 牛奶或 50 g 粮谷畜肉类或 75 g 蛋类鱼类。

②肥胖($BMI \geqslant 28.0\ kg/m^2$)备孕妇女。该类人群应改变不良饮食习惯,降低进食速度,减少高能量、高脂肪、高糖食物的摄入。可多选择低血糖生成指数(GI)、富含膳食纤维、营养素密度高的食物。另外,应增加身体运动,如每天 $30 \sim 90$ min 中等强度的运动。

12.3.7.2　多吃含铁、碘丰富的食物

注意事项

①摄入含铁丰富的食物。建议一日三餐中应有 50～100 g 瘦畜肉,每周 1 次动物血或畜禽肝肾 25～50 g。同时摄入含维生素 C 较多的蔬菜和水果。

②摄入含碘丰富的食物。建议备孕妇女除规律食用碘盐外,每周应由 1 次摄入海带、紫菜、贻贝等富含碘的食物。

二维码 12-5

12.3.7.3　健康生活,做好孕育新生命的准备

（1）主要内容

夫妻双方应共同为受孕进行充分的营养、身体和心理准备。

（2）注意事项

①怀孕前 6 个月夫妻双方均应戒烟、禁酒,并远离吸烟环境。

②夫妻双方要遵循平衡膳食原则,摄入充足的营养素和能量,纠正可能的营养缺乏和不良饮食习惯。

③保持良好的卫生习惯,避免感染和炎症。

④有条件的话,应进行全身健康体检,积极治疗相关炎症疾病,避免带病怀孕。

⑤保证每天至少 30 min 中等强度的运动。

⑥规律生活,避免熬夜。

12.3.8　孕期妇女膳食指南

孕期妇女膳食指南应在一般人群指南的基础上增加 5 条核心推荐,分别为:补充叶酸,常吃含铁丰富的食物,选用碘盐;孕吐严重者,可少量多餐,保证摄入含必要量碳水化合物的食物;孕中晚期适量增加奶、鱼、禽、蛋、瘦肉的摄入;适量身体活动,维持孕期适宜增重;禁烟酒,愉快孕育新生命,积极准备母乳喂养。

12.3.8.1　补充叶酸,常吃含铁丰富的食物,选用碘盐

（1）主要内容

孕期叶酸的推荐摄入量比非孕时增加了 200 μg/d,达到 600 μg/d,常吃含叶酸丰富的食物或补充叶酸 400 μg/d。孕期应常吃含铁丰富的食物,铁缺乏严重者可在医师指导下适量补铁。孕期碘的推荐摄入量比非孕时增加了 110 μg/d,除选用碘盐外,每周还应摄入 1～2 次富含碘的海产品。

（2）注意事项

①整个孕期应口服叶酸补充剂 400 μg/d,每天摄入 200 g 绿色或深色叶蔬菜。

②宜选择动物肝脏、动物血、瘦肉等含铁丰富且吸收率高的食物,也可摄入豆类、油菜、菠菜、莴笋叶等。

③建议每天增加 20～50 g 红肉,每周摄入 1～2 次动物内脏或血液。

④每周应摄入 1～2 次海带、紫菜等含碘丰富的海产品,确保碘的摄入量。

12.3.8.2 孕吐严重者,可少量多餐,保证摄入含必要量碳水化合物的食物

(1)主要内容

早孕反应进食困难者,必须保证每天摄入不低于 130 g 的碳水化合物;呕吐严重以致完全不能进食者,需寻求医师的帮助;少吃多餐,不要错过任何就餐时刻,避免空腹。

(2)注意事项

①孕早期无明显早孕反应者可继续保持孕前平衡膳食。

②孕吐较明显或食欲不佳的孕妇不必过分强调平衡膳食。

③选择米饭、馒头、面包、饼干等富含碳水化合物的粮谷类食物,保证摄取至少 130 g 碳水化合物。

④进食少或孕吐严重者需寻求医师帮助。

⑤注意休息,最好能在中午小睡片刻;减缓走路的速度也会对缓解孕吐有一定的帮助。

12.3.8.3 孕中晚期适量增加奶、鱼、禽、蛋、瘦肉的摄入

(1)主要内容

整个孕期孕妇和胎儿需要储存蛋白质约 930 g,孕中、晚期日均分别需要储留 1.9 g 和 7.4 g,孕中、晚期每日蛋白质摄入量应分别增加 15 g 和 30 g。孕中期沉积钙每天约 50 mg,孕晚期每天沉积钙增至 330 mg。孕妇可通过增加钙的吸收率来适应钙需要量的增加,但膳食钙摄入仍需增加 200 mg/d,使总摄入量达到 1 000 mg/d。奶、鱼、禽、蛋、瘦肉是膳食优质蛋白质的主要来源。

(2)注意事项

①孕中期开始,每天增 200 g 奶或奶制品,使总摄入量达到 500 g/d。

②孕中期每天增加鱼、禽、蛋、瘦肉共计 50 g,孕晚期每天增加 125 g 左右。

③每周最好食用深海鱼类 2～3 次。

12.3.8.4 适量身体活动,维持孕期适宜增重

(1)主要内容

孕期体重增长保持在适宜的范围;孕期体重平均增长约 12.5 kg;平衡膳食和适度的身体活动是维持孕期体重适宜增长的基础,身体活动还有利于愉悦心情和自然分娩;只要没有医学禁忌,孕期进行常规活动和运动都是安全的,而且对孕妇和胎儿均有益处。

(2)注意事项

①孕早期体重变化不大,可每月测量 1 次,孕中、晚期应每周测量 1 次。

②体重增长不足者,可适当增加能量密度高的食物的摄入量。

③体重增长过多者,应在保证营养素供应的同时注意控制总能量的摄入。

④健康的孕妇每天应进行中等强度身体活动不少于 30 min。

12.3.8.5 禁烟酒,愉快孕育新生命,积极准备母乳喂养

(1)主要内容

有吸烟饮酒习惯的妇女必须戒烟禁酒,远离吸烟环境,避免二手烟。怀孕可能会影响孕

妇的情绪,需要以积极的心态去面对和适应,愉快享受孕育新生命过程。母乳喂养对孩子和母亲都是最好的选择。成功的母乳喂养不仅需要健康的身体准备,还需要积极地心理准备。孕妇应尽早了解母乳喂养的好处、增强母乳喂养的意愿、学习母乳喂养的方法,积极为产后尽早开奶和成功母乳喂养做好各项准备。

（2）注意事项

①孕妇应禁烟酒,同时注意避免被动吸烟和不良空气的影响。

②孕妇情绪波动时多与家人和朋友沟通、必要时向专业人员咨询。

③适当进行户外活动和运动有助于释放压力,愉悦心情。

④孕中期以后应更换适宜的胸罩,并经常擦洗乳头。

12.3.9 中国老年人膳食指南

中国老年人膳食指南在一般人群指南的基础上增加4条核心推荐,分别为:少量多餐细软,预防营养缺乏;主动足量饮水,积极户外活动;延缓肌肉衰减,维持适宜体重;摄入充足食物,鼓励陪伴进餐。

12.3.9.1 少量多餐细软、预防营养缺乏

（1）主要内容

食物多样,制作细软,少量多餐、预防营养缺乏。老年人膳食应注意设计合理、营养精准。对于高龄老人和身体虚弱及体重出现明显下降的老人,应增加餐次,除三餐外可增加两到三次加餐;对于食量小的老年人,应注意在餐前和餐时少喝汤水,少吃汤泡饭;对于有吞咽障碍和80岁以上老人,可选择软食、进食中要细嚼慢咽、预防呛咳和误吸;对于维生素A、维生素D、铁、钙等营养缺乏的老年人,建议在营养师和医生的指导下,选择适宜的营养强化食品。

（2）注意事项

①建议少量多次用餐。每天进餐次数可采用三餐两点制或三餐三点制,且每天用餐应定时定量。

②巧制作细软食物。通过将食物切小切碎,延长烹调时间来制作细软食物。可采取以下实现:将肉类食物切成肉丝或肉片后烹饪,或剁碎成肉糜制作成肉丸食用;将鱼虾类做成鱼片、鱼丸、鱼羹、虾仁等;将坚果、粗杂粮等坚硬食物碾碎成粉末或细小颗粒食用。

③多选嫩叶蔬菜食用。可将蔬菜制成馅、碎菜,与其他食物一同加工成菜粥、饺子、包子、蛋羹等可口的饭菜。

④选择适宜的烹饪方法。多采用炖、煮、蒸、烩、焖、烧等烹调方法,少煎炸、熏烤等。

12.3.9.2 主动足量饮水,积极户外活动

（1）主要内容

老年人要主动饮水,每天的饮水量达到1 500～1 700 mL,首选温热的白开水。户外活动能够更好地接受紫外光照射。建议老年人每天户外锻炼1～2次,每次1 h左右,以轻微出汗为宜;或每天至少6 000步。每次运动要量力而行,可分多次运动。

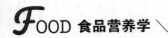

（2）注意事项

①定时主动饮水。每天主动饮水，不要在感到口渴时才饮水。

②少量多次饮水。每天的饮水量应不低于 6 杯水（1 200 mL），每次 50～100 mL。

③首选温热的白开水。根据个人情况，也可选择饮用淡茶水。睡前 1～2 小时最好也喝上一杯水，运动前后要饮水。

④运动要量力而行，循序渐进。老年人应根据自己的体能和健康状况随时调整运动量。强度不要过大，运动持续时间不要过长，可以分多次运动，每次不少于 10 min。最好要有运动前的热身准备和运动后的整理活动，避免运动不当造成的损伤。以慢走、散步、太极拳等轻度的有氧运动为主；身体素质较强者，可适当进行快走、广场舞、球类等运动。活动程度应以轻微出汗为宜。

12.3.9.3　延缓肌肉衰减，维持适宜体重

（1）主要内容

延缓肌肉衰减对维持老年人活动能力和健康状况极为重要。延缓肌肉衰减的有效方法是吃动结合。老年人体重应维持在正常稳定水平，不应过度苛求减重。

（2）注意事项

①吃动结合，延缓老年肌肉衰减。常吃动物性食物和大豆制品等富含优质蛋白的食物，多吃海鱼和海藻等富含 n-3 多不饱和脂肪酸的海产品，注意摄入富含抗氧化营养素的蔬菜水果。增加户外活动时间、多晒太阳，适当选择动物肝脏、蛋黄等富含维生素 D 的食物。适当增加日常身体活动量，减少静坐或卧床。进行活动时应注意量力而行，动作舒缓，避免碰伤、跌倒等事件发生。

②保证每天获得足够的优质蛋白质。吃足量的鱼虾类、禽肉、猪牛、羊肉；高脂血症和超重肥胖倾向者可选择低脂奶、脱脂奶及其制品；乳糖不耐受的老年人可饮用低乳糖奶、舒化奶或酸奶。每天应摄入 15 g 大豆或等量的豆制品。

③保持适宜体重。老年人的体质指数（BMI）最好不低于 20.0 kg/m^2，最高不超过 26.9 kg/m^2。应时常监测体重变化，使体重保持在一个适宜的稳定水平。如没有主动采取减重措施，体重在 30 d 内降低 5% 以上，或 6 个月内降低 10% 以上，应引起高度注意，到医院进行必要的体格检查。

12.3.9.4　摄入充足食物，鼓励陪伴进餐

（1）主要内容

老年人每天应至少摄入 12 种及其以上的食物。采用多种方法增加食欲和进食量，吃好三餐。饭菜应色香味美、温度适宜。老年人应积极主动参与家庭和社会活动，主动与家人或朋友一起进餐或活动，积极快乐享受生活。

（2）注意事项

①摄入充足的食物。老年人每天应摄入食物至少 12 种。早餐宜有 1～2 种以上主食、1个鸡蛋、1 杯奶、另有蔬菜或水果。中餐、晚餐宜有 2 种以上主食，1～2 种荤菜、1～2 种蔬菜、1 种豆制品。

②饭菜应少盐、少油、少糖、少辛辣,以食物自然味来调味,色香味美、温度适宜。

③积极交往,愉悦生活。孤寡、独居老年人,应多交朋友,或者去集体用餐地点,增进交流,促进食欲。对于生活自理有困难的老年人,家人应多陪伴,采用辅助用餐、送餐上门等方法,保障食物摄入和营养状况。家人应对老年人更加关心照顾,陪伴交流,注意饮食和体重变化,及时发现和预防疾病的发生和发展。

12.4 膳食调查与营养评价

要点4 膳食调查的方法
- 称重法
- 记账法
- 称重记账法
- 24 h膳食回顾法

营养调查是运用科学手段来了解某一人群或个体的膳食状况和营养水平,以此判断其膳食结构是否合理和营养状况是否良好的重要手段。

我国先后在1959年、1982年和1992年分别进行了三次全国性的营养调查,在2002年开展了中国居民营养与健康状况调查。上述营养调查是对我国不同经济发展时期人们的膳食组成变化、营养状况进行的全面了解,为研究我国各个时期人群的膳食结构和营养状况提供了基础资料,也可为食物生产、加工及政策干预以及对群众的食物消费引导提供科学依据。为改善国民营养和健康状况,促进社会经济协调发展发挥了积极的作用。

一般来说,营养调查包括膳食调查、人体营养状况的生化检验和体格检查。这三部分内容由表及里,各具特点,又相互联系,能够比较全面地反映被调查人群的营养和健康状况。

12.4.1 膳食调查概述

12.4.1.1 膳食调查的概念

膳食调查是通过不同方法了解个体或群体一定时间内摄入的食物种类、数量和频率等,在此基础上(利用食物成分表或营养软件)计算每人每日从膳食中所摄入的能量和各种营养素的数量与质量,并与推荐的膳食营养素参考摄入量进行比较,借此进行评定被调查对象正常营养需要得到满足程度的一种方法。

12.4.1.2 膳食调查的目的

膳食调查的目的是了解膳食摄入状况、膳食结构和饮食习惯,借此评定营养素需要得到满足的程度,发现膳食营养问题,是对所调查单位或人群的营养改善和进行营养咨询、指导的主要工作依据,也可为国家政府机构制定营养政策提供依据。

12.4.1.3 膳食调查的内容

膳食调查的内容主要包括调查期间每人每日摄入的食物种类、数量,烹调加工方法,饮食制度、餐次分配,过去的膳食情况、饮食习惯等,也包括调查对象的年龄、性别等基本信息。

12.4.1.4 膳食调查的对象和时间

膳食调查的对象应基于膳食调查的目的、人力及物力而定,但一定要注意调查对象的选择应具有代表性。

膳食调查的时间最好每季节一次,如受人力、物力和财力限制,可夏秋和冬春各一次,每次 3～7 d。如果被调查者有周末改善饮食的习惯,则应包括周末在内的 7 d 调查。

12.4.2 膳食调查的方法

膳食调查的方法很多,可根据具体情况采用称重法、记账法、化学分析法、询问法(24 h 回顾法、膳食史法)、食物频率问卷法。膳食调查工作者必须选择一个能正确反映个体或人群当时食物摄入量的方法,必要时可采用两种方法。新中国成立以来,我国先后进行过四次全国性的营养调查,具体时间及方法见下表 12-3。

表 12-3 我国四次全国性的营养调查

年代	调查名称	调查时间	膳食调查方法
1959 年	第一次全国营养调查	1 年 4 次,每季度 1 次	称重记账法(5～7 d)
1982 年	第二次全国营养调查	秋季	称重记账法(5 d)
1992 年	全国第三次营养调查	秋季	全家称重记账法(3 d)、3 d 连续个体 24 h 回顾法
2002 年	全国第四次营养调查	秋季	全家称重记账法(3 d、城市只称调味品)、3 d 连续个体 24 h 回顾法、食物频率法

12.4.2.1 称重法

(1)概念。称重法是运用日常的各种测量工具对某一伙食单位或个人一日各餐中各种食物的食用量进行称重,然后根据《中国食物成分表》计算出每人每天能量和营养素的平均摄入量的一种方法。

二维码 12-6

称重法调查时间一般为 3～7 d。称重法准确性高,可作为膳食调查的"金标准",用以衡量其他方法的准确性。

(2)适用范围。称重法可以调查某一伙食单位(集体食堂或家庭)或个人一日三餐中每餐各种食物的食用量。

(3)优缺点。称重法优点:准确、细致。能够准确反映调查对象的食物摄取情况,也能得出一日三餐食物的分配情况,适用于个人、家庭、团体的膳食调查。

称重法缺点:花费人力和时间较多,只适合个人和家庭或小规模团体的膳食。可能会改变被调查者的日常膳食模式。

(4)调查步骤及内容

①准备工作。称重法应做好以下准备工作:食物称量器具(台秤或电子秤),了解餐厅、厨房和工作人员等信息,称量盛装食品的容器,了解调查期间的食谱、各种食物原料,准备记录表。

②现场调查程序。入户→记录各种食物的重量→记录调味品的名称和使用量→称取摄入食品的重量→核对各种数据→计算生熟重量比值和每日实际消耗食物量→统计每餐就餐人数→计算每人每日平均摄入的食物重量。

入户：携带食物称量器具、记录表、笔到调查户，向被调查对象讲明调查的目的、意义等相关信息，并争取获得户主的同意和协助。

记录各种食物的重量：按照早餐、中餐和晚餐的顺序，准确称取被调查户的每餐各种食物的烹调前毛重和废弃部分的重量，并记录。

记录调味品的名称和使用量：记录每餐各种食物的烹调方法、调味品名称和使用量。

称取摄入食品的重量：准确称取烹调后的每份食品的熟重，待调查住户食用后，及时称取剩余食物的质量。

核对各种数据：每餐吃饭人数、食物名称和种类，以及各种食物量，最后请被调查户签字。

计算生熟重量比值和每日实际消耗食物量：根据烹调前后食物的质量计算生熟折合率（生熟比）。

生熟重量比值＝生食物重量/熟食物重量

实际消耗食物生重＝实际消耗食物熟重×生熟重量比值

＝（熟食物重量－熟食剩余量）×生熟重量比值

统计每餐就餐人数：每餐就餐人数的统计，需要考虑进餐人员的组成在年龄、性别、劳动强度上的差异性。

计算每人每日平均摄入的食物重量：将调查期间所消耗的食物按品种分类，求得每人每日的各类食物消耗量：平均摄入量＝各种食物实际消耗量（生重）÷总就餐人数

（5）注意事项

①应详记调查期间所有主副食（包括零食）的名称、数量，对于多产地食物（如米、面）注明等级及产地名。

②剩余量的计算包括厨房剩余和餐桌剩余。

③调味品早晚餐各称一次算差值即可。

④调查人员可提醒三餐外的零食、点心、糖果等的摄取。

⑤称重表记录的是所消耗食物的生重，应按食物成分表计算各营养素的摄入量。

12.4.2.2　记账法

（1）概念。记账法，亦称查账法，是根据一定时期内被调查对象所在单位的伙食账目来获得被调查对象的膳食情况，得到各种食物消耗总量和就餐者的人日数，计算出平均每人每日的食物消耗量，再根据食物成分表计算每人每日的能量和营养素的摄入量的一种方法。

（2）适用范围。适合于幼儿园、中小学校、部队等建有伙食账目单位的调查，多用于大样本的膳食调查、全年不同季节、长时间的调查。

（3）优缺点。记账法的优点：操作简单、费用低、所需人力少。

记账法的缺点：调查结果只能得到集体或全家中膳食摄入量的平均值，不能分析个体的

膳食摄入情况。

（4）调查步骤及内容

①工作准备。记账法应做以下准备工作：食物成分表、计算器或计算软件、相关的数据调查、计算表格、培训相关调查人员（培训内容包括调查程序、方法、计算步骤，营养评价的指标和标准）、确定调查单位和时间。

②现场调查程序

与膳食管理人员见面。了解相关信息（了解食物结存、进餐人数、食物购进数量）→计算和记录食物的消耗量情况→计算总人日数→核对记录结果→编号与归档。调查现在到将来一段时间的膳食情况，可先向相关工作人员介绍调查过程和膳食账目与进餐人员记录要求。

了解食物结存。首先了解食物的结存情况，分类别称重或询问估计所有剩余。

了解进餐人数。进餐人数应统计准确，并按年龄、性别和工种、生理状况等分别登记，调查对象差异不大，可简化登记。

食物的消耗量情况计算和记录。食物的消耗量的统计需逐日分类准确记录，具体写出食物名称。

（5）记账法注意事项

①若食物消耗量随季节变化较大，应在不同季节内开展多次短期调查。

②若被调查人员劳动强度、性别、年龄等组成不同，不能以人数的平均值计算，必须用混合系数的计算方法折算出"标准人"，再做比较与评价。

③在调查过程中，要注意自制的食品也要分别登记原料、产品、食用数量。

④记账法中注意称量各种食物的可食部。

⑤在调查期间，不要疏忽各种小杂粮和零食的登记。

⑥单纯记账法一般不能调查调味品包括油、盐、味精等的摄入量，通常可结合食物频率法来调查这些调味品的消费种类和量。

12.4.2.3　称重记账法

（1）概念。称重记账法是将称重法和记账法相结合的一种膳食调查方法。

（2）适用范围。称重记账法通常适用于集体伙食单位或家庭等大样本调查和全年不同季节的调查。

（3）优缺点。称重记账法的优点：操作简单、所需人力少、费用低、比单纯记账法精确，适合进行全年不同季节的调查。

称重记账法的缺点：只能得到集体或家庭膳食摄入量的平均值，难以分析个体的膳食摄入情况。

（4）调查步骤及内容

①工作准备。称重记账法应准备以下内容：调查表、食物成分表、物秤和称量用具、计算器或计算软件、人员培训与确定调查家庭。

②现场调查程序。入户→介绍调查目的、意义→发放调查表和称量用具→填写家庭食物量登记表中的食物编码→登记家庭结存→登记购进量和废弃量→记录就餐人数→记录剩

余食物→收取调查表→根据表格计算在调查期间家庭各种食物的实际消耗量→根据表格计算在调查期间家庭成员就餐的人日数和总人日数。

（5）注意事项

①调查期间不要忽视三餐之外的各种小杂粮和零食的登记，如绿豆、糖果、蛋类等。

②很多食物称量不到其可食部的净重。如调查的某种食物为毛重，计算食物营养成分要折算为可食部质量。

③为了使调查结果具有良好代表性和真实性，最好在不同的季节分次调查，一般每年进行4次，至少应在春冬季和夏秋季各进行一次。

④在集体就餐的伙食单位（如幼儿园、学校和部队），如果不需要个人食物摄入量的数据，只要平均值，则可以不称量每人每天摄入的熟重，只称量总熟食量，然后减去剩余量，再被进餐人数平均，即可以得出平均每人每天的食物摄入量。

⑤当家庭成员年龄、性别等相差较大时，需要按混合系数计算其营养素摄取量。

12.4.2.4　24 h 膳食回顾法

（1）概念。24 h 膳食回顾法是通过问答方式回顾性地了解调查对象过去24 h内摄入的所有食物（包括饮料）的种类和数量，对其食物摄入量进行计算和评价的一种方法。24 h 膳食回顾法可通过面对面或电话询问的方式进行，地点可以选在家里、诊所或其他某个方便的地方。

（2）适用范围。24 h 回顾法可用于家庭中个体的食物消耗状况调查，也适用于不同人群的食物摄入情况。一般选用连续三天入户调查回顾24 h 进餐情况。无论是大型的全国住户调查还是小型的研究课题，都可以采用此方法。24 h 回顾法是目前获得个人膳食摄入量最常用的一种调查方法。

（3）优缺点。24 h 膳食回顾法的优点：所用时间短、应答者不需要较高文化，能得到个体的膳食营养素摄入状况。

24 h 膳食回顾法缺点是：应答者的回顾依赖于短期记忆，对调查者要严格培训，不然调查者之间的差别很难标准化。

（4）调查步骤及内容

①工作准备。24 h 膳食回顾法的工作准备包括调查表（表12-4），食物模型、图谱、各种标准容器，熟悉被调查者（或地区常用的）家中常用容器和食物分量（表12-5），熟悉容量或重量大小，做到能估计常用食物的重量，食物成分表或营养计算软件。

②现场调查程序。入户→说明来意及调查内容→调查和记录→弥补调查不足→资料的核查→个人人日数计算。

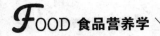

表 12-4   24 h 回顾法调查表

姓名		性别		年龄		联系电话	
身高		体重		住址			
餐次	食物名称	原料名称	原料编码	原料质量	进餐时间	进餐地点	
早餐							
早餐加餐							
中餐							
中餐加餐							
晚餐							
晚餐加餐							

表 12-5   食物重量折算参照表

食物名称	单位	重量(生重)/g	备注
大米饭	1 小标准碗	75	碗直径 12 cm
	1 大标准碗	150	碗直径 16 cm
包子	1 个	50	小笼包:3~4 个/两
饺子	平均 6 个	50	面粉重量,不包括馅
馄饨	9~10 个	50	面粉重量,不包括馅
油条	1 根	50	
油饼	1 个	70~80	
炸糕	1 个	50	糯米粉 35 g,红小豆 15 g
豆包	1 个	50	面粉 35 g,红小豆 15 g
元宵	平均 3 个	50	每个含糖 3 g
烧饼	1 个	50	
大米粥	1 小标准碗	30	碗直径 12 cm
	1 大标准碗	50	碗直径 16 cm
馒头	1 个	100	自制品需看大小折算

（5）注意事项

①调查者必须接受专门的培训掌握询问的技巧与方式,以鼓励和帮助调查对象对膳食进行回顾。

②调查者还必须借助食物模型(或实物)和测量工具,对食物摄入量定量核算。

③本方法不适宜于7岁以下的儿童和70岁及以上的老人。

④调味品的摄入量统计多采用称重法获得的调味品数据。

⑤3天24 h回顾法的调查时间通常选择一周中的2个工作日和1个休息日进行。

⑥24 h回顾法对调查员的要求较高,需要掌握一定的调查技巧,并加上诚恳的态度,才能获得准确的食物消耗资料。

12.4.3 膳食调查结果评价

12.4.3.1 膳食调查结果评价的流程

膳食调查评价过程的流程见图12-1。

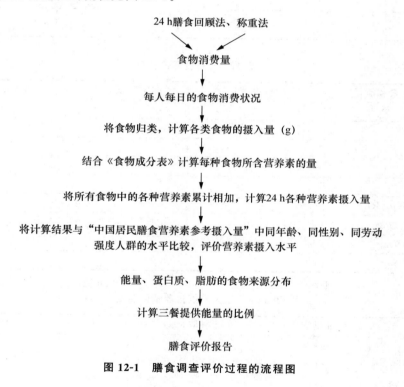

图 12-1 膳食调查评价过程的流程图

12.4.3.2 膳食调查资料的整理

将调查获得的资料进行整理,并计算出每人每日各类食物的摄入量,每人每日各种食物营养素的摄入量,每人每日营养素摄入量占营养素参考摄入量的百分比,食物热能、蛋白质、脂肪的来源及分布,并将结果填入表12-6至表12-9。

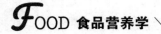

表 12-6 膳食热量及营养素计算表

餐别	食物名称	实际摄入量/g	能量/kcal	蛋白质/g	脂肪/g	碳水化合物/g	维生素 A/(μg RE)	维生素 B₁/mg	维生素 B₂/mg	维生素 C/mg	钙/mg	铁/mg	锌/mg
早餐													
午餐													
晚餐													
合计													

表 12-7 膳食评价表

各类营养素和能量	膳食推荐量	实际摄入量	摄入量达标率/%
能量/kcal			
蛋白质/g			
钙/g			
铁/g			
锌/g			
维生素 A(μg RE)			
维生素 B₁/mg			
维生素 B₂/mg			
维生素 C/mg			

表 12-8 三大产能营养素供能比

类别	标准供能比/%	实际摄取量/g	产热量/kcal	占总能量/%
蛋白质	10～15			
脂肪	20～30			
碳水化合物	55～65			
合计				

表 12-9 一日三餐能量分配比例　　　%

	早餐	中餐	晚餐
能量			

12.4.3.3　膳食营养评价

（1）膳食组成。各类食物所含营养素的种类、数量、质量有很大的差别，为了达到合理营养的要求，我们日常的饮食应遵循平衡膳食的要求。

（2）每人每日平均摄入量。参照《中国居民膳食营养素参考摄入量》进行评价。根据中等劳动强度成年男子 EAR、RNI 或 AI、UL 值，分析能量、各种营养素摄入是否存在摄入不足或过剩的现象，与 RNI 或 AI 相差 10％上下，可认为符合膳食要求。

①若低于 EAR，认为该个体该种营养素处于缺乏状态，应该补充。

②若达到或超过 RNI，认为该个体该种营养素摄入量充足。

③若介于 EAR 或 RNI 之间，为安全起见，建议进行补充。

（3）热能营养素来源分配。糖类、脂肪、蛋白质供给的热能占总热能比例的计算方法分别是：

糖类＝糖类摄入量(g)×4(kcal/g)/热能摄入量(kcal)×100％

脂肪＝脂肪摄入量(g)×9(kcal/g)/热能摄入量(kcal)×100％

蛋白质＝蛋白质摄入量(g)×4(kcal/g)/热能摄入量(kcal)×100％

热能营养素来源的合理分配为：糖类供给的热能应占总热能的 55％～65％；脂肪应占 20％～30％；蛋白质应占 10％～15％。

（4）热能食物来源分配。热能食物来源分配是指膳食中谷类、豆类、动物性食品和纯热能食物所供给的热能各占总热能的百分比。当谷类食物所供给的热能比例高时，维生素 A、核黄素、维生素 C 的供给量将必然减少，目前认为合理的热能食物来源分配比应是：谷类占 60％～65％；豆类及动物性食物不低于 20％。

（5）蛋白质来源分布。膳食蛋白质因食物来源不同，其营养价值差别很大，对机体健康影响也很大，在进行营养调查时，膳食蛋白质来源为重要的评定内容。

食物蛋白质来源(％)＝各类食物蛋白质摄入量(g)/食物蛋白质总摄入量(g)×100％，目前认为比较合理的蛋白质来源分布是：动物蛋白和豆类蛋白应占蛋白质总摄入量的 35％～40％，其他类食物蛋白占 60％～65％。

（6）三餐的热能分配。三餐的热能分配指三餐所提供的热能各占总热能的百分比，一般认为，三餐热能合理的分配应为早餐占 25％～30％、午餐占 40％、晚餐占 30％～35％。也可以根据调查目的的需要，列出其他评价项目，如铁来源、维生素 A 来源等。

？ 思考题

1. 膳食营养素参考摄入量的主要指标有哪些？

2. 利用所学知识试述膳食营养素参考摄入量在膳食中的应用。

3. 简述不同类型膳食结构的特点。

4. 我国居民膳食结构的现状如何？

5. 简述一般人群的膳食指南包含的内容。

6. 利用所学知识，试述不同膳食调查的方法的优缺点？

7. 请利用 24 h 膳食回顾法对某一群体的膳食状况进行调查并进行营养评价。

第 13 章

营养配餐

【学习目的和要求】
1. 了解营养膳食调配应遵循的原则。
2. 掌握营养食谱编制的方法。
3. 掌握不同人群的营养食谱的编制方法。

【学习重点】
计算法编制食谱的方法、不同人群的营养食谱的编制方法。

【学习难点】
不同人群的营养食谱的编制方法。

Food Nutrition

引例

新型冠状病毒感染的肺炎防治营养膳食指导

科学合理的营养膳食能有效改善营养状况、增强抵抗力,有助于新型冠状病毒感染的肺炎防控与救治。中国营养学会联合中国医师协会、中华医学会肠外肠内营养学分会,针对新型冠状病毒感染的肺炎防控和救治特点,并根据《中国居民膳食指南》(2016版)和国家卫生健康委员会发布的《新型冠状病毒感染的肺炎诊疗方案(试行第四版)》,研究提出营养膳食指导,供公众和医疗机构参考。

普通型或康复期患者的营养膳食。

(1)能量要充足,每天摄入谷薯类食物250~400 g,包括大米、面粉、杂粮等;保证充足蛋白质,主要摄入优质蛋白质类食物(每天150~200 g),如瘦肉、鱼、虾、蛋、大豆等,尽量保证每天一个鸡蛋,300 g的奶及奶制品(酸奶能提供肠道益生菌,可多选);通过多种烹调植物油增加必需脂肪酸的摄入,特别是单不饱和脂肪酸的植物油,总脂肪供能比达到膳食总能量的25%~30%。

(2)多吃新鲜蔬菜和水果。蔬菜每天500 g以上,水果每天200~350 g,多选深色蔬果。

(3)保证充足饮水量。每天1 500~2 000 mL,多次少量,主要饮白开水或淡茶水。饭前饭后菜汤、鱼汤、鸡汤等也是不错选择。

(4)坚决杜绝食用野生动物,少吃辛辣刺激性食物。

(5)食欲较差进食不足者、老年人及慢性病患者,可以通过营养强化食品、特殊医学用途配方食品或营养素补充剂,适量补充蛋白质以及B族维生素和维生素A、维生素C、维生素D等微量营养素。

(6)保证充足的睡眠和适量身体活动,身体活动时间不少于30 min。适当增加日照时间。

13.1 概述

"食谱"通常有两重含义,一是泛指食物调配与烹调方法的汇总。如有关烹调书籍中介绍的食物调配与烹调方法、饭馆的菜单,都可称为食谱;另一种则是专指将能达到合理营养的食物,科学地安排至每日各餐中的膳食计划。营养食谱的设计和实施,对于就餐者保证膳食平衡和身体健康,提高全民的身体素质具有深远意义。

根据我国膳食指导方针,结合膳食管理的整体要求,在膳食调配过程中应遵循营养平衡、饭菜适口、食物多样、定量适宜和经济合理的原则。

(1)保证营养平衡。膳食调配首先要保证营养平衡,提供符合营养要求的平衡膳食。主要包括:

①满足人体能量与营养素的需求。膳食应满足人体需要的能量、蛋白质、脂肪,以及各

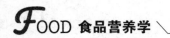

种矿物质和维生素，不仅品种要多样，而且数量要充足。要求符合或基本符合《中国居民膳食营养素参考摄入量（DRIs）》标准。

②膳食中提供能量的食物比例适当。膳食中所含的碳水化合物、蛋白质和脂肪是提供能量的营养物质，具有不同的营养功能。一般蛋白质占总能量的10％～15％，碳水化合物占55％～65％，脂肪占20％～30％。三餐能量分配合理，一般应以午餐为主，早、晚餐的分配比例可以相似，或晚餐略高于早餐。通常午餐应占全天总能量的40％，早、晚餐各占30％；或者早餐占25％～30％，晚餐占30％～35％。

（2）注意饭菜的适口性。饭菜的适口性是膳食调配的重要原则，重要性并不低于营养。因为就餐者对食物的直接感受首先是适口性，然后才能体现营养效能，只有首先引起食欲，让就餐者喜爱富有营养的饭菜，并且能吃进足够的量，才有可能发挥预期的营养效能。

饭菜是否适口，很大程度上取决于其感官性状，主要表现在饭菜的色、香、味、形、器和触觉等方面。中国饭菜的烹调以选料考究、配料严谨、刀工精细、调味独特、善控火候、技法多变而见长。要做到饭菜适口，既要发扬传统饭菜的优点和地方菜系的特色，又要学习新的加工技法，选用经济实惠、美味可口、富有营养的其他菜系饭菜，不断丰富饭菜的品种与风味。就餐人员的职业、年龄、性别、籍贯，以及主要经历和生活习惯等都不同程度地影响着他们的口味，因此要做到因人因时、辨证施膳。

（3）强调食物的多样化。食物多样化是膳食调配的重要原则。也是实现合理营养的前提和饭菜适口的基础。在膳食调配过程中体现食物多样化，就需要多品种地选用食物，并合理地搭配，这样才能向就餐者提供花色品种繁多、营养平衡的膳食。要坚持"五谷为养，五畜为益，五果为助，五菜为充"的中华民族传统的膳食结构。

营养学上将食物分成五大类，其中粮食类、肉类、蔬菜类和水果类食物是每日膳食必不可少的。主副食混合搭配、集粮食与菜类于一体，是常用的配餐方式，如菜饭、炒饭、包子、饺子、馅饼、面条、米粉等。配制这类饭菜时，除米、面等粮食外，要配以足够的肉和菜，方能使营养平衡，否则副食部分往往不足。包子、饺子、馅饼等制馅时不宜用肉类或蔬菜单一配制，应该肉菜兼有。

（4）掌握食物定量适宜。进食过量，不仅引起肥胖，还促使人体早衰。现代"文明病"都与饮食过量、营养不平衡所造成的代谢失调有关；在我国，温饱问题已经基本解决，但对饮食过量、营养失调、营养过剩等缺乏应有的警惕。各类食物用量得当，应注意控制食油、食糖和食盐的用量。

（5）讲求经济效益。饮食消费与经济发展水平紧密相关，满足营养需求与经济投入也紧密相关，因此调配膳食需要考虑现实经济状况，追求营养与经济的较高收益。在膳食调配中，必须考虑现实经济状况，开支的承受能力。权衡食品营养价值与价格，尽量选择廉价而又营养丰富的食物，价格消费水平必须与就餐人员的消费水平相适应，为就餐人员的经济能力所能承受。

13.2 营养食谱编制方法

要点1 营养食谱编制方法
- 食物带量搭配法
- 食物交换份法

食谱的编制是结合平衡膳食宝塔、中国居民营养素参考摄入量等为标准进行科学合理的膳食编制,其目的是保证人体所需要的营养素种类齐全、数量充足、比例适当,另外也保证了膳食食物的多样性,还可以防止偏食、挑食的习惯。

目前常用食谱编制的方法分为3种:食物带量搭配法、食物交换份法、电子计算机法。

13.2.1 食物带量搭配法

食物带量搭配法是指通过对生热营养素的计算,确定主、副食物组成与数量的方法。食物带量搭配法特点能够比较准确计算个人所需食物,可根据各类人群的需求,进行搭配食物。

13.2.1.1 全日、每餐能量摄取量和营养素供给量的计算

能量需要量的计算方法:

从食物成分表可以直接查出各个年龄段不同人群的能量需要量。如脑力劳动者每日需要 10.04 MJ(2 400 kcal)的能量(表13-1)。集体供餐对象的能量需要量,也应根据查表得到的数据进行计算。

表 13-1　能量供给量表

kcal

就餐对象	全日能量	早餐能量	午餐能量	晚餐能量
学龄前儿童	1 300	390	520	390
1～3 年级	1 800	540	720	540
4～6 年级	2 100	630	840	630
初中学生	2 400	720	960	720
高中学生	2 800	840	1 120	840
脑力劳动者	2 400	720	960	720
中等体力活动者	2 600	780	1 040	780
重体力活动者	>3 000	>900	>1 200	>900

注:表中能量供给量为就餐对象各段平均值,1 kcal=4.18 kJ。

不同人群营养配餐能量需要量的计算步骤:

①根据成人的身高,计算其标准体重;

②根据成人的体质指数(BMI),判断其属于正常、肥胖还是消瘦。中国人的体质指数在 18.5～23 为正常,23～29.9 属超重,25～30 属肥胖,>30 属极度肥胖;

③了解就餐对象体力活动及其胖瘦情况,根据成人日能量供给量表(表13-2)确定能量

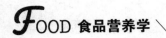

供给量。公式为：

全日能量供给量(kcal)＝标准体重(kg)×单位标准体重能量需要量(kcal/kg)

表 13-2　成年人每日能量供给量(kcal/kg 标准体重)

体型	体力活动量			
	极轻体力活动	轻体力活动	中体力活动	重体力活动
消瘦	30	35	40	40～45
正常	20～25	30	35	40
肥胖	15～20	20～25	30	35

注：A:年龄超过 50 岁者，每增加 10 岁，比规定值酌减 10%左右。B:1 kcal＝4.184 kJ。

例 1　某舞蹈教练(中等体力活动)年龄 32 岁，身高 165 cm，体重 56 kg，求其每日所需能量。

解：标准体重＝165－105＝60(kg)

体质指数＝56/(1.65×1.65)＝20.6(kg/m²)　属正常体重。

查表 13-2 可知正常体重、中体力活动者单位标准体重能量供给量为 35 kcal/kg，因此，总能量＝60×35＝2 100(kcal)

13.2.1.2　主要营养素的计算方法和步骤

(1)计算每餐能量需要量三餐能量分配比例为

早餐占 30%，午餐占 40%，晚餐占 30%，可将全日能量需要量按此比例进行分配。

例 2　已知某中等体力劳动者每日需要 10.87 MJ(2 600 kcal)的能量，求其早、午、晚三餐各需要摄入多少能量？

解：早餐　10.87 MJ(2 600 kcal)×30%＝3.261 MJ(780 kcal)

午餐　10.87 MJ(2 600 kcal)×40%＝4.348 MJ(1 040 kcal)

晚餐　10.87 MJ(2 600 kcal)×30%＝3.261 MJ(780 kcal)

(2)分别计算三类产能营养素每餐应提供的能量

①三类产能营养素占总能量的比例为:蛋白质占 12%～15%，脂肪占 20%～30%，碳水化合物占 55%～65%(若取中等值计算则蛋白质占 15%、脂肪占 25%、碳水化合物占 60%)，据此可求得三类产能营养素在各餐中的能量供给量。

②根据本地生活水平，调整确定上述三类产能营养素占总能量的比例。

例 3　已知某轻体力劳动者早餐摄入能量 2.633 MJ(630 kcal)，午餐 3.512 MJ(840 kcal)，晚餐 2.633 MJ(630 kcal)，求三类产能营养素每餐各应提供多少能量？

解：早餐:蛋白质 2.633 MJ(630 kcal)×15%＝0.395 0 MJ(94.5 kcal)

脂肪 2.633 MJ(630 kcal)×25%＝0.658 3 MJ(157.5 kcal)

碳水化合物 2.633 MJ(630 kcal)×60%＝1.579 8 MJ(378 kcal)

午餐:蛋白质 3.512 MJ(840 kcal)×15%＝0.526 8 MJ(126 kcal)

脂肪 3.512 MJ(840 kcal)×25%＝0.878 0 MJ(210 kcal)

碳水化合物 3.512 MJ(840 kcal)×60%＝2.107 2 MJ(504 kcal)

晚餐：蛋白质 2.633 MJ(630 kcal)×15％＝0.395 0 MJ(94.5 kcal)

　　　脂肪 2.633 MJ(630 kcal)×25％＝0.658 3 MJ(157.5 kcal)

　　　碳水化合物 2.633 MJ(630 kcal)×60％＝1.579 8 MJ(378 kcal)

（3）分别计算三类产能营养素每餐需要量

根据三类产能营养素的能量供给量及其能量系数,可求出三餐中蛋白质、脂肪、碳水化合物的需要量。

例 4　已知蛋白质的产能系数为约 16.7 kJ/g(约 4 kcal/g),脂肪的产能系数为 37.6 kJ/g(约 9 kcal/g),碳水化合物的产能系数为约 16.7 kJ/g(约 4 kcal/g),根据例 7 计算结果,求三类产能营养素每餐需要量。

解：早餐：蛋白质 0.395 0 MJ÷16.7 kJ/g＝23.7 g(或 94.5 kcal÷4 kcal/g＝23.7 g)

　　　　脂肪 0.658 3 MJ÷37.6 kJ/g＝17.5 g(或 157.5 kcal÷9 kcal/g＝17.5 g)

　　　　碳水化合物 1.579 8 MJ÷16.7 kJ/g＝94.6 g(378 kcal÷4 kcal/g＝94.6 g)

　　　午餐：蛋白质 0.526 8 MJ÷16.7 kJ/g＝31.5 g(或 126 kcal÷4 kcal/g＝31.5 g)

　　　　脂肪 0.878 0 MJ÷37.6 kJ/g＝23.4 g(或 210 kcal÷9 kcal/g＝23.4 g)

　　　　碳水化合物 2.107 2 MJ÷16.7 kJ/g＝126.2 g(504 kcal÷4 kcal/g＝126.2 g)

　　　晚餐：蛋白质 0.395 0 MJ÷16.7 kJ/g＝23.7 g(或 94.5 kcal÷4 kcal/g＝23.7 g)

　　　　脂肪 0.658 3 MJ÷37.6 kJ/g＝17.5 g(或 157.5 kcal÷9 kcal/g＝17.5 g)

　　　　碳水化合物 1.579 8 MJ÷16.7 kJ/g＝94.6 g(378 kcal÷4 kcal/g＝94.6 g)

13.2.1.3　主食、副食品种和数量的确定

（1）主食品种、数量的确定

主食的品种、数量主要根据各类主食选料中碳水化合物的含量确定。

例 5　已知某轻体力活动者的早餐中应含有碳水化合物 94.6 g,如果只吃面包一种主食,试确定所需面包的质量。

解：查食物成分表得知,面包中碳水化合物含量为 53.2％。则

　　　所需面包质量＝94.6 g÷53.2％＝177.8 g

例 6　午餐应含碳水化合物 126.2 g,要求以米饭、馒头(富强粉)为主食,并分别提供 50％的碳水化合物,试确定米饭、富强粉的质量。

解：查食物成分表得知,大米含碳水化合物 77.6％,富强粉含碳水化合物 75.8％,则

　　　所需大米质量＝126.2 g×50％÷77.6％＝81.3 g

　　　所需富强粉质量＝126.2 g×50％÷75.8％＝83.2 g

例 7　晚餐应含碳水化合物 94.6 g,要求以烙饼、小米粥、馒头为主食,并分别提供 40％、10％、50％的碳水化合物,试确定各自的质量。

解：查食物成分表得知,烙饼含碳水化合物 51％,小米粥含碳水化合物 8.4％,馒头含碳水化合物 43.2％,则

　　　所需烙饼质量＝94.6 g×40％÷51％＝74.2 g

　　　所需小米粥质量＝94.6 g×10％÷8.4％＝112.6 g

　　　所需馒头质量＝94.6 g×50％÷43.2％＝109.5 g

（2）副食品种、数量的确定

计算步骤如下：①计算主食中含有的蛋白质质量。②用应摄入的蛋白质质量减去主食中蛋白质质量，即为副食应提供的蛋白质质量。③副食中蛋白质的2/3由动物性食物供给，1/3由豆制品供给，据此可求出各自的蛋白质供给量。④查表并计算各类动物性食物及豆制品的供给量。⑤设计蔬菜的品种与数量。

例 8 已知午餐应含蛋白质 31.5 g，猪肉（脊背）中蛋白质的含量为 21.3％、牛肉（前腱）为 18.4％、鸡腿肉为 17.2％、鸡胸脯肉为 19.1％，南豆腐为 6.8％，北豆腐为 11.1％、豆腐干（熏）为 15.8％、素虾（炸）为 27.6％。假设以馒头（富强粉）、米饭（大米）为主食，所需质量分别为 80 g、90 g。若只选择一种动物性食物和一种豆制品，请分别计算各自的质量。

解： ①查食物成分表得知，富强粉含蛋白质 9.5％，大米含蛋白质 8.0％，则主食中蛋白质含量＝80 g×9.5％＋90 g×8.0％＝14.8 g

②副食中蛋白质含量＝31.5 g－14.8 g＝16.7 g

③副食中蛋白质的 2/3 应由动物性食物供给，1/3 应由豆制品供给，则动物性食物应含蛋白质质量＝16.7 g×2/3＝11.1 g，豆制品应含蛋白质质量＝16.7 g×1/3＝5.6 g

④猪肉（脊背）、牛肉（前腱）、鸡腿肉、鸡胸脯分别为：

猪肉（脊背）质量＝11.1 g÷21.3％＝52.1 g

牛肉（前腱）质量＝11.1 g÷18.4％＝60.3 g

鸡腿肉质量＝11.1 g÷17.2％＝64.5 g

鸡胸脯肉质量＝11.1 g÷19.1％＝58.1 g

⑤豆腐（南）、豆腐（北）、豆腐干（熏）、素虾（炸）分别为：

豆腐（南）质量＝5.6 g÷6.8％＝82.4 g

豆腐（北）质量＝5.6 g÷11.1％＝50.5 g

豆腐干（熏）质量＝5.6 g÷15.8％＝35.4 g

素虾（炸）质量＝5.6 g÷27.6％＝20.3 g

据此再配以适量的蔬菜，即可设计营养食谱。

（3）食谱的调整与确定

①一餐、一日和一周食谱的调整与确定方法。一餐食谱的确定：一般选择 1～2 种动物性原料，1 种豆制品，3～4 种蔬菜，1～2 种粮谷类食物，根据选择的食物即可计算并写出带量食谱。

例 9 主食米饭（大米 85 g），花卷（小麦粉 22 g、玉米面 3 g）。

②副食。肉末鸡蛋豆腐、香菇胡萝卜香菜、鸡汤白菜余丸子、牛奶。（鸡蛋 25 g、猪肉 45 g、胡萝卜 10 g、油菜 80 g、大白菜 60 g、豆腐 60 g、牛奶 125 g、色拉油 5 g、白糖 3 g、香菇 3 g、淀粉 2 g）。

一日食谱的确定：一般选择 2 种以上的动物性原料，1～2 种豆制品及多种蔬菜，2 种以上的粮谷类食物原料。

例 10 早餐：牛奶、鸡蛋、煎馒头片、黄瓜蘸芝麻酱。

午餐：米饭、香菇鸡块、豆腐泡、油菜、番茄鸡蛋香菜汤。

晚餐：米饭、烙饼、鸡汤白菜炖豆腐、酱猪肘、炒豆芽菠菜。

一周食谱的确定：应选择营养素含量丰富的食物，精心搭配，以达到膳食平衡（食谱示例见学生营养食谱制定)。

13.2.2　电子计算机法

电子计算机法,需要在电脑系统进行操作,其原理相同,但各软件操作界面不一致,本书不再详细展开介绍。

13.2.3　食物交换份法

食物交换份法是将常用的食物按照其所含有的营养素量近似值归类,计算出每类食物每份所含的营养素值和食物质量,然后将每类食物的内容列出表格,供配餐时交换使用的一种方法。

使用时,根据不同能量需要,按照蛋白质、脂肪、糖类的合理分配比例,计算出各类食物的交换份数或实际重量,并按每份食物等值交换表选择食物。

食物交换份法简单易行,易于被非专业人员掌握,是食谱调整的一种简单方法。

13.2.3.1　食物组合分类

(1)根据膳食指南,按常用食物所含营养素的特点划分为 5 大类食物。

第一类:谷类及薯类。谷类包括米、面、杂粮;薯类包括马铃薯、甘薯、木薯等。谷类及薯类主要提供碳水化合物、蛋白质、膳食纤维、B 族维生素。

第二类:动物性食物包括肉、禽、鱼、奶、蛋等,主要提供蛋白质、脂肪、矿物质、维生素 A 和 B 族维生素。

第三类:豆类及制品包括大豆及其他干豆类,主要提供蛋白质、脂肪、膳食纤维、矿物质和 B 族维生素。

第四类:蔬菜水果类包括鲜豆、根茎、叶菜、茄果等,主要提供膳食纤维、矿物质、维生素 C 和胡萝卜素。

第五类:纯能量食物包括动植物油、淀粉、食用糖和酒类,主要提供能量。植物油还可提供维生素 E 和必需脂肪酸。

(2)计算各类食品每单位中的营养成分含量。

每一交换份食品的产能及营养素情况见表 13-3。

表 13-3　每一交换份食品的产能营养素含量表

组别	食品类别	每份质量/g	能量/kcal	蛋白质/g	脂肪/g	碳水化合物/g	主要营养素
谷薯组	1. 谷薯类	25	90	2.0	—	20.0	碳水化合物、膳食纤维
水果组	2. 蔬菜类	500	90	5.0		17.0	矿物质、维生素、膳食纤维
	3. 水果类	200	90	1.0	—	21.0	
肉蛋组	4. 大豆类	25	90	9.0	4.0	4.0	蛋白质
	5. 奶类	160	90	5.0	5.0	6.0	蛋白质
	6. 肉蛋类	50	90	9.0	6.0	—	蛋白质
油脂组	7. 坚果类	15	90	7.0	7.0	2.0	脂肪
	8. 油脂类	10	—	10.0	10.0	—	脂肪

注:①食品交换份分为四大类(八小类),表中列出了有关名称和三大产能营养素。②90 kcal 约合 376 kJ。③资料来源:北京协和医院营养科。

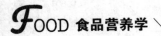

13.2.3.2 按组列出各种食物每个交换份的质量

不同组别各食物每个交换份的质量见表13-4、表13-5、表13-6、表13-7、表13-8、表13-9、表13-10。

表13-4 谷薯类食品的能量等值交换份表 g

食品名称	质量	食品名称	质量
大米、小米、糯米、薏米	25	干粉条、干莲子	25
高粱米、玉米糁	25	油条、油饼、苏打饼干	25
面粉、米粉、玉米面	25	烧饼、烙饼、馒头	35
混合面	25	咸面包、窝窝头	35
燕麦片、莜麦面	25	生面条、魔芋生面条	35
荞麦面、苦荞面	25	马铃薯	100
各种挂面、龙须面	25	湿粉皮	150
通心粉	25	鲜玉米(1个,带棒心)	200
绿豆、红豆、芸豆、干豌豆	25		

注:每份谷薯类食品提供蛋白质2 g,碳水化合物20 g,能量376 kJ(90 kcal)。根茎类一律以净食部分计算。

表13-5 蔬菜类食品的能量等值交换份表 g

食品名称	质量	食品名称	质量
大白菜、圆白菜、菠菜、油菜	500	白萝卜、青椒、茭白、冬笋	400
韭菜、茴香、茼蒿	500	倭瓜、南瓜、菜花	350
芹菜、苤蓝、莴苣笋、油菜薹	500	鲜豇豆、扁豆、洋葱、蒜苗	250
西葫芦、番茄、冬瓜、苦瓜	500	胡萝卜	200
黄瓜、茄子、丝瓜	500	山药、荸荠、藕、凉薯	150
芥蓝菜、瓢菜	500	茨菰(慈姑)、百合、芋头	100
雍菜、苋菜、龙须菜	500	毛豆、鲜豌豆	70
绿豆芽、鲜蘑、水浸海带	500		

注:每份蔬菜类食品提供蛋白质5 g,碳水化合物17 g,能量376 kJ(90 kcal)。每份蔬菜一律以净食部计算。

表13-6 肉、蛋类食品能量等值交换份表 g

食品名称	质量	食品名称	质量
热火腿、香肠	20	鸡蛋(1大个,带壳)	60
肥瘦猪肉	25	鸭蛋、松花蛋(1大个,带壳)	60
熟叉烧肉(无糖)、午餐肉	35	鹌鹑蛋(6个带壳)	60
熟酱牛肉、熟酱鸭、大肉肠	35	鸡蛋清	150
瘦猪、牛、羊肉	50	带鱼	80
带骨排骨	50	草鱼、鲤鱼、甲鱼、比目鱼	80
鸭肉	50	大黄鱼、黑鲢、鲫鱼	80
鹅肉	50	对虾、青虾、鲜贝	80
兔肉	100	蟹肉、水发鱿鱼	100
鸡蛋粉	15	水发海参	350

注:每份肉、蛋类食品提供蛋白质9 g,脂肪6 g,能量376 kJ(90 kcal)。除蛋类为市品重量,其余一律以净食部计算。

表 13-7　大豆类食品能量等值交换份表

g

食品名称	质量	食品名称	质量
腐竹	20	北豆腐	100
大豆	25	南豆腐(嫩豆腐)	150
大豆粉	25	豆浆	400
豆腐丝、豆腐干、油豆腐	50		

注:每份大豆及其制品提供蛋白质 9 g,脂肪 4 g,碳水化合物 4 g,能量 376 kJ(90 kcal)。

表 13-8　奶类食品能量等值交换份表

g

食品名称	质量	食品名称	质量
奶粉	20	牛奶	160
脱脂奶粉	25	羊奶	160
乳酪	25	无糖酸奶	130

注:每份奶类食品提供蛋白质 5 g,脂肪 5 g,碳水化合物 6 g,能量 376 kJ(90 kcal)。

表 13-9　水果类食品能量等值交换份表

g

食品名称	质量	食品名称	质量
柿子、香蕉、鲜荔枝	150	李子、杏	200
梨、桃、苹果	200	葡萄	200
橘子、橙子、柚子	200	草莓	300
猕猴桃	200	西瓜	500

注:每份水果提供蛋白质 1 g,碳水化合物 21 g,能量 376 kJ(90 kcal)。每份水果一律以食品质量计算。

表 13-10　油脂类食品能量等值交换份表

g

食品名称	质量	食品名称	质量
花生油、香油(1 汤匙)	10	猪油	10
玉米油、菜籽油(1 汤匙)	10	牛油	10
豆油(1 汤匙)	10	羊油	10
红花油(1 汤匙)	10	黄油	10

注:每份油脂类食品提供脂肪 10 g,能量 376 kJ(90 kcal)。

13.2.3.3　列出供交换各类食物使用的交换份数和实际食品的质量,供编制食谱、配餐选用(表 13-11)

表 13-11　不同能量所需的各类食品交换份数

能量/kcal	交换单位(份)	谷薯类		果蔬类		肉蛋类		豆乳类			油脂类	
		质量/g	单位(份)	质量/g	单位(份)	质量/g	单位(份)	豆浆量/g	牛奶量/g	单位(份)	质量/g	单位(份)
1 200(1 287)	14	150	6	500	1	150	3	200	250	2	2 汤匙	2
1 400(1 463)	16	200	8	500	1	150	3	200	250	2	2 汤匙	2

续表 13-11

能量/kcal	交换单位(份)	谷薯类		果蔬类		肉蛋类		豆乳类			油脂类	
		质量/g	单位(份)	质量/g	单位(份)	质量/g	单位(份)	豆浆量/g	牛奶量/g	单位(份)	质量/g	单位(份)
1 600(1 639)	18	250	10	500	1	150	3	200	250	2	2 汤匙	2
1 800(1 815)	20	300	12	500	1	150	3	200	250	2	2 汤匙	2
2 000(1 991)	22	350	14	500	1	150	3	200	250	2	2 汤匙	2

注:①表中括号内的数字为计算所得值,所列的数据取整数,以便于计算。②本表所列饮食并非固定模式,可根据就餐的饮食习惯,并参照有关内容加以调整。③配餐饮食可看各类食物能量等值交换表,做出具体安排。瘦肉 50 g＝鸡蛋 1 个＝豆腐干 50 g＝北豆腐 100 g;牛奶 250 g＝瘦肉 50 g＋谷类(10～12 g)或豆浆 400 g;水果 1 交换单位换成谷类 1 交换单位。

表 13-12 所列为体重 60 kg 的个体,在各种活动状态下,消耗约 376 kJ(90 kcal)能量需要的时间,供参考。

表 13-12　消耗约能量 376 kJ(90 kcal)能量的体力活动所需要的时间(以 60 kg 体重计)　　min

活动内容	时间	活动内容	时间
睡眠	80	步行、跳舞、游泳	18～30
静坐、写字、读书	50	体操、购物、下楼、熨衣	25
手工缝纫、拉手风琴	50	打高尔夫球、钓鱼	25
打字、组装收音机	45	骑自行车	15～25
弹钢琴、剪裁衣服、打台球	40	打乒乓球、打排球	20
办公室工作	35	打羽毛球、打网球	15
穿衣、铺床、扫地	30	长跑、爬山	10
烹饪、机器缝纫、木工	30	耕地、打篮球、踢足球	10

13.2.3.4　利用食物交换份法编制食谱举例

某成人全天需要能量 5.86 MJ(1 400 kcal)。利用食物交换份法为其配餐。

查表,5.86 MJ(1 400 kcal)共需 16 个食物能量等值交换份,其中谷薯类食物 8 个交换份,蔬菜类食物有 1 个交换份,肉蛋类食物 3 个交换份,豆类食物 0.5 个交换份,乳类 1.5 个交换份,油脂类有 2 个交换份。

具体到每类食物的选择上,则应吃谷类食物 200 g,蔬菜类可选 500 g,肉蛋类食品可选大鸡蛋 1 个、瘦猪肉 50 g,豆类选豆腐 100 g,乳类选牛奶 1 袋(250 g),油脂选用植物油 20 g。把这些食物安排到一日三餐中,即完成了配餐。食谱如下:

早餐:牛奶(1 袋 250 g)、葱花卷(含面粉 50 g,青菜 50 g)。

午餐:大米饭(生米 75 g)、鸡蛋炒菠菜(鸡蛋一个,菠菜 100 g)、肉丝炒豆芽(瘦肉丝 25 g,豆芽 150 g)。

晚餐:肉丝青菜面条(肉丝 25 g,青菜 50 g,挂面 75 g)、番茄烩豆腐(番茄 150 g,豆腐 100 g)全天烹调油控制在 20 g 即可。

13.3 不同人群的食谱编制及评价

要点 2 不同人群的食谱编制及评价
- 孕妇、学龄前食谱编制与评价
- 糖尿病人群的食谱编制与评价

13.3.1 孕妇食谱编制与评价

孕妇一般是指处于妊娠特定生理状态下的人群,孕期妇女通过胎盘转运供给胎儿生长发育所需营养,保证孕妇孕期营养状况维持正常。孕期营养状况对妊娠结局即胎儿生长发育及其成年后健康的影响,一直是人们关注的热点。据调查,在我国低体重儿发生率为5.87%,巨大儿占出生儿总数的5.62%～6.49%,巨大儿发生率也在逐年上升,产生此类问题的重要影响因素之一就是孕期营养摄取过多。

13.3.1.1 孕妇营养食谱的设计

以一位年龄为27岁,身高155 cm,体重49 kg(怀孕前)的健康孕妇为研究对象,对她孕早期进行食谱设计并以同样方法得出孕中期、孕晚期一日食谱。

(1)判断体型并确定全日能量供给量通过计算此孕妇BMI为20.4,体型属于正常。

根据中国居民膳食营养素参考摄入量表得出全日能量供给量为2 100 kcal,而计算全日能量供给量为1 750 kcal,综合确定此孕妇孕早期全日能量供给量为2 000 kcal。

(2)确定三大宏量营养素需要量。设定此孕妇蛋白质的供能比为15%,脂肪为25%,碳水化合物为60%,则:

一日膳食中蛋白质的需要量(g)=全日能量供给量×15%÷4=2 000×15%÷4=75 g;

一日膳食中脂肪的需要量(g)=全日能量供给量×25%÷9=2 000×25%÷9=55.6 g;

一日膳食中碳水化合物的需要量(g)=全日能量供给量×60%÷4=2 000×60%÷4=300 g;

(3)确定主食品种及数量。怀孕初期孕妇会有妊娠反应,食物应以清淡、品种丰富为主,故确定主食为玉米面、大米、小麦粉。由于粮谷类是糖类的主要来源,因此主食的数量主要根据各类主食原料中糖类的含量确定。设定在一日食谱中玉米面25%,大米35%,小麦粉40%,则主食供给量分别为:

玉米面供给量=玉米面供给糖类含量÷玉米面中糖含量=300×25%÷69.6%=108 g;

大米供给量=大米供给糖类含量÷大米中糖含量=300×35%÷77.2%=136 g;

小麦粉供给量=小麦粉供给糖类含量÷小麦粉中糖含量=300×40%÷74.6%=161 g。

(4)确定副食品种及质量。副食品种和质量的确定应在已确定主食用量的基础上,依据副食应提供的蛋白质质量确定。①计算主食中提供的蛋白质质量=108×8.1%+136×7.4%+161×11.2%=37 g;②蛋白质摄入目标量减去主食中蛋白质质量,即为副食应提供的蛋白质质量。副食应提供蛋白质质量=摄入目标量-主食提供量=75-37=38 g;③设定副食中蛋白质的2/3由动物性食物供给,1/3由豆制品供给,据此可求出各自蛋白质供应量的食物;④根据食物成分表并计算各类动物性食物及豆制品的质量。设定提供蛋白质的副食有牛奶、牛肉、鸡蛋、豆腐和鲫鱼,各自所占比例分别为 20%,28%,17%,25%,10%,则副食供给量分别为:

牛奶的供给量=牛奶提供的蛋白质量÷牛奶中蛋白质含量=38×20%÷3%=250(mL);

牛肉的供给量=牛肉提供的蛋白质量÷牛肉中蛋白质含量=38×28%÷18.1%=60(g);

鸡蛋的供给量=鸡蛋提供的蛋白质量÷鸡蛋中蛋白质含量=38×17%÷12.8%=50(g);

鲫鱼的供给量=鲫鱼提供的蛋白质量÷鲫鱼中蛋白质含量=38×25%÷17.1%=55(g);

豆腐的供给量=豆腐提供的蛋白质量÷豆腐中蛋白质含量=38×10%÷8.1%=50(g)。

(5)果蔬配备。根据科学搭配食谱,蔬菜的品种和质量可根据不同季节市场的蔬菜供应情况,并考虑与动物性食物和豆制品配菜的需要来确定。根据中国平衡膳食宝塔要求孕早期每天应摄入 400~500 g 蔬菜,其中绿叶类应占 1/2 以上,还应摄入 200 g 左右水果,所以配备的蔬菜有西红柿、白菜、韭菜、莜麦菜、胡萝卜等,主要是为增加维生素和矿物质。

(6)食用油和食盐。根据中国居民膳食宝塔要求,孕妇孕早期每日植物油摄入量为 25~30 g,食盐食用量不应超过 6 g。

(7)食谱编制。根据计算的每日每餐饭菜用量,早餐、午餐、晚餐的能量分配在 30%,40%,30%,编制孕早期一日食谱,并用相同方法编制孕中期和孕晚期一日食谱。

孕妇孕早期一日食谱见表 13-13,孕妇孕中期一日食谱见表 13-14,孕妇孕晚期一日食谱见表 13-15。

表 13-13　孕妇孕早期一日食谱

餐次	食物名称	可食部用量
早餐	牛奶	牛乳 250 mL
	馒头	小麦粉(标准粉)100 g
	香蕉	香蕉 50 g
午餐	米饭	大米 130 g
	牛肉炖蘑菇	牛肉 60 g,蘑菇 50 g,菜籽油 2 g
	西红柿炒鸡蛋	西红柿 100 g,鸡蛋 50 g,菜籽油 3 g
	炒莜麦菜	莜麦菜 100 g,菜籽油 3 g
	红烧豆腐	豆腐 50 g,菜籽油 2 g
晚餐	玉米面蒸饺	玉米面 100 g,胡萝卜 50 g,韭菜 50 g,虾皮 10 g
	醋熘白菜	白菜 100 g,菜籽油 5 g
	鲫鱼汤	鲫鱼 55 g,菜籽油 5 g
	苹果	苹果 100 g

表 13-14　孕妇孕中期一日食谱

餐次	食物名称	可食部用量
早餐	红枣粳米粥	红枣 50 g,大 80 g
	煮鸡蛋	鸡蛋 30 g
	花卷	小麦粉(标准粉)50 g
午餐	肉丁豌豆米饭	猪肉(瘦)10 g,豌豆 15 g,大米 100 g
	红烧兔肉	兔肉 25 g,芹菜 20 g,菜籽油 5 g
	排骨玉米汤	猪小排 12 g,鲜玉米 170 g,菜籽油 5 g
	凉拌芹菜	芹菜 80 g,菜籽油 2 g
午点	苹果	苹果 100 g
晚餐	鲜奶炖鸡	牛乳 250 mL,鸡肉 30 g,菜籽油 5 g
	凉拌海带丝	海带 50 g,菜籽油 3 g
	面条	小麦粉(标准粉)100 g
晚点	绿豆糕	绿豆面 60 g
	热牛奶	牛乳 250 mL

表 13-15　孕妇孕晚期一日食谱

餐次	食物名称	可食部用量
早餐	皮蛋瘦肉粥	鸡蛋 20 g,猪肉(肥,瘦)10 g,小米 90 g
	凉拌海带丝	海带 50 g,菜籽油 3 g
	香蕉	香蕉 50 g
午餐	米饭	大米 150 g
	凉拌洋葱	青椒 50 g,洋葱 50 g,菜籽油 2 g
	西红柿炒鸡蛋	西红柿 50 g,鸡蛋 50 g,菜籽油 5 g
	陈皮兔肉汤	兔肉 22 g,菜籽油 5 g
午点	豆腐脑	黄豆 40 g
晚餐	玉米面蒸饺	米面 150 g,白菜 50 g,猪肉(肥,瘦)12 g
	拌柠檬藕	柠檬 100 g,藕 50 g
	金针菇猪血汤	金针菇 50 g,猪血 25 g,菜籽油 5 g
晚点	牛奶燕麦片	牛奶 300 mL,燕麦片 55 g

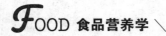

13.3.1.2 孕妇食谱营养分析

以孕早期食谱为例进行食物原料营养成分分析,并且从全日供能量、蛋白质来源、脂类来源、三大产热营养素产热比及三餐供能比5个方面评价食谱。孕早期食谱营养成分分析见表13-16。

表 13-16 孕早期食谱营养成分分析

名称	可食部用量/g	能量/kcal	蛋白质/g	脂肪/g	糖类/g	视黄醇当量/μg	钙/mg	铁/mg
玉米面(黄)	100	340.0	8.10	3.30	69.60	7.00	22.00	3.20
大米	130	449.8	9.60	1.00	100.40	0	16.90	3.00
面粉	100	344.0	11.20	1.50	71.50	0	31.00	3.50
苹果	100	52.0	0.20	0.20	12.30	3.00	4.00	0.60
香蕉	50	45.5	0.70	0.10	10.40	5.00	3.50	0.20
牛乳	250	135.0	7.50	8.00	8.50	60.00	260.00	0.75
豆腐	50	40.5	4.05	1.85	1.90	0	82.00	0.95
西红柿	100	19.0	0.90	0.20	3.50	92.00	10.00	0.40
胡萝卜	50	18.5	0.50	0.20	3.85	344.00	16.00	0.50
白菜	100	21.0	1.70	0.20	3.10	42.00	69.00	0.50
鲫鱼	55	59.4	9.40	1.49	2.09	9.35	43.45	0.72
韭菜	50	13.0	1.20	0.20	1.60	117.50	21.00	0.80
虾皮	10	15.3	3.07	0.22	0.25	1.90	99.10	0.67
莜麦菜	100	15.0	1.40	0.40	1.50	60.00	70.00	1.20
鸡蛋	50	78.0	6.40	5.55	0.65	97.00	22.00	1.15
牛肉	60	114.0	10.86	8.04	0	5.40	4.80	1.92
蘑菇	50	10.0	1.35	0.05	1	1.00	3.00	0.60
菜籽油	20	179.8	0	19.98	0	0	1.80	0.74
摄入量		1 949.8	78.13	52.38	292.14	845.15	779.55	21.40
参考摄入量		2 000.0	75.00	55.60	300.00	800.00	800.00	15.00

(1)全日供能量分析。孕早期孕妇所需能量与正常成年女性基本相同,在该食谱中一日实际能量为1 949.8 kcal,占推荐摄入量的97.5%,符合孕妇孕早期能量需求。

(2)蛋白质来源分析。该食谱中蛋白质的实际摄入量为78.13 g,占推荐摄入量(中国居民膳食营养素参考摄入量表中查询,孕早期蛋白质推荐摄入量为75 g)的104.2%,符合孕早期蛋白质需求。该食谱中优质蛋白占52.8%,符合孕妇优质蛋白质占总蛋白质1/3以上的要求。

(3)脂类来源分析。适合该孕妇的脂肪推荐摄入量为55.6 g,该食谱中脂肪的实际摄入量为52.38 g,占推荐摄入量的94.2%,符合要求。动物性油脂和植物性油脂各占1/2,脂肪的摄入量占总能量的24.2%,基本符合25%~30%的要求。

(4)三大产热营养素产热比分析。一日三大产热营养素产热比例见表13-17。

表 13-17　一日三大产热营养素产热比例

营养素	摄入量/g	产生能量/kcal	总能量的比例/%
蛋白质	78.13	312.52	16
脂类	52.38	471.42	24
碳水化合物	292.14	1 168.56	60
合计	—	—	100

三大产热营养素的比例应为蛋白质占总能量的 10%～15%，脂肪占总能量的 25%～30%，碳水化合物占总能量的 50%～55%。此食谱蛋白质、脂肪及碳水化合物的产热比，基本在标准范围内，符合要求。

（5）三餐供能比分析。一日三餐能量分配比见表 13-18。

表 13-18　一日三餐能量分配比

餐次	能量/kcal	总能量的比例/%
早餐	524.50	26.9
中餐	861.15	44.2
晚餐	564.15	28.9
合计	1 949.80	100.0

一日三餐按 30%,40%,30% 的比例分配，基本符合热能分配要求。

13.3.1.3　结论

据怀孕不同时期生理特点和营养需要以及食物中各种营养成分的含量，结合孕妇饮食特点和营养现状，应用平衡膳食的理论及营养配餐的程序，合理选择、搭配各食物原料，采用营养成分计算法配制出怀孕不同阶段的一日食谱。计算食谱中的全日供能量、蛋白质来源、脂类来源、三大产热营养素产热比及三餐供能比是否符合要求，再经过修改调整，使孕妇摄入的各种营养素数量充足、比例合理，满足其营养需要，减少因营养不良或营养过剩所导致早产儿、畸形儿及巨大儿的发生。

13.3.2　学龄前食谱编制与评价

13.3.2.1　学龄前儿童的营养特点概述

在我国，学龄前儿童一般是指 3～6 周岁处于学龄前期的儿童。近年来，随着生活水平的提高，学龄前儿童的营养与健康状况得到了很大改善，但仍存在着两种营养不良的现象，一是由于能量和营养素摄入不足，在一些贫困地区仍有不少孩子患有贫血、佝偻病、生长发育迟缓等；二是过量地摄入"三高"食物、饮食西化，摄入的高热能食物超过了机体代谢的需要，导致体质量超重和城市肥胖儿童明显增加。除此之外，大多数儿童喜好糖果和甜饮料，不仅影响其食欲，导致营养素摄入不全面，而且也使患龋齿的概率大大提高。

（1）营养配餐的重要性。学龄前儿童正当生长发育旺盛时期，每天必须从膳食中获得充分的营养物质，才能满足其生长发育和生活活动的需要。若长期缺乏某种营养或热量供应

不足,不但影响生长发育,还能引起很多疾病。合理营养是儿童正常发育和智力成长的物质基础,而合理营养只有通过科学的膳食配餐设计才能实现。

(2)营养食谱的设计原则。在膳食调配过程中应遵循营养平衡、饭菜适口、食物多样、定量适宜和经济合理的原则。针对学龄前儿童的具体膳食选配的原则如下:①选择富含优质蛋白质、多种维生素、粗纤维、无机盐的食物,多吃时令蔬菜、水果。②配餐要注意粗细粮搭配、主副食搭配、荤素搭配、干稀搭配、咸甜搭配等。③少吃油炸、油煎或多油的食物以及刺激性强的酸辣食品等。④经常变换食物种类,烹调方法多样化、艺术化;饭菜色彩协调、香气扑鼻、味道鲜美,可增进食欲,有利于消化吸收。

13.3.2.2　学龄前儿童食谱设计

营养食谱设计步骤:

(1)根据学龄前儿童能量需求,确定各年龄段、男女能量需求量。

(2)各餐次热能的合理分配。根据学龄前儿童胃排空时间和胃容积,膳食要定时定量,每日供应三餐一点或两点。早餐要供给高蛋白食物,脂肪、糖类也应充足,食物的供热量为全天总热量的 25%～30%;中餐应有含蛋白质、脂肪和糖类较多的食物,供热量为总热量的 35%～40%,加餐占总热量的 10%～15%;晚餐宜清淡,可以安排一些易于消化的谷类、蔬菜和水果等,供热量占总热量的 25%～30%。

(3)三大热能营养素摄入量的确定。蛋白质、脂肪、糖类摄入量比值为 1:1:(4～5),这种比值可使三者占总热量的百分比分别为:蛋白质占 14%～15%,脂肪占 30%～35%,糖类占 50%～60%。

(4)食物量的确定。①主食的品种与数量的确定:主食品种与数量主要根据各类主食选料中糖类的含量确定,一天的主食主要保证两种以上的粮谷类食物原料。②副食的品种与数量的确定:计算出主食中含有的蛋白质量,用应摄入的蛋白质量减去主食中蛋白质量,即为副食应提供的蛋白质量,副食中蛋白质的 2/3 由动物性食物提供,1/3 由豆制品供给,据此可求出各自蛋白质的供给量,每日选择两种以上动物性原料,一至两种豆制品;查食物成分表并计算各类动物性食物及豆制品的供给量;设计蔬菜的品种与数量,一餐选择三至四种蔬菜。

营养食谱编制实例

以 5 岁正常发育男童为例,编制一周食谱。

(1)确定全日能量需要。根据儿童性别、年龄查《中国居民膳食营养素参考摄入量》表,5 岁男童的能量参考摄入量为 1600 kcal。

(2)确定宏量营养素需要。膳食中蛋白质需要量:根据儿童性别、年龄查《中国居民膳食营养素参考摄入量》表,5 岁男童蛋白质的参考摄入量为 55 g,蛋白质的供能比＝55×4÷1600＝14%

膳食中脂肪需要量(g)＝全日能量参考需要量×30%÷9＝1600×30%÷9＝53 g

膳食中糖类需要量(g)＝全日能量参考需要量×56%÷4＝1600×56%÷4＝224 g

(3)根据餐次比计算每餐宏量营养素目标。学龄前儿童餐次比以早餐、早点占总能量的 30%,午餐、午点占总能量的 40%,晚餐占总能量的 30%计算。

Ⅰ早餐、早点

能量＝全日能量参考摄入量×30％＝1600×30％＝480 kcal；

蛋白质参考摄入量＝全日蛋白质参考摄入量×30％＝55×30％＝16.5 g；

脂肪参考摄入量＝全日脂肪参考摄入量×30％＝53×30％＝15.9 g；

糖类参考摄入量＝全日糖类参考摄入量×30％＝224×30％＝67.2 g。

Ⅱ午餐、午点

能量＝全日能量参考摄入量×40％＝1600×40％＝640 kcal；

蛋白质参考摄入量＝全日蛋白质参考摄入量×40％＝55×40％＝22.0 g；

脂肪参考摄入量＝全日脂肪参考摄入量×40％＝53×40％＝21.2 g；

糖类参考摄入量＝全日糖类参考摄入量×40％＝224×40％＝89.6 g

Ⅲ晚餐

晚餐与早餐计算方法相同，其能量、蛋白质、脂肪及糖类的参考摄入量亦分别为：480 kcal、16.5 g、15.9 g、67.2 g。

（4）主食品种、数量的确定。已知能量和三种宏量营养素的膳食目标，根据食物成分表中不同食物营养素含量多少，确定主食的品种和数量。主食的品种主要根据用餐者的饮食习惯来确定，北方习惯以面食为主，南方则以大米居多。由于粮谷类是糖类的主要来源，因此主食的数量主要根据各类主食原料中糖类的含量确定。

（5）副食品种、数量的确定。蛋白质广泛存在于动植物性食物中，除了谷类食物能提供的蛋白质，各类动物性食物和豆制品是优质蛋白质的主要来源。因此，副食品种和数量的确定应在已确定主食用量的基础上，依据副食应提供的蛋白质数量确定。计算程序如下：Ⅰ计算主食中提供的蛋白质数量。Ⅱ蛋白质摄入目标量减去主食中蛋白质数量，即为副食应提供的蛋白数量，即：副食应提供蛋白质量＝摄入目标量 55 g－主食提供量。Ⅲ设定副食中蛋白质的 2/3 由动物性食物供给，1/3 由豆制品供给，据此可求出各自的蛋白质供应量的食物。Ⅳ查食物成分表并计算各类动物性食物及豆制品的数量。Ⅴ设计蔬菜的品种和数量。要考虑重要微量营养素的含量。Ⅵ确定纯能量食物的量。油脂的摄入应以植物油为主，并有一定量动物脂肪的摄入。因此，以植物油作为纯能量食物的来源。由食物成分表可知每日摄入各类食物提供的脂肪量，将需要的总脂肪量减去主、副食物提供的脂肪数量即为每日植物油数量。实例计算如下：

Ⅰ早餐、早点

早餐、早点中应含有糖类 67.2 g，若以小米和面粉为主食，并分别提供 20％和 80％的糖类。查食物成分表得知，每 100 g 小米含糖类 73.5 g，每 100 g 面粉含糖类 74.6 g，则：

所需小米质量＝67.2 g×20％÷73.5％＝18 g

所需面粉质量＝67.2 g×80％÷74.6％＝72 g

主食中含蛋白质为 18×9％＋72×10.3％＝9 g，学龄前儿童每日还应补充一定量的牛奶来满足营养需要，如每天补充 200 mL 牛奶，查食物成分表可得每 200 mL 牛奶含蛋白质 6 g，剩余蛋白质可由鸡蛋补充。

植物油＝15.9 g－18×3.1％－72×1.1％－30×10.3％＝5.05 g

根据计算,早餐搭配为:小米 20 g、面包 70 g、菠菜炒蛋(菠菜 50 g、鸡蛋 30 g);加点:牛奶 200 mL。

Ⅱ午餐、午点

假设以米饭(大米)为主食,查食物成分表得知,每 100 g 粳米含糖类 77.7 g,计算可得米饭所需粳米数量为 115 g。

计算主食中含有的蛋白质量,查食物成分表得知,100 g 粳米含蛋白质 8.0 g,则:主食中蛋白质提供量＝115 g×8.0÷100＝9.2 g。

副食应提供的蛋白质量＝蛋白质摄入目标量－主食中蛋白质含量＝22.0 g－9.2 g＝12.8 g。

设定副食中蛋白质的 2/3 由动物性食物供给,1/3 由豆制品供给,因此:

动物性食物应含蛋白质数量＝12.8 g×66.7％＝8.54 g。

若动物性食品由瘦猪肉供给,查食物成分表可知,100 g 瘦猪肉含蛋白质 20.3 g,则:瘦猪肉数量＝8.54÷20.3％＝42 g。

豆制品应含蛋白质数量＝12.8 g×33.3％＝4.26 g。

若豆制品由豆腐提供,查食物成分表得知,100 g 豆腐含蛋白质 8.1 g,

则:豆腐数量＝4.26÷8.1％＝53 g。

植物油＝21.2－115×0.6％－42×6.2％－53×3.7％＝16 g。

则午餐搭配为:米饭(粳米 115 g)、番茄豆腐(番茄 50 g、豆腐 50 g)、肉片炒鲜蘑菇油菜(瘦猪肉 40 g、鲜蘑菇 50 g、油菜 50 g);加点:橘子 100 g、面包 50 g。

Ⅲ晚餐

主食为馒头,每 100 g 馒头中含糖类 47 g,所需馒头重量＝67.2÷74.6％＝90 g。

90 g 馒头中含蛋白质＝90×10.3％＝9.27 g。

副食中所需蛋白质为 16.5－9.27＝7.23 g。

每 100 g 带鱼含蛋白质 17.7 g,所需带鱼量＝7.23÷17.7％＝40 g。

植物油＝15.9－90×1.1％－40×6.4％＝3.4 g。

晚餐搭配为:馒头(特一粉 75 g)、红烧带鱼(带鱼 40 g)、凉拌西兰花(西兰花 75 g)、炒莴苣丝(莴苣丝 50 g)。

(6)蔬菜水果量确定。确定了动物性食物和豆制品的数量,就可以保证蛋白质的摄入。最后微量营养素和纤维的量选择蔬菜和水果补齐。蔬菜的品种和数量可根据不同季节市场的蔬菜供应情况以及考虑与动物性食物和豆制品配菜的需要来确定。根据中国学龄前儿童平衡膳食宝塔要求,学龄前儿童每天蔬菜摄入量为 200～250 g,水果摄入量为 150～300 g。

(7)油和盐。根据膳食宝塔要求,学龄前儿童每日植物油摄入量为 25～30 g,食盐食用量不要超过 6 g,每日饮水 1 200 mL 左右。

(8)食谱编制。根据计算的每日每餐的饭菜用量,编制一日食谱,早餐、午餐、晚餐的能量分配在 30％、40％、30％左右,见表 13-19。

表 13-19　5 岁男童一日食谱

餐次	食物名称	可食部用量
早餐	小米粥	小米 20 g
	面包	面包 70 g
	菠菜炒蛋	菠菜 50 g,鸡蛋 30 g,植物油 5 mL
加点	牛奶	牛奶 200 mL,白糖 5 g
午餐	米饭	粳米 115 g
	番茄豆腐	番茄 50 g,豆腐 50 g,植物油 7 mL
	肉片炒鲜蘑	瘦猪肉 40 g,鲜蘑菇 50 g,油菜 50 g,植物油 5 mL
	菇油菜	
加点	橘子	橘子 100 g
	面包	面包 50 g
晚餐	馒头	特一粉 75 g
	红烧带鱼	带鱼 40 g
	凉拌西兰花	西兰花 75 g,香油 3 mL
	炒莴苣丝	莴苣丝 50 g,植物油 5 mL

（9）食谱能量和营养素计算。从食物成分表中查出每 100 g 食物所含营养素的量,计算出每种食物所含营养素的量,将所用食物中的各种营养素分别累计相加,计算出一日食谱中各种营养素的量。根据计算,日食谱搭配食物提供的总能量、蛋白质、脂肪和糖类及各餐次所占能量比例、宏量营养素供能比皆与中国学龄前儿童平衡膳食宝塔推荐摄入量相接近,达到设计要求。

一日食谱确定后,可根据食物交换份法、食用者饮食习惯、市场供应情况等在同一类食物中更换品种和烹调方法,编排成一周食谱。

13.3.3　糖尿病人食谱编制与评价

13.3.3.1　糖尿病人的营养要求概述

Ⅱ型糖尿病,成人期发病,无酮症倾向,因机体不能利用胰岛素所至,是最常见的糖尿病类型,占我国糖尿病人的 95%,Ⅱ型糖尿病人通常情况下采用饮食治疗或药物与饮食相结合以促进胰岛素利用的疗法,而营养治疗是基本措施。目前对糖尿病人食谱的编制仍采用食品交换份法或营养成分计算法。下面以食品交换份法结合一个实际案例介绍糖尿病人的食谱编制。

案例:Ⅱ型糖尿病女性患者张某,身高 160 cm,体重 60 kg,轻体力劳动,空腹血糖 7.5 mmol/L,餐后两小时血糖 12 mmol/L,血脂水平正常,拟采用单纯饮食控制。

13.3.3.2 计算患者每天需要的能量：

根据患者的理想体重和能量供给量计算

1) 理想体重(kg)＝身高(cm)－105，患者张某的理想体重＝160－105＝55(kg)制定食谱是必须结合患者的肥胖程度，可根据体质指数(BMI)判断其肥胖程度。体重指数 BMI＝体重/[身高(m)]²(国际单位 kg/m²)，患者张某的 BMI＝60/1.6²＝23.44(kg/m²)。根据判断标准：BMI＜18.5 为慢性营养不良，BMI＝18.5～25 为正常，BMI＞25 为超重或肥胖，患者张某属于正常体形。

2) 患者一天能量供给量(kcal)理想体重＝(kg)×能量供给标准(kcal/kg.d)

其中糖尿病人的能量供给标准如下：休息状态 25～30 kcal/(kg·d)；轻体力劳动 30～35 kcal/(kg·d)；中体力劳动 35～40 kcal/(kg·d)；重体力劳动 40～45 kcal/(kg·d)。但要注意结合患者的肥胖程度，若 BMI＝25～29.9，属轻度肥胖，能量供给取下限值；若 BMI＞30，属中度或以上肥胖，总能量供给在下限值基础上再减去 500 kcal。患者张某的能量供给量＝55 kg×(30～34)kcal/(kg·d)＝1 650 kcal/(kg·d)～1 925 kcal/(kg·d)。

13.3.3.3 确定不同能量饮食中各类食物交换份数分配

食物分谷类、蔬菜、肉类、乳类、水果、油脂六类，常参考表 13-20。

表 13-20 不同能量饮食中各类食物分数分配 份

能量/kcal	谷类	蔬菜	肉类	乳类	水果	油脂	合计
1 200	7	1	3	2	0	1.5	14.5
1 400	9	1	3	2	0	1.5	16.5
1 600	9	1	4	2	1	1.5	18.5
1 800	11	1	4	2	1	2	21
2 000	13	1	4.5	2	1	2	23.5
2 200	15	1	4.5	2	1	2	25.5
2 400	17	1	5	2	1	2	28

患者张某可以 1 800 kcal 为其所需能量值，那么她的日提供能量换算为总交换份为 21 份，其中谷类 11 份、蔬菜 1 份、肉类 4 份、乳类 2 份、水果 1 份、油脂 2 份。

13.3.3.4 分配每餐交换份数

根据分配比例确定每餐各类食物交换份数，按照一日三餐固定进餐按比例为 1/5、2/5、2/5 将各类食物的交换份数分配到各餐。患者张某可如表 13-21 分配每餐交换份数：

表 13-21 每餐交换份数 份

食品类别	早餐	中餐	晚餐	合计
谷类	2	5	4	11
蔬菜	0	0.5	0.5	1
水果	0	1	0	1
瘦肉	0	2	2	4
乳类	0	0	0	2
油脂	2	1	1	2
合计(份)	4	9.5	7.5	21

13.3.3.5 制定食谱

根据个人对食物的喜好,根据《等值食物交换表》(表 13-22)选择各类食物的品种、数量、制定食谱。以患者张某的一日三餐为例、现制定符合要求的食谱如下:

表 13-22 等值食物交换表 g,mL

食物类别(每份)	食物名称	重量	食物名称	重量
谷类	大、小米	25	绿豆	25
	生挂面	25	面粉	25
	苏打饼干	25	土豆	125
	玉米面	25	山药	125
	咸面包	37.5	银耳	25
	生面条	30	干粉条	25
瘦肉	猪肉	25	鸡蛋	55
	猪肝	70	南豆腐	125
	猪血	70	家禽肉	50
	大排骨	25	虾	75
	瘦牛肉	50	干黄豆	20
	鱼	75	兔肉	100
蔬菜 含糖<3%	柿椒	350	扁豆	250
	丝瓜	300	四季豆	250
	鲜豇豆	250	鲜豌豆	100
	白菜	500	莴苣	500
	包菜	500	番茄	500
	菠菜	500	冬瓜	500
	油菜	500	黄瓜	500
	韭菜	500	绿豆芽	500
	芹菜	500	菜花	500
油脂	豆、菜油	9	核桃仁	12.5
	麻油	9	花生仁	15
	芝麻酱	15	南瓜子	30
水果	鸭梨	250	苹果	200
	西瓜	750	鲜枣	100
	橙子	350	香蕉	250
	葡萄	200	桃子	175
	荔枝	100	蜜橘	275
乳类	淡牛奶	110	酸牛奶	110
	淡炼乳	60	豆汁	110
	牛乳粉	15	豆浆	110

早餐：玉米面馒头（玉米面），苏打饼干 25 g，酸奶 110 mL，淡炼乳 60 mL；

午餐：二米饭（大米 100 g、小米 25 g）

韭菜炒肉丝（韭菜 150 g、瘦猪肉 25 g、豆油 6 g、调料适量）

西红柿鸡蛋汤（西红柿 100 g、鸡蛋 55 g、豆油 6 g、调料适量）

晚餐：二米粥（大米 25 g、小米 25 g）

包子（面粉 50 g、白菜 25 g、芹菜 25 g、瘦猪肉 10 g、豆油 2 g、调料适量）

柿椒炒牛肉（柿椒 140 g、瘦牛肉 30 g、豆油 7 g、调料适量）

注意调料使用，控制钠盐摄入，不宜过高。

虽然饮食治疗在糖尿病治疗中起着重要作用，但并没有一个适合于糖尿病人的万能食谱，所以病人须更多地进行自我监护，尽量做到个体化的治疗。实际上，对于糖尿病人，绝大多数食品均可食用，只是无论食用哪种食物都有一个量的问题，下面简单列出糖尿病人的可用食品、少用食品和禁用食品。

（1）可用食品

①米、面类，包括大米、白面、高粱米、小米、玉米面等，尤其以粗粮为佳。

②蔬菜类，如芹菜、韭菜、冬瓜、黄瓜等。由于绝大多数蔬菜含糖量较低，对于饥饿症状明显的患者可适当多食。

③瘦肉类，如牛、羊、猪肉及禽类、蛋类、鱼虾类、豆类及其制品、牛奶等。

④植物油，如豆油、花生油、芝麻油及菜籽油等。

（2）少用食品

①水果，因为水果所含果糖人体吸收快，升血糖作用明显，病情不稳定者尽量不用。

②内脏类，因内脏含胆固醇较高，为避免并发高脂血症，故尽量少用。

（3）禁用食品

①纯糖类及其制品，包括红糖、白糖、蜂蜜等，如一定要吃甜食，可用一些甜味剂代替。

②动物油，如猪油、牛油、羊油等。

13.3.4　集体食堂食谱编制与评价

集体用餐食谱编制不同于个人，要考虑年龄性别、体力活动等综合因素。此外，对于不均匀性群体食谱编制还要用到"标准人"（以体重 60 kg 成年男子从事轻体力劳动者为标准人，能量 2 400 kcal）折合系数（食谱编制对象年龄、性别和劳动强度有很大的差别，所以无法用营养素的平均摄入量进行互相间的比较，一般将各个人群都折合成标准人进行比较。以其能量供给量 2 400 kcal 作为 1，其他各类人员按照其能量推荐量与 2 400 kcal 之比得出各类人的折合系数。）我们以学生食堂的食谱编制与评价为例。

2011 年，中国民间发起的"免费午餐"公益活动引起了全国对农村地区义务教育学生吃饭和营养问题的关注。同年 10 月，国务院决定启动农村义务教育学生营养改善计划，随后教育部等 15 个部委印发《农村义务教育学生营养改善计划实施细则》等 5 个配套文件，以确保学生营养餐计划的有效实施。为学生提供午餐，作为一种先进的理念和实践已在世界各地普遍开展。今天，中小学午餐的食品安全、营养、健康等一系列问题已引起各国政府的重视,许多国家都将学生的营养改善工作视为一项增进公平、缩小社会差距的重要举措,并逐步将其纳入国家的主流政策体系。

13.3.4.1 学生午餐食谱营养目标与食物选择

学生群体午餐能量与其他营养素摄入要满足群体中大多数人,允许有 2%～3% 的人有摄入不足的危险,另有 2%～3% 的人摄入过量产生不良后果的危险。可将学生群体分为 6～8 岁、9～11 岁、12～15 岁三个年龄段,从而达到一个相对均匀的群体。学生营养餐仅为午餐,午餐各类营养素的摄入量应占《推荐的每日膳食营养素供给量标准》的 40%。根据国家卫健委设定的《学生营养午餐营养供给量》建议,学生营养午餐摄入标准值及学生营养午餐各类食物的供给量标准见表 13-23 和表 13-24。

表 13-23　学生营养午餐摄入标准值(每人每餐)

营养素	中小学生		
	6～8 岁	9～11 岁	12～15 岁
热量[MU/kcal]	2.92(700)	3.34(800)	3.89(930)
蛋白质/g	24	28	32
动物及大豆的蛋白质/g	8～12	10～14	11～16
脂肪/%	30	30	30
钙/mg	320	400	480
铁/mg	4	4.8	7.2
锌/mg	4	6	6
维生素 A(μg RE)	300	300	320
维生素 B/mg	0.5	0.6	0.7
维生素 C/mg	18	20	24

表 13-24　中小学生午餐每日人均各种食物摄入量和供应量 g

食物种类	小学生			中学生		
	推荐值	摄入量	供应量	推荐值	摄入量	供应量
粮食类	125.0	155(124.0)	173(138.4)	200	161(80.5)	189(94.5)
动物性食品	57.5	77(133.9)	98(170.4)	75	71(94.7)	100(133.3)
奶类	112.5	86(76.4)	98(87.1)	125	92(73.6)	109(87.2)
大豆及其制品	22.5	5(22.2)	7(31.1)	30	2(6.7)	8(26.7)
蔬菜	135.0	100(74.1)	154(114.1)	200	73(36.5)	167(83.5)

注:()内数字为与推荐值的比值×100%。

食物原料要选择新鲜,避免刺激性强和油腻食物。膳食要多样化,主食做到粗细搭配。副食奶类、蛋类、鱼类、禽类、肉类、豆制品与蔬菜混合搭配,保证优质蛋白质占膳食总蛋白质的 50% 以上。食物烹调后要达到色、香、味、形俱佳。每份午餐食盐含量应限制在 3 g 以下。每周安排一次海产食物及动物肝脏补充钙、铁、锌、维生素 A 及维生素 B₂。周菜看尽可能不要重复,品种要丰富多样。

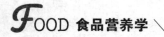

13.3.4.2　学生午餐食谱营养配餐设计与评价

例:某中学有初中生 400 名,配一日午餐带量食谱并进行营养分析与评价。

(1)确定一日午餐能量需要量。根据表 13-23 可知初中生人均一日午餐能量需要量为 800 kcal。

(2)计算一日午餐三大生热营养素需要。根据表 13-23 可知初中生人均一日午餐蛋白质需要量 28 g,人均一日午餐脂肪供能比为 30%。

人均一日午餐蛋白质供能比(%)=[人均一日午餐蛋白质摄入量(g)×4 kcal/g]÷人均一日午餐总能量(kcal)×100%=28×4÷800×100%≈14%

人均一日午餐碳水化含物供能比(%)=1−14%−30%=56%

人均一日午餐脂肪需要量(g)=人均日午餐总能量(kcal)×30%÷9(kcal/g)

人均一日午餐脂肪需要量:800×30%÷9≈27(g)

人均一日午餐碳水化合物需要量(g)=人均一日午餐总能量(kcal)×56%÷4(kcal/g)

人均一日午餐碳水化合物需要量:800×56%÷4=112(g)

(3)计算一日午餐主食需要量

午餐:二米饭(小米与粳米比例 1∶1)。

小米需要量:112×50%÷73.5%=76(g)

粳米需要量:112×50%÷76.8%≈73(g)

(4)计算副食需要量

副食蛋白质需要量=总蛋白−主食中的蛋白质=28−(76×9%+73×7.7%)≈16(g)

动物性原料蛋白质需要量:16×2/3≈11(g)

150 mL 牛乳产生蛋白质:150×3%=4.5(g)

动物性原料剩余蛋白质:11−4.5=6.5(g)

动物性原料选择猪肝(占蛋白质质量的 40%)、虾米(占蛋白质质量的 20%)、瘦猪肉(占蛋白质质量的 40%)。

猪肝需要量:6.5×40%÷19.3%÷99%(可食部分)≈14(g)

虾米需要量:6.5×20%÷43.7%≈3(g)

瘦猪肉需要量:6.5×40%÷20.3%≈13(g)

植物性原料蛋白质需要量:16×1/3≈5(g)

植物性原料选择北豆腐。

北豆腐需要量:5÷12.2%≈41(g)

(5)列出一日午餐带量食谱并进行营养分析。该中学初中生一日午餐带量食谱及营养分析见表 13-25 至表 13-27。

(6)食谱营养评价　从食谱设计与营养分析可以看出,午餐膳食能量充足,食物选择种类较多,营养素种类齐全,以猪肝、牛乳、豆腐为优质蛋白质主要来源。午餐蔬菜 200 g,食盐用量不超过 3 g,午餐油脂用量 16 mL,脂肪总量符合要求。但维生素 B_1、钙、锌供给仍然不足,可在膳食中增加如动物肝脏肉类、虾米的数量及水果等食物进行补充,能够弥补上述营养素的不足,才能达到平衡膳食,均衡营养。

表 13-25 初中生一日午餐带量食谱

餐次	食物用量
午餐	二米饭(小米 30.4 kg,粳米 29.2 kg),牛乳(60 L),白菜木耳虾米瘦肉炖豆腐(白菜 32 kg,水发木耳 8 kg,虾米 1.2 kg,瘦猪肉 5.2 kg,北豆腐 16.4 kg,精盐 400 g),洋葱青椒胡萝卜炒猪肝(洋葱 12 kg,青椒 12 kg,胡萝卜 16 kg,猪肝 5.6 kg,精盐 400 g),植物油(6.4 L)

表 13-26 初中生人均一日午餐带量食谱

餐次	食物用量
午餐	二米饭(小米 76 g,粳米 73 g),牛乳(150 mL),白菜木耳虾米瘦肉炖豆腐(白菜 80 g,水发木耳 20 g,虾米 3 g,瘦猪肉 13 g,北豆腐 41 g,精盐 1 g),洋葱青椒胡萝卜炒猪肝(洋葱 30 g,青椒 30 g,胡萝 40 g,猪肝 14 g,精盐 1 g),植物油(16 mL)

表 13-27 营养分析(人均一日午餐)

营养素	实际值	参考值
能量/kcal	876	800
蛋白质/g	31	28
脂肪/g	27	27
碳水化合物/g	131	112
维生素 A/(μg RE)	1 040	300
维生素 B_1/mg	0.54	0.6
维生素 B_2/mg	0.68	0.6
维生素 C/mg	51	20
钙/mg	337	400
铁/mg	13	4.8
锌/mg	5	6

❓ **思考题**

1. 名词解释

配餐;食谱

2. 问答题:

(1)营养配餐的原则?

(2)如果科学合理制备营养菜肴,需要注意哪些事项?

(3)试比较食物带量搭配法和食物交换份法的优缺点。

(4)结合糖尿病人的营养特点,试给一位糖尿病人编制营养食谱?

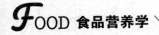

3. 案例分析

(1)詹·豪厄尔曾说"扬帆的航船,全副武装的男人和腹部隆起的孕妇,是世上最美的三种景象。"孕妇是需要加强营养的特殊生理时期人群,因为胎儿生长发育所需的所有营养素均来自母体,孕妇本身需要为分娩和分泌乳汁储备营养素。所以,保证孕妇孕期营养状况维持正常对于妊娠过程及胎儿、婴儿的发育,均有很重要的作用。请您运用所学知识,试给孕妇制作一份一日三餐的营养食谱。

(2)梁启超曾说过:"少年强,则国强;少年富,则国富;少年屹立于世界,则国屹立于世界!"青年是祖国的骄子,是新时代的宠儿。因此,青少年的身体素质至关重要。请您运用所学知识,试给青少年制作一份一日三餐的营养食谱。

附录　中国居民膳食能量需要量

年龄/岁或生理阶段	能量/(MJ/d)						能量/(kcal/d)					
	轻体力活动水平		中体力活动水平		重体力活动水平		轻体力活动水平		中体力活动水平		重体力活动水平	
	男	女	男	女	男	女	男	女	男	女	男	女
0～	—	—	0.38 MJ/(kg·d)	0.38 MJ/(kg·d)	—	—	—	—	90 kcal/(kg·d)	90 kcal/(kg·d)	—	—
0.5～	—	—	0.33 MJ/(kg·d)	0.33 MJ/(kg·d)	—	—	—	—	80 kcal/(kg·d)	80 kcal/(kg·d)	—	—
1～	—	—	3.77	3.35	—	—	—	—	900	800	—	—
2～	—	—	4.60	4.18	—	—	—	—	1 100	1 000	—	—
3～	—	—	5.23	5.02	—	—	—	—	1 250	1 200	—	—
4～	—	—	5.44	5.23	—	—	—	—	1 300	1 250	—	—
5～	—	—	5.86	5.44	—	—	—	—	1 400	1 300	—	—
6～	5.86	5.23	6.69	6.07	7.53	6.90	1 400	1 250	1 600	1 450	1 800	1 650
7～	6.28	5.65	7.11	6.49	7.95	7.32	1 500	1 350	1 700	1 550	1 900	1 750
8～	6.9	6.07	7.74	7.11	8.79	7.95	1 650	1 450	1 850	1 700	2 100	1 900
9～	7.32	6.49	8.37	7.53	9.41	8.37	1 750	1 550	2 000	1 800	2 250	2 000
10～	7.53	6.90	8.58	7.95	9.62	9.00	1 800	1 650	2 050	1 900	2 300	2 150
11～	8.58	7.53	9.83	8.58	10.88	9.62	2 050	1 800	2 350	2 600	2 600	2 300
14～	10.46	8.37	11.92	9.62	13.39	10.67	2 500	2 000	2 850	2 300	3 200	2 550
18～	9.41	7.53	10.88	8.79	12.55	10.04	2 250	1 800	2 600	2 100	3 000	2 400
50～	8.79	7.32	10.25	8.58	11.72	9.83	2 100	1 750	2 450	2 050	2 800	2 350
65～	8.58	7.11	9.83	8.16	—	—	2 050	1 700	2 350	1 950	—	—
80～	7.95	6.28	9.20	7.32	—	—	1 900	1 500	2200	1 750	—	—
孕妇(早)	+0		+0		+0		+0		+0		+0	
孕妇(中)	+1.25		+1.25		+1.25		+300		+300		+300	
孕妇(晚)	+1.90		+1.90		+1.90		+450		+450		+450	
乳母	+2.10		+2.10		+2.10		+500		+500		+500	

注:未制定参考值者用"—"表示;1 kcal＝4.184 kJ。

参考文献

[1]孙远明,柳春红.食品营养学[M].3版.北京:中国农业大学出版社,2019.

[2]陈炳卿.营养与食品卫生学[M].4版.北京:人民卫生出版社,1999.

[3]邓泽元.食品营养学[M].4版.北京:中国农业出版社,2016.

[4]范志红.食物营养与配餐[M].北京:中国农业大学出版社,2010.

[5]王银瑞,胡军,解柱华.食品营养学[M].西安:陕西科学技术出版社,1993.

[6]管斌,林洪,王广策.食品蛋白质化学[M].北京:化学工业出版社,2005.

[7]葛可佑.中国营养科学全书[M].北京:人民卫生出版社,2006.

[8]何志谦.人类营养学[M].2版.北京:人民卫生出版社,2000.

[9]黄承钰.医学营养学[M].北京:人民卫生出版社,2006.

[10]韩雪,韩爱云,吴荣荣.食品营养学[M].北京:北京师范大学出版社,2020.

[11]何志谦.疾病营养学[M].2版.北京:人民卫生出版社,2009.

[12]胡红芹,李翠翠.食品营养学[M].郑州:郑州大学出版社,2019.

[13]金龙飞.食品与营养学[M].北京:中国轻工业出版社,1999.

[14]阚建全.食品化学[M].北京:中国农业大学出版社,2016.

[15]李斌.《"健康中国2030"规划纲要》辅导读本[M].北京:人民卫生出版社.2017.

[16]刘志皋.食品营养学[M].2版.北京:中国轻工业出版社,2017.

[17]李八方.功能食品与保健食品[M].青岛:中国海洋大学出版社,1997.

[18]刘海玲.饮食营养与健康[M].北京:化学工业出版社,2005.

[19]刘绍,周文化.食品营养与卫生学[M].长沙:中南大学出版社,2013.

[20](美)斯塔奇·尼克斯;黄国伟,孙长颢,凌文华.基础营养与膳食治疗[M].北京:清华
    大学出版社.2017.

[21]綦翠华,杜慧真.营养配餐与膳食设计[M].济南:山东科学技术出版社.2015.

[22]孙长颢,刘金峰.现代食品卫生学[M].2版.北京:人民卫生出版.2018.

[24]孙远明.食品营养学[M].2版.北京:中国农业大学出版社,2010.

[25]眭红卫.烹饪营养学[M].武汉:华中科技大学出版社,2017.

[26]陈仁惇.营养保健食品[M].北京:中国轻工业出版社,2011.

[27]孙长颢.营养与食品卫生学[M].8版.北京:人民卫生出版社,2017.

[28]石瑞.食品营养学[M].北京:化学工业出版社,2012.

[29]王尔茂.食品营养与卫生[M].北京:中国轻工业出版社,2010.

[30]王昕,李建桥,吕子珍.饮食健康与饮食文化[M].北京:化学工业出版社,2003.

[31]吴朝霞,李建友.食品营养学[M].北京:中国轻工业出版社,2020.

[32]吴坤.营养与食品卫生学[M].5版.北京:人民卫生出版社,2006.

［33］易美华．食品营养与健康［M］．北京：中国轻工业出版社，2000．

［34］杨月欣，王光亚，潘兴昌．中国食物成分表［M］．北京：北京大学医学出版社，2002．

［35］杨长平，卢一．公共营养与特殊人群营养［M］．北京：清华大学出版社，2012．

［36］杨月欣．中国食物成分表标准版［M］．6版第1册．北京：北京大学医学出版社，2018．

［37］中国营养学会．中国居民膳食指南（2016）［M］．北京：人民卫生出版社，2016．

［38］仲山民，黄丽．食品营养学［M］．武汉：华中科技大学出版社，2016．

［39］张泽生．食品营养学［M］．北京：中国轻工业出版社，2020．

［40］周才琼，周玉林．食品营养学［M］．北京：中国质检出版社，2017．

［41］张爱红．临床营养学［M］．2版．上海：同济大学出版社，2013．

［42］张慜，高中学，过志梅．生鲜果蔬食品保鲜品质调控技术专论［M］．北京：科学出版社，2016．

［43］张忠，李凤林，余蕾．食品营养学［M］．北京：中国纺织出版社，2017．

［44］J Beisner. et al. Prebiotic inulin and sodium butyrate attenuate barrier dysfunction by induction of antimicrobial peptides in diet-induced obese mice［J］. Clinical Nutrition ESPEN，2020，40：461．

［45］陈剑，彭景，蒋云升．《烹饪营养学》课程在线教学与教学内容选择［J］．食品安全导刊，2015(36)：59-60．

［46］曹盛丰．高铁高硒特种营养鸡蛋的生产［J］．中国农村小康科技，2002，(05)：38．

［47］陈曼，何明，郭妍婷，尹强国．营养强化剂的研究进展［J］．广州化工，2016，44(15)：19-21．

［48］崔悦晨．浅谈健身运动与营养配餐相结合研究［J］．西部皮革，2018，40(14)：53．

［49］蔡鹏，刘艺鹏，莫慧苗．儿童营养配餐推送系统的设计与实现［J］．现代食品，2020(19)：134-136．

［50］董加宝，周江河，吴永俊，唐哲，邓胜国．食品营养学教学内容与教学模式探索［J］．安徽农业科学，2017，45(14)：256-258．

［51］丁文平．小麦加工过程中的营养损失与面粉的营养强化［J］．粮油加工，2008，(5)：87-89．

［52］丁汝金，杨慧，裴丹丹．农村留守儿童营养膳食调配分析［J］．现代食品，2019(09)：117-120＋128．

［53］樊永华．膳食调查方法比较研究［J］．江苏调味副食品，2018，(02)：1-3．

［54］郭庆庭．富硒蛋与高锌复合蛋简介［J］．致富之友，1994(08)：13．

［55］龚姗姗．关于食品工程中营养强化剂应用的思考［J］．食品安全导刊，2018(06)：49-50

［56］黄伟雄，陈云波，潘凤，杨深鹏，黄路建，黄树欣．植物甾醇酯的研究进展［J］．广东化工，2017，44(22)：101-102＋82．

［57］黄良，刘全祖，沈祖广，郭蕊，余朝晖，陈广学．果蔬气调保鲜技术的发展现状［J］．农业与技术，2018，38(03)：163-166．

［58］林晓影．老年人的生理特点及营养支持的研究进展［J］．食品安全质量检测学报，2019，

10(19):6598-6602.

[59] Benedict Herhaus , Katja Petrowski. The effect of restrained eating on acute stress-induced food intake in people with obesity[J]. Appetite,2021,159 :105045.

[60]金瑛,马冠生. 植酸与矿物质的生物利用率[J]. 国外医学(卫生学分册),2005,(03):141-144.

[61]靳双星,张桂枝,刘庆华,聂芙蓉. 富硒蛋生产的影响因素分析[J]. 中国家禽,2007,(05):34-35.

[62]金娜娜. 营养支持在胃肠肿瘤患者中的应用进展[J]. 现代诊断与治疗,2020,31(08):1200-1202.

[63]琚腊红,于冬梅,房红芸,郭齐雅,许晓丽,李淑娟,赵丽云.1992—2012年中国居民膳食能量、蛋白质、脂肪的食物来源构成及变化趋势[J]. 卫生研究,2018,47(05):689-694＋704.

[64]刘炳光,李雪峰. 以卤虾为主料生产特种营养保健鸡蛋的研究[J]. 盐业与化工,2006,(06):28-29＋33.

[65]刘英语,吴酉芝,黄佳璐. 我国果蔬气调贮藏的现状[J]. 现代食品,2018(06):154-156.

[66]罗俊粦. 食品营养强化与人类健康[J]. 现代食品科技,2006(03):206-207＋205.

[67]林海,丁钢强,王志宏,葛可佑. 新营养学展望:营养、健康与可持续发展[J]. 营养学报,2019,41(06):521-529.

[68]韩国玮. 大学生膳食营养现存问题及应对策略分析[J]. 开封教育学院学报,2019,39(12):288-289.

[69]刘东波,周佳丽,李坚,伍睿宇. 营养干预在糖尿病治疗中的研究进展[J]. 食品与机械,2019,35(06):1-11.

[70]李超,张传军,林立东,魏登,钟宝. 符合高校学生营养需求的营养配餐设计与推广研究[J]. 吉林农业科技学院学报,2018,27(02):39-41＋118.

[71]李春燕,崔久玉,侯丽娟,马磊. 营养配餐综合实训的探索与实践[J]. 河北旅游职业学院学报,2020,25(02):86-88.

[72]逢学思,周晓雨,徐海泉,郭燕枝. 美国食品营养强化发展经验及对我国的启示[J]. 中国农业科技导报,2017,19(12):8-13.

[73]潘勇,张铭思,黎红华. 内皮微粒与动脉粥样硬化相关性研究进展[J]. 神经损伤与功能重建,2020,15(01):22-25.

[74]邱锐. 中国生物营养强化将迎来跨越式发展[J]. 高科技与产业化,2018,(07):38-40.

[75]孙长灏. 营养学发展的历史回顾及展望[J]. 中华预防医学杂志,2003(05):23-24.

[76]孙悦,左丽丽. 植物多酚功能的研究进展[J]. 吉林医药学院学报,2020,41(05):386-388.

[77]宋程,王富华,毕峰华,马鉴松,刘斌,林亚玲. 国内新鲜食品气调包装技术研究现状[J]. 包装与食品机械,2017,35(01):54-57＋39.

[78]汤海涛,卢俊,高娜,孙迪文. 恶性肿瘤营养支持新进展[J]. 临床普外科电子杂志,

2020,8(01):9-14.

[79]汪玲玲,钟士清,方祥,王加龙.虫草多糖研究综述[J].微生物学杂志,2003,(01):43-45.

[80]王晓峰.富营养蛋已主宰了美国特殊蛋市场[J].中国禽业导刊,2005(12):40.

[81]王丽丽,赵帮宏,刘荣多.基于文献综述研究消费者对食品营养标签的认知、态度和使用[J].世界农业,2017(02):154-161.

[82]王霰,郭斐,王磊,卞祺,荣怡,牛羿.营养强化食品发展及消费需求分析[J].现代食品,2018(14):36-38.

[83]吴若男,韩磊,赵婷.痛风营养治疗的研究进展[J].中国食物与营养,2018,24(08):65-69.

[84]吴美华.肿瘤微环境与鼻咽癌的研究进展[J].中国医学创新,2020,17(26):164-168.

[85]王文娟.贫血人群食谱与营养配餐设计[J].智慧健康,2018,4(09):47-48+51.

[86]许永杰.航海人员如何注意饮食营养[J].劳动安全与健康,1994(05):29.

[87]许璨,刘畅.关于部队开展营养配餐的几点思考[J].食品安全导刊,2020(06):85.

[88]闫朝阳,李旭,查士银,王元秀.γ-氨基丁酸的研究与应用进展[J].济南大学学报(自然科学版),2020,34(04):395-401.

[89]于娜,朱惠娟.肥胖症的现代内科治疗[J].临床内科杂志,2020,37(09):619-623.

[90]杨慧君.中老年人慢性疾病的健康饮食指导——评《老年膳食与营养配餐》[J].食品工业,2020,41(09):350.

[91]周艳楠,孙丹.高校食品营养学课程的教学改革探索与实践[J].现代食品,2019(11):24-26.

[92]张天雄.膳食纤维在食品中的应用及检测需求[J].现代食品,2020(20):139-141.

[93]张兴华,杨青.生产低胆固醇蛋的饲料配方[J].养殖技术顾问,2008,(11):34.

[94]张春丽.鸡蛋品质评价及生产特种鸡蛋的方法[J].养殖技术顾问,2013,(11):23.

[95]朱小芳.营养强化大米的开发前景及存在问题[J].食品界,2016(06):99-100.

[96]郑刚.动脉粥样硬化性疾病调脂治疗临床研究最新进展[J].中华老年心脑血管病杂志,2019,21(10):1105-1108.

[97]郑娟.Ⅱ型糖尿病营养治疗进展[J].中国处方药,2019,17(08):21-23.

[98]高勇.食品组分对铁的化学状态和其生物利用率的影响及其机制研究[D].中国疾病预防控制中心,2013.

[99]李玲.食品营养标签制度研究[D].西南政法大学,2017.

[100]关丽.一种高产富硒蛋的贵妃鸡饲料[P].安徽:CN103636986A,2014-03-19.

[101]胡华锋,介晓磊,胡承孝,王慧杰,金红,段永兰,赵京,李丽霞,董县中.一种富硒蛋的生产方法[P].河南:CN102318759A,2012-01-18.

[102]林大昌,叶伟,江艾佳.一种用于生产富含天然虾青素、硒及低胆固醇家禽保健蛋的家禽饲料及其制备方法[P].浙江:CN108208313A,2018-06-29.

[103]沈峰,张正芬.一种生产富硒蛋的方法[P].广东:CN106417156A,2017-02-22.